AF729312

# FORMULA 1 2023/2024

## LA TECNICA TECHNICAL INSIGHTS

PAOLO FILISETTI

HOT TOPICS 2025

# FORMULA 1 2023/2024

## LA TECNICA TECHNICAL INSIGHTS

PAOLO FILISETTI

HOT TOPICS 2025

GIORGIO NADA EDITORE

**Giorgio Nada Editore**

**Direzione editoriale / *Editorial manager***
Leonardo Acerbi

**Redazione / *Editing***
Giorgio Nada Editore

**Impaginazione e copertina / *Layout and cover***
Aimone Bolliger

**Traduzione / *Translation***
Neil Davenport

DESIGNED & MANUFACTURED IN ITALY

© 2025 Giorgio Nada Editore

Tutti i diritti riservati
È vietata la riproduzione dell'opera o di parti di essa in qualsiasi forma e con qualsiasi mezzo, compresa stampa, copia fotostatica, memorizzazione elettronica, riproduzione su internet, diffusione on line e qualsiasi altra forma di archiviazione, senza la preventiva autorizzazione scritta da parte di Giorgio Nada Editore Srl.

*All rights reserved*
*The reproduction of this book or any part of it is forbidden in any form and by any means, including print, photocopying, electronic storage, reproduction or distribution online and any other form of archiving without prior written permission from Giorgio Nada Editore Srl.*

Giorgio Nada Editore s.r.l.
Via Claudio Treves, 15/17
I - 20055 VIMODRONE - MI - Italy
Tel. +39 02 27301126
Fax +39 02 27301454
E-mail: info@giorgionadaeditore.it
www.giorgionadaeditore.it

Allo stesso indirizzo può essere richiesto il catalogo di tutte le opere pubblicate dalla Casa Editrice.

The catalogue of Giorgio Nada Editore publications is available on request at the above address.

**FORMULA 1 2024-2025. La Tecnica/*Technical Insights***
ISBN: 978-88-7911-971-9

Distribuzione / Distribution
Giunti Editore Spa
via Bolognese 165
I - 50139 FIRENZE
www.giunti.it

# SOMMARIO SUMMARY

# STAGIONE 2023
# 2023 SEASON

# GULF AIR BAHRAIN GRAND PRIX 2023

**SAKHIR**
**BAHRAIN**
**INTERNATIONAL CIRCUIT**

**5 MARZO**
***MARCH***

## SF-23 dubbio fragilità, per Aston Martin buona la prima

Nel Gran Premio del Bahrain, a una sola settimana dalla sessione di tre giorni di test pre-Campionato, non era plausibile attendersi rivoluzioni sulle monoposto che di fatto sono rimaste invariate tranne che per alcuni dettagli. A livello prestazionale, la Ferrari e la Red Bull si sono mostrate poco alla volta, con la prima in grado di sostenere un passo gara, grazie a un ridotto degrado degli pneumatici, non avvicinabile dalle performance della SF-23. Ciò nonostante è emerso un dato che ha accumunato, seppur con risultati differenti, la RB19 e la SF-23, vale a dire l'assetto, a livello di altezze da terra. Entrambe, infatti, hanno utilizzato un assetto caratterizzato da un retrotreno molto basso per incrementare il carico generato dal fondo vettura. Come conseguenza sono stati evidenti i frequenti "spanciamenti" con il fondo (*bottoming*) a contatto con l'asfalto, che in corrispondenza dei pattini metallici produceva una scia di scintille sia per le sconnessioni dell'asfalto, sia per le oscillazioni – più evidenti nel caso della SF-23 – legate a un *porpoising* residuo che si è manifestato anche nei curvoni veloci e di cui è stato vittima soprattutto Carlos Sainz.

La vera rivelazione di questo fine settimana, anche se indizi in tal senso erano già emersi durante i test, è stata la Aston Martin. La AMR23 ha mostrato prestazioni di tutto rilievo soprattutto con Fernando Alonso. Nei fatti si è rivelata particolarmente efficace nel giro secco, ma anche nel passo gara. L'aerodinamica è risultata infatti molto efficace, con soluzioni raffinate e originali, che costituiscono una sorta di marchio di fabbrica del duo costituito da Dan Fallows, direttore tecnico, e Luca Furbatto, responsabile dell'aerodinamica del team di Silverstone. In dettaglio, è molto interessante e raffinata la sospensione anteriore, caratterizzata da un accentuato *anti-dive*, con la posizione dei punti di attacco del triangolo superiore, che di fatto segue un preciso angolo, non solo con finalità aerodinamiche di *downwash*, ma soprattutto di precisa gestione delle variazioni di altezza da terra. Molto interessanti i dettagli ben rifiniti di questa monoposto, con un'inedita soluzione che indica particolare originalità, a livello delle paratie laterali dell'ala posteriore. In pratica, nella parte inferiore, è presente un profilo divergente verso l'esterno che permette una gestione accurata dei flussi in uscita dalla zona, particolarmente sensibile, posta tra le ruote posteriori e l'ala stessa. In questo modo viene incrementata l'efficienza del diffusore a livello di estrazione dell'aria dal fondo.

## *SF-23 fragility doubts, fine debut for Aston Martin*

*Just a week after the three-day pre-season test session, it would have been unreasonable to expect revolutions among the cars that were in fact unchanged if not in certain details. In terms of performance, Ferrari and Red Bull showed their hands cautiously, with the first able to sustain a good race pace, thanks to reduced tyre decay, which still lagged behind the performance of the SF-23. Nonetheless, one fact emerged which brought together, albeit with different results, the RB19 and the SF-23, that is to say their set up in terms of ride height. Both used a set up characterised by a very low rear end in order to increase the downforce generated by the floor of the car. Consequently, there was frequent and eye-catching bottoming as the floor of the car came into contact with the asphalt, the metal sliders producing a stream of sparks due both to the irregularities of the track surface and the oscillations – more evident in the case of the SF-23 – associated with a residual porpoising that also manifested in fast corners and was suffered above all by Carlos Sainz.*

*The true revelation of this weekend, although indications in this sense had emerged during testing, was the Aston Martin. The AMR23 displayed excellent performance, above all in the hands of Alonso. It proved to be particularly efficient in qualifying, but also displayed good race pace. The aerodynamics proved to be very efficient, with sophisticated original features that represent something of a trademark for the duo composed of technical director Dan Fallows and Luca Furbatto, the Silverstone team's chief aerodynamicist. Specifically, the front suspension was very refined and interesting, characterised by an accentuated anti-dive layout, with the upper wishbone mount positions ensuring the component was set at a precise angle for aerodynamic downwash purposes but above all for the precise management of ride height variations. The very well finished details of this car were extremely interesting, with a new feature displaying particular originality on the rear wing end plates. The lower section presented a winglet on the outside that permitted accurate management of the flows exiting the particularly sensitive area between the rear wheels and the wing itself. In this way, the efficiency of the diffuser in terms of the extraction of air from the underside of the car was enhanced.*

### Pilone singolo ala posteriore SF-23 e differente diagramma pressioni aerodinamiche

La SF-23, con un'ala posteriore caratterizzata dal singolo pilone, presenta una distribuzione delle pressioni sotto il fondo completamente diversa rispetto alla monoposto precedente, consentendo di adottare altezze da terra minime senza innescare il *porpoising*.

### *SF-23 single rear wing pylon and different air pressures diagram*

*The SF-23, with a rear wing characterised by a single pylon, presented a distribution of underbody pressure that was completely different to that of the previous car, permitting the adoption of minimal ride heights without triggering porpoising.*

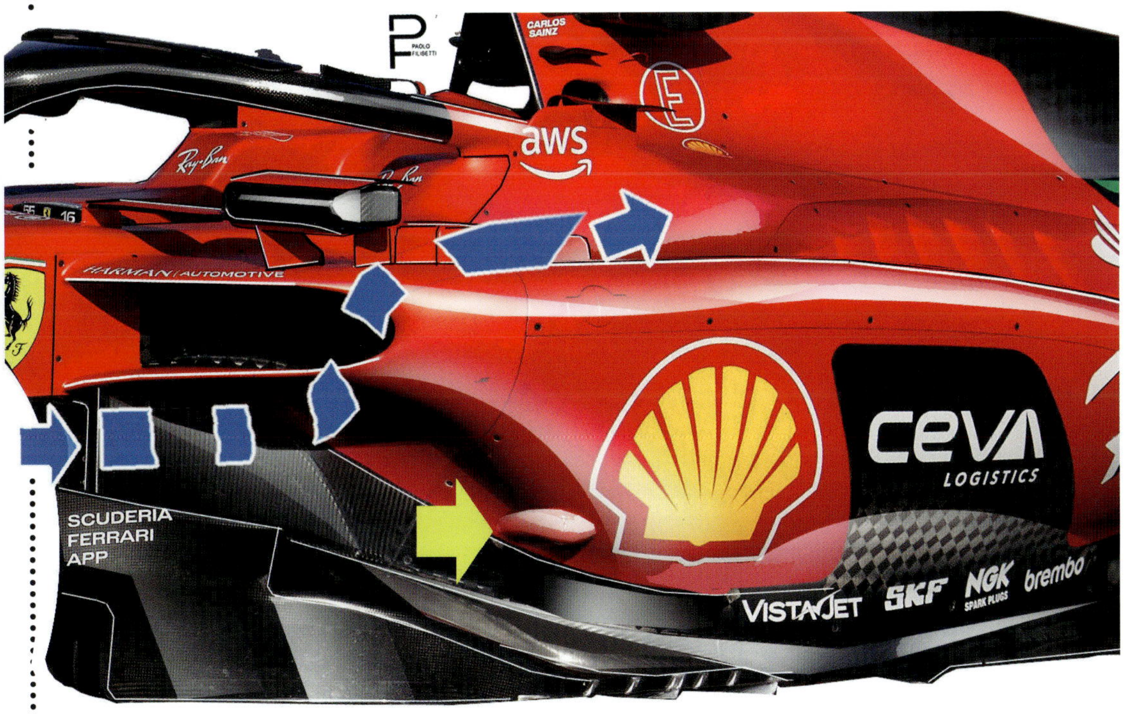

### Dettaglio fiancate

Interessante notare come il profilo inferiore delle fiancate sia decisamente più scavato sulla SF-23 rispetto alla monoposto del 2022. I coni anti intrusione inferiori sono infatti messi in risalto dalla presenza di una vistosa protuberanza nel profilo scavato della fiancata. La posizione di questi elementi costituisce un evidente limite all'incremento della profondità dello scasso inferiore.

### *Sidepods detail*

*It is interesting to note how the lower section of the sidepods had a significantly sharper undercut on the SF-23 with respect to the 2022 car. The lower anti-intrusion cones were in fact highlighted by the presence of a conspicuous protruberance on the undercut profile of the sidepod. The positioning of these elements represents an evident limit to the increase in the depth of the lower cutaway.*

### Confronto sospensione anteriore SF-23 e AMR23

Molto interessante il confronto tra l'*anti-dive* della sospensione anteriore della Ferrari SF-23 e quello della Aston Martin AMR23. Si nota come nella prima la posizione dei punti di attacco del triangolo superiore determini una minore inclinazione dei bracci rispetto alla monoposto inglese. In pratica, pur essendo presente un *anti-dive*, questo è molto meno accentuato.

### *SF-23 and AMR23 front suspension comparison*

*There is a very interesting comparison to be made between the front suspension of the Ferrari SF23 and that of the Aston Martin AMR23. Note how on the first, the position of the upper wishbone mounts determines a slighter inclination of the arms with respect to the British car. In practice, while an anti-dive layout was present, it was much less accentuated.*

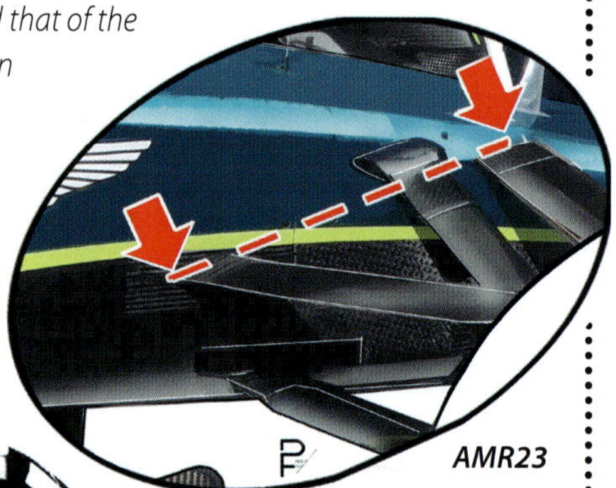

### Dettaglio fiancate RB19

Si nota l'andamento fortemente spiovente delle fiancate, che mette in risalto la parte inferiore del cofano motore, in questo caso caratterizzata dalla presenza di ampie branchie per lo smaltimento del calore.

### *RB19 sidepod detail*

*Note the steeply sloping configuration of the sidepods, which hightlighted the lower part of the engine cover, in this case characterised by the presence of large heat dispersal gills.*

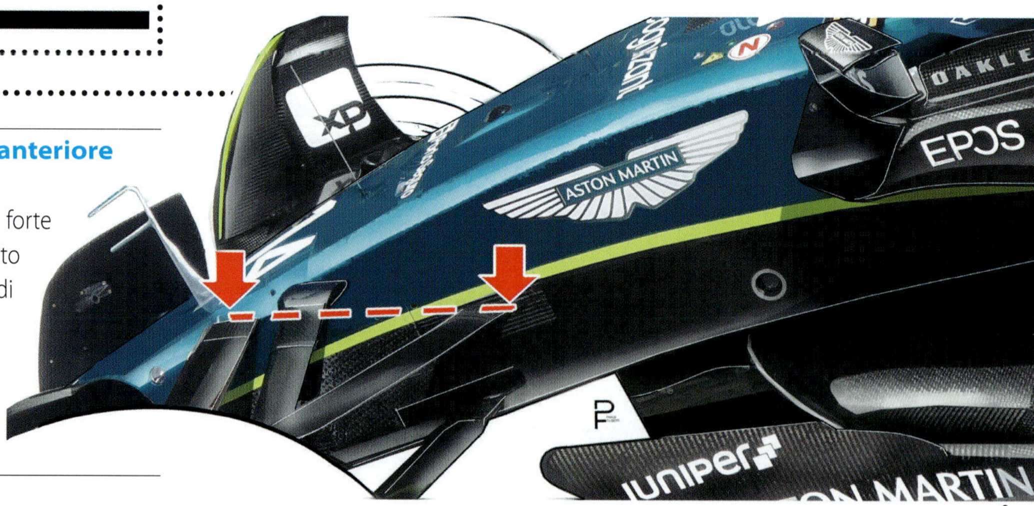


### Aston Martin AMR23: dettaglio sospensione anteriore

Molto interessante la sospensione anteriore della AMR23. Pur avendo mantenuto lo schema *push rod* è caratterizzata da una forte inclinazione dei bracci del triangolo superiore. In pratica è molto accentuata, come sulla RB19, la prerogativa *anti-dive*. Si tratta di una scelta che consente una precisa gestione delle variazioni di altezza da terra all'avantreno, con una ripercussione molto positiva al retrotreno per quanto concerne la trazione e quindi il grip.

### *Aston Martin AMR23: front suspension detail*

*The front suspension of the AMR23 was very interesting. While the push rod layout was retained, it was characterised by the steep inclination of the upper wishbone arms. In practice, the anti-dive layout was particularly accentuated, as on the RB19. This was a choice that permitted precise management of the front end ride height variations, with a very positive effect on the rear end with respect to traction and therefore grip.*

### W14: vista laterale

Nella vista laterale complessiva di questa vettura si può notare come convivano diversi concetti. In sostanza, le fiancate sono rimaste "zero pod", ma nello stesso tempo è stata incrementata la sezione della carrozzeria a livello del cofano motore, caratterizzata da due ampi bazooka che convogliano l'aria calda in uscita dagli scambiatori all'altezza della *beam wing*.

### *W14: side view*

*The overall side view of this car reveals how diverse concepts co-existed. Essentially, the "zero pod" configuration was retained, but at the same time the section of the bodywork at the engine cover level was increased and was characterised by two large bazookas which channelled the hot air exiting the heat exchangers in correspondence with the beam wing.*

### Dettaglio sospensione RB19

Non è un caso che la RB19 presenti una sospensione anteriore caratterizzata da un *anti-dive* molto accentuato, con una forte inclinazione dei bracci del triangolo superiore, come sulla AMR23. La monoposto del team di Silverstone, infatti, si è largamente ispirata a soluzioni dinamiche e aerodinamiche della Red Bull.

### *RB19 suspension detail*

*It was no coincidence that the RB19 presented front suspension characterised by a very accentuated anti-dive layout, with the upper wishbone arms sharply inclinced, as on the AMR23. The Silverstone-based team had in fact been heavily influenced by the dynamic and aero features of the Red Bull.*

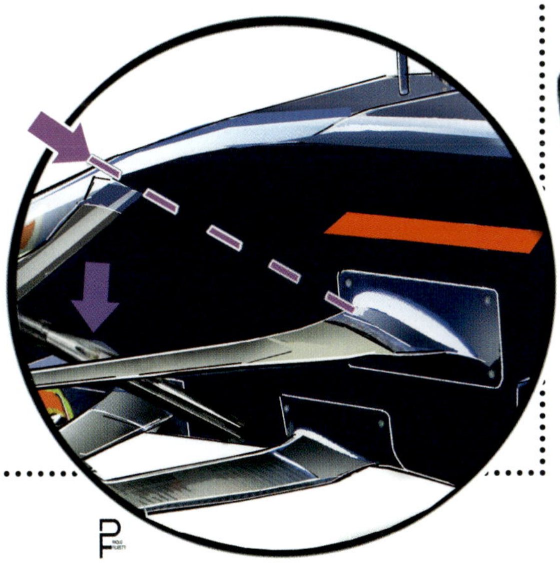

### Dettaglio fondo Mercedes W14

Nonostante il concetto aerodinamico di questa vettura sia rimasto quello dello "zero pod", è interessante notare come i tecnici del team di Brackley abbiano adottato un fondo particolarmente complesso nella zona del marciapiede, per determinare una diversa distribuzione delle pressioni inferiori e ovviare ai problemi legati al *porpoising* tipici della W13.

### *Mercedes W14 floor detail*

*Despite underlying the aerodynamic concept of this car still being a "zero pod" configuration, it is interesting to note how the Brackley engineers adopted a particularly complex floor design in the footplate area, so as to achieve different distribution of the lower air pressures and overcome the problem associated with the porpoising typical of the W13.*

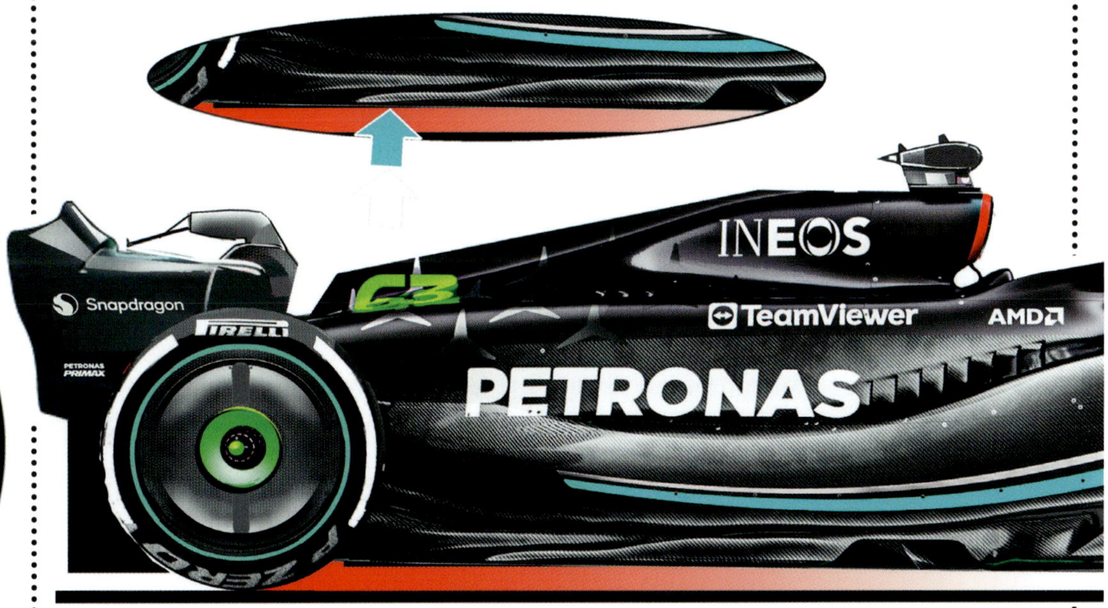

# STC SAUDI ARABIAN GRAND PRIX 2023

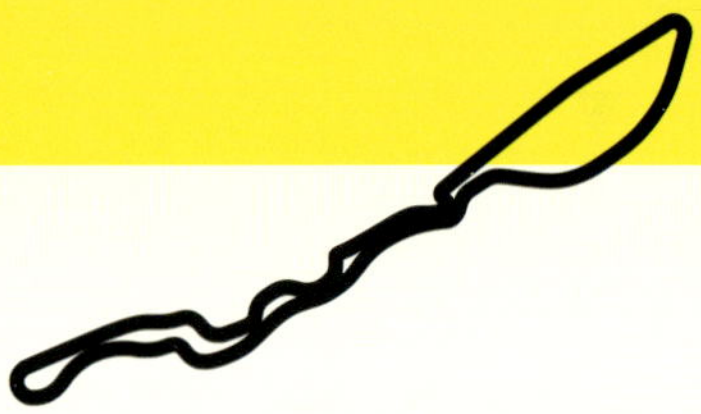

**JEDDAH**
**JEDDAH CORNICHE CIRCUIT**
**19** MARZO *MARCH*

## Ferrari evoluta in Arabia

Sul veloce tracciato di Jeddah le modifiche introdotte dai team si sono concentrate essenzialmente sulla ricerca di efficienza. Ferrari ha portato come novità principale l'alettone posteriore a pilone singolo, che già era stato montato su entrambe le monoposto a partire dalla FP1. Ciò a dimostrazione del fatto che la modifica al singolo supporto verticale, dopo il Bahrain, è stata considerata del tutto affidabile. Il singolo pilone, infatti, presentava una sezione maggiore rispetto alla versione vista in Bahrain.
Accanto a questo dato, che già in sé possiamo considerare rilevante in quanto dimostra la reattività della Scuderia nell'approntare rapidi correttivi, va sottolineato che quest'ala posteriore ha anche avuto una profonda influenza a livello di miglioramento dell'estrazione del flusso d'aria da sotto la monoposto. In questo modo ha costituito un elemento che favoriva il mantenimento del centro di pressione aerodinamica dietro al baricentro della vettura. Per scendere nel dettaglio, è corretto considerare si sia trattata di una condizione peculiare per ridurre i fenomeni che inducono il *porpoising*. In sostanza, mantenendo il centro di pressione aerodinamica dietro l'asse del baricentro della monoposto, i trasferimenti di carico tra avantreno e retrotreno non sono né pronunciati né tanto meno causa di perdita di aderenza del retrotreno che manterrebbe, in questo modo, un'adeguata aderenza a favore della trazione degli pneumatici posteriori. Ciò ridurrebbe il surriscaldamento del battistrada all'origine dell'elevato degrado visto in Bahrain due settimane prima.
In aggiunta, la Ferrari ha adottato un'ala anteriore rivisitata nell'area dei flap vicino alle paratie laterali in modo da aumentare notevolmente le capacità di deviazione delle turbolenze all'esterno delle ruote. Nel dettaglio, il bordo di attacco posteriore del flap alla paratia ora è più avanzato creando una sorta di apertura con taglio a L, inferiormente, davanti alle ruote, e incrementando il passaggio del flusso verso l'esterno. È stato interessante notare che anche il bordo laterale del fondo sia stato rivisto con un profilo diverso dalla sua posizione mediana, verso l'estremità davanti alle ruote posteriori. Quest'ultima modifica non è stata solo introdotta in funzione del layout della pista, ma può essere considerata come uno sviluppo pianificato che aumenta l'efficienza del fondo in termini di carico generato.
Sulla Red Bull RB19 gli interventi sono stati eminentemente di adattamento al tracciato. Nello specifico, l'ala anteriore presentava sia un profilo superiore quanto mai scarico, quindi con una minima incidenza del flap mobile rispetto al profilo stesso, ma anche la *beam wing* presentava un'incidenza ridotta per garantire massima scorrevolezza, caratteristica premiante su questa pista. Al di là di questi elementi, di normale amministrazione per il team di Milton Keynes, ha creato un certo allarme tra i tecnici della squadra, una serie di problemi riscontrati al cambio, prima sulla vettura di Sergio Pérez, poi su quella di Max Verstappen, che hanno richiesto precauzionalmente la sostituzione della trasmissione per entrambi, tra venerdì e sabato, prima delle qualifiche. In ogni caso è corretto sottolineare che il cedimento del semiasse destro della RB19 dell'olandese non abbia avuto un collegamento diretto con i problemi riscontrati.

## *Ferrari evolves in Saudi*

*On the fast Jeddah circuit, the modifications introduced by the teams were essentially focussed on the search for aerodynamic efficiency. Ferrari's principal innovation was the single pylon rear wing, which was fitted to both cars from FP1. This shows that the single vertical pylon was considered to be wholly reliable after Bahrain. The single pylon in fact had a larger section with respect to the version seen in Bahrain.*
*In addition to this fact, which in itself can be considered significant as evidence of the Scuderia's responsiveness in when rapid modifications, it should be emphasised that the rear wing was also profoundly influential in terms of improving the extraction of airflow from beneath the car. It thereby constituted an element that favoured the maintenance of the centre of aerodynamic pressure behind the car's centre of gravity. In detail, it would be right to consider this as a specific means of reducing the phenomena that induce porpoising. By maintaining the centre of aerodynamic pressure behind the axis of the car's centre of gravity, the shifts in loading from front to rear are neither pronounced nor the cause of losses of grip at the rear end to the benefit of the traction of the rear wheels. This was designed to reduce the overheating of the tread that had given rise to the deterioration seen in Bahrain two weeks earlier.*
*In addition, the Ferrari featured a front wing that had been revised in the area of the flaps close to the end-plates in order to significantly increase their capacity for deviating the turbulent air outside the wheels. The rear leading edge of the end-plate flap was now further forwards, creating a kind of L-shaped aperture, low down, ahead of the wheels, thereby increasing the flow of air towards the outside. It was interesting to note that the side edge of the floor had also been revised with a different profile from its mid-point towards the extremity ahead of the rear wheels. This last modification was introduced not solely in relation to the track layout, but can be considered as planned development that enhanced the efficacy of the floor in terms of the downforce generated.*
*On the Red Bull RB19, the modifications were instead*

*specific track adaptations. In detail, the front wing presented a very light upper profile, with minimal incidence on the mobile flap with respect to the wing itself, while the beam wing also presented a reduced incidence in order to guarantee maximum penetration, a favourable characteristic on this circuit. Aside from these elements, part and parcel of the general administration for the Milton Keynes team, series of problems with the gearbox, firstly on Sergio Pérez's car and then Max Verstappen's, caused a degree of alarm among the team's engineers. The issue required the replacement of the transmission on both single-seaters between the Friday and the Saturday, ahead of qualifying. In any case, it has to be pointed out that the failure of the right-hand driveshaft on the Dutchman's RB19 had no direct link with the problems encountered.*

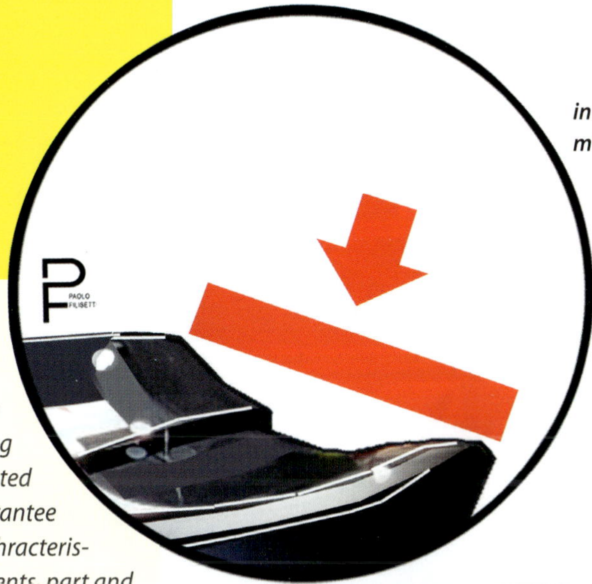

### Ala posteriore

La Red Bull ha introdotto sulla RB19 un'ala posteriore caratterizzata da un'incidenza minima sia del profilo inferiore (*beam wing*) sia di quello principale, a favore della scorrevolezza, fattore cruciale su questa pista.

### *Rear wing*

*On the RB19 Red Bull introduced a rear wing characterised by minimal incidence of both the beam wing and the main plane to the benefit of penetration, a crucial factor on this circuit.*

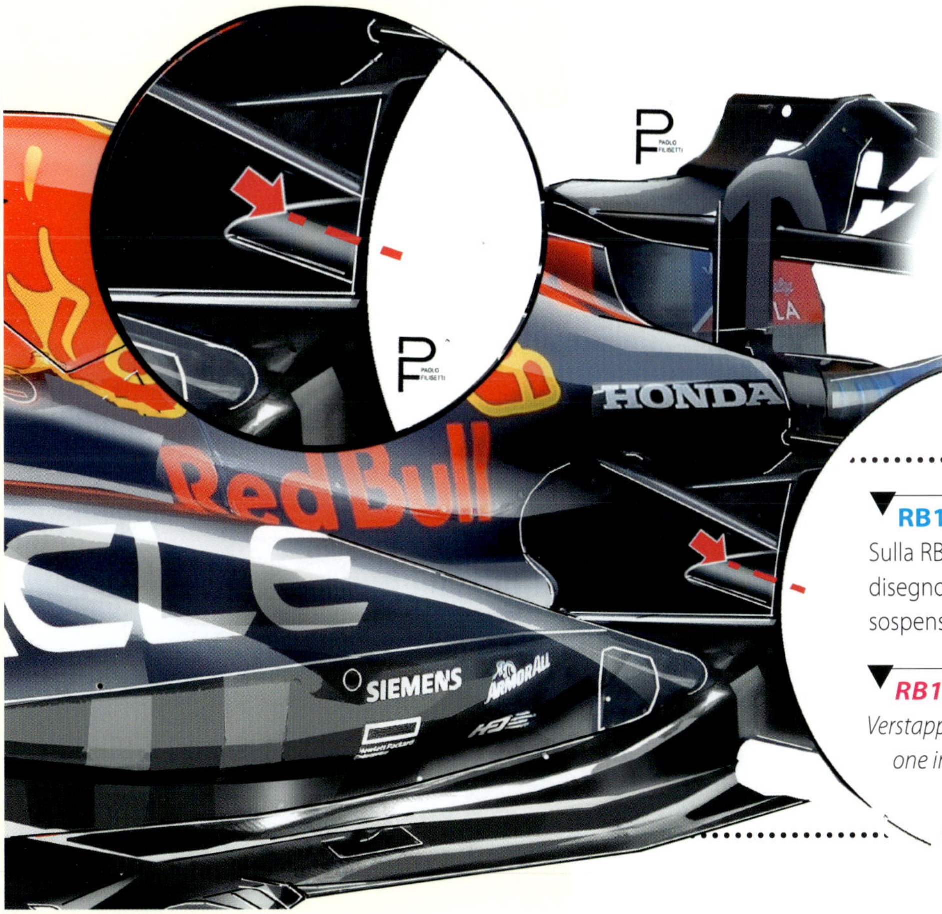


### RB19: cedimento semiasse

Sulla RB19 di Verstappen ha ceduto il semiasse destro, speculare a quello nel disegno, di cui è evidenziata la collocazione nella carenatura inferiore della sospensione.

### *RB19: driveshaft failure*

*Verstappen's RB19 suffered a failure of the right-hand driveshaft, mirroring the one in the drawing, the location of which in the lower suspension fairing is highlighted.*

### Ferrari SF-23: ala anteriore da basso carico e forte out wash

A Jeddah è stata introdotta un'evoluzione dell'ala anteriore. I flap sono di corda ridotta, così pure la loro incidenza quasi nulla verso le paratie. Un'ala per alte velocità, con un raccordo con la paratia, avanzata rispetto al bordo di uscita.

### *Ferrari SF-23: low downforce front wing and strong out wash*

*Ferrari introduced an evolution of its front wing in Jeddah. The flaps had a reduced chord, while their incidence was virtually eliminated towards the endplates. A wing for high speeds, with an endplate union that was advanced with respect to the trailing edge.*

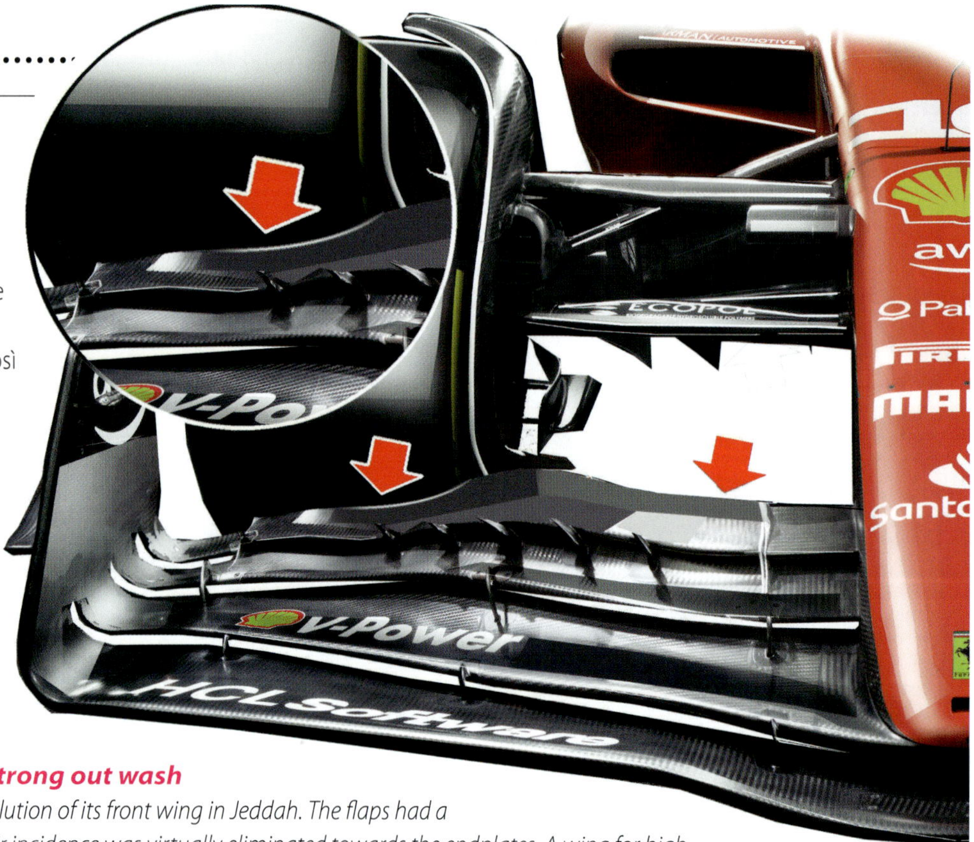

### Ferrari SF-23: ala posteriore mono pilone

In Arabia ha debuttato finalmente la versione mono pilone dell'ala posteriore. Era stata accantonata in Bahrain per eccessiva flessibilità del supporto, ora rinforzato. Quest'ala ha un beneficio anche sull'efficienza del diffusore posteriore.

### *Ferrari SF-23: single pylon rear wing*

*The single pylon version of the rear wing finally made its debut in Saudi Arabia. It had been put to one side in Bahrain due to the excessive flexing of the support which had now been reinforced. This wing also had the benefit of enhancing the efficacy of the rear diffuser.*

### Freno anteriore RB19 e dettaglio pinza con pins

Interessante il corner anteriore della RB19 dove si nota la pinza Brembo e le canalizzazioni interne al cestello per la sua ventilazione. Nel dettaglio, si notano i numerosi *pins* con la funzione di smaltimento del calore, su gran parte della superficie della pinza.

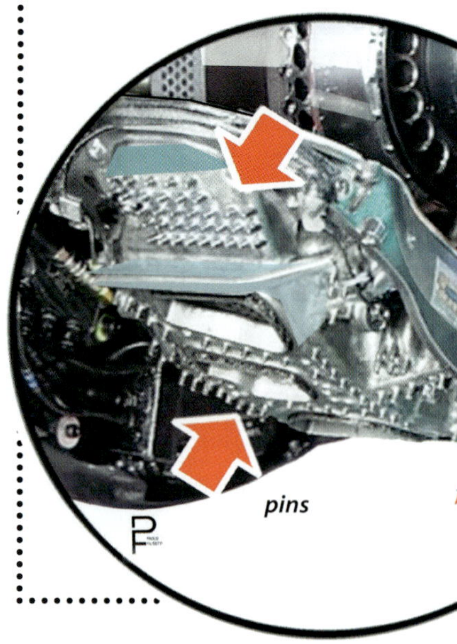

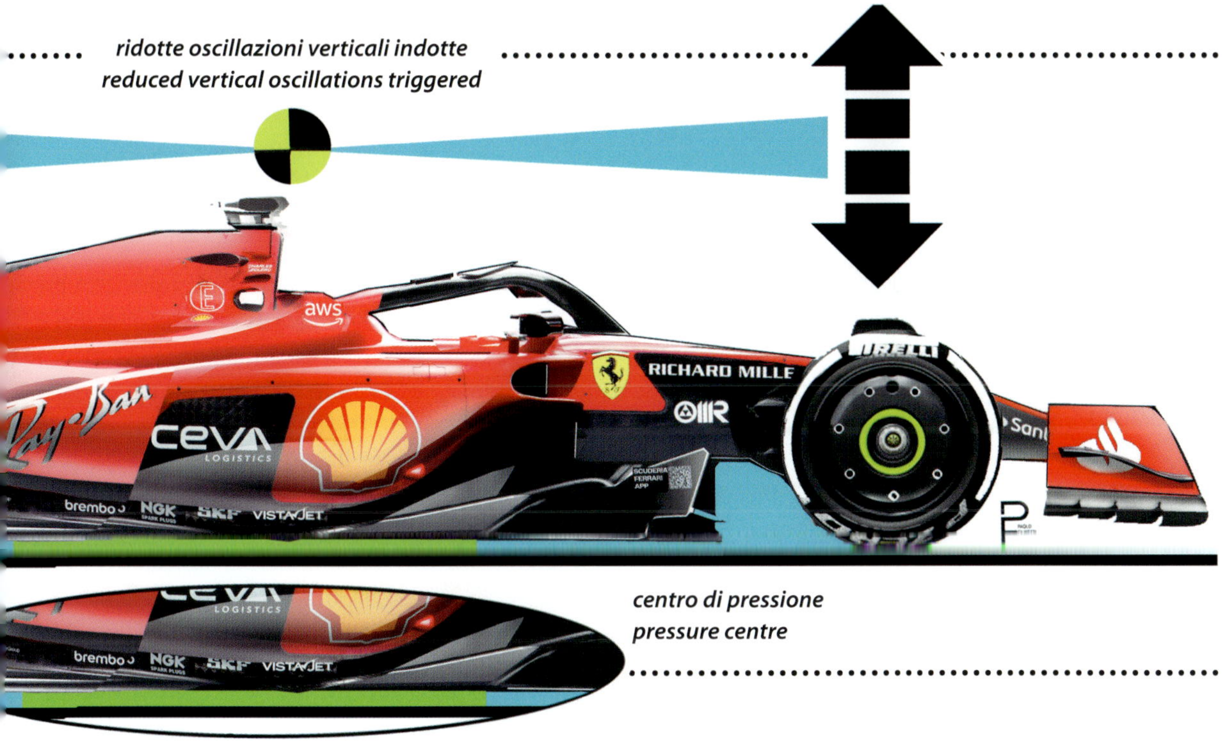


### SF-23: diagramma vista laterale centro di pressione

La nuova ala posteriore ha migliorato l'estrazione del flusso d'aria che lambiva il fondo. In questo modo ha favorito il mantenimento stabile del centro di pressione aerodinamica dietro il baricentro della vettura.

### *SF-23: side view pressure centre diagram*

*The new rear wing improved the extraction of the flow of air under the floor. It thereby favoured the maintenance of the centre of aerodynamic pressure behind the car's centre of gravity.*

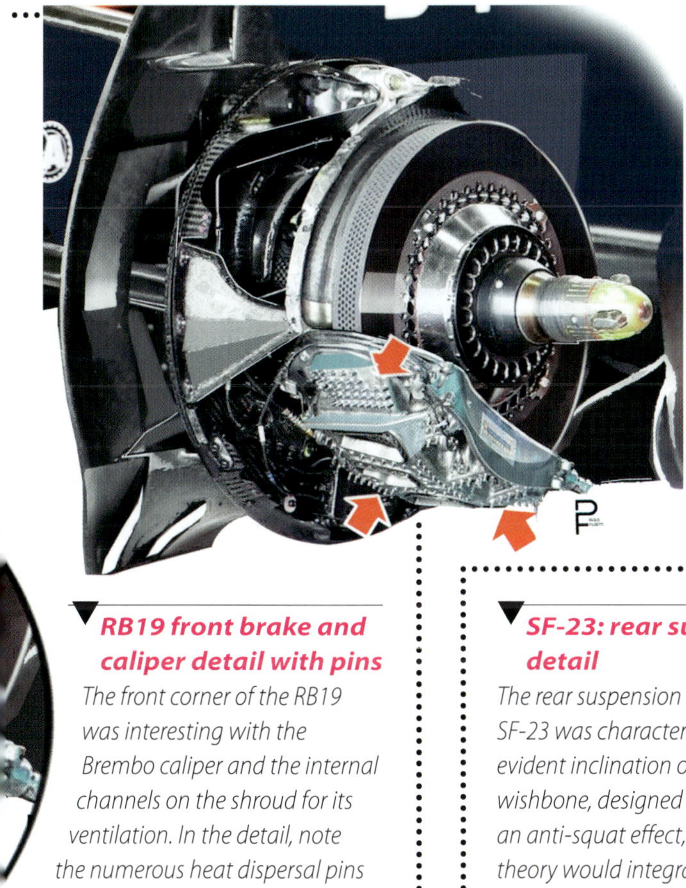

### *RB19 front brake and caliper detail with pins*

*The front corner of the RB19 was interesting with the Brembo caliper and the internal channels on the shroud for its ventilation. In the detail, note the numerous heat dispersal pins across much of the surface of the caliper.*

### SF-23: dettaglio sospensione posteriore

La sospensione posteriore della SF-23 è caratterizzata da un'evidente inclinazione del triangolo superiore a favore di un effetto *anti-squat*, che in teoria si doveva ben integrare con altezze da terra molto ridotte a favore dell'incremento del carico aerodinamico.

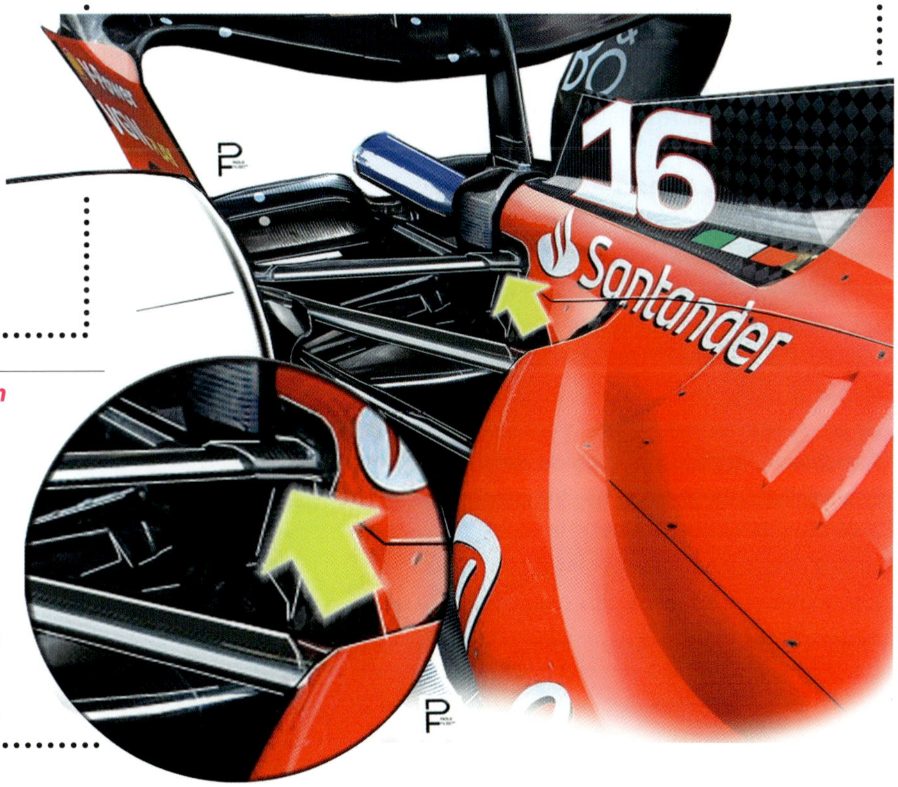

### *SF-23: rear suspension detail*

*The rear suspension of the SF-23 was characterised by an evident inclination of the upper wishbone, designed to provide an anti-squat effect, which in theory would integrate well with the very low ride heights and favour an increase in downforce.*

# ROLEX AUSTRALIAN GRAND PRIX 2023

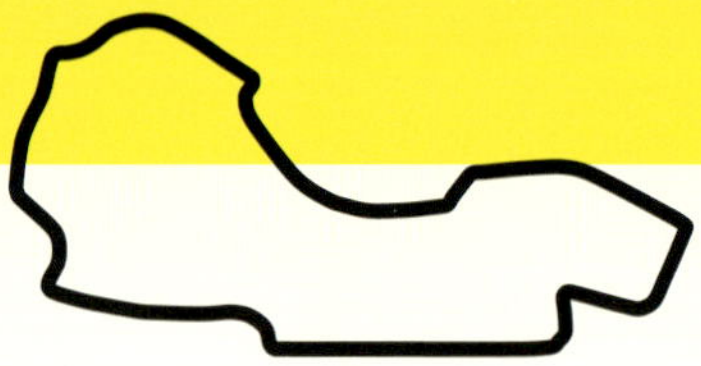

**MELBOURNE**
**ALBERT PARK**
**2** APRILE *APRIL*

## Poche modifiche per tutti tranne che per Ferrari e Red Bull

Per ridurre gli ingenti sforzi logistici che implica il Gran Premio d'Australia, i team hanno optato per non introdurre, nell'appuntamento agli antipodi, sostanziali modifiche alle monoposto, rimandandoli a gare meno lontane dalle loro sedi. Anche questa volta il panorama delle novità è stato piuttosto ristretto, con Ferrari e Red Bull che hanno comunque aggiornato le rispettive monoposto. Nel caso della Ferrari, in verità, non si è trattato di una novità in senso stretto poichè è stato portato, come anticipato, il fondo che era stato brevemente provato a Jeddah e poi accantonato. A Melbourne è stato montato in FP1 solo sulla monoposto di Carlos Sainz, per un confronto con la versione precedente montata da Charles Leclerc. Nella seconda sessione è stato montato su entrambe le vetture, confermando che la modifica era stata deliberata dopo l'analisi dei dati risultati positivi. Entrando nel dettaglio, l'ultima versione è stata caratterizzata da un profilo ad arco in mezzo al bordo laterale, funzionale a un centro di pressione aerodinamica più stabile e meno sensibile alle variazioni di altezza da terra. Non una soluzione in grado di risolvere il problema dell'elevato degrado degli pneumatici posteriori, ma sicuramente un intervento che è andato nella giusta direzione, in attesa del debutto dell'ampio pacchetto di novità previsto a Imola per quanto riguarda una versione modificata della sospensione posteriore e un'ulteriore evoluzione del fondo; in Spagna si sarebbe poi visto un nuovo profilo posteriore delle fiancate, in parte ispirato a quello della Red Bull.

Proprio il team di Milton Keynes, nonostante il dominante inizio di stagione in Bahrain e Arabia, in Australia ha introdotto sulla RB19 un'ala anteriore inedita. Si è trattato di un triplice intervento che ha coinvolto i due flap regolabili di cui è stata incrementata la corda, per un maggiore appoggio verticale. Il raccordo con la paratia, invece, ha costituito una sorta di canale (scavo) in cui il flusso d'aria in uscita viene deviato all'esterno delle ruote incrementando l'effetto *outwash*. Con lo stesso intento è ora più pronunciata la curvatura verso l'esterno delle paratie laterali. Si è trattato, soprattutto per gli ultimi due dettagli, di modifiche non specifiche per l'utilizzo su questo tracciato, dunque più definitive. Colpisce come Adrian Newey e Pierre Waché abbiano cercato, nonostante la palese superiorità della RB19, di prevenire l'eventuale ritorno di Ferrari e Mercedes, non sottovalutando le doti di resilienza – leggi capacità tecniche – dei due team rivali. In realtà si è trattato di un approccio legato a una programmazione degli sviluppi già da tempo pianificata, con parti già prodotte, il cui effetto, seppur marginale, ha permesso di incrementare ulteriormente il gap prestazionale con gli avversari. In Formula 1, infatti, è corretto non dare mai nulla per scontato, con prestazioni e affidabilità indissolubilmente intrecciate tra loro in ragione della massima estremizzazione dei progetti, con componenti miniaturizzate per risparmiare peso, e la RB19 in quest'ambito è l'esempio più eccellente.

## *Minor modifications for everyone except Ferrari and Red Bull*

*To reduce the immense logistical issues involved in the Australian GP, the teams opted not to introduce any major changes to their cars down under, postponing them to races closer to their home facilities. Once again, the range of new features was rather narrow, with Ferrari and Red Bull nonetheless updating their respective single-seaters. In Ferrari's case, it was not exactly a novelty in the strict sense of the word, as they reinstated the floor that had been tested briefly in Jeddah and then shelved. In Melbourne, it was only fitted in FP1 to Sainz's car, for comparison with the earlier version run by Leclerc. In the second session it was fitted to both cars, confirming that the change had been signed off after positive analysis of the data. Specifically, the latest version was characterised by an arched profile in the middle of the lateral edge, providing a more stable centre of aerodynamic pressure that was less sensitive to variations in ride height. This feature was not capable of solving the issue of elevated rear tyre degradation, but certainly an intervention that was heading in the right direction ahead of the debut of the extensive package of novelties planned for Imola that involved a modified version of the rear suspension and a further evolution of the floor; in Spain a new rear sidepod profile would also be seen, partly inspired by the Red Bull design.*

*Despite a dominant start to the season in Bahrain and Arabia, it was to be the Milton Keynes team that introduced a brand-new front wing on the RB19 in Australia. The triple intervention involved the two adjustable flaps, the chord of which was increased for greater downforce. The connection with the endplate instead formed a sort of channel through which the outgoing air flow was diverted outside the wheels, increasing the out-wash effect. With the same intent, the outward curvature of the endplates was now more pronounced. In the case of these last two details in particular, the modifications were not specific for use on this track and were therefore more definitive. It is striking how Adrian Newey and Pierre Waché were focussed, despite the obvious superiority of the RB19, on preventing any comeback from Ferrari and Mercedes, refusing to underestimate the technical resilience of the two rival teams. This was actually an approach linked to a development programme that had already been planned for some time, with parts already produced. Their effect, albeit marginal, allowed the performance gap with respect to the team's rivals to increase even further. In Formula 1, in fact, it is correct never to take anything for granted, with performance and reliability inextricably intertwined due to the extreme nature of the designs, with miniaturised components saving weight; in this sense the RB19 was a perfect case in point.*

### Fondo SF-23

La Ferrari ha deliberato il fondo che era stato accantonato in Arabia. Era caratterizzato da un profilo laterale con la sezione centrale curva per ridurre la sensibilità alle variazioni di altezza da terra.

### *SF-23 Floor*

*Ferrari signed off on the floor that had been shelved in Saudiu Arabia. It was characterised a lateral edge with the central section curving to reduce sensitivity to ride height variations.*

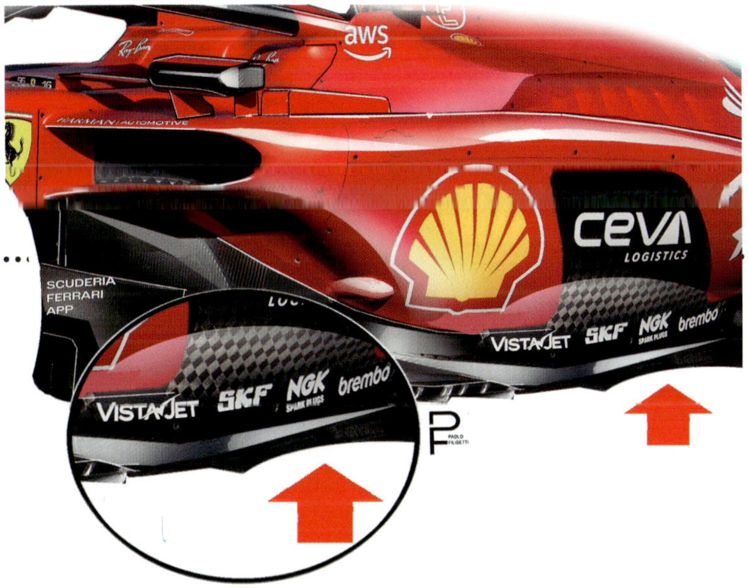

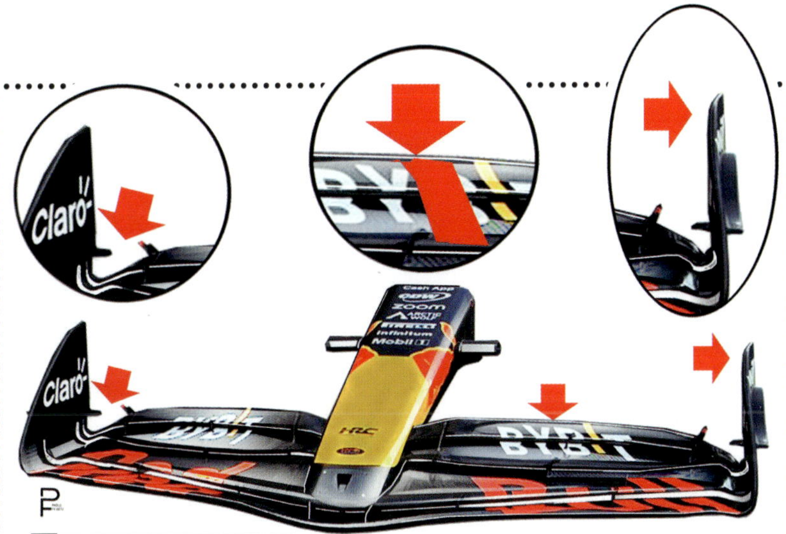

### Ala anteriore RB19

Nuova ala anteriore per la RB19 con i due ultimi flap di corda incrementata. Il raccordo con le paratie laterali curve verso l'esterno forma un canale per incrementare l'outwash.

### *RB19 front wing*

*New front wing for the RB19 with the final two flaps having an increased chord. The fairing with the curved endplates created a channel increasing the out-wash effect.*

SF90

### Confronto volanti Leclerc SF-23 / SF-90

Accade spesso, soprattutto nelle prime gare, che i piloti cerchino di migliorare l'ergonomia del proprio volante. Si tratta di modifiche talvolta impercettibili, ma che nel corso della stagione diventano molto più visibili, soprattutto nel posizionamento dei vari interruttori e nelle funzioni a loro assegnate. Un confronto interessante tra il volante di Leclerc e quello da lui usato nel suo primo anno in Ferrari, lo rivela in maniera sottile.

SF-23

### *Leclerc SF-23 / SF-90 steering wheel comparison*

*The drivers frequently attempt to improve the ergonomics of their steering wheel, especially at the early races. These modifications are sometimes imperceptible, but over the course of the season become much more apparent, especially with regard to the positioning of the various switches and the functions assigned to them. This is revealed in the comparison between Leclerc's steering wheel and the one he used in his first year at Ferrari.*

### Confronto tra i fondi della F1-75, SF-23 e RB19

Interessante notare i dettagli che spesso sono nascosti alla vista. Nel confronto tra il fondo della F1-75 e la SF-23, si nota una sostanziale continuità concettuale, soprattutto nella sezione centrale, mentre le differenze sono concentrate in particolare a livello del bordo laterale. Notevole, invece, la differenza di impostazione con quello della RB19, dove sono radicalmente diverse sia le sezioni dei canali Venturi, sia la conformazione della sezione centrale, caratterizzata da evidenti discontinuità del suo profilo.

SF-23

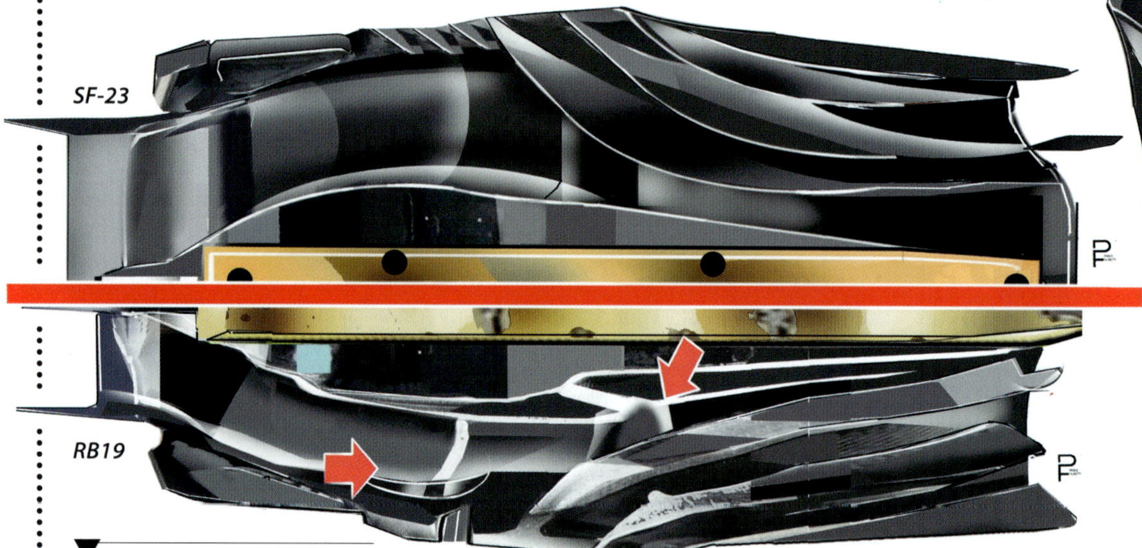

RB19

### *Comparison of the F1-75, SF-23 and RB19 floors*

*It is interesting to note the details that are frequently hidden from sight. In the comparison between the F1-75 and SF-23 floors we can see a substantial conceptual continuity, above all in the central section, while the differences are concentrated around the lateral edge. There is instead a significant difference with respect to the configuration of the RB19 floor which was radically different in terms of the Venturi channel sections and the form of the central section, characterised by clear discontinuities in its profile.*

RB19

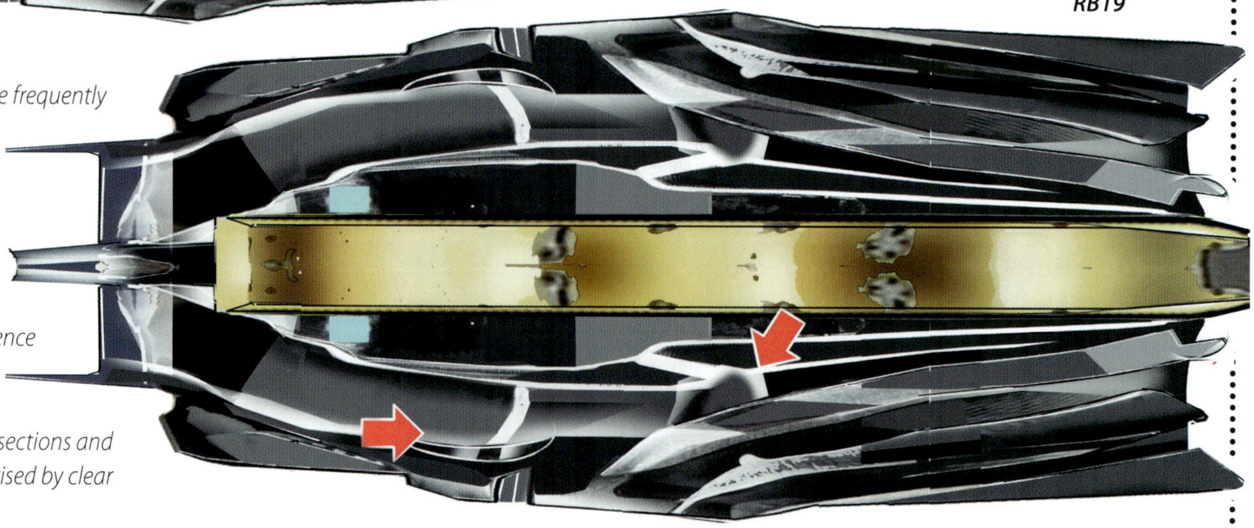

# AZERBAIJAN GRAND PRIX 2023

## Red Bull sviluppa la RB19 nonostante il vantaggio sui rivali

A Baku, date le caratteristiche specifiche del tracciato, la maggior parte dei team non ha apportato modifiche alle vetture limitandosi esclusivamente a quelle necessarie come adattamento al layout della pista. La Ferrari è tra queste, con la SF-23 semplicemente dotata di un'ala posteriore da basso carico, ma sorretta da un doppio pilone al posto di quello singolo che aveva debuttato a Jeddah per ovviare a eventuali problemi di flessione indotti dalla maggiore lunghezza di questo elemento per il posizionamento più alto del profilo dell'ala. Trattandosi della SF-23 che aveva corso in Australia, a eccezione appunto della configurazione da basso carico, la pole position ottenuta il venerdì da Leclerc non è stata affatto scontata, con la vettura che, in qualifica, ha mostrato quanto su questa pista le sue prestazioni si fossero, sul giro secco, allineate a quelle della RB19. Una performance indubbiamente legata alla conformazione del tracciato di Baku (*track related*, come dicono gli Inglesi), caratterizzato da lunghissimi rettilinei e nessun curvone veloce, dove l'equilibrio aerodinamico e dinamico di una monoposto sono fondamentali; qualità, come evidenziato dalle prime tre gare, che costituiscono i punti di maggior debolezza delle "rosse".

In sostanza, Baku non ha messo in risalto i difetti congeniti della monoposto di Maranello, esaltandone, invece, le qualità. Come noto, infatti, il progetto della SF-23 è stato improntato alla massima scorrevolezza in rettilineo, ovvero a produrre poca resistenza all'avanzamento, qualità qui determinante, che ha permesso alla potenza del propulsore di essere sfruttata non solo per contrastare tale resistenza, ma anche per incrementare la velocità nei lunghi tratti rettilinei. Corretto è sottolineare che il secondo tentativo di Charles Leclerc in Q3, abbia evidenziato come anche le regolazioni a livello di assetto dinamico e aerodinamico avessero influenzato positivamente la prestazione globale. Il monegasco, infatti, non solo ha segnato il miglior tempo nel primo settore, ma anche nel secondo, quello dove il bilanciamento della vettura diventa cruciale.

La Red Bull, per contro, solo in qualifica (rifacendosi poi in gara grazie alla consistenza del suo passo) non è riuscita a mantenere il gap prestazionale che aveva mostrato nelle prime tre gare. Come noto, il DRS a Baku, a causa della configurazione aerodinamica scarica adottata da tutti, perde gran parte della sua efficacia e, specificamente per la RB19, in qualifica si è verificato proprio questo. Partendo dalla certezza di disporre di un'arma forse meno efficace, i tecnici di Milton Keynes hanno ritenuto opportuno introdurre proprio in Azerbaijan una modifica definitiva alle imboccature delle fiancate. È stata infatti ridotta la loro sezione verticale, a favore di un incremento del canale tra il bordo inferiore delle fiancate e il fondo, migliorando così la scorrevolezza della RB19 e riuscendo in contemporanea a garantire lo stesso scambio termico. Insomma una soluzione ideale, che Adrian Newey ha potuto attuare grazie al progetto modulare di questa vettura che consente la massima libertà di sviluppo. Questo geniale intervento è stato peraltro affiancato da una rinnovata modalità di utilizzo del propulsore Honda, che non ha manifestato problemi di *clipping* in fondo ai rettilinei (la perdita di potenza per esaurimento della carica della batteria). Sola eccezione, tra gli altri team, a introdurre un pacchetto aerodinamico di sviluppo, è stata la McLaren. Le MCL60 di Lando Norris e Oscar Piastri, infatti, montavano una versione rivista del fondo a livello del bordo laterale del marciapiede. In pratica, rispetto alla versione vista a Melbourne, ora era caratterizzato da una soffiatura che separava la porzione anteriore, dove è presente il profilo a espansione che mette in risalto la porzione finale dei convogliatori sotto il fondo, e la seziona davanti alle ruote posteriori. Quest'ultima, peraltro, ha perso la soffiatura longitudinale che separava il profilo esterno dalla porzione più interna del fondo adottando, di fatto, una conformazione del bordo laterale analoga a quella che era stata brevemente testata in FP1 ad Abu Dhabi nel 2022. Questa versione, infatti, include anche il profilo separatore orizzontale che energizza il flusso nella zona davanti alle ruote posteriori. Difficile valutare, soprattutto per le peculiarità di questo tracciato, la portata dei benefici di questa soluzione.

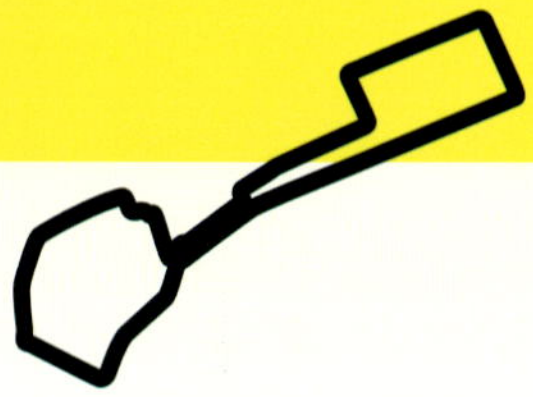

**BAKU**
**BAKU CITY CIRCUIT**
**30 APRILE / APRIL**

## *Red Bull develops the RB19 despite its advantage over its rivals*

*Given the specific characteristics of the circuit, at Baku most teams decided not to modify their cars, restricting themselves to those changes required to adapt them to the layout of the track. Ferrari was one of these, with the SF-23 simply equipped with a low downforce rear wing carried on twin pylons rather than the single support which had debuted at Jeddah in order to prevent any issues with flexing induced by the taller element required by the higher wing location. As this was the SF-23 which had raced in Australia, with the exception of the low downforce configuration, Leclerc's conquest of pole position on the Friday was quite a feat, with the car in qualifying trim showing that its flying lap performance at Baku was in line with that of the RB19. This performance was without doubt track related, with Baku characterised by very long straights and a lack of those fast curves in which the aerodynamic balance and handling of the car are fundamental qualities but major weaknesses of the rosse, as highlighted in the first three races.*

*In short, Baku concealed to some extent the congenital defects of Maranello's car while instead exalting its qualities. As is well known, in fact, the SF-23 project was based on optimal straight-line penetration, that is to say on creating as little drag as possible, something that was determinant here and which allowed the power of the engine to be exploited not simply to counter this drag, but also to increase speed on the long straights. It is only right to underline that Charles Leclerc's second attempt in Q3 highlighted how the regulations regarding dynamic and aerodynamic set-up adjustments positively influenced overall performance. The Monégasque not only recorded the fastest time in the first sector, but also in the second, where the car's balance become crucial.*

*In qualifying at least, the Red Bull was unable to maintain the performance gap it had shown in the first three Grands Prix, whilst its consistent pace in the race itself paid dividends. Due to the low downforce configuration adopted by all the teams, DRS loses much of its efficacy at Baku, and this was the case with the RB19 in qualifying. Knowing that they would be fielding a less effective car, the Milton Keynes engineers felt that it would be a good time to introduce a definitive modification to the sidepod mouths in Azerbaijan. Their vertical section was in fact reduced in favour of an increase of the channel between the lower edge of the sidepods and the floor, thereby improving the penetration of the RB19 while at the same time guaranteeing the same thermal exchange. In short, an ideal solution which Newey was able to implement thanks to the modular design of the car that permitted the utmost freedom in development. This ingenious modification was also flanked by a revised mapping of the Honda power unit, which showed no clipping problems at the end of the straights (a loss of power due to the depletion of the battery charge).*
*Among the other teams, the only one to introduce an aerodynamic development package was McLaren. Norris and Piastri's MCL60s were in fact fitted with a revised version of the floor that differed in the area of the side edge of the footplate. In practice, compared to the version seen in Melbourne, it now featured a vent that separated the front portion with its expansion profile highlighting the final section of the ducting under the floor, and the section ahead of the rear wheels. This last, moreover, lost the longitudinal vent that separated the external profile from the innermost portion of the floor, adopting, in fact, a side edge configuration similar to the one that was briefly tested in FP1 at Abu Dhabi in 2022. This version, in fact, also included the horizontal separator profile energising the air flow in the area ahead of the rear wheels. Given the peculiarities of this circuit, it is difficult to assess the extent of the benefits brought by this feature.*

### RB19: imboccature delle fiancate miniaturizzate per aumentare l'efficienza aerodinamica

La Red Bull ha introdotto una modifica rilevante alle imboccature delle fiancate, riducendone la sezione per migliorare l'efficienza della RB19. La ridotta sezione verticale non ha implicato una diminuzione dello scambio termico garantito, grazie a un accurato studio delle pressioni del flusso d'aria in ingresso.

### *RB19: miniaturized sidepod mouths to enhance aerodynamic efficiency*

*Red Bull introduced a significant modification to the sidepod mouths, reducing their section to improve the efficiency of the RB19. The reduced vertical section did not lead to a reduction in the guaranteed thermal exchange thanks to careful study of the pressures of the incoming air flow.*

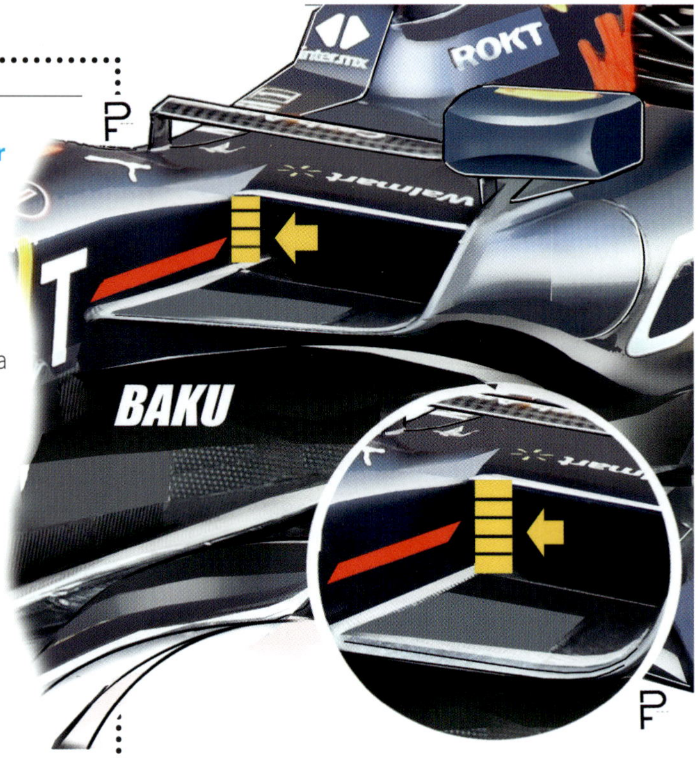


### RB19: configurazione ala posteriore

Come noto, a Baku è richiesto un setup aerodinamico molto scarico, dunque tutti i team adottano ali con minima incidenza. Anche la Red Bull ha patito una riduzione notevole dell'efficacia del suo DRS, specificamente nella sua capacitò di far stallare il diffusore.

### *RB19: rear wing configuration*

*As is well known, Baku requires a very low downforce set-up and consequently all the teams adopted wings with minimal incidence. Red Bull also suffered a considerable reduction in the efficacy of its DRS, specifically in its ability to stall the diffuser.*

## MCL60: fondo evoluto

Le monoposto di Norris e Piastri hanno sfoggiato un'evoluzione del fondo, sia a livello del bordo laterale sia dell'angolazione della sezione di ingresso dei convogliatori inferiori. Nel primo caso, il bordo è ora caratterizzato da una soffiatura perpendicolare che separa la sezione anteriore da quella davanti alle ruote posteriori. A livello di quest'ultima è stata eliminata la soffiatura che caratterizzava la versione precedente, a favore di un profilo unico, interrotto dalla presenza di un generatore di vortici, orizzontale, davanti alle ruote posteriori.

## *MCL60: floor evolution*

*The cars driven by Norris and Piastri boasted a floor evolution, with modified lateral edges and a different angle to the lower intake channel mouths. In the first case, the edge was characterised by a perpendicular vent separating the front section from the one ahead of the rear wheels. At the level of the latter, the vent characterising the previous version was eliminated in favourof a single profile interupted by the presence of a horizontal vortex generator in front of the rear wheels.*

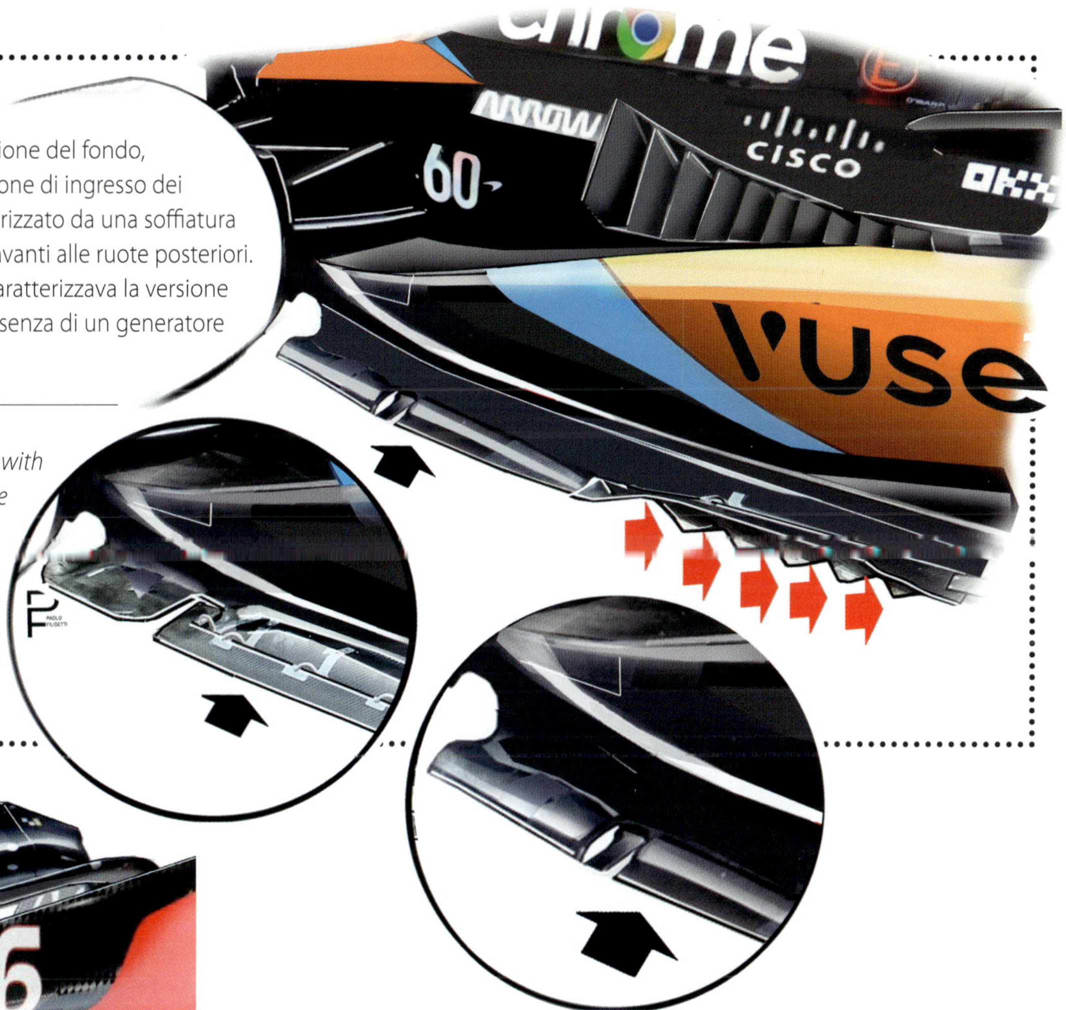

## Ferrari: ala posteriore

L'ala adottata in Azerbaijan è una estremizzazione di quella da basso carico introdotta a Jeddah, con il singolo pilone rinforzato dopo i problemi di flessione mostrati in Arabia Saudita.

## *Ferrari: rear wing*

*The wing adopted in Azerbaijan was an extreme version of the low downforce wing introduced at Jeddah, with the single pylon reinforced after the problems that emerged in Saudi Arabia.*

## Fiancate SF-23: dettaglio griglie smaltimento calore

Un limite della SF-23 è costituito dalla conformazione delle fiancate decisamente voluminose nella parte superiore, a causa dell'alloggiamento convenzionale dei suoi pacchi radianti. Anche l'evoluzione prevista per il Gran Premio di Spagna ha poi tenuto conto di questi limiti strutturali.

## *SF-23 sidepods: heat dispersal grilles detail*

*One of the SF-23's limitations was the conformation of the sidepods which were particular voluminous in their upper part, due to the conventional installation of the radiator packs. The evolution planned for the Spanish GP took into account these structural limitations.*

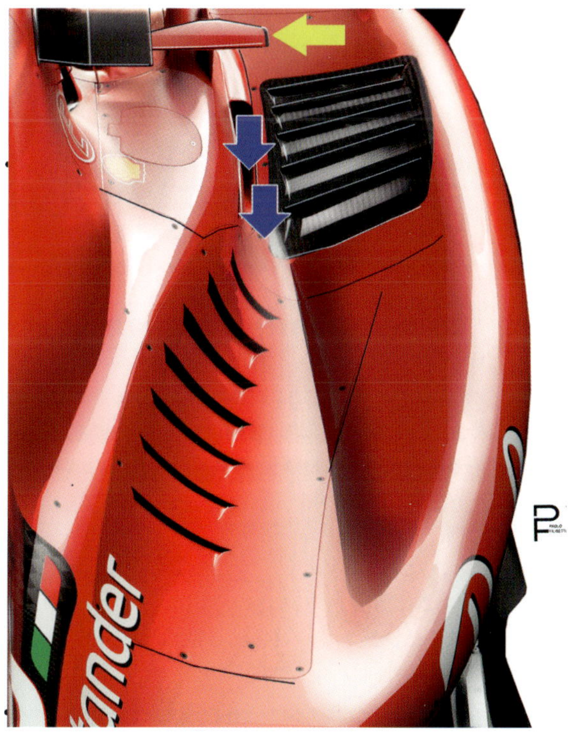

## Elementi PU Ferrari

I due fattori cruciali a Baku riguardano da un lato l'efficienza endotermica della PU, ma anche la capacità di immagazzinamento e rilascio energia della Energy Storage. Il fenomeno del *clipping*, infatti, (esaurimento della carica elettrica prima della fine dei rettilinei) è un problema che tutti i motoristi contrastano su questa pista, con modalità di utilizzo specifiche della batteria.

## *Ferrari PU elements*

*The two crucial factors at Baku concern on the one hand the endothermal efficiency of the PU, but also its capacity for energy storage and release. In fact, the clipping phenomenon (the exhaustion of the electrical charge before the end of the straights) is a problem faced by all the power unit engineers on this track, with specific battery modes have to be used.*

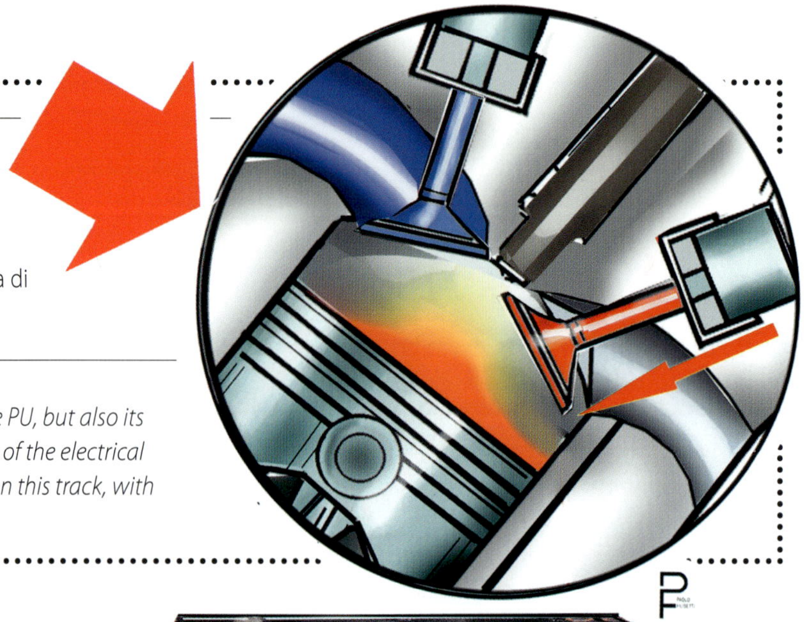

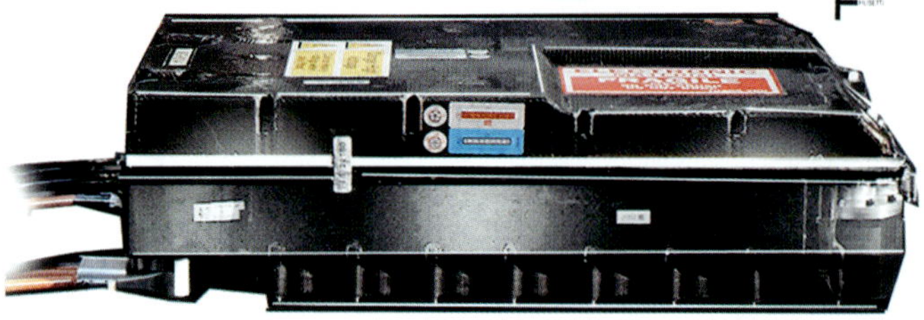

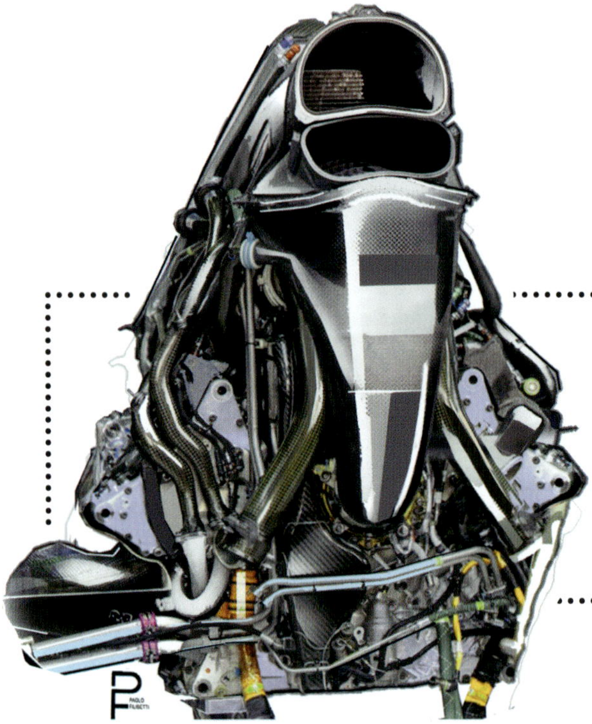

## Power Unit Honda

I tecnici giapponesi hanno radicalmente variato la modalità di ricarica e rilascio di energia in funzione del lunghissimo rettilineo finale del tracciato azero.

## *Honda Power Unit*

*The Japanese engineers radically modified the energy recharging and release mode in relation to the Azerbaijan track's very long final straight.*

## Dettaglio corner anteriore RB19

L'impianto frenante a Baku è sollecitato a livello meccanico mentre molto meno lo è a livello termico grazie ai lunghi rettilinei di questo tracciato cittadino. Interessante in ogni caso osservare la customizzazione dei vari impianti anche a livello di metodi di raffreddamento. Si nota la pinza Brembo montata sulla RB19, realizzata dal pieno, dotata di numerosi *pins* per smaltire il calore.

## *RB19 front corner detail*

*At Baku the cars' braking systems are subjected to mechanical stress but much lower thermal stress thanks to the long straights on this street circuit. It is in any case interesting to note the customization of the various systems and the cooling methods adopted. Not the Brembo caliper mounted on the RB19, machined from billet and equipped with numerous heat dispersal pins.*

# CRYPTO.COM MIAMI GRAND PRIX 2023

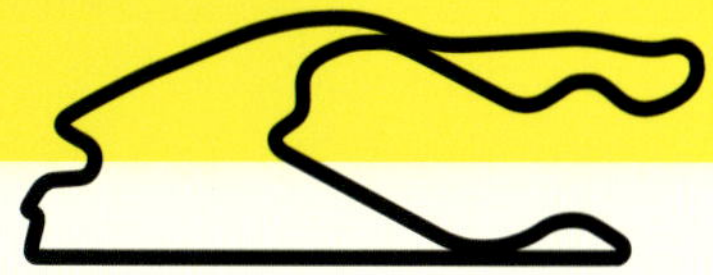

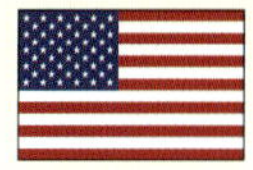

**MIAMI**
**MIAMI INTERNATIONAL AUTODROME**
**7 MAGGIO MAI**

## La SF-23 con sviluppi più ampi del previsto

Una settimana prima, il tracciato di Baku aveva mostrato una SF-23 in netta ripresa, capace di prestazioni, quantomeno sul giro secco, assimilabili a quelle della RB19, mentre poi il passo di gara, soprattutto con il carico di carburante, era stato tutt'altro che paragonabile tra le due monoposto. In Ferrari, a fine gara, traspariva da un lato soddisfazione per il primo podio stagionale ma, nello stesso tempo, si poteva percepire un certo rammarico per un assetto non perfetto, frutto anche della sola sessione di prove libere disputata il venerdì. Pare infatti che nonostante il setup scelto fosse quello con un avantreno preciso in ingresso curva, qualche regolazione avrebbe potuto essere diversa, favorendo in questo caso una riduzione del degrado degli pneumatici, vero tallone di Achille di questa vettura. Con tale convinzione la Ferrari si è presentata a Miami, tracciato profondamente diverso da quello azero, caratterizzato quest'anno anche da un totale rifacimento del manto di asfalto contrassegnato da una macro rugosità, meno accentuata rispetto a quello adottato per la prima edizione, lo scorso anno.
Si sapeva, lo aveva confermato lo stesso Frédéric Vasseur in Azerbaijan, che in occasione di questo gran premio sarebbero stati introdotti alcuni sviluppi sulla SF-23, ma va sottolineato che l'effettiva portata di ciò che è stato montato sulle monoposto di Charles Leclerc e Carlos Sainz è andato ben oltre le aspettative. Intendiamo dire che non si è trattato di modifiche di scarso rilievo, legate ad esempio al fondo della monoposto, come dall'esterno era stato ipotizzato. Nel dettaglio, queste hanno riguardato il diffusore, ora caratterizzato da una sezione centrale a bulbo arrotondato, che permette di incrementare decisamente la sezione a espansione del flusso d'aria in uscita. Molto interessante e inattesa è stata anche la modifica alla sezione anteriore del fondo di cui, rispetto alla versione precedente, sono radicalmente diversi i convogliatori inferiori caratterizzati anche da un profilo interno a tutta lunghezza nella sezione centrale. Corretto sottolineare, anzi ricordare, che queste sono state novità che hanno anticipato l'introduzione di un pacchetto completo che non riguarderà solo l'aerodinamica superiore e inferiore della SF-23, ma anche la sospensione posteriore, previsto per Imola. I riscontri avuti nel corso del fine settimana in Florida sono stati in chiaro scuro. Nel senso che, a livello di performance sul giro secco, dunque con poco carico di carburante, la SF-23 ha ampiamente dimostrato di rispondere bene alle modifiche e alle regolazioni, mentre già nella simulazione di gara (long run) è stato altrettanto chiaro che il gap, in termini di passo dalla Red Bull, è rimasto decisamente ampio. Va ribadito in ogni caso che non era pensabile che le novità introdotte potessero, da sole, costituire la soluzione definitiva dei problemi congeniti di questo progetto. Per contro, va sottolineato che Ferrari e Red Bull, in questo primo scorcio di stagione, sono state le uniche a sviluppare costantemente le rispettive monoposto e ciò, leggendo i dati cronometrici e non solo, ha incrementato il solco che separa questi due team dal resto dello schieramento.
Per Imola, la maggior parte dei team ha poi introdotto ampi pacchetti con la Mercedes che, ben più della Ferrari, ha presentato una versione totalmente rivista della W14. Le prestazioni della Mercedes W14, soprattutto sul giro secco, a Miami non sono parse assolutamente all'altezza e sono culminate con l'esclusione dalla Q3 di Hamilton, solo tredicesimo sullo schieramento. Poi, a Monte Carlo – e non più a Imola, a causa della cancellazione del Gran Premio dell'Emilia Romagna per l'alluvione – è stata introdotta una versione profondamente rivista della W14, soprattutto a livello di conformazione delle fiancate. Come dire che la versione "zero-pod" ha disputato l'ultima gara in Florida.

## *More extensive development than expected for the SF-23*

*One week earlier, the Baku circuit had seen a much more competitive SF-23, capable of performance comparable to that of the RB19, over a single flying lap at least, while its race pace, above all with a full fuel load, had been some way behind that of its rival. At the end of the race, Ferrari displayed a degree of satisfaction with its first podium of the season, but at the same time a certain regret for the less than perfect set-up, which was the result of the single free practice session disputed on the Friday. It would appear, in fact, that the set-up chosen provided a front end with precise turn-in, while certain adjustments could have been different, favouring in this case a reduction in tyre decay, this car's true Achilles' heel. It was in this spirit that Ferrari arrived at Miami, a circuit profoundly different to the one in Azerbaijan and characterised this year by a full revision of the asphalt which now featured a macro-roughness that was less accentuated with respect to that adopted the previous year for the first edition of the race.*
*As Frédéric Vasseur himself had confirmed in Azerbaijan, it was well-known that this Grand Prix would see the introduction of several developments on the SF-23, but it should be emphasised that the extent of the modifications made to the cars driven by Leclerc and Sainz went beyond all expectations. That is to say, they were hardly mere detail modifications, associated for example with the car's floor, as had been the outsiders' suggestion. Specifically, these changes concerned the diffuser, which was now characterised by a central section with a rounded bulb, which permitted a significant increase in the outflow expansion section. The modification to the front section of the floor was also very interesting and, moreover, unexpected. With respect to the previous version, the lower channels were very different and characterised by a full-length internal profile in the central section. It should be pointed out that these were innovations that anticipated the introduction of a complete package ahead of Imola that concerned not only the SF-23's upper and lower aerodynamics, but also*

the rear suspension. The results obtained over the Florida weekend were a series of ups and downs. In the sense that, in terms of qualifying lap performance, with little fuel, the SF-23 proved to respond very well to the modifications and adjustments, while as early as the long run race simulation it was equally clear that the gap in pace with respect to the Red Bull was still significant. It should in any case be emphasised that the modifications introduced alone could hardly have been expected to solve the congenital problems of the design. Then again, it should also be pointed out that in this first part of the season, Ferrari and Red Bull were the only two teams to constantly develop their cars and this, reading the timing sheets and other data, increased the gap sparating them from the rest of the field.

*Most teams then introduced extensive packages for Imola, with Mercedes, to a far greater extent than Ferrari, presenting a thoroughly revised version of the W14. The performance of the Mercedes W14, especially over a flying qualifying lap, was hardly satisfactory in Miami, culminating in Hamilton's exclusion from Q3, with the Briton only 13th on the grid. Then at Montecarlo – rather than Imola after flooding led to the cancellation of the GP of Emilia Romagna – Mercedes introduced a profoundly revised version of the W14 with significant changes to the shape of the sidepods. That is to say, the "zero-pod" configuration was fielded for the last time in Florida.*

### Nuovo fondo SF-23

Il fondo della SF-23 non è stato modificato solo nel diffusore, ma molto interessante è stata l'evoluzione della sezione anteriore, in cui sono stati riprofilati i convogliatori inferiori, con la presenza di un lungo profilo rettilineo a tutta lunghezza nella porzione più centrale.

### *SF-23 new floor*

*It was not only the diffuser on the SF-23 that was modified, with the evolution of the front section being particularly interesting. The lower channels ere redesigned, with the presence of a full-length straight profile in the most central portion.*

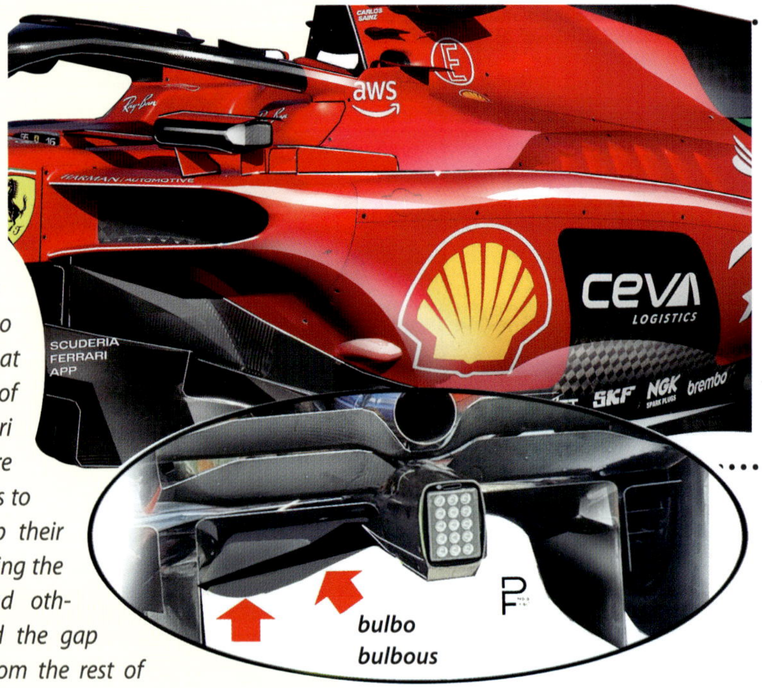


### SF-23: evoluzione diffusore

In Florida ha debuttato una nuova versione di diffusore, in realtà già pronta per Baku, ma non introdotta in Azerbaijan a causa della specificità del tracciato azero. La nuova versione pare risentire meno delle variazioni di altezza da terra.

### *SF-23 diffuser evolution*

*Florida saw the debut of a new diffuser, which had in reality been ready for Baku but was not introduced in Azerbaijan due to the specific track characteristics. The new version appeared to be less sensitive to ride height variations.*

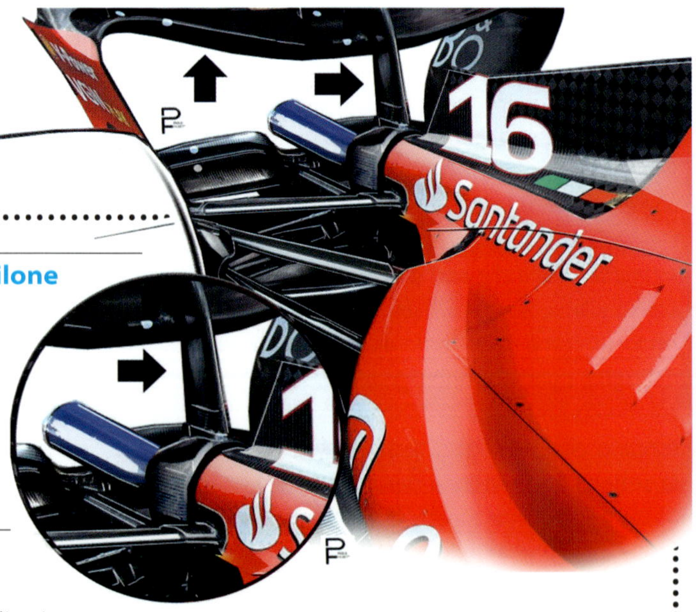

### SF-23: ala posteriore con pilone singolo e nuovo profilo

A Miami è stata adottata una nuova ala posteriore, caratterizzata dal ritorno al singolo pilone di sostegno, come a Baku ma con un profilo da medio carico.

### *SF-23: rear wing with single pylon and new profile*

*Ferrari intyroduced a new rear wing in Miami, characterised by a return to the single support pylon seen in Baku, but with a medium downforce profile.*

### *W14: side view and floor detail*

*The "zero pod" configuration ran its last race at Miami. From the following GP, in fact, this feature was shelved in favour of a thorough revision of this area of the car, along with the floor and the front end.*

### W14: vista laterale e dettaglio fondo

La conformazione delle fiancate "zero pod" ha disputato l'ultima gara a Miami. Da quella successiva, infatti, questa soluzione è stata accantonata a favore di una profonda evoluzione di quest'area della vettura, così come del fondo e dell'avantreno.

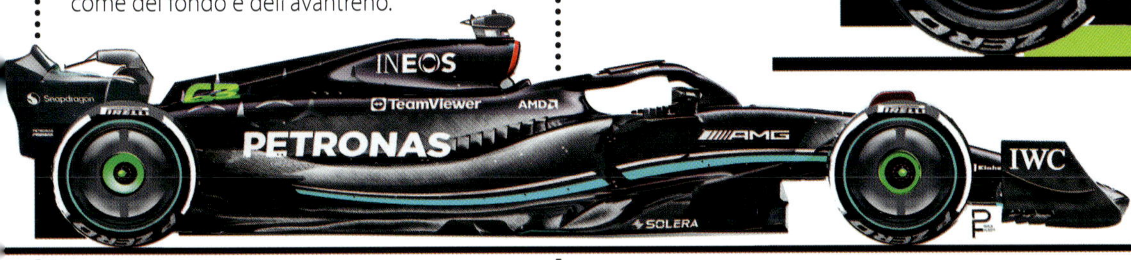

### SF-23: altezze da terra

La vettura ha adottato una sorta di compromesso

dinamico, tenendo in considerazione sia i settori più guidati intorno al Hard Rock Stadium, sia il lungo rettilineo che caratterizza questo tracciato. In pratica cercando di ottimizzare il livello di grip meccanico senza rinunciare in rettilineo al carico prodotto dal fondo.

### *SF-23: ride height*

*The car adopted a kind of dynamic compromise, taking into consideration the more technical sectors around the Hard Rock Stadium and the long straight that is such a feature of the circuit. In practice, the team attempted to optimise the level of mechanical grip without foregoing downforce produced by the floor on the straight.*

### RB19: vista laterale

La Red Bull non ha portato a Miami novità di rilievo, a eccezione di quelle di adattamento al tracciato della Florida. Ciò nonostante anche su questa pista, con caratteristiche che sulla carta sembravano non esaltare le qualità dinamiche e aerodinamiche della RB19, la monoposto si è dimostrata quella da battere.

### *RB19: side view*

*Red Bull did not take any significant new features to Florida, with the exception of specific adaptations to the Miami circuit. Nonetheless, here too, the RB19 proved to be the car to beat, despite track characteristic that on paper did not appear suited to its dynamic and aerodynamic qualities.*

# GRAND PRIX DE MONACO 2023

**MONTE CARLO**
**PRINCIPATO DI MONACO**
**28** MAGGIO *MAI*

## Solo qualche adattamento, Mercedes a parte

Solitamente a Monaco i team non portano sviluppi se non quelli strettamente legati alle caratteristiche del tracciato, limitandosi quindi all'adozione di ali con flap dall'incidenza particolarmente elevata. La cancellazione del Gran Premio dell'Emilia Romagna, a causa dell'alluvione, ha nei fatti stravolto i piani di chi aveva previsto l'introduzione di nuove parti a Imola, di fatto differendole solo di una settimana, visto che le componenti erano state comunque già caricate sulle bisarche per quello che avrebbe dovuto essere un trittico di gare. La Mercedes ha fatto dunque debuttare nel principato la versione B della W14, ampiamente modificata non solo a livello di fiancate, abbandonando il concetto "zero pod" che aveva caratterizzato sia la versione di inizio Campionato sia la W13, monoposto del 2022. Il concetto aerodinamico precedente si era dimostrato altamente inefficace, nel corso di quella stagione, non solo in termini di carico aerodinamico generato, ma soprattutto a livello di bilanciamento della vettura. In sostanza, le prestazioni che i tecnici del team di Brackley avevano intravisto al simulatore, con la W13 si erano rivelate particolarmente difficili da tradurre nella pratica. La vettura dello scorso anno sembrava potesse avere un potenziale inespresso e, partendo da questo assunto, il suo sviluppo era proseguito per tutta la stagione, nei fatti implicando la prosecuzione sullo stesso filone per la monoposto del 2023. Sin dal debutto in Bahrain era parso evidente che i riscontri della pista davano per irrisolti i problemi che avevano afflitto la vettura precedente. Di qui la decisione, sofferta, di cambiare completamente concetto aerodinamico, sposando in larga parte quello delle fiancate spioventi, caratteristiche della Red Bull. Le modifiche portate a Monaco sarebbero state introdotte, se si fosse disputato, al Gran Premio dell'Emilia Romagna. Hanno rappresentato un vero e proprio stravolgimento del concetto aerodinamico di questa vettura. I tecnici diretti prima da Mike Elliott e ora da James Allison hanno di fatto operato un'integrazione tra la revisione aerodinamica e quella della dinamica della monoposto (leggi sospensioni). Molto rilevante si è rivelata la modifica a quella anteriore, caratterizzata dal punto di attacco anteriore del triangolo superiore, rialzato rispetto alla versione di inizio stagione. Questa modifica, sulla carta, aveva l'obiettivo di incrementare l'effetto *anti-dive*, solo accennato nella precedente configurazione (per contro, molto accentuato sulla Red Bull). In sostanza va sottolineato che l'incremento dell'*anti-dive* ha consentito una migliore gestione delle variazioni di altezza del fondo della vettura dal suolo. Questa prerogativa, accanto alla totale ridefinizione dei volumi delle fiancate, avrebbe dovuto determinare un effetto positivo per quanto concerne la stabilità del centro di pressione aerodinamico. In pratica, la distribuzione del carico generato, soprattutto dal fondo, ha subìto variazioni meno ampie rispetto alla versione precedente. A livello di prestazioni ciò si è tradotto nella maggiore prevedibilità del comportamento della vettura nei curvoni veloci, nella riduzione dello scivolamento laterale del retrotreno, riducendo come conseguenza il degrado degli pneumatici. In sostanza, l'efficientamento della componente aerodinamica della vettura ha permesso anche un incremento prestazionale in rettilineo. Ciò perché, garantendo un carico aerodinamico più stabile, è stato possibile adottare ali con incidenza dei flap meno accentuata rispetto al recente passato. Insomma, nonostante il telaio della vettura non sia stato modificato (è da ritenere quasi un miracolo riuscire a modificare la sospensione senza rendere necessaria una nuova omologazione del telaio) a eccezione dello spigolo superiore anteriore, questo sviluppo ha reso la W14B una vettura dalla quale è stato meno complesso ottenere performance rispetto alla versione precedente.

## *Only minor adaptations, Mercedes apart*

*The teams do not usually bring developments to Monaco other than those strictly related to the characteristics of the circuit, restricting themselves to the adoption of wings with flaps with a particularly high incidence. The cancellation of the Emilia Romagna GP, due to the flooding, upset the plans of those who had intended to introduce of new parts at Imola, although they were only postponed by a week, given that the components had in any case already been loaded onto the transporters for what should have been a triptych of races. Mercedes therefore debuted the B version of its W14 in the Principality, extensively modifying not only the flanks where they abandoned the "zero pod" concept that had characterised both the version seen at the start of this season's championship and the W13, the car raced in 2022. The earlier aerodynamic concept had proved highly ineffective, during that season, not only in terms of the downforce generated, but above all at the level of the car's balance. In essence, the performance that the Brackley team's engineers had glimpsed on the simulator with the W13 had proved particularly difficult to translate into practice. The previous year's car seemed to have unexpressed potential and consequently its development had continued throughout the season, suggesting a continuation in the same vein for the 2023 car. However, from the Bahrain debut, it was immediately clear that feedback from the track showed that the problems that had plagued the previous car had not been resolved. Hence the painful decision to completely change the aerodynamic concept, largely adopting the sloping sidepods typical of the Red Bull.*

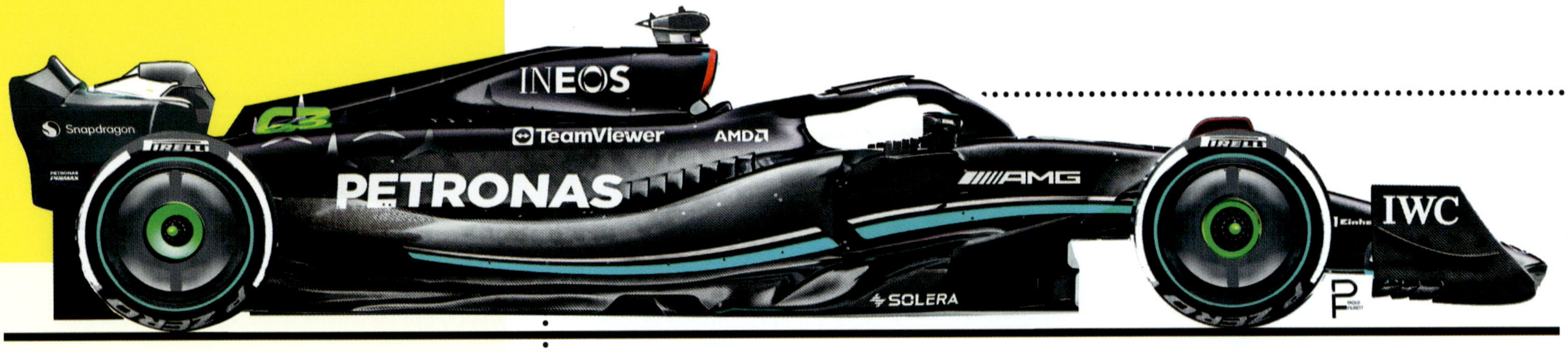


*The changes brought to Monaco would have been introduced at the Emilia Romagna GP had it been contested. They represented a thorough overhaul of the car's aerodynamic configuration. The engineers directed first by Mike Elliott and then by James Allison in fact integrated both the aerodynamic revision and that of the suspension of the single-seater. Of particular importance was the modification to the front suspension, characterised by the forward mounting point of the upper wishbone, raised with respect to the early season version. On paper, this modification aimed to enhance the anti-dive effect, only hinted at in the previous configuration (but instead very pronounced on the Red Bull). In essence, it should be emphasised that the increase in anti-dive allowed for better management of variations in the car's ground clearance. This prerogative, along with the total redefinition of the volumes of the sidepods, should have had a positive effect on the stability of the aerodynamic centre of pressure. Essentially, the distribution of the load generated, especially by the floor of the car, varied less widely than in the previous version. In terms of performance, this translated into greater predictability of the car's handling in fast corners, a reduction in the lateral sliding of the rear end and a consequent reduction in tyre decay. In essence, the streamlining of the car's aerodynamic component also allowed an increase in straight-line performance. By guaranteeing a more stable aerodynamic load, it was possible to adopt wings with a less pronounced flap incidence than in the recent past. In short, despite the fact that the car's chassis had not been modified (it was something of a mricale that the team was able to modify the suspension without requiring a new chassis homologation) with the exception of the upper front corner, this development made the W14 B a car from which it was less difficult to obtain performance than the previous version.*

**Vista laterale e confronto W14 e W14B**

Confrontando i disegni si nota il profilo delle fiancate totalmente diverso della nuova versione caratterizzata da un andamento spiovente verso il posteriore, che costituisce un mix tra la soluzione adottata dalla Red Bull e quella della Aston Martin. Davanti alle fiancate sono rimasti i coni anti intrusione (il loro spostamento avrebbe comportato una nuova omologazione del telaio). Sono caratterizzati nel profilo inferiore da un deviatore di flusso verticale per incanalarlo nel canale tra fondo e bordo inferiore delle fiancate.

***W14 and W14B side view comparison***

*By comparing the drawings we note the completely different shape of the flanks in the new version characterised by an upward slope towards the rear, constituting a combination of the Red Bull and Aston Martin designs. The anti-intrusion cones remained ahead of the sidepods (moving them would have entailed a new chassis homologation). They are characterised in the lower part by a vertical turning vane designed to direct the air flow to the channel between the floor and the lower edge of the sidepods.*

### Confronto sospensione anteriore W14, W14B e analogie con RB19

Molto interessante la modifica che ha riguardato la sospensione anteriore. Nel raffronto tra i due disegni si nota come il punto di attacco al telaio del braccio anteriore del triangolo superiore sia stato spostato in alto, in modo tale da non giacere sullo stesso piano del punto di attacco posteriore. In sostanza, è stato incrementato l'effetto *anti-dive* (anti affondamento) dell'avantreno, utile per poter adottare altezze da terra particolarmente ridotte, una caratteristica decisamente ispirata alla RB19 dove è estremizzata.

### *W14 and W14B front suspension comparison and similarties to the RB19*

*There was a very interesting modification concerning the front suspension. In comparing the two drawings note how the mounting point of the front arm of the upper wishbone was raised so that it was not on the same plane as the rear mounting point. Essentially, the anti-dive effect on the front-end was increased, useful in allowing particularly reduced ride heights to be adopted, a characteristic clearly inspired by the RB19 where the feature was taken to the extreme.*

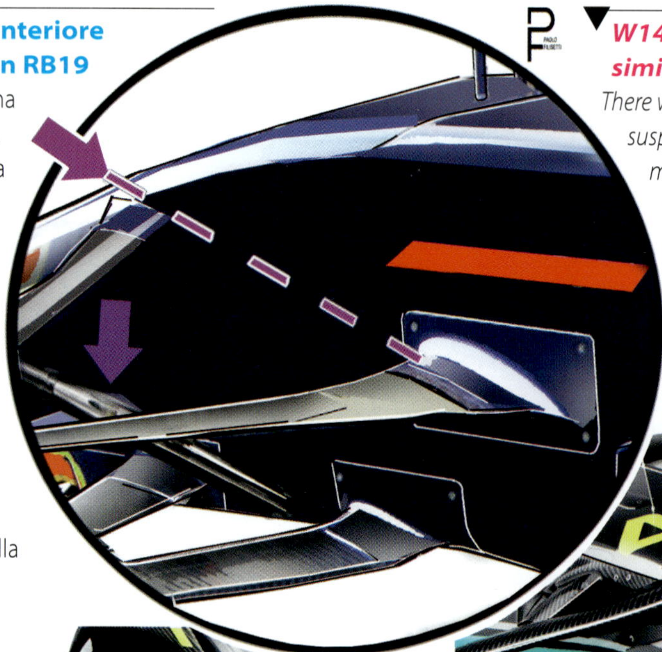

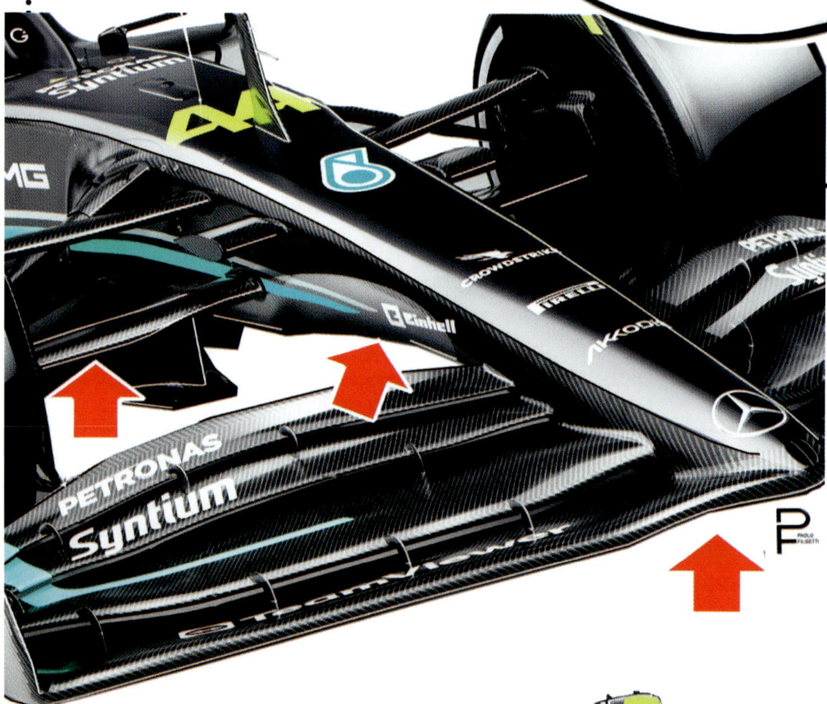

### Livrea speciale McLaren MCL60

Per la McLaren, a Monaco, nessun particolare cambiamento a livello di vettura a parte l'ovvio adattamento alle caratteristiche del tracciato. Il team di Woking, come ormai tradizione nel principato, ha però adottato una livrea speciale con il bianco dominante abbinato all'arancio-papaya, una combinazione cromatica che richiamava le sue vetture anni Ottanta e Novanta.

### *McLaren MCL60 special livery*

*Apart from the obvious adaptation to the track characteristics, no particular changes were made to the McLaren for Monaco. However, as is now traditional in the principality, the team from Woking adopted a special livery of mainly white combined with its papaya orange, a colour combination that referenced its cars from the 1980s and '90s.*

# AWS GRAN PREMIO DE ESPAÑA 2023

**BARCELONA**
**BARCELONA-CATALUNYA**
**4** GIUGNO *JUNE*

## Importanti modifiche in Casa Ferrari ma...

La Ferrari ha portato a Barcellona l'ampio pacchetto di modifiche lungamente atteso. Risaltano quelle alle fiancate, ora caratterizzate da un profilo posteriore spiovente che segue quello della RB19 e da una diversa disposizione e riduzione delle feritoie per lo smaltimento del calore, che caratterizzavano la versione precedente. Molto rilevante il lavoro di restringimento del profilo inferiore delle fiancate che tende a riprendere sempre un altro concetto espresso dalla Red Bull, quello del canale longitudinale inferiore che indirizza il flusso d'aria verso il diffusore aumentandone l'efficacia. Nella parte anteriore del fondo è totalmente modificato il bordo di attacco di quest'ultimo così come il suo profilo laterale che ne include uno a espansione dotato di convogliatori per deviare all'esterno le turbolenze. Questo il dettaglio preciso delle modifiche introdotte a Barcellona, che hanno avuto come obiettivo principale quello di incrementare la costanza di rendimento della vettura in gara. Alla luce del risultato ottenuto in Spagna appare impietosamente chiaro come l'obiettivo non sia stato centrato, con la SF-23 rimasta un punto interrogativo irrisolto, a livello di performance nei vari stint di gara a parità di mescole utilizzate. L'impressione, dunque, è quella avuta sin da inizio stagione, ovvero di una monoposto che non avesse un solo punto debole nell'aerodinamica, ma più che altro nella combinazione tra dinamica del veicolo (leggi sospensioni) e aerodinamica. Pensare di correggere profondamente le prerogative di questa vettura con i soli interventi aerodinamici, è parso piuttosto aleatorio, quando è altrettanto evidente che la SF-23 non è stata in grado di viaggiare costantemente con altezze da terra minime, come per contro è riuscito magistralmente alla RB19. In parallelo, pare corretto citare a paragone, l'intervento di sviluppo della Mercedes W14, di fatto con una versione B rispetto alla monoposto che aveva debuttato in Bahrain. Quanto introdotto a Monaco, ovvero la totale revisione del concetto delle fiancate, il fondo, e l'incremento dell'anti-dive della sospensione anteriore, mediante lo spostamento dei punti di attacco del braccio anteriore dei triangoli, ha sortito i benefici auspicati dai tecnici di Brackley. Va notato che l'evoluzione della W14 non si è concentrata solo sul concetto aerodinamico della monoposto, ma sulla combinazione degli effetti dinamici e aerodinamici. Evidente, infatti, come non sia possibile prescindere da una ricetta di revisione che includa entrambi gli aspetti. La RB19, infatti, riesce a ottimizzare le performance aerodinamiche grazie a una precisa dinamica del veicolo che riduce al minimo le variazioni delle altezze da terra. L'*anti-dive* accentuato della sua sospensione anteriore è perfettamente controbilanciato dall'*anti-squat* di quella posteriore. Ferrari è l'unica tra i top team a non avere una sospensione anteriore con *anti-dive* accentuato e neppure una posteriore con elevato *anti-squat*. Insomma, secondo le attuali tendenze tecniche del paddock, ciò avrebbe rappresentato il minimo sindacale per una dinamica del veicolo corretta e coerente con l'impostazione aerodinamica.

## *Important modifications for Ferrari, but…*

*Ferrari took its long-awaited major development package to Barcelona. Conspicuous modifications were made to the sidepods, now characterised by a sloping rear profile that mirrored that of the RB19 and by different arrangement and reduction in the number of the heat dispersal slots with respect to the preceding version. The narrowing of the lower profile of the sidepods was very significant and again reflected another Red Bull concept, that of the lower longitudinal channel that directs the flow of air towards the diffuser, increasing its efficiency. At the front of the floor, the leading edge was radically modified, as was it lateral edge which included an expansion profile equipped with ducts to deviate turbulence outwards. These in detail were the modifications introduced at Barcelona with the principal objective of improving the consistency of the car's race performance. In the light of the result obtained in Spain, it was brutally clear that this objective had not been achieved, with an unresolved question mark left hanging over the SF-23 in terms of performance in the various race stints with the same compounds used. The impression therefore was the same as that at the start of the season, that of a car that did not simply have a weakness in terms of aerodynamics, but more generally in the combination between the vehicle's dynamics (its suspension) and aerodynamics. Imagining that profound changes to the nature of this car by making aerodynamic changes alone appeared to be somewhat far-fetched and it was equally clear that the SF-23 was unable to run consistently with minimal ride heights, something that was instead an undisputed strong suit of the RB19. In parallel, it would only be fair to mention the development of the Mercedes W14, effectively a B version of the car that had debuted in Bahrain. What was introduced at Monaco, with a wholesale revision of the sidepod concept and the floor and the increase in the anti-dive effect on the front suspension through the shifting of the wishbone front arm mounts did bring the benefits sought by the Brackley engineers. It should be noted that the evolution of the W14 did not focus exclusively on the car's aerodynamics, but on the combination of the dynamic and aerodynamic effects. It was in fact clear that it was not possible to conduct a thorough revision without considering both aspects. The RB19 succeeded in optimising its aerodynamic performance thanks to the precise dynamics of the vehicle that reduced ride height variations to a minimum. The accentuated anti-dive effect of its front suspension was perfectly balanced by the anti-squat at the rear. Ferrari was the only one of the top teams to have neither accentuated anti-dive at the front nor a rear end with an elevated anti-squat configuration. In short, according to the current technical trends in the paddock, this represented the bare minimum for acceptable vehicle dynamics consistent with the aerodynamic configuration.*

### SF-23: confronto laterale con versione evoluta

Nel confronto tra le viste laterali, sono macroscopiche le differenze nel profilo delle fiancate, ora spioventi, rispetto alla versione vista sino a Monaco. Prolungato il canale laterale per tutta la lunghezza delle fiancate per incrementare l'estrazione d'aria dal diffusore.

### *SF-23: side view comparison with the evolved version*

*In the side view comparison, the differences in the sidepod profile are macroscopic, with the element now sloping with respect to the version seen up to Monaco. The lateral channel was extended the full length of the sidepods to increase the extraction of air from the diffuser.*

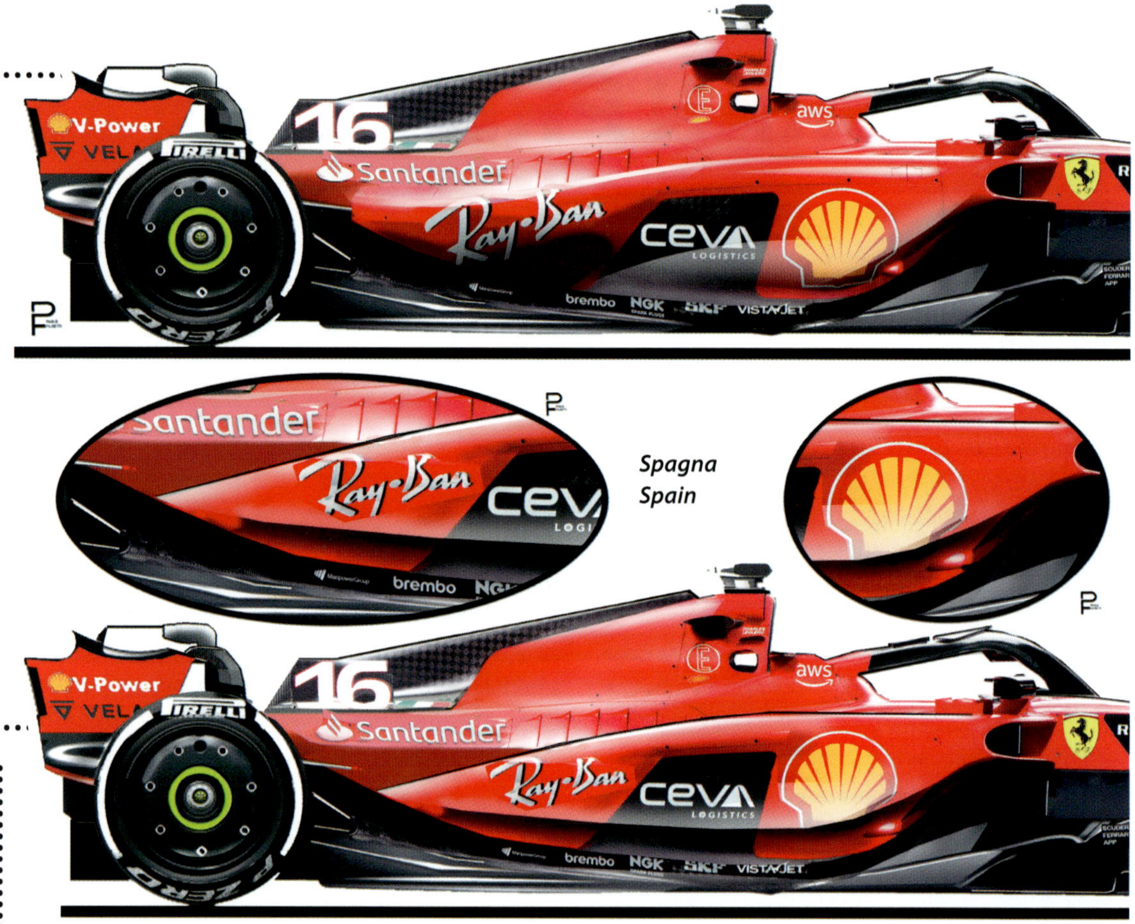


### Evoluzione Miami

Il fondo evoluto a Miami, che era una sorta di prefigurazione di quello introdotto a Barcellona, era caratterizzato da un diffusore con la sezione centrale a bulbo. Ma nelle condizioni di asfalto e layout del tracciato della Florida non aveva sortito vantaggi, analogamente a quanto avvenuto in Spagna con l'ultima evoluzione.

### *Miami Evolution*

*The evolution floor seen in Miami, a kind of preview of the one introduced at Barcelona, was characterised by a diffuser with a bulb-shaped central section. However, given the asphalt conditions and the track layout in Florida, it had not brought advantages, as was the case in Spain with the subsequent evolution.*

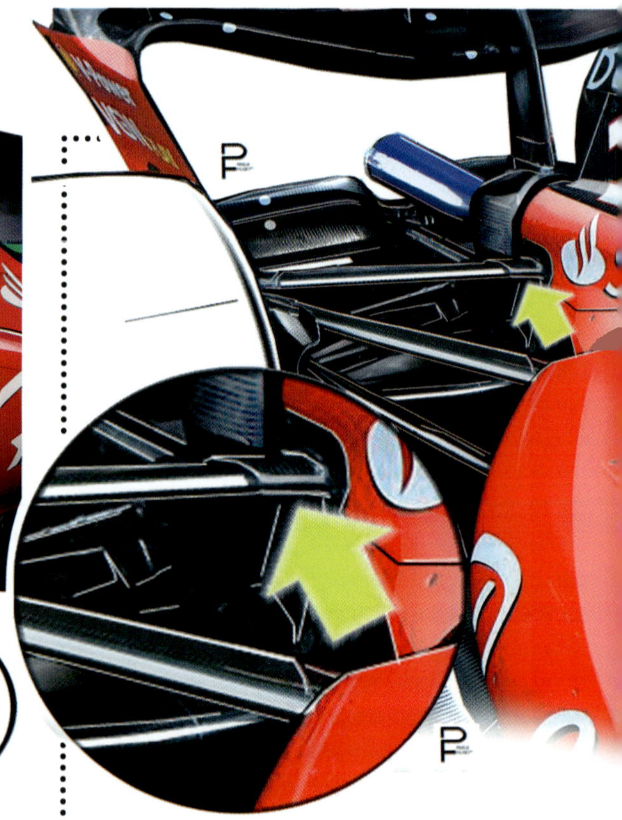

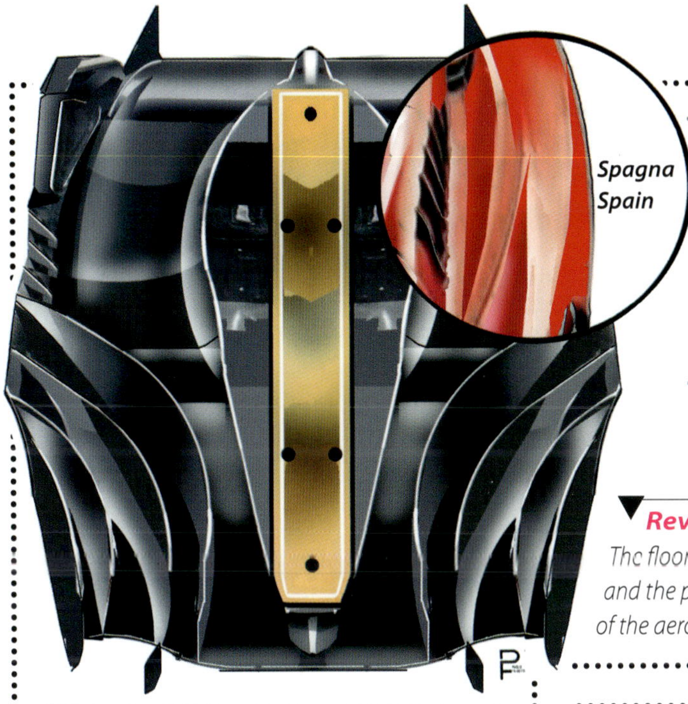

### *Revised floor*

*The floor of the SF 23 was also subjected to minor modifications to the configuration of the turning vanes and the peripheral lateral area. The modifications to the floor were designed in conjunction with the evolution of the aerodynamics of the upper section of the sidepods (round detail).*

### Fondo rivisto

Anche il fondo della SF-23 ha subito lievi modifiche alla conformazione dei deviatori di flusso e alla zona periferica laterale. Le modifiche al fondo sono state studiate in congiunzione all'evoluzione dell'aerodinamica della sezione superiore delle fiancate (dettaglio tondo).

### *SF-23: sospensione posteriore*

*La Ferrari non ha portato in Spagna la sospensione riveduta e corretta. In sostanza, a Maranello, sembrerebbe abbiano ritenuto poco produttiva la sua evoluzione rispetto agli obiettivi.*

### SF-23: rear suspension

Ferrari did not take a revised and corrected suspension configuration to Spain. Essentially, it would seem that Maranello considered its evolution to be relatively unproductive with respect to the objectives.

### Confronto tra profilo superiore fiancate prima versione ed evoluzione

Nel confronto si nota come sia stata radicalmente modificata la fluidodinamica interna. Particolarmente evidente l'assenza delle feritoie orizzontali presenti nella prima versione, sostituite da una serie di branchie prolungate alla base del cofano motore in quella evoluta.

### *Comparison between the sidepod upper profile of the first version and the evolution*

*Note in the comparison how the internal fluid dynamics were radically modified. The absence of the horizontal slots present in the first version was particularly evident, replace by a series of gills extended to the base of the engine cover in the evolution version.*

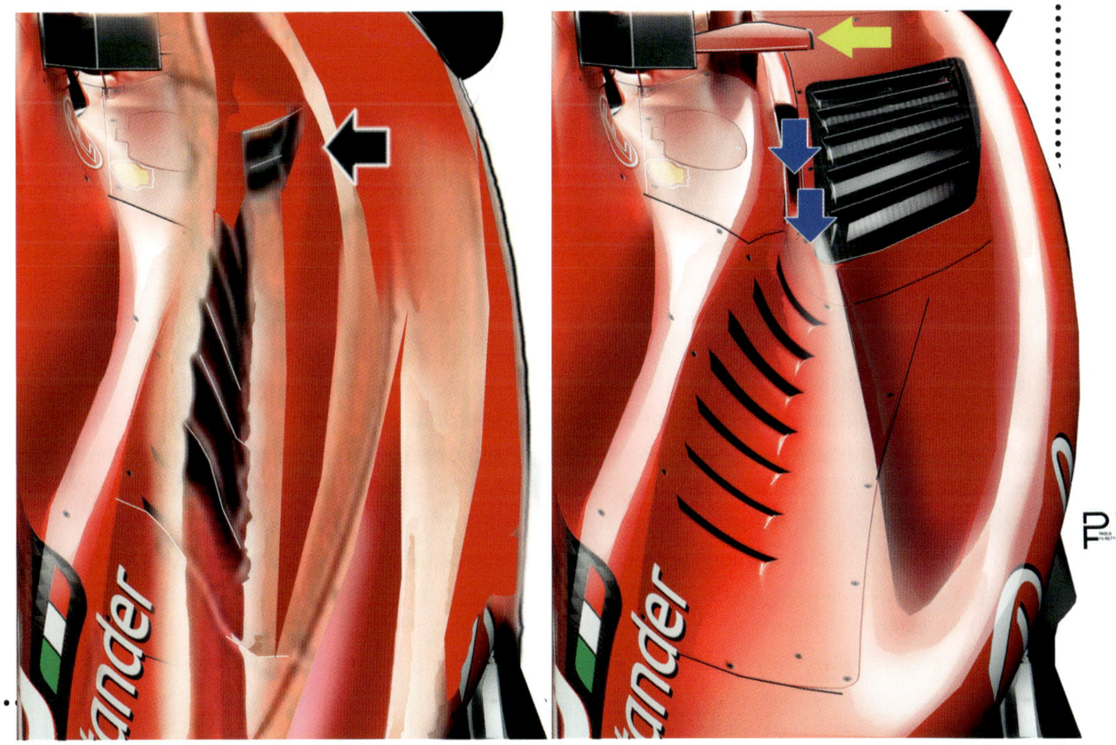

# PIRELLI GRAND PRIX DU CANADA 2023

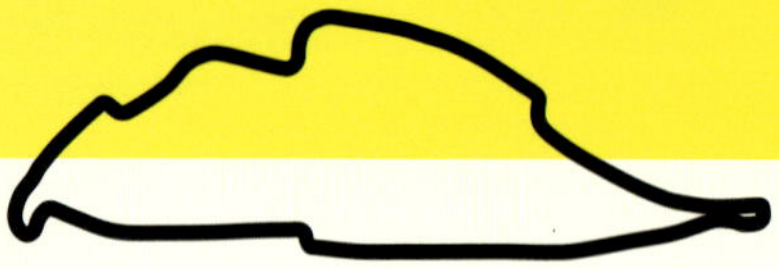

**MONTRÉAL**
**CIRCUIT GILLES VILLENEUVE**
**18** GIUGNO *JUNE*

## Il nuovo pacchetto per l'Aston Martin che ha promosso indirettamente la SF-23

Il Gran Premio del Canada ha visto il debutto di un ampio pacchetto di modifiche introdotto dalla Aston Martin sulla AMR23. Non si è trattato solo di una profonda evoluzione delle fiancate ma anche del fondo e del cofano motore. A livello visivo è stato riscontrabile un incremento dello scavo sotto le fiancate, con l'obiettivo di incrementare la portata d'aria in questa zona, come noto, particolarmente sfruttata dalla Red Bull RB19, da cui anche la Ferrari, nell'ultima evoluzione introdotta in Spagna, ha tratto chiara ispirazione. Interessante il restringimento della sezione del canale superiore che ha caratterizzato le fiancate della AMR23 da inizio stagione. Ne è stata infatti ridotta la larghezza, pur mantenendo inalterato il suo andamento contrassegnato nella sezione centrale da uno scivolo estremamente ripido per incrementare la pressione del flusso passante al suo interno verso il posteriore. Ha suscitato una certa curiosità anche la forte somiglianza con la parte superiore delle nuove fiancate della SF-23, che dalla Spagna hanno ridotto in modo drastico l'ampiezza dell'incavo che le caratterizzava già dalla precedente stagione sulla F1-75. Queste hanno però mantenuto uno stretto canale alimentato dall'uscita della "*bypass duct*". Pare corretto porre l'accento sul fatto che questi due progetti, partiti da concetti tra loro molto distanti, all'ottava gara della stagione abbiano evidenziato una forte convergenza verso specifiche soluzioni aerodinamiche. Ciò può essere visto come un chiaro indizio per una ulteriore e definitiva convergenza, generalizzata tra tutte le monoposto nel 2024. Restando però sull'attualità emerge un ulteriore dato: è diventata sempre più sottile, quasi impercettibile, la differenza tra una scelta progettuale competitiva e una meno valida. In pratica, va sottolineato come nel proseguo del Campionato si sia assistito a fini regolazioni degli assetti dinamici (sospensioni) e aerodinamici delle vetture – per far rendere al massimo delle performance teoriche un determinato sviluppo – più che cercare di ottenere vantaggi tecnici con l'introduzione di ulteriori pacchetti evolutivi. Se in Spagna le modifiche introdotte dalla Ferrari erano parse assolutamente non migliorative, anzi avevano costituito quasi un passo indietro, per contro in Canada, le differenti caratteristiche del tracciato, abbinate a una più approfondita conoscenza del comportamento della vettura, hanno dimostrato che il pacchetto studiato dagli aerodinamici di Maranello era invece valido, oltre a essere perfettamente aderente al trend tecnico che anche altri team, come Aston Martin – più competitivi della Ferrari in questa prima parte di stagione – hanno seguito.

in ogni caso va sottolineato che il team di Silverstone, al pari della Ferrari, sia giunto in modo totalmente autonomo alle modifiche introdotte a Montréal, proseguendo in un'evoluzione della AMR23 con una strategia e pianificazione ben precisa. Per dimostrarlo basta rilevare che oltre le fiancate e il fondo – quest'ultimo modificato nella sua sezione anteriore e nei volumi inferiori – anche il cofano motore è stato oggetto di sviluppo. Nel dettaglio ora è dotato di una pinna verticale ridotta in lunghezza verso il posteriore e separato dal cofano mediante un ampio taglio rettangolare. Si tratta specificamente di una soluzione che favorisce il *downwash* (deviazione verso il basso) del flusso diretto verso il profilo inferiore dell'ala posteriore per incrementare l'estrazione dal diffusore.

## *The new Aston Martin package that indirectly endorsed the SF-23*

*The Canadian GP saw the debut of an extensive package of modifications introduced by Aston Martin on the AMR23. It concerned an extensive evolution of the sidepods but also changes to the floor and the engine cover. Visually, there was an increase in the cutaway below the sidepods, with the aim of increasing the air flow in an area that, as is well known, was particularly well exploited by the Red Bull RB19, from which Ferrari, in the latest evolution introduced in Spain, also drew clear inspiration. The narrowing of the upper channel section that had characterised the AMR23's flanks since the start of the season was particularly interesting. The width of the channel was reduced, while retaining its configuration that was distinguished in the central section by an extremely steep chute designed to increase the pressure of the flow passing through it towards the rear of the car. The strong resemblance to the upper part of the SF-23's new sidepods, which from Spain had drastically reduced the width of the recess characterising them since the previous season on the F1-75 also aroused a certain curiosity. However, the sidepods retained a narrow channel fed by the "bypass duct" exit. It only seems fair to emphasise that these two designs, which started out from very different concepts, showed a strong convergence towards specific aerodynamic features at the eighth race of the season. This may be seen as clear evidence of a generalised and definitive convergence among all cars in 2024. However, a further fact has emerged: the difference between a competitive and a less valid design feature has become increasingly subtle, almost imperceptible. In practice, it should be emphasised that as the championship progressed, we saw fine-tuning of the dynamic (suspension) and aerodynamic set-ups of the cars –*

### Vista laterale AMR23

Indicate dalle frecce si notano le aree di intervento visibili, a livello di incremento del canale tra le fiancate e il fondo, e l'accorciamento della pinna sopra il cofano motore.

### *Side view AMR23*

*The arrows indicate the visible areas of intervention in terms of the increase in the channel between the sidepods and the floor, along with the shortening of the fin above the engine cover.*

*in order to make a given development perform to its theoretical maximum – rather than teams trying to gain technical advantages by introducing further evolutionary packages. While in Spain, the modifications introduced by Ferrari did not seem to improve the car at all, in fact they almost constituted a step backwards, on the other hand, in Canada, the different characteristics of the track, combined with a deeper knowledge of the car's behaviour, demonstrated that the package put together by the aerodynamicists at Maranello was valid (as well as being perfectly in line with the technical trend that other teams, such as Aston Martin – more competitive than Ferrari in this initial part of the season – had also followed).*

*In any case, it should be emphasised that the Silverstone-based team, like Ferrari, arrived at the changes introduced at Montreal independently, continuing an evolution of the AMR23 with a very precise strategy and planning. Proof of this lies in the fact that in addition to the sidepods and the floor – the latter modified in its front section and lower volumes – the engine cover also underwent development. Specifically, it now featured a vertical fin reduced in length towards the rear and separated from the cover by a wide rectangular cutout. This featured favoured the downwash of the flow directed towards the lower profile of the rear wing to increase extraction from the diffuser.*

### Dettaglio fiancate AMR23 e confronto con evoluzione della Ferrari SF-23

Visibile la riduzione della larghezza del solco che attraversa tutto il profilo superiore delle fiancate. Questa modifica le rende molto simili all'ultima versione di quelle della SF-23, introdotte in Spagna.

### *AMR23 sidepod detail and comparison with the evolution of the Ferrari SF-23*

*The reduction of the width of the indent traversing the whole of the upper surface of the sidepods is visible. This modification made the sidepods very similar to the latest version of those of the SF-23, introduced in Spain.*

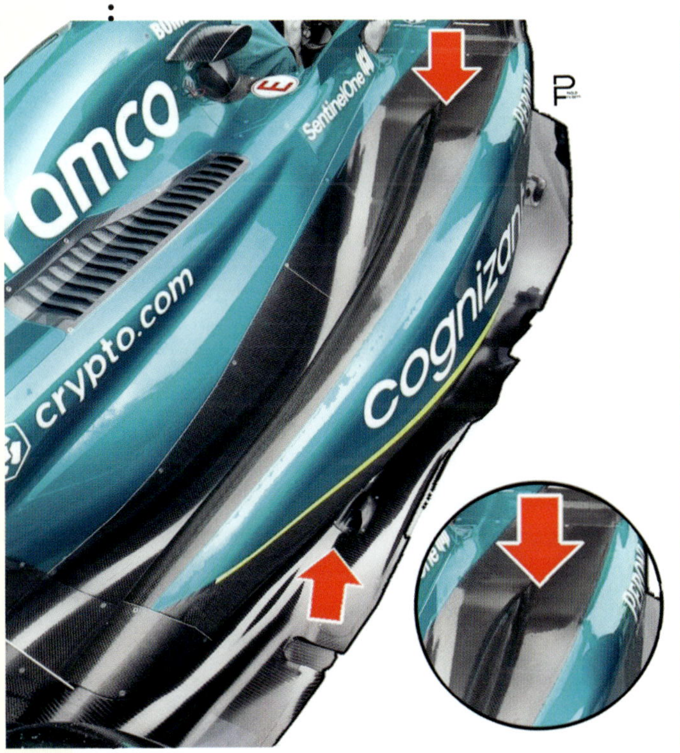


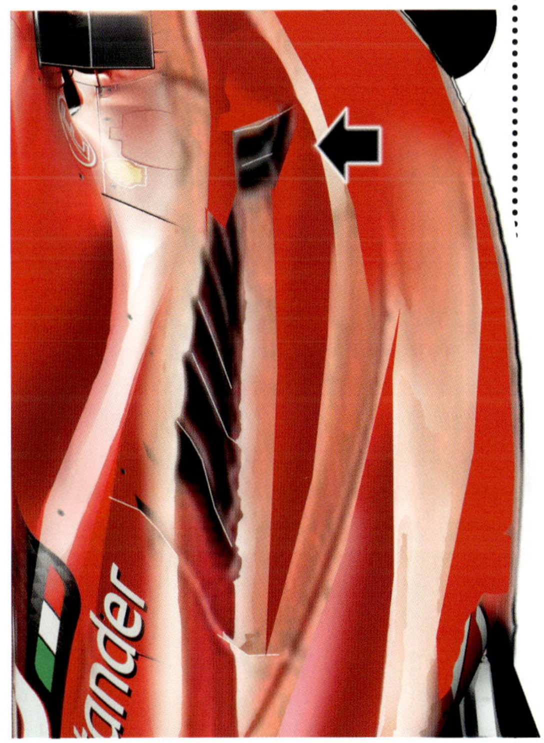

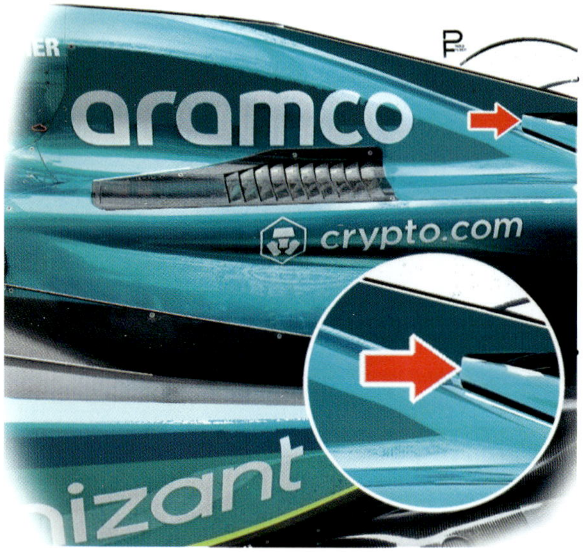


### Nuova shark fin sul cofano

Le modifiche alla AMR23 hanno riguardato anche una diversa profilatura della pinna sul cofano motore, ora più corta per ridurre le interferenze con il flusso diretto verso il profilo inferiore dell'ala posteriore.

### *New shark fin on the engine cover*

*The modifications to the AMR23 also concerned a different shape for the fin on the engine cover, now shorter to reduce interference with the air flow directed towards the lower profile of the rear wing.*

SF-23

RB19

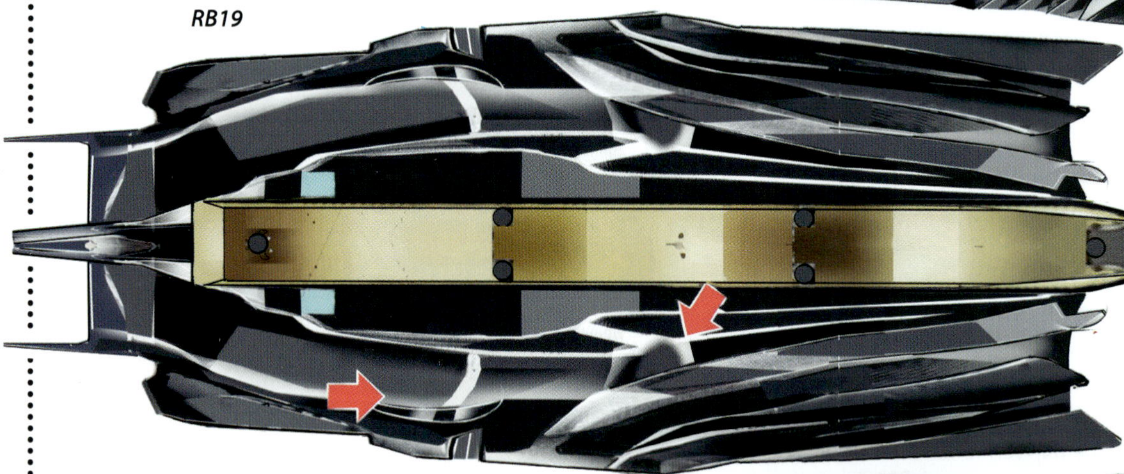

### *Floor analyses RB19, W14B, SF-23*

*As this was the second year of a four-year technical cycle, it was already clear how the car's lower aerodynamic concepts were progressively converging. In reality, if we look at the three top teams, this was more overt between Red Bull and Mercedes, while the Ferrari was different. Specifically, the central section of the floor on the first two cars was characterised by conspicuous steps, while on the SF-23, the central section was smooth with a constant curvature.*

### Analisi fondi RB19, W14B, SF-23

Essendo al secondo anno di un ciclo tecnico di quattro, è già evidente come i concetti dell'aerodinamica inferiore delle monoposto stiano progressivamente convergendo. In realtà, se consideriamo i tre top team, questo fatto è più marcato tra Red Bull e Mercedes, mentre la Ferrari è diversa. Nello specifico, la sezione centrale del fondo delle prime due monoposto è caratterizzato da evidenti sbalzi del profilo, mentre sulla SF-23, il profilo della sezione centrale è unico e con curvatura costante.

W14B

# ROLEX GROSSER PREIS VON ÖSTERREICH 2023

**SPIELBERG**
**RED BULL RING**
**2** LUGLIO JULY

## Aggiornamenti sia per Ferrari, sia per Red Bull

La Ferrari ha introdotto in Austria un nuovo pacchetto evolutivo a livello aerodinamico. Si è trattato di una nuova ala anteriore caratterizzata da un diverso profilo delle paratie laterali ora arrotondato nella parte superiore, molto simile a quello della Red Bull RB19. Il nuovo profilo, ma anche la parte terminale dei flap si raccordano in modo del tutto diverso rispetto alla versione precedente, con una forte riduzione della corda all'estremità dei flap per incrementare l'effetto *outwash*, ovvero di deviazione delle turbolenze all'esterno delle ruote. Ma non è questa la modifica più rilevante, bensì quella del fondo caratterizzato da un disegno "tridimensionale" dei canali Venturi, delimitati anche da convogliatori verticali di nuovo disegno. Nello specifico questi elementi non terminano più a filo con il bordo di entrata del fondo, ma si estendono anteriormente con un profilo arrotondato. Come nel caso delle paratie laterali dell'ala anteriore, questi elementi traggono evidente ispirazione da quelli della RB19. Scopo principale della loro riprofilatura è gestire in modo più efficace il flusso a livello dell'ingresso dei canali Venturi. Va sottolineato che il nuovo disegno "tridimensionale" dei canali determina la creazione di zone di discontinuità nel loro profilo, a monte e a valle della sezione mediana del fondo. Queste "sacche", nei fatti, incrementano la densità del flusso inferiore grazie a una riduzione della pressione e fungono da elementi di attenuazione dell'innesco del *porpoising*. In sostanza, ciò ha permesso alla SF-23 di adottare altezze da terra inferiori senza innescare i sobbalzi aerodinamici, causa del comportamento imprevedibile della vettura in Spagna con la versione precedente. Il miglior bilanciamento aerodinamico complessivo ha peraltro permesso di raggiungere, anche se non del tutto, l'obiettivo di ridurre il degrado degli pneumatici a favore di un passo gara più competitivo. Va ribadito che il tracciato di Spielberg, benché non sia critico sotto questo profilo, determina forti sollecitazioni sulle ruote in appoggio a livello di scivolamento laterale, fattore che ne innesca il degrado. La SF-23 lo ha contenuto in modo più efficace rispetto al recente passato anche se il problema non è stato del tutto annullato.
Se la Ferrari ha prodotto uno sforzo notevole nell'anticipare gli sviluppi in Austria, colpisce che anche la Red Bull, seppure con un intervento decisamente meno profondo, abbia proseguito nell'evoluzione di dettaglio della RB19. Nello specifico il team di Milton Keynes è intervenuto a livello della sospensione posteriore, introducendo nuove carenature dei bracci dei triangoli. In questo modo è stata migliorata la gestione del flusso d'aria diretto verso la *beam wing*. Ciò ha incrementato l'efficacia dell'estrazione del flusso inferiore dal diffusore. In sostanza, il team Campione del mondo non ha tralasciato nessun dettaglio che fosse in grado di incrementare, seppur marginalmente, la competitività della RB19 prevenendo qualsiasi possibilità di recupero del gap prestazionale da parte degli avversari.

## *Updates for both Ferrari and Red Bull*

*Ferrari introduced a new evolutionary aerodynamic package in Austria. It featured a new front wing characterised by a different shape for the endplates which were now rounded at the top, very similar to those of the Red Bull RB19. The new endplate shape, but also the flap terminals were joined in a completely different way compared to the previous version. A significant reduction of the chord at the end of the flaps was designed to increase the outwash effect, deflecting turbulence outside the wheels. However, this was not the most significant change, which was instead that to the floor characterised by a "three-dimensional" arrangement of Venturi channels, also delimited by newly designed vertical ducts. Specifically, these elements no longer terminated flush with the leading edge of the floor but extended to the front with a rounded profile. As in the case of the front wing endplates, these elements were clearly inspired by those of the RB19. The main purpose of their reshaping was to manage more effectively the air flow at the level of the Venturi channel entrance. It should be emphasised that the new "three-dimensional" design of the channels resulted in the creation of areas of discontinuity in their profile, upstream and downstream of the middle section of the floor. Effectively, these "pockets" increased the density of the floor air flow through a reduction in pressure and acted as elements mitigating the initiation of porpoising. In essence, this allowed the SF-23 to adopt lower ride heights without triggering the aerodynamic bouncing that was the cause of the car's unpredictable behaviour in Spain in its previous iteration. The improved overall aerodynamic balance also made it possible to achieve, albeit not fully, the objective of reducing tyre decay while favouring a more competitive race pace. It must be reiterated that the Spielberg track, although not critical in this respect, puts a lot of stress on the loaded tyres in terms of lateral movement, a factor that triggers tyre degradation. The SF-23 contained this more effectively than in the recent past, even though the issue was not completely resolved.*
*While Ferrari made a remarkable effort in anticipating developments in Austria, it is striking that Red Bull too, albeit with a far less profound modifications, continued with the detail evolution of the RB19. Specifically, the Milton Keynes team worked on the rear suspension, introducing new fairings for the wishbone arms. This improved the management of airflow towards the beam wing., thereby increasing the efficiency of the extraction of the lower air flow from the diffuser. In essence, the World Champion team did not overlook any detail with the potential for even marginally enhancing the competitiveness of the RB19 and preventing any possibility of its rivals closing the performance gap.*

### Nuova ala anteriore di ispirazione Red Bull

La SF-23 monta un'ala caratterizzata da un diverso disegno delle paratie laterali, arrotondate nel profilo superiore. Anche il punto di giunzione dei flap è ora modificato, con una sezione ridotta. La Scuderia di Maranello si è ispirata al disegno delle *endplates* dell'ala anteriore della RB19 per incrementare l'*outwash*.

### *New Red Bull-inspired front wing*

*The SF-23 was fitted with a wing characterised by a different shape to the endplates, with a rounded upper edge. The joining of the flaps was also different, with a smaller section. The team from Maranello was inspired by the design of the endplates on the RB19's front wing to increase the outwash effect.*

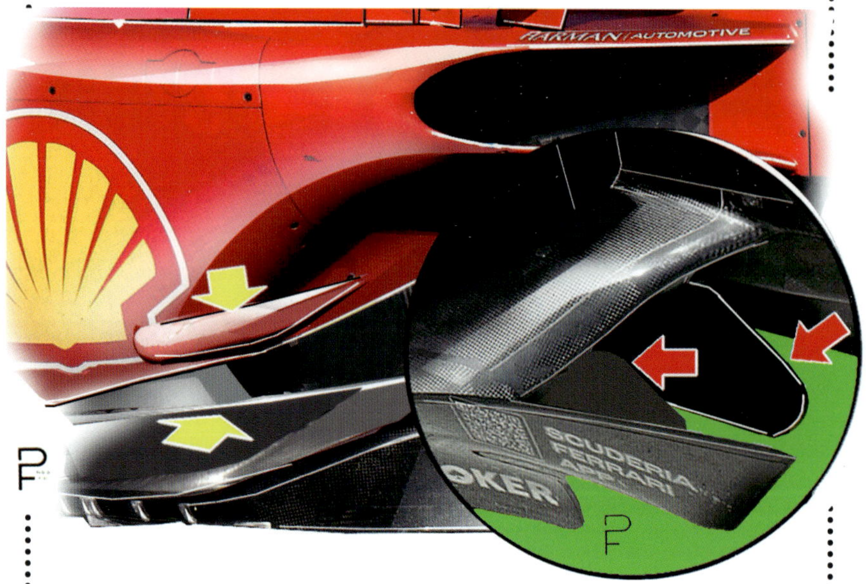


### Evoluzione sezione anteriore fondo

Il fondo introdotto in Austria è caratterizzato da un nuovo disegno dei convogliatori inferiori, che rispecchia quelli della RB19, funzionale alla riduzione del *porpoising*. Di fatto è un proseguimento nell'evoluzione della vettura iniziato in Spagna con l'adozione delle nuove fiancate degradanti verso il retrotreno.

### *Evolution of the front of the floor*

*The floor introduced in Austria was characterised by reworked lower ducts, mirroring those of the RB19, designed to reduce porpoising.*
*In effect this was a continuation of the evolution of the car that began in Spain with the adoption of new sidepods sloping down towards the rear.*

### RB19: carenature bracci sospensione posteriore

In Austria ha debuttato un'evoluzione della sospensione posteriore della RB19, caratterizzata da una diversa profilatura delle carenature dei bracci. Questo con l'obiettivo di migliorare la gestione del flusso diretto verso la *beam wing*.

### RB:19 rear suspension arm fairings

*Austria saw the debut of an evolution of the rear suspension of the RB19, characterised by a different shape to the wishbone fairings. The objective was to improve the management of the flow directed towards the beam wing.*

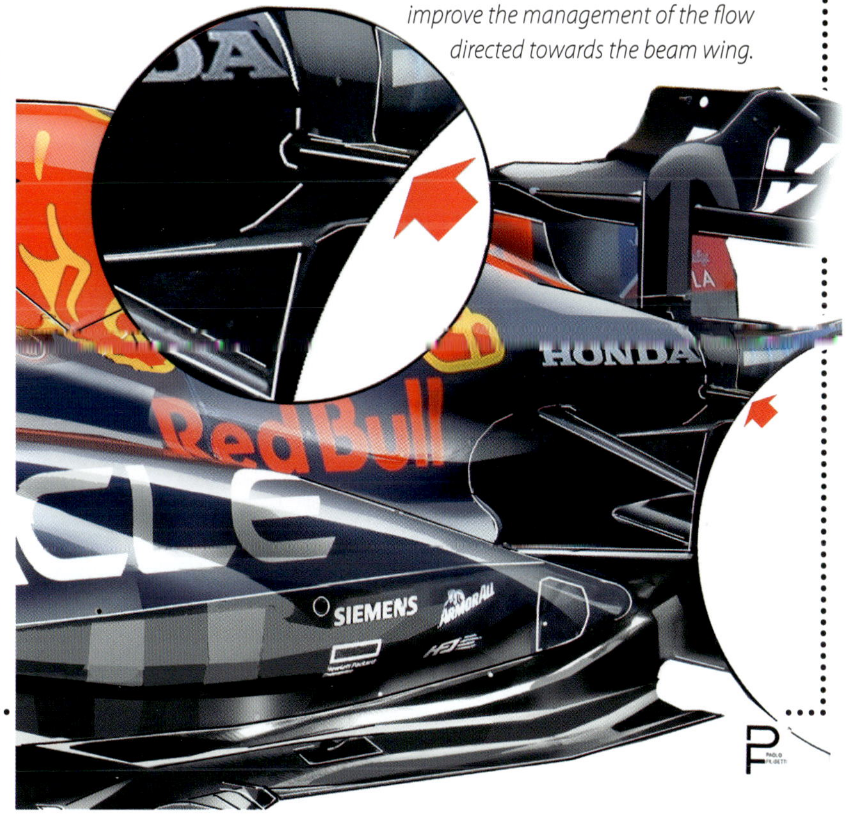


### Haas VF-23: nuovi sensori

La Haas non ha introdotto modifiche di rilievo in Austria, ma ha di fatto modificato il tubo di pitot anteriore a livello di sensori in esso contenuti. Questi, infatti, nelle intenzioni degli ingegneri del team, avrebbero dovuto consentire una migliore raccolta dati per determinare l'efficacia di varie aree della vettura: dal fondo al *Tea tray* sino alla porzione posteriore del cofano motore, non convenzionali (si vedano le frecce).

### Haas VF-23: new sensors

*Haas did not introduce any major modifications in Austria, but did change the front pitot tube and the sensors it contained. In the intentions of the team's engineers, these should have allowed for improved data collection to determine the efficacy of the various unconventional areas of the car: from the floor to the Tea tray, through to the rear part of the engine cover (see the arrows).*

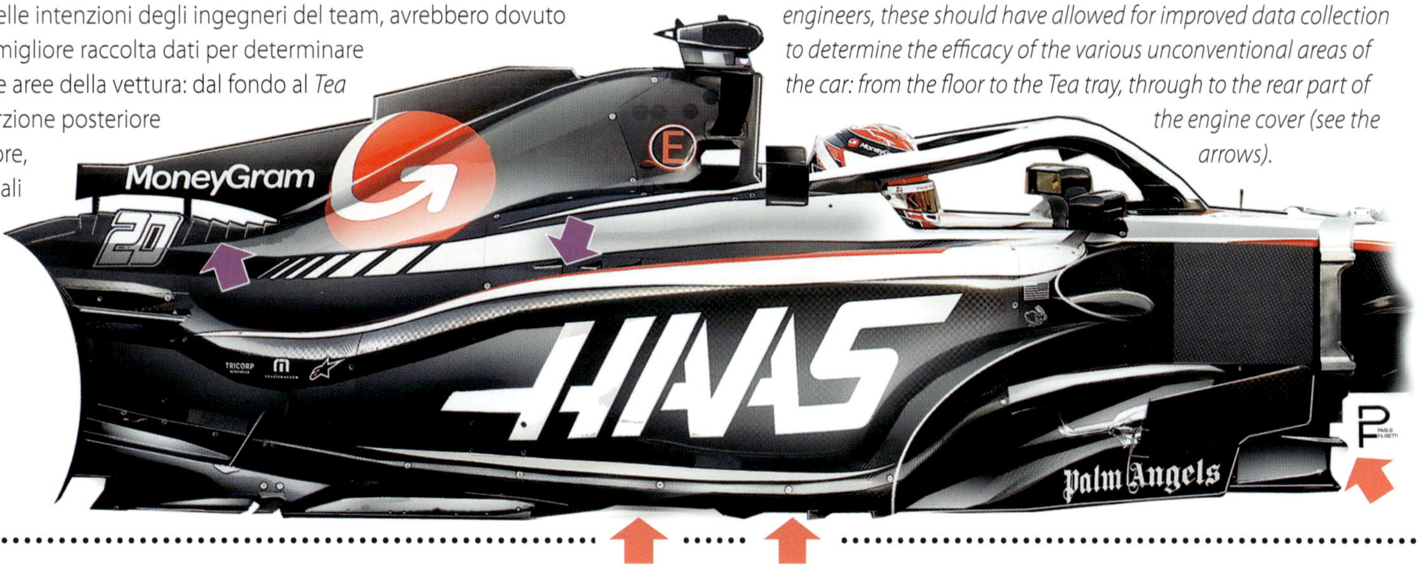

# ARAMCO BRITISH GRAND PRIX 2023

**SILVERSTONE**
**SILVERSTONE CIRCUIT**
**9 LUGLIO *JULY***

## McLaren in costante progressione, Ferrari in crisi con le strategie

Se la Red Bull ha vinto a Silverstone proseguendo la striscia di successi dall'inizio della stagione – e quasi non facendo più notizia – non si può certo dire che la prestazione della McLaren, con l'ultima versione evoluta della MCL60, caratterizzata anche da una livrea celebrativa, rientrasse nelle previsioni della vigilia. Le performance della MCL60 che in Austria aveva introdotto un ampio pacchetto di modifiche riguardanti le fiancate, completato a Silverstone da una nuova versione di ala anteriore e con un incremento della funzione *outwash* grazie al profilo più arcuato dei flap, non erano assolutamente preventivabili.

Sin dal venerdì è apparso chiaro che l'ultima versione, a livello di concetto aerodinamico, caratterizzata da fiancate scavate superiormente e da un più ampio canale inferiore – molto simile all'ultima versione degli stessi elementi della Aston Martin AMR23 –, avesse non solo incrementato il carico prodotto dal fondo vettura, grazie alla diversa profilatura a livello dei canali Venturi e dei convogliatori inferiori, ma avesse anche dato un apporto decisamente positivo al suo comportamento dinamico. A dire il vero Lando Norris, nel dopogara, aveva un po' spento gli entusiasmi circa una competitività definitivamente raggiunta, ammettendo di essere stato sorpreso dalle performance della vettura ma ritenendo in buona parte ciò una conseguenza delle caratteristiche del tracciato più che un sostanziale passo in avanti. Il dato oggettivo, però, parlava di un team che attraverso una costante progressione era uscito da un ciclo tecnico negativo o, per meglio dire, nel quale non si capiva in effetti la giusta direzione a livello concettuale e di sviluppo seguita. Merito sostanziale del nuovo indirizzo tecnico, ben più chiaro, con obiettivi fissati nel breve, medio e lungo termine, che va al team principal Andrea Stella. L'ingegnere italiano, a Woking sin dall'arrivo di Fernando Alonso nel 2015, ha di fatto scalato tutte le posizioni gerarchiche all'interno del team, cosa che gli ha permesso di avere un'idea ben definita della struttura tecnica, con i suoi pregi e, soprattutto, con le aree in cui era necessario intervenire. A partire, ad esempio, da strumenti tecnici cruciali come la galleria del vento. Quella nuova, nei fatti, ha iniziato il proprio lavoro a inizio stagione dopo la calibrazione degli strumenti di misura. Gli sviluppi portati nelle ultime gare sono stati i primi elementi frutto del nuovo impianto cui ovviamente si sono affiancate le stazioni di calcolo e di simulazione CFD. La McLaren, dunque, grazie a un rinnovamento progressivo e diluito nel tempo delle sue risorse tecniche (fino al 2022, oggettivamente, non più allo stato dell'arte), ha permesso ai suoi tecnici di introdurre nuovi concetti, ma soprattutto di estrarre il massimo potenziale dalla monoposto 2023. La MCL60 è restata di certo, anche dopo Silverstone, una vettura "problematica" in termini di prevedibilità delle sue reazioni in curva, ma soprattutto molto sensibile alle variazioni di layout dei tracciati e grip del manto di asfalto, ma la logica sequenza degli interventi ha permesso quantomeno su questo tracciato di annullare gli effetti negativi di queste caratteristiche congenite al progetto. La dinamica del veicolo è ancora del tutto perfettibile e l'adozione del *pull rod* anteriore, sin dal modello 2022, non è stato interpretato in modo estremo nella sua prerogativa *anti-dive* come invece su Red Bull e Aston Martin. Come si vedrà, l'evoluzione della MCL60 continuerà ancora per alcune gare sino ad arrivare a una sorta di anteprima (a grandi linee) del concetto della monoposto per il 2024. Le tappe da compiere sono ancora parecchie e non tutte seguiranno un andamento lineare, ma appare chiaro che Andrea Stella abbia una visione chiara per il suo team, per farlo tornare, nel medio periodo, a ricoprire quel ruolo da protagonista che è nel blasone del suo nome.

Totalmente agli antipodi la situazione della Ferrari. Si sa che si impara molto più dalle sconfitte che dalle vittorie e si potrebbe quasi pensare che questo sia stato il "mantra" che gli uomini di Maranello hanno più volte ripetuto nel dopogara di Silverstone. Il dato oggettivo, per quanto paradossale, è che dall'opacissima gara in Gran Bretagna la Ferrari abbia effettivamente potuto trarre non solo una lezione, ma anche preziose informazioni relative allo stato dell'arte sul degrado gomme generato dalla SF-23. Questa lezione la si è appresa nel modo più duro possibile, ovvero, giungendo al traguardo in nona e decima posizione dopo essere partiti dalla quarta e quinta. L'equilibrio dinamico e aerodinamico raggiunto con gli sviluppi introdotti in Austria ha permesso di ridurre in modo sostanziale i trasferimenti di carico longitudinali e le perdite di carico in percorrenza delle curve, riducendo il degrado con qualsiasi mescola. La strategia iperconservativa adottata dai tecnici di Maranello ha escluso a priori l'utilizzo delle gomme Soft in almeno una fase della gara, ma questo si è rivelato un fattore molto penalizzante. Vero che con le Hard il degrado prestazionale era pari allo zero, ma quella mescola non garantiva ovviamente le prestazioni delle Soft impiegate dai diretti rivali in pista. Pare corretto sostenere, senza timore di smentita, che la prestazione incolore sia dunque ascrivibile solo alla strategia errata a livello gomme. In sostanza, se un viatico positivo può essere tratto dalla deludente trasferta di Silverstone è che, finalmente, la Ferrari può adottare strategie, ma anche assetti più estremi senza pregiudicare il passo gara.

## *Constant progress from McLaren, strategy crisis for Ferrari*

While Red Bull triumphed at Silverstone, continuing their winning streak since the start of the season – and hardly making the headlines anymore – McLaren's performance, with the latest evolution of the MCL60, which also featured a celebratory livery, could hardly be said to have been in line with the pre-race predictions. The performance of the MCL60, which in Austria had seen the introduction of an extensive package of modifications to the sidepods, completed at Silverstone with a new version of the front wing and an increase in the outwash effect thanks to accentuation of the arching profile of the flaps, was completely unexpected.

From the sessions Friday it was immediately clear that the latest iteration of the MCL60, in terms of its aerodynamic concept, characterised by sidepods with an upper hollow and a more capacious lower channel (very similar to the latest version of the same elements on the Aston Martin AMR23), benefitted from increased downforce produced by the floor thanks to the different profiling at the level of the Venturi channels and lower ducts. A decidedly positive contribution had also been to its handling. In truth, after the race, Norris was rather more cautious about having finally achieved a competitive state, admitting that he had been surprised by the car's performance but believing this to be more a consequence of the characteristics of the track than a substantial step forward. The objective data, however, spoke of a team that, thanks to constant progress, had emerged from a negative technical cycle, or rather one in which it was hard to identify the right direction to be followed at the conceptual and developmental level. Substantial credit for the new, much clearer technical direction, with well-established objectives in the short, medium and long term, goes to team principal Andrea Stella. The Italian engineer, in Woking since Alonso's arrival in 2015, has in fact progressed through all the hierarchical positions within the team, allowing him to gain a very clear overview of the technical structure, with all its merits and, above all, with the areas in which work was needed. Starting, for example, with crucial technical tools such as the wind tunnel. The new tunnel, in fact, came on stream at the beginning of the season following the calibration of the measuring instruments. The developments brought in for the last few races were the first fruits of the new facility, which was naturally flanked by the CFD simulation and computing stations. Thanks to a progressive and gradual renewal of its technical resources (which objectively up until 2022 were no longer state-of-the-art), McLaren therefore allowed its engineers to introduce new concepts, but above all to extract the full potential of the 2023 car. The MCL60 certainly remained, even after Silverstone, a "problematic" car in terms of the predictability of its cornering reactions and above its acute sensitivity to variations in track layout and asphalt grip, but the logical sequence of modifications at least allowed the negative effects of these congenital characteristics to be countered on this track. The car's dynamics still had considerable room for improvement and the adoption of the front pull-rod layout from the 2022 car had yet to be interpreted in an extreme manner in terms of its anti-dive prerogative as on the Red Bull and Aston Martin. As we shall see, the evolution of the MCL60 was to continue for a few more races until we arrive at a sort of preview (broadly speaking) of the concept for the 2024 car. There are still many stages to be completed and not all of them will follow a linear course, but it seems clear that Andrea Stella has a clear vision for his team, to return it, in the medium term, to the leading role its historical reputation demands.

The situation at Ferrari was the exact opposite. It is well-known that one learns much more from defeats than from victories and one might think that this was a mantra that the men from Maranello repeated several times in the aftermath of the Silverstone race. However paradoxical it might appear, objectively Ferrari was actually able to draw not only a lesson from the disappointing race in Great Britain, but also invaluable current information regarding the tyre degradation generated by the SF-23. The lesson was learned the hard way, namely, by crossing the finish line in 9th and 10th positions after starting from 4th and 5th. The dynamic and aerodynamic balance achieved with the developments introduced in Austria made it possible to substantially reduce longitudinal load transfers and loading losses through corners, reducing degradation with all compounds. The hyper-conservative strategy adopted by the Maranello engineers ruled out the use of Soft tyres in at least one phase of the race, but this proved to be very detrimental. It is true that with the Hard tyres the performance degradation was zero, but that compound clearly could not match the performance of the Softs used by the direct rivals on the track. It seems fair to say, without fear of contradiction, that the flat performance can only be attributed to the wrong tyre strategy. Basically, if anything positive could be drawn from the disappointing trip to Silverstone, it was that, at last, Ferrari could adopt more extreme strategies and set-ups without jeopardising its race pace.

### McLaren: confronto versione inizio stagione e Silverstone

Confrontando le due versioni sono messi in risalto gli interventi nelle diverse aree della monoposto. Si può notare la modifica del fondo a livello dei convogliatori inferiori e degli schermi più esterni con maggiore estensione verticale. Le fiancate, invece, sono caratterizzate da un profilo inferiore rialzato per incrementare il canale inferiore tra la pancia e il fondo. Diverso anche il profilo superiore delle fiancate, più in linea con l'andamento spiovente di quelle della Aston Martin, da cui ha ereditato lo scivolo superiore scavato lungo l'intera sua lunghezza. Sono sparite le ampie feritoie verticali al posto delle quali sono state introdotte delle branchie alla base del cofano motore. Diversa anche la conformazione dei "polmoni" sotto il fondo vettura, funzionali alla gestione del *porpoising*.

### *McLaren: Early season and Silverstone versions comparison*

*Comparing the two versions highlights the modifications made in various areas of the car. Note the modification of the floor in the area of the lower ducts and the outermost vanes with a greater vertical extension. The sidepods were instead characterised by a raised lower edge to enlarge the lower channel between the sidepod and the floor. The upper profile of the sidepods was also different, closer to the sloping configuration of the Aston Martin desigmn from which it inherited the upper chute carved into its full length. The large vertical slots were replaced by gills at the base of the engine cover. The configuration of the "lungs" below the floor designed to manage the porpoising phenomenon was also different.*

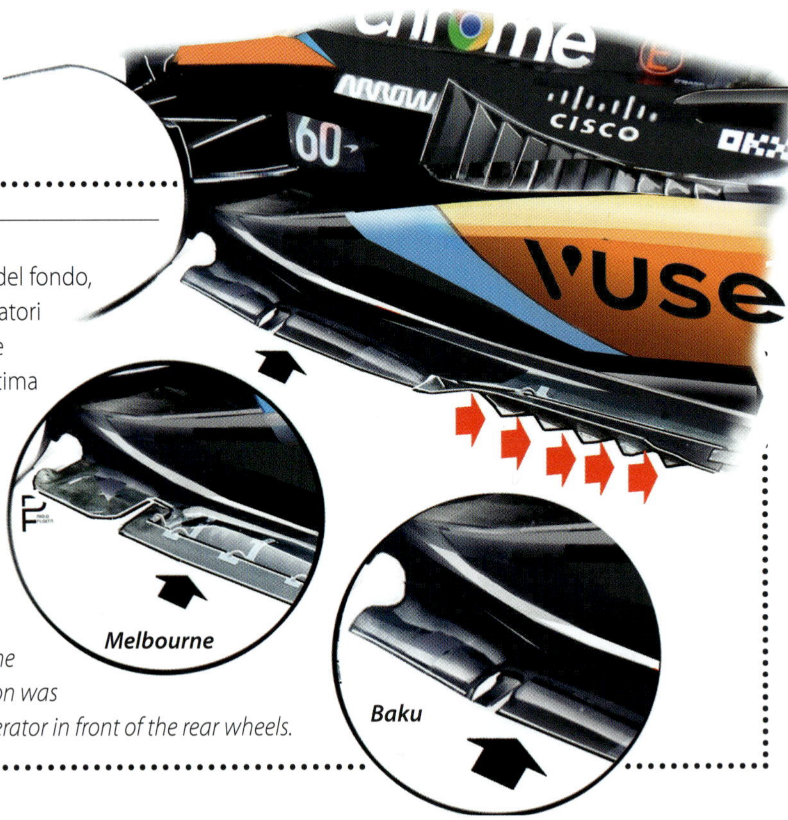


### Baku: prima evoluzione fondo

Le monoposto di Norris e Piastri in Azerbaigian avevano sfoggiato la prima evoluzione del fondo, sia a livello del bordo laterale sia dell'angolazione della sezione di ingresso dei convogliatori inferiori. Nel primo caso, il bordo era caratterizzato da una soffiatura perpendicolare che separava la sezione anteriore da quella davanti alle ruote posteriori. A livello di quest'ultima è stata eliminata la soffiatura che caratterizzava la versione precedente, a favore di un profilo unico, interrotto dalla presenza di un generatore di vortici, orizzontale davanti alle ruote posteriori.

### *Baku: first floor evolution*

*In Azerbaijan, Norris and Piastri's car had sported the first evolution of the floor, both in terms of the lateral edge and the angle of the lower duct intake section. In the first case, the edge was characterised by a perpendicular vent separating the front section from the one ahead of the rear wheels. At the level of the latter, the vent characterising the previous version was eliminated in favourof a single profile interupted by the presence of a horizontal vortex generator in front of the rear wheels.*

## Distribuzione carico ottimale sulla SF-23

Le strategie conservative adottate dalla Ferrari in gara a Silverstone si sono dimostrate troppo prudenti. In pratica gli ultimi sviluppi introdotti in Austria avevano permesso di ottenere un'ottimale distribuzione del carico, soprattutto quello generato dal fondo, migliorando in modo rilevante il bilanciamento aerodinamico della vettura.

## *Optimal loading distribution on the SF-23*

*The conservative race strategies adopted by at Silverstone proved to be too cautious. In effect, the latest developments introduced in Austria had permitted an optimal distribution of the aerodynamic load, above all that generated by the floor, significantly improving the car's aerodynamic balance*

## Effetti modifiche introdotte in Austria su sensibilità al vento laterale e confronto con Red Bull

Gli effetti delle modifiche introdotte sulla SF-23 al Red Bull Ring non sono stati limitati a un carico meglio distribuito, generato dal fondo vettura, ma anche a una minore sensibilità al vento laterale rispetto a inizio stagione. Interessante il confronto diretto tra il fondo della RB19 e della SF-23, dove sono evidenziati i due concetti radicalmente diversi a livello di discontinuità dei volumi dei canali Venturi, tipici della RB19. Questa caratteristica permette una migliore gestione delle pressioni del flusso d'aria sottostante.

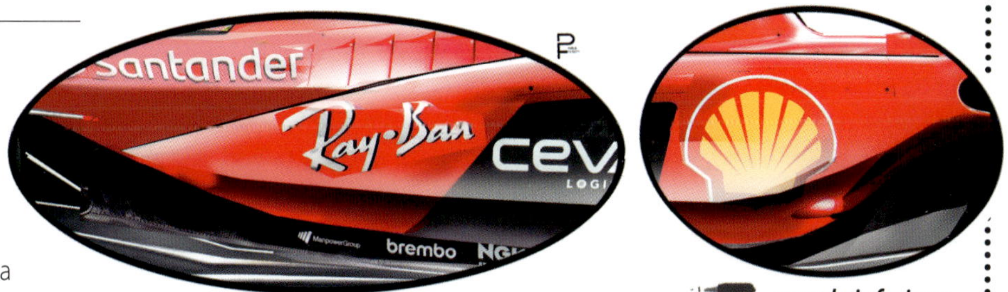

profilo spiovente - sloping profile

canale inferiore
lower channel

## *Effects of modifications introduced in Austria on the sensitivity to side winds and comparison with Red Bull*

*The effects of the modification introduced on the SF-23 at the Red Bull Ring were not restricted to better distribution of the load generated by the car's floor, but also reduced sensitivity to side winds with respect to the first part of the season. The direct comparison between the floor of the RB19 and that of the SF-23 is interesting. It highlights the two radically different concepts in terms of the discontinuity of the Venturi channels typical of the RB19. This feature permitted better management of the lower air flow*

*Red Bull Ring*

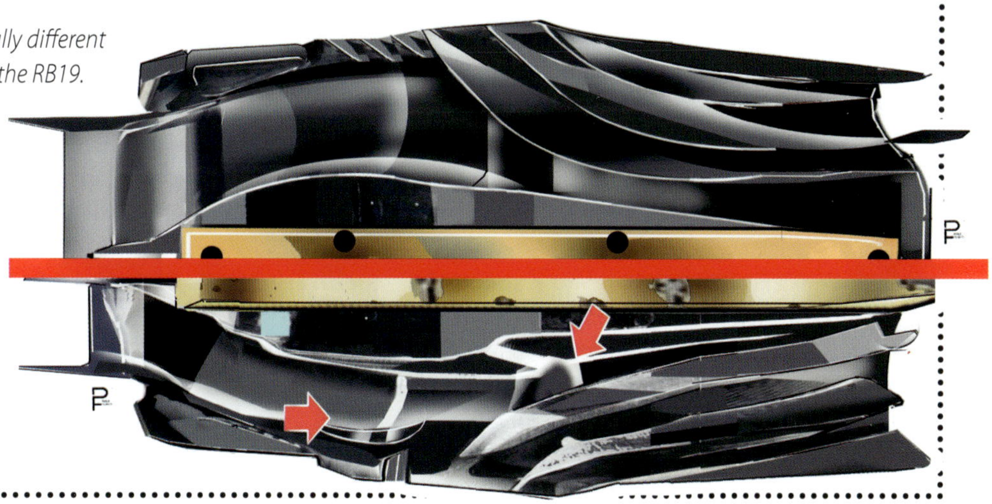

# QATAR AIRWAYS HUNGARIAN GRAND PRIX 2023

**BUDAPEST**
**HUNGARORING**
**23** LUGLIO JULY

## Sviluppo Red Bull: la RB19 è un'anteprima della RB20

Se osservassimo quanto accaduto in Ungheria a livello tecnico, specificamente per quanto concerne lo sviluppo delle monoposto, si potrebbe concludere che, in specifici casi, l'introduzione di modifiche anche profonde alle vetture non segua una logica legata all'attualità della classifica iridata, bensì abbia orizzonti ben più ampi. Ci si sta, ovviamente, riferendo all'ampia evoluzione che ha riguardato le fiancate della RB19, nello specifico a livello di ridimensionamento della sezione dell'imbocco delle prese d'aria. L'intervento, in realtà, è stato ampio e profondo, includendo anche una variazione dei raccordi e condotti dei radiatori che però hanno mantenuto un packaging e una volumetria quasi immutata. La sezione verticale delle prese d'aria è stata ridotta di circa il 50% ed è stato incrementato e inclinato verso l'alto il labbro già introdotto dopo le prime gare. In sostanza, l'obbiettivo dei tecnici di Milton Keynes non è stato solo quello di ridurre la sezione frontale, bensì di incrementare il canale (la sua corretta definizione è quella di sottoquadro) tra il profilo inferiore della fiancata e il marciapiede del fondo. In tal senso, è stato modificato anche il profilo inferiore della fiancata nel punto più basso incrementandone il raggio di curvatura tra la porzione verticale della carrozzeria e il sottoquadro. In questo modo, osservando la monoposto da vicino, si ha quasi la sensazione che le fiancate "galleggino" separate dal fondo da un canale apparentemente più profondo rispetto alla versione adottata sino a Silverstone. Il dato oggettivo della portata di questo sviluppo è legato al suo tempo di realizzazione e progettazione. Si vuol dire che non si è trattato certo di una modifica pensata nelle ultime settimane, bensì accuratamente pianificata da circa tre mesi. Fin qui, nulla di strano, ma considerata la situazione di classifica che già vedeva la Red Bull dominatrice indiscussa, colpisce come l'ufficio tecnico Red Bull abbia deciso di implementare questa modifica guardando più al futuro che all'immediata necessità di consolidare il vantaggio sui diretti rivali. Da nostre fonti, infatti, si è poi appreso che la RB19 vista in Ungheria fosse una solida prefigurazione della RB20 per il 2024. Pare infatti che Adrian Newey, senza di fatto rivoluzionare il progetto, già dopo le prime gare (Miami), avesse raccolto nel suo preziosissimo e ormai famigerato taccuino personale annotazioni sui passi da seguire per eliminare, a suo dire, alcune imperfezioni (meglio definirle zone perfettibili) di questo progetto. L'attenzione al dettaglio da parte dell'ingegnere inglese è ormai nota in pit lane e si concretizza nella continua evoluzione di varie aree della monoposto, che potrebbero fornire, a livello aerodinamico, una performance più elevata di quella raggiunta con la prima stesura del progetto. Ovvio che questa metodologia poggi per forza su un presupposto di competitività già acquisita della vettura nella sua versione originaria. Partendo da questo assunto, Newey valuta il *lead time*, ovvero, il tempo necessario per i rivali non solo per copiare alcune soluzioni ma, più in generale, per far progredire le proprie monoposto riducendo il gap che le separa dalla "sua" vettura. Per Newey infatti è importante studiare, già in fase di progettazione, non tanto soluzioni efficaci ma semplici, bensì efficaci e complesse sia a livello di comprensione effettiva del loro potenziale e funzionamento, sia progettuale. In pratica non si privilegia l'immediatezza, bensì la soluzione complessiva delle problematiche, perché ciò garantisce un vantaggio temporale di mesi nei confronti dei team rivali.

In quest'ottica, le modifiche introdotte a Budapest hanno avuto la funzione di battistrada per quelle che saranno le caratteristiche della vettura del 2024, ma nello stesso tempo consentono, a livello di incremento complessivo dell'efficacia del progetto, di alzare ancora l'asticella, rendendo il piano di avvicinamento a livello prestazionale, da parte degli avversari, più arduo. Il progetto RB19, dunque, costituisce la base ottimale per proseguire nel suo affinamento senza doverne sconvolgere le caratteristiche di base. Peraltro è corretto anche ritenere che l'attitudine di Newey e dei suoi collaboratori, in termini di consolidamento del vantaggio, parta dalla consapevolezza della progressiva capacità dei team rivali di interiorizzare alcune peculiarità della RB19 scoprendone nel corso della stagione i segreti. Non è infatti un caso che il fondo "tridimensionale" di questa monoposto, svelato nel suo insieme a Monaco, grazie all'esposizione agli obiettivi dei fotografi nella fase di rimozione della vettura di Sergio Pérez, sia poi diventato patrimonio condiviso anche da Mercedes, McLaren e Ferrari, seppur con risultati diversi.

Interessante notare che a Budapest, anche l'altro team della "famiglia" Red Bull, ovvero l'Alpha Tauri, abbia introdotto una modifica che evidenzia una certa originalità progettuale e di sfruttamento al limite del regolamento. In dettaglio, è stata introdotta la versione da alto carico dell'ala posteriore, caratterizzata da una quasi netta separazione tra il flap e le paratie laterali. In pratica, leggendo il regolamento che in modo prescrittivo prevedeva un raccordo continuo tra il flap e la paratia per ridurre le turbolenze generate del flusso d'aria in uscita dalle estremità del flap, i tecnici hanno unito il flap alla paratia solo tramite un minimo supporto verticale di collegamento. In questo modo, è stata incrementata la generazione di vortici che rendono più efficace il lavoro del profilo superiore dell'ala ed è migliorata anche l'interazione con la *beam wing*.

## Red Bull development: the RB19 is a preview of the RB20

*Looking at what happened in Hungary on a technical level, specifically with regard to the development of the cars, we might conclude that, in specific cases, rather than following a logic linked to the current situation in the championship standings, the introduction of even radical changes has much broader horizons. We are, of course, referring to the extensive evolution of the RB19's sidepods, specifically in terms of the resizing the air intake mouth section. The modification, in fact, was extensive and in-depth, including a revision of the radiator fittings and ducts, which, however, maintained almost unchanged packaging and volumes. The vertical section of the air intakes was reduced by around 50%, while the lip introduced after the first races was enlarged and tilted upwards. Essentially, the aim of the Milton Keynes engineers was not simply to reduce the frontal section, but to increase the channel (or the undercut as it is more correctly defined) between the lower edge of the sidepod and the footplate. To this end, the lower edge of the sidepod was also modified at its lowest point by increasing the radius of curvature between the vertical portion of the bodywork and the undercut. In this way, observing the car from close up, one almost has the sensation that the sidepods "floated", separated from the floor by an apparently deeper channel than the version that was used up to Silverstone. Objectively, the extent of this development was related to its time taken to design and produce it. In other words, this was certainly not a modification thought over the past few weeks, but rather one carefully planned for around three months. Up to this point, nothing out of the ordinary, but considering the championship standings in which Red Bull was already the undisputed leader, it was striking how the Red Bull technical department decided to implement this modification that looked more to the future than to an immediate need to consolidate their advantage over direct rivals.*
*In fact, our sources later revealed that the RB19 seen in Hungary was a concrete preview of the RB20 for 2024. It seems, in fact, that Newey, without actually revolutionising the design, had already, after the first races (Miami), collected in his precious and now infamous personal notebook notes on the steps to be followed to eliminate, what in his opinion, were certain imperfections (or rather areas open to perfection) in this project. The English engineer's attention to detail is by now proverbial among the pit lane insiders and took concrete form in the continuous evolution of various areas of the car which could provide, in terms of aerodynamics, greater performance than had been achieved with the first iteration of the design. Naturally, this methodology leans heavily on the car's presumed competitiveness in its original form. On the basis of this assumption, Newey evaluates the lead time, that is to say, the time needed for rivals not only to copy certain features but, more generally, to advance their single-seaters by reducing the gap separating them from "his" car. For Newey, in fact, it is important to consider during the design phase not so much effective but simple features, but rather effective and complex ones, both in terms of the understanding of their potential and the way they work and at the design level. In practice, the team does not privilege immediacy but instead takes a holistic approach to problem solving as this guarantees an advantage of months over rival teams.*
*From this point of view, the changes introduced in Budapest served as road map for what was be the specification for the 2024 car, but at the same time they allowed, in terms of an overall increase in the effectiveness of the project, to raise the bar even higher, making the team's rival's attempts to match the same performance levels more arduous. The RB19 project therefore provided an excellent basis for on-going improvements without having to revolutionise is fundamental features. Moreover, we should also assume that Newey's and his collaborators' approach to consolidating their advantage starts out from an awareness of the rival teams' progressive ability to take on board certain characteristics of the RB19 as they gradually discovered its secrets over the course of the season. It is, in fact, no coincidence that the "three-dimensional" floor of this car, unveiled in its entirety at Monaco thanks to its exposure to the lenses of photographers during the removal of Perez's car, has since become a feature shared by Mercedes, McLaren and Ferrari, albeit with different results.*
*It is interesting to note that at Budapest, the second team from the Red Bull "family", Alpha Tauri, also introduced a modification that displayed a certain design originality and which ushed the regulatory envelope. In detail, the team introduced a high downforce version of the rear wing characterised by an almost complete separation of the flap and the endplates. After examining the regulations, which prescriptively envisaged a continuous connection between the flap and the endplates in order to reduce the turbulence generated by the airflow from the extremities of the flap, the engineers joined the flap to the endplates by means of a minimal vertical support bracket. In this way, the generation of vortices was increased, rendering the upper wing profile more efficient and also improving the interaction with the beam wing.*

### Nuove imboccature fiancate, confronto con versione precedente

Osservando in parallelo la nuova versione con quella precedente, si nota come la sezione verticale sia stata praticamente ridotta di oltre il 40% grazie all'incremento della superficie del labbro inferiore che è stato inclinato verso l'alto. Ciò ha anche permesso una riprofilatura del bordo inferiore delle fiancate ora arrotondato, con un raggio di curvatura maggiore, e inoltre ha ampliato la sezione del sottoquadro.

### *New sidepod mouths, comparison with previous version*

*Comparing the new version with the earlier one, we can see how the vertical section was effectively reduced by more than 40% thanks to the increase in the surface area of the lower lip which was inclined upwards. This also allowed a reshaping of the lower edge of the sidepod, which was now rounded with a greater radius of curvature. This further increased the undercut section.*

### McLaren: tiranti marciapiede fondo

Uno degli elementi che è stato possibile notare dopo l'introduzione dello sviluppo che ha debuttato a Silverstone, riguarda l'irrigidimento del fondo a livello del marciapiede davanti alle ruote posteriori. Ciò è stato ottenuto mediante l'aggiunta di tiranti metallici che evitano la flessione di questa porzione del fondo che riduceva il carico generato dai canali Venturi.

### Ala posteriore Alpha Tauri

Il team di Faenza ha introdotto un'ala posteriore da alto carico, estremizzata nel disegno. In pratica, il raccordo tra le paratie laterali e il flap è costituito da un minuscolo supporto verticale che unisce i due elementi. Ciò permette l'incremento della generazione di vortici in uscita, che hanno migliorato l'efficienza del profilo superiore dell'ala.

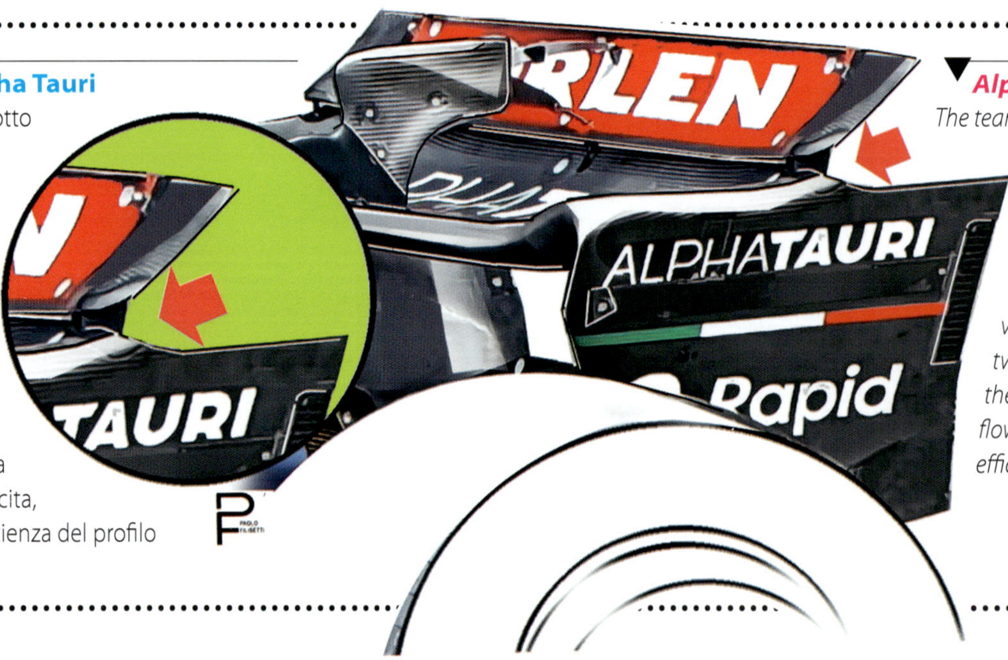


### *Alpha Tauri rear wing*

*The team from Faenza introduced a high downforce rear wing with an extreme design. In practice, the link between the endplates and the flap was composed of a minimal vertical support uniting the two elements. This provided for the increased generation of out flow vortices that improved the efficiency of the upper wing profile.*

### SF-23: ala posteriore da alto carico

A Budapest la Ferrari ha praticamente utilizzato la medesima configurazione da alto carico adottata a Monaco con lievi differenze. Nel dettaglio circolare, si nota sia la massima incidenza del flap dell'ala posteriore sia l'accentuato profilo a cucchiaio dell'ala stessa.

### *McLaren: footplate stays*

*One of the elements we were able to see folllowing the introduction of the development that debuted at Silverstone concerned the stiffening of the floor in correspondence with the footplate ahead of the rear wheels. This was achieved through the addition of metal stays that prevented flexing of this portion of the floor which reduced the downforce generated by the Venturi channels.*

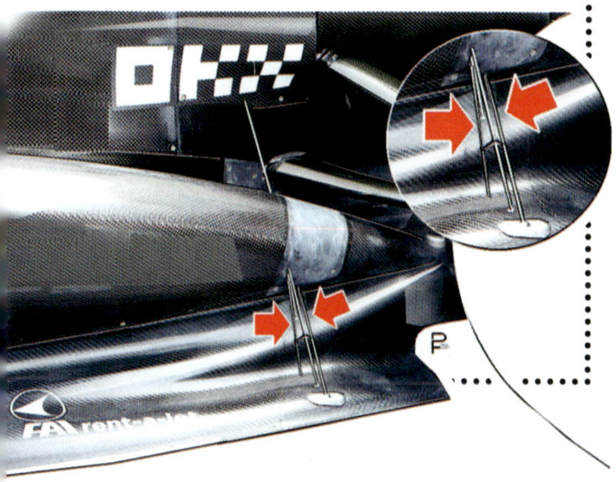

### Confronto schemi sospensioni anteriori Aston Martin, Red Bull e Ferrari

Analizzando da vicino è evidente come la SF-23 e la AMR23 adottino lo stesso schema *push rod* (mentre la RB19 presenta un *pull rod* all'avantreno). Le caratteristiche peculiari della sospensione della AMR23, a livello di impostazione dinamica, ovvero di gestione delle oscillazioni longitudinali della vettura e degli angoli caratteristici, sono molto più aderenti concettualmente alla monoposto del team di Milton Keynes che non a quella italiana.

### *SF-23: high downforce rear wing*

*At Budapest, Ferrari used much the same high downforce configuration as it had adopted at Monaco, with minor differences. In the circular detail, note both the maximum incidence of the rear wing flap and the accentuated dished profile of the wing itself.*

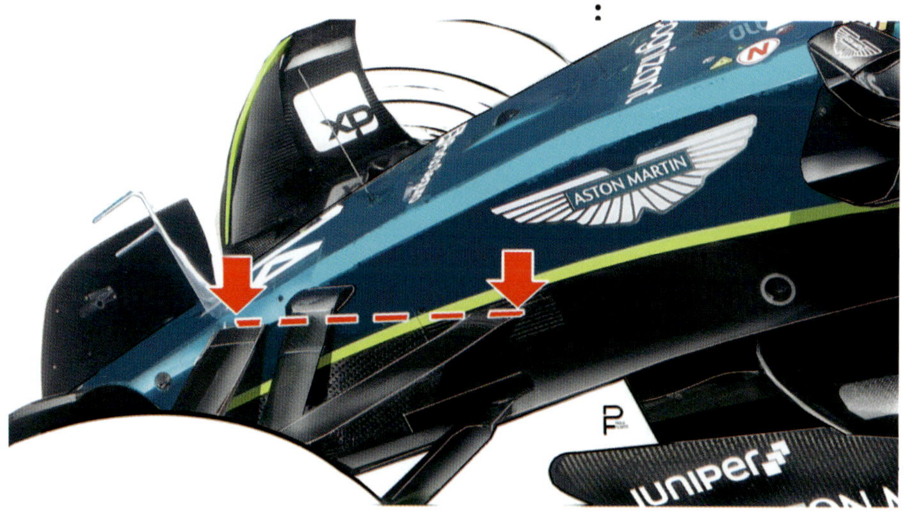


### *Front suspension layout comparison: Aston Martin, Red Bull and Ferrari*

*On close examination, it is clear that although the SF-23 and the AMR23 adopted the same push-rod layout (while the RB19 used a pull-rod system at the front), the specific characteristics of the AMR23's suspension in terms of its dynamic configuration, that is to say the management of the car's longitudinal oscillations and characteristic angles, are much closer conceptually to the Milton Keynes team's car than the Italian single-seater.*

# MSC CRUISES BELGIAN GRAND PRIX 2023

**FRANCORCHAMPS**
**SPA-FRANCORCHAMPS**
**30** LUGLIO JULY

## Ferrari: e chi se l'aspettava...

Il 2023 può sembrare la stagione dei paradossi soprattutto per quanto riguarda la prevedibilità delle prestazioni della SF-23 rispetto alle caratteristiche dei tracciati. Ha infatti stupito come, nonostante le dichiarazioni prudenti della vigilia da parte di Frédéric Vasseur, in merito alle performance previste sul tracciato di Spa, a tutti gli effetti la SF-23, le abbia poi smentite, con il secondo posto di Charles Leclerc in qualifica (che per l'effetto della penalità di cinque posizioni subita da Max Verstappen, gli è valsa la pole position) ma soprattutto con il suo terzo posto in gara. É quindi d'obbligo trovare una ragione all'imprevista competitività della monoposto di Maranello. A Spa la Ferrari ha introdotto un'ala posteriore da basso carico, caratterizzata da una costruzione interessante a livello del collegamento del flap con la paratia laterale. Si tratta dell'adozione di un collegamento di sezione quanto mai ridotta, una soluzione peraltro adottata dall'Alpha Tauri in Ungheria, ma con una configurazione da massimo carico, quindi con una funzione totalmente diversa. É emerso come proprio questa configurazione abbia permesso un comportamento estremamente omogeno della monoposto in tutti i settori del tracciato belga. Un dato reso possibile anche dalla costruzione della nuova ala Ferrari, realizzata con una struttura ultra leggera, e dall'adozione di un assetto caratterizzato da altezze da terra ridotte e un retrotreno in grado di assorbire in modo progressivo i carichi elevati, soprattutto in corrispondenza della curva Eau Rouge.

In sostanza, una delle caratteristiche negative della SF-23, ossia la sua imprevedibilità a centro curva, grazie all'incremento dell'efficienza del diffusore e alla nuova ala, modificata anche nel profilo inferiore (*beam wing*), ha nuovamente dato fiducia in termini di comportamento nei lunghi curvoni a entrambi i piloti. Leclerc, inoltre, ha ammesso di aver modificato il proprio stile di guida rendendolo più progressivo e meno irruento in ingresso di curva. Ciò può sicuramente aver contribuito alla prestazione positiva, ma pare ovvio che il fattore cruciale sia stato il bilanciamento ottimale raggiunto, grazie al mix di regolazioni aerodinamiche e dinamiche della monoposto. Insomma, il potenziale della SF-23, almeno su un tracciato estremamente tecnico come questo, è sembrato trovare una maggiore possibilità di espressione, nelle condizioni che privilegiano il carico generato dal fondo della monoposto rispetto alle ali. Si è dunque assistito a una sorta di ribaltamento delle caratteristiche della SF-23 rispetto alle prerogative del progetto viste da inizio stagione.

Per contro, la Mercedes, che ha introdotto a Spa un ampio pacchetto di sviluppo, non ha mostrato una costanza di rendimento adeguata nel corso dell'intero fine settimana. La W14 è stata profondamente modificata ancora una volta nella zona delle fiancate. Nonostante il team di Brackley abbia da tempo dichiarato, anche attraverso le parole di Toto Wolff, che ormai l'attenzione dello staff tecnico era rivolta alla monoposto del 2024, lo sviluppo della W14, non si è ancora esaurito. Va sottolineato che non si è trattato di uno sviluppo con l'intento di incrementare ulteriormente le prestazioni di questa vettura che vari segnali indicavano ormai plafonate bensì, soprattutto, per comprendere in quale direzione investire a livello di concetto della monoposto per la stagione 2024. Lo sviluppo introdotto in questo fine settimana ha colpito in ogni caso per la sua estensione, riguardando le fiancate, il fondo (anche se marginalmente) e l'ala posteriore. Le fiancate presentano un profilo inferiore molto sinuoso con quello superiore che genera, di fatto, una sorta di labbro che, paradossalmente, ricorda la prima versione delle fiancate della Ferrari e, ironicamente, fa nascere l'interrogativo su quale sia stata la ragione alla base dell'adozione di questo concetto se già scartato o, per meglio dire, sostituito dalla Ferrari a partire dal Gran Premio di Spagna. In realtà, da nostre fonti, si è poi appreso che la W14 aveva adottato questa nuova versione di fiancate, con le imboccature ovoidali, per due ragioni. Da un lato ottenere una più efficace gestione del flusso inferiore al bordo delle fiancate stesse, incanalandolo verso il retrotreno, dall'altro mantenere, nonostante l'evidente sciancratura inferiore, un adeguato scambio termico per garantire l'affidabilità della PU. A ciò va aggiunta anche l'indiscrezione secondo cui Mercedes stesse, nei fatti, esplorando alcune soluzioni applicate all'attuale concetto aerodinamico, ma per prefigurare quello della stagione 2024. Insomma, sotto questo profilo, era già apparsa chiara l'intenzione di utilizzare le restanti gare di fine stagione come banco prova per le soluzioni che sarebbero poi apparse sulla W15. Il dato oggettivo, in ogni caso, è restato quello di una difficile comprensione delle potenzialità di questa monoposto che, come anche altre vetture rivali, ha dimostrato un'eccessiva *track sensitivity*, alla base di prestazioni fortemente variabili a seconda delle caratteristiche della pista. Se per quanto riguarda la Ferrari, abbiamo utilizzato nel recente passato il termine "Frankestein" per sottolineare la coesistenza di due concetti, se non antitetici, sicuramente distanti tra loro da quando si sono succedute le modifiche al profilo delle fiancate e le varie versioni del fondo; ebbene, questo termine pare adeguato anche per definire l'attuale stato dell'arte della W14. Si tratta di una condizione che i team diretti inseguitori della Red Bull devono condividere.

Ossia quella di aver evoluto le rispettive vetture seguendo la direzione della RB19, integrandone alcune soluzioni su architetture concepite in modo totalmente diverso. Uno scotto, che si potrebbe tradurre in un ritardo tecnico quasi di una stagione, per quanto concerne la completa comprensione del concetto dinamico e aerodinamico della vettura.

## Ferrari: who'd have guessed

*The 2023 season may appear as one of a series of paradoxes, especially when it comes to the predictability of the SF-23's performance with respect to the track characteristics. Indeed, it was astonishing how, despite Frédéric Vasseur's cautious declarations on the eve of the race, regarding the predicted performance on the Spa track, the SF-23, to all intents and purposes, belied them, with Leclerc's 2nd place in qualifying (earning him pole position thanks to five-place penalty imposed on Verstappen,) and above all with his 3rd place in the race. It is therefore imperative to find a explanation for the unexpected competitiveness of the Maranello car. At Spa, Ferrari introduced a low downforce rear wing, characterised by an interesting construction at the level of the flap connection with the endplates. This involved the adoption of a link with a very small cross-section, a feature that was also adopted by Alpha Tauri in Hungary, but with a maximum downforce configuration and therefore with a totally different function. It turned out that it was precisely this configuration that allowed the car to handle very consistently in all sectors of the Belgian track. This was also facilitated by the construction of the new ultra-light Ferrari wing and by the adoption of a set-up characterised by low ground clearance and a rear end capable of progressively absorbing high loading, especially at the Eau Rouge corner.*

*Essentially, one of the negative characteristics of the SF-23, namely its unpredictability in the middle of the corners, was tackled thanks to the increased efficiency of the diffuser and thanks to the new wing (the beam wing element was modified), once again given both drivers confidence in the car's handling through long corners. Leclerc also admitted to changing his driving style, making it more progressive and less impetuous on turn-in. This may certainly have contributed to the positive performance, but it seems obvious that the crucial factor was the optimal balance achieved, thanks to the range of aerodynamic and dynamic adjustments to the car. In short, the potential of the SF-23, at least on an extremely technical track like this one, seemed to have been unlocked in the conditions that favour the downforce generated by the floor of the car rather than the wings. There was therefore a sort of reversal of the characteristics of the SF-23 compared to the design prerogatives seen at the start of the season.*

*In contrast, Mercedes, who introduced an extensive development package at Spa, failed to show adequate consistency throughout the weekend. The W14 was profoundly modified once again in the area of the sidepods. Despite the fact that the Brackley team had long since declared, as confirmed by Toto Wolff, that the attention of the technical staff had now turned to the 2024 car, the development of the W14 had yet to be exhausted. It should be emphasised that this was not a development with the intention of further increasing the performance of this car, with various signs indicating that it had now plateaued, but rather as an exploration of the direction in which to invest in terms of the concept for the car that would compete in the 2024 season. The development introduced this weekend was nonetheless striking in its extent, affecting the sidepods, the floor (albeit marginally) and the rear wing. The sidepods present a very sinuous lower edge with the upper section instead effectively generating a sort of lip which, paradoxically, was reminiscent of the first version of the Ferrari sidepods. Ironically, this raised the question as to the reason behind the adoption of this concept if it had already been discarded or, rather, replaced by Ferrari as of the Spanish GP. In fact, from our sources later revealed that the W14 had adopted this new version of the sidepods, with ovoid intakes, for two reasons. On the one hand it was to achieve more effective management of the flow underneath the edge of the sidepods themselves, channeling the air towards the rear axle, and on the other to maintain, despite the evident undercut, adequate heat exchange to ensure the reliability of the power unit. To this must also be added the rumour that Mercedes was, in fact, investigating certain features as applied to the current aerodynamic concept, but in view of the 2024 season. In short, in this respect, the team's intention to use the remaining late season races as a test bed for the features that would later appear on the W15 had already become clear. In any case, it was still difficult to gauge of the potential of this car which, like other rivals, demonstrated excessive track sensitivity, which led to highly variable performance depending on the characteristics of the various circuits. As far as Ferrari is concerned, we have used the term "Frankenstein 2" in the recent past to emphasise the coexistence of two concepts that if not diametrically opposite were certainly distant from each other, following the changes to the shape of the sidepods and the various versions of the car's floor. This same term could also be used to define the W14 in the second half of the 2023 season. It is a condition that Red Bull's direct rivals had to share. Namely that of having developed their respective cars following the lead set by the RB19, integrating certain features with projects conceived in a totally different way. A penalty, which could have translated into a technical delay of almost a season, as far as the complete understanding of the dynamic and aerodynamic concept of the car was concerned.*

### SF-23: ala posteriore Spa

Interessante l'adozione di un flap caratterizzato da un collegamento miniaturizzato con le paratie laterali. La nuova versione, introdotta in Belgio, ha riguardato anche una diversa conformazione della *beam wing* inferiore, a favore di un miglioramento dell'efficienza del diffusore, quindi con un incremento del carico generato dal fondo.

### *SF-23: rear wing Spa*

*The adoption of a flap characterised by a reduced link to the endplates was interesting. The new version, introduced in Belgium, also saw a different configuration for the lower beam wing, designed to favour the efficiency of the diffuser, thereby increasing the downforce generated by the floor of the car.*

### Ala posteriore Alpha Tauri-Budapest

In Ungheria la AT04 aveva adottato un'ala posteriore con il collegamento ridotto tra flap e paratie. Lo scopo era, in quel caso, generare vortici ai lati del bordo di uscita piuttosto che ridurre la resistenza all'avanzamento come avviene con la soluzione adottata dalla Ferrari in Belgio.

### *Alpha Tauri rear wing Budapest*

*In Hungary, the AT04 had adopted a rear wing with a reduced link between the flap and the endplates. In this case, the aim was to generate vortices either side of the trailing edge rather than to reduce drag as in the case of the feature adopted by Ferrari in Belgium.*

### W14: nuovo profilo prese aria fiancate

Interessante l'adozione di un profilo ogivale (di fatto non più presente sulle altre monoposto) con la funzione di migliorare la gestione del flusso nella parte inferiore delle fiancate, diretto verso il retrotreno. Garantisce un adeguato scambio termico pur con la modifica delle canalizzazioni interne.

### *W14: new sidepod inlet shape*

*Mercedes adopted an interesting ogival shape for the sidepod inlets (a shape not seen on any other F1 car), designed to improve management of the air flow in the lower part of the sidepods, directed towards the rear. An adequate heat exchange was guaranteed despite the modification to the internal channels.*

### W14: profilo laterale fiancate Spa e confronto con versione introdotta a Monte Carlo

Il nuovo profilo inferiore delle fiancate della W14 è caratterizzato da una profonda sciancratura che ricorda la prima versione di quelle della SF-23, sostituita dal Gran Premio di Spagna. La funzione del profondo scavo inferiore è di generare *downwash* del flusso diretto verso il diffusore. Invariato l'andamento spiovente introdotto a Monaco dove era stato accantonato il concetto "zero-pod" adottato da inizio stagione.

### *W14: sidepod shape Spa and comparison with the version introduced at Monte Carlo*

*The new shape of the lower part of the W14's sidepods was characterised by a deep undercut recalling the first version of those of the SF-23, replaced as of the Spanish GP. The function of the deep undercut was to generate downwash of the air flow directed towards the diffuser. The sloping configuration was unchanged after being introduced at Monaco where the "zero-pod" concept from the start of the season had been abandoned.*

### W14: un patchwork evolutivo

Osservando l'evoluzione della W14, a partire dalla versione introdotta a Monaco, si può notare come questa vettura costituisca un patchwork di concetti che di fatto evidenziano la sostanziale distanza tra la versione originale del progetto e quella che progressivamente ha raggiunto l'attuale configurazione. In sostanza, se si osserva il fondo della monoposto, si può notare come abbia di fatto inglobato alcuni concetti propri di quello della RB19.

### *W14: an evolutionary patchwork*

*Looking at the evolution of the W14, starting with the version introduced at Monaco, we can see how this car represented a patchwork of concepts that effectively highlighted the substantial distance between the original version of the project and the configuration that progressively reached the form seen in Belgium. Essentially, if we look at the floor of the car, we can see how it incorporated certain concepts that had been seen on the RB19.*

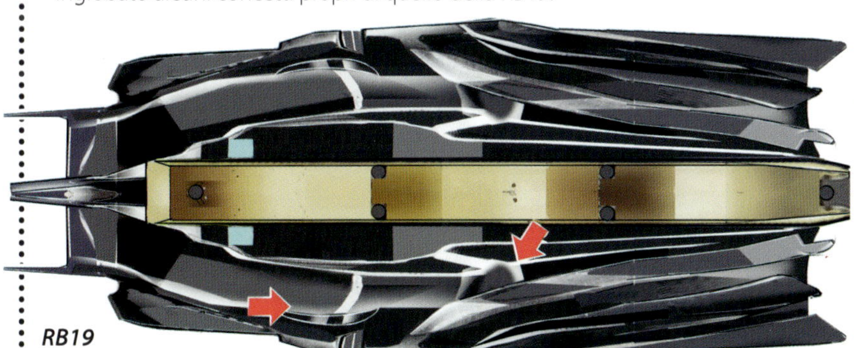

*RB19*

*W14-B*

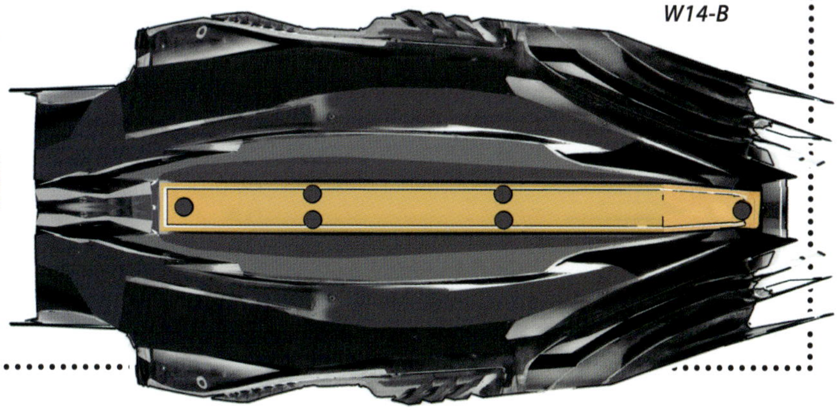

# HEINEKEN DUTCH GRAND PRIX 2023

**ZANDVOORT**
**CIRCUIT ZANDVOORT**
**27** AGOSTO / AUGUST

## Ulteriori aggiornamenti in casa Aston Martin e McLaren

Il fatto che la ripresa della stagione sia avvenuta con due gare consecutive, Zandvoort e Monza, a una settimana una dall'altra, lasciava immaginare che in occasione della prima non si sarebbero viste profonde modifiche alle vetture, consci che in Brianza, sette giorni più tardi, si sarebbero poi adottate configurazioni da bassissimo carico, uniche nell'arco dell'intera stagione. Questo pronostico è stato solo parzialmente confermato, nello specifico dai top team, con Red Bull, Ferrari e in seconda analisi con Mercedes, che si sono limitate ad aggiornamenti marginali delle loro vetture. Per contro, altri due team, ovvero Aston Martin e McLaren, hanno proseguito nell'aggiornamento delle rispettive monoposto. L'Aston Martin ha concentrato i propri sforzi tra l'ala anteriore, caratterizzata da un inedito profilo dell'ultimo flap, non lesinando interventi anche nella ridefinizione del gomito del diffusore all'altezza del congiungimento dei due canali Venturi inferiori, allo scopo di migliorare il bilanciamento della AMR23 che era parso carente nelle ultime quattro gare precedenti la pausa estiva.

Per contro la McLaren ha focalizzato l'attenzione sulla parte posteriore della MCL60. Va sottolineato come il team di Woking si sia progressivamente ritagliato il ruolo di squadra più competitiva tra le inseguitrici della Red Bull. Nonostante alcune sue prerogative non siano state corrette in maniera definitiva dai vari sviluppi sinora introdotti, in Olanda, grazie anche all'arrivo di una nuova ala posteriore da medio carico – che ricorda come configurazione, almeno a livello delle paratie laterali, la versione introdotta dalla Ferrari in Belgio – ha dimostrato di trovarsi perfettamente a proprio agio sul tortuoso circuito di Zandvoort e soprattutto in condizioni ibride in termini di grip. Con la pista umida e con una traiettoria che si asciugava progressivamente sempre più nel corso delle qualifiche, la McLaren ha di fatto confermato quanto era emerso nelle prime due sessioni di prove libere del venerdì. Le monoposto di Lando Norris e Oscar Piastri, dopo l'ampio pacchetto evolutivo introdotto a Silverstone e gli aggiornamenti che si sono susseguiti sino a Spa, hanno ritrovato un bilanciamento quanto mai efficace che ha avuto ripercussioni non solo sul comportamento aerodinamico, ma soprattutto su quello dinamico. In particolare, la trazione in uscita di curva e la precisione in inserimento sono state decisamente migliori. In parallelo, l'imprevedibilità che costituiva una prerogativa distintiva di questa monoposto, a centro curva, con una tendenza a repentine perdite di carico aerodinamico e, in ogni caso, dello spostamento del centro di pressione aerodinamica, è stata radicalmente ridimensionata. Sotto questo profilo, è stato interessante notare come si sia cercato e ottenuto l'irrigidimento del fondo davanti alle ruote posteriori, mediante l'adozione di una serie di tiranti posti a ventaglio, dunque ancorati in più punti secondo una linea precisa di irrigidimento di quella specifica sezione del fondo vettura. In pratica, il singolo cavo metallico che attraversa la parte superiore della fiancata è coadiuvato, quasi a raggera, da altri tre cavi che impediscono la flessione del marciapiede nella zona davanti alle ruote anteriori. Ciò permette il mantenimento del profilo originario dei canali sottostanti che quindi non subiscono alcuna deformazione. In assenza di questi si sarebbe avuta una variazione di velocità e densità del flusso sottostante con la conseguente variazione del centro di pressione aerodinamica. Come abbiamo già potuto analizzare in precedenti occasioni, la serie di questi interventi sono il frutto non solo della precisa gestione sotto la guida di Andrea Stella, ma soprattutto, degli strumenti di simulazione e analisi (leggi galleria del vento e CFD) con cui sono stati deliberati tutti gli aggiornamenti introdotti in estate.

## *Further updates for Aston Martin and McLaren*

*The fact that the season resumed with two consecutive races, at Zandvoort and Monza, within a week of one another, suggested that the first would not see any major changes to the cars, given that in Brianza, seven days later, they would be adopting very low downforce configurations that would be used on that occasion only in 2023 season. This prediction was only partially confirmed, with the top teams Red Bull, Ferrari and ultimately Mercedes restricting themselves to marginal modifications to their cars. In contrast, two other teams, namely Aston Martin and McLaren, continued to update their respective car. Aston Martin focused on the front wing, which was characterised by a new profile for the final flap, with attention also being paid to the revision of the diffuser elbow in correspondence with the junction of the two lower Venturi channels, in order to improve the balance of the AMR23, which had seemed less than optimal in the last four races prior to the summer break.*

*McLaren, on the other hand, concentrated on the rear of the MCL60. It should be emphasised that the Woking team had gradually carved out a role for itself as the most competitive team among Red Bull's pursuers. Even though several of its traits had yet to be definitively corrected by the various developments introduced to date, in the Netherlands, thanks in part to the introduction of a new medium-downforce rear wing – the configuration of which was reminiscent, in terms of the endplates at least, of the version introduced by Ferrari in Belgium – it had shown that it was perfectly at home on the twisty Zandvoort circuit and above all in variable grip conditions. With a damp track and a racing line that gradually dried out over the course of qualifying, McLaren actually confirmed what had emerged over the first two free practice sessions on the Friday. Following the extensive evolutionary package introduced at Silverstone and the updates introduced before arriving in Belgium, the cars driven by Norris and Piastri rediscovered a very effective balance that had repercussions not only on their aerodynamic performance, but above all on their handling. In particular, traction out of corners and precision when turning in were significantly*

### McLaren MCL60: irrigidimento marciapiede davanti alle ruote anteriori

Tra le novità introdotte sulla MCL60 in Olanda, spicca la soluzione adottata per irrigidire la porzione di marciapiede davanti alle ruote anteriori. È stato, infatti, scelto di incrementare i tiranti metallici che irrigidiscono il fondo a valle della porzione finale del profilo spiovente delle fiancate. In questo modo è garantito il mantenimento del profilo dei canali sottostanti all'altezza del gomito del diffusore.

### *McLaren MCL60: stiffening of the footplate ahead of the rear wheels*

*Among the new features introduced on the MCL60 in the Netherlands, of particular note was the stiffening of the footplate ahead of the rear wheels. It was, in fact, decided to increase the number of metal stays stiffening the floor downstream of the final portion of the sloping section of the sidepods. This guaranteed that the profile of the underlying channels in correspondence with the diffuser elbow would be maintained.*

*improved. At the same time, the unpredictability that was such a distinctive feature of this car, through the middle of corners, where there was a tendency to suddenly lose downforce and the centre of aerodynamic pressure would shift, had been radically reduced. From this point of view, it was interesting to note how the team sought and obtained a stiffer floor ahead of the rear wheels was through the adoption of a series of stays placed in a fan shape, anchored at several points according to a precise line stiffening of that specific section of the car's underbody. In practice, the single metal cable that traversed the upper part of the sidepod was assisted, with a fan-like arrangement of three further cables preventing the footplate from flexing in the area in front of the rear wheels. This allowed the original profile of the channels underneath to be maintained without suffering any deformation. In the absence of these modifications, there would have been a change in the speed and density of the underlying flow with a consequent change in the centre of aerodynamic pressure. As we have already noted on previous occasions, the sequence of these interventions was the result not only of the effective management under the leadership of Andrea Stella, but above all, of the simulation and analysis tools (that is, the wind tunnel and CFD) with which all the updates introduced over the summer were developed.*

### Aston Martin: nuovi sviluppi

Ampio lo sviluppo portato in Olanda sulla AMR23, che comprendeva un intervento alla porzione posteriore del fondo davanti alle ruote posteriori, ridisegnata a livello del bordo laterale, una nuova profilatura della *shark fin* sul cofano motore e una versione riveduta e corretta di ala anteriore caratterizzata dall'ultimo flap con un profilo sinuoso accentuato nella sua sezione più esterna verso la paratia laterale.

### *Aston Martin: new developments*

*An extensive development package was introduced on the AMR23 in the Netherlands, including a modification to the rear portion of the floor ahead of the rear wheels, redesigned in correspondence with the lateral edge, a new shark fin on the engine cover and a revised and improved version of the front wing characterised by a final flap with an accentuated sinuous profile in the outermost section towards the endplates.*

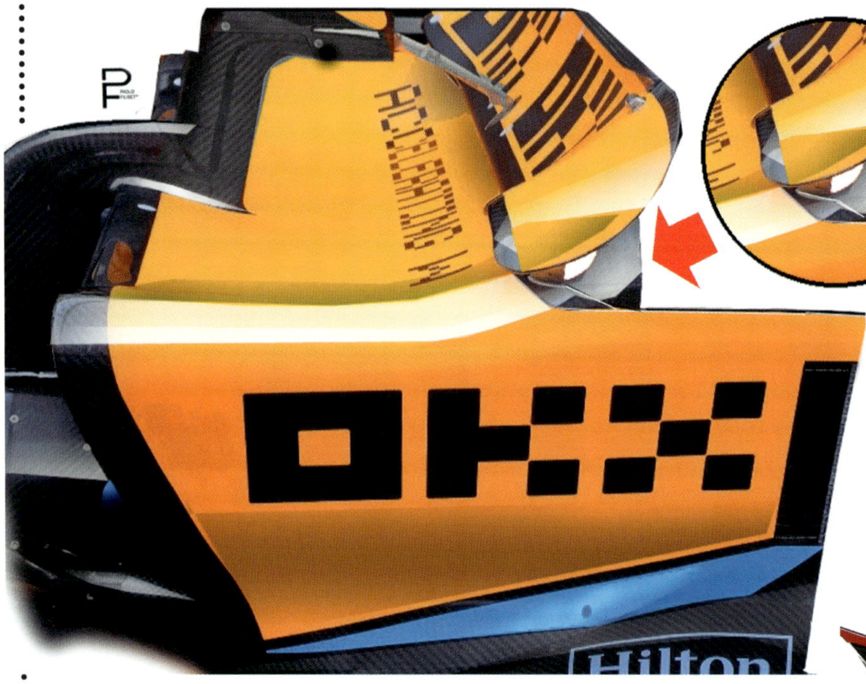

## McLaren MCL60: rear wing

*In the Netherlands, the MCL60 was equipped with a rear wing characterised by the miniaturization of the connection between the flap and the endplate, similar to the version introduced by Ferrari at Spa (see the drawing) and previously by Alpha Tauri in Hungary (drawing). This version proved to be very effective in generating useful downforce in the more technical part of the circuit but was not detrimental on the straights thanks to the reduced drag guaranteed by its configuration. It was moreover interesting to compare the feature with the rear wing of the Red Bull which on the brief straight at Zandvoort succeeded in maximising the efficiency of the DRS.*

**Spa**

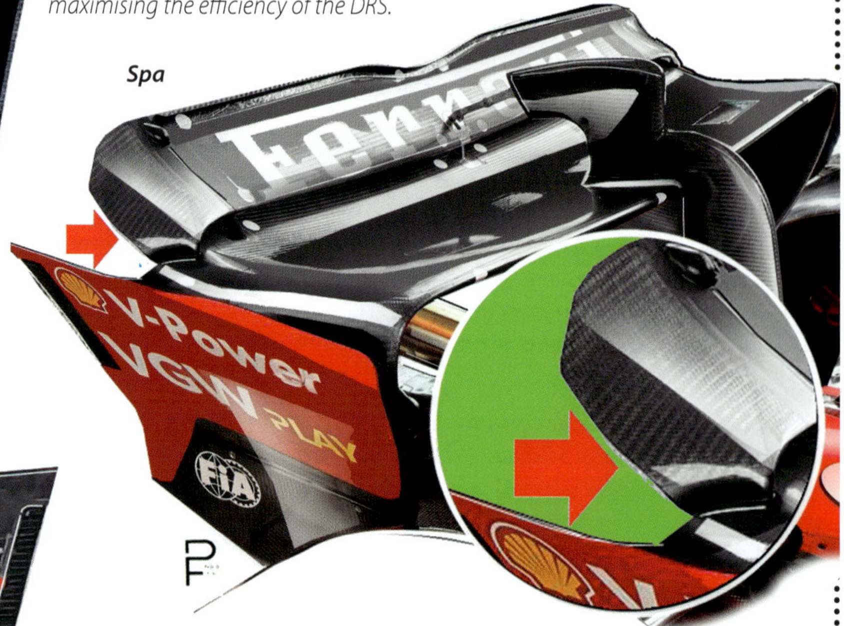

***attacco flap***
***flap mount***

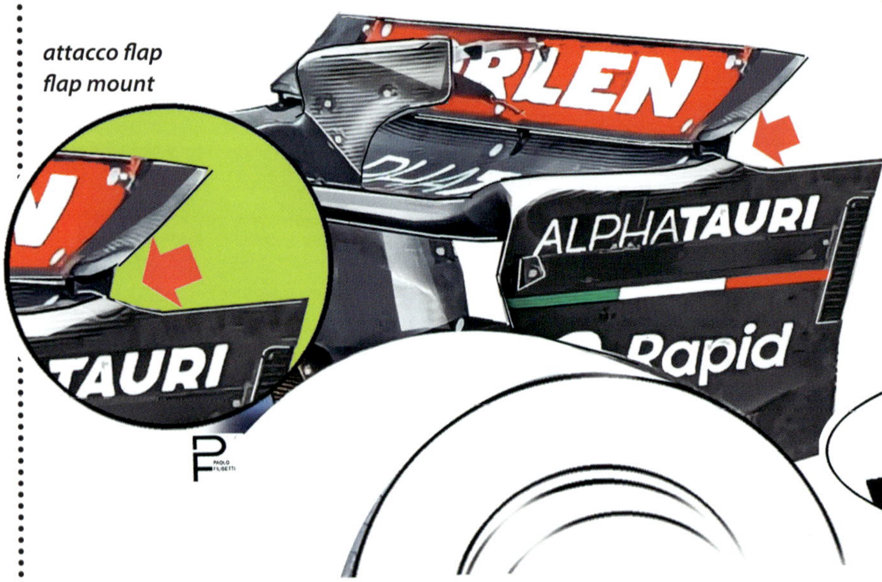

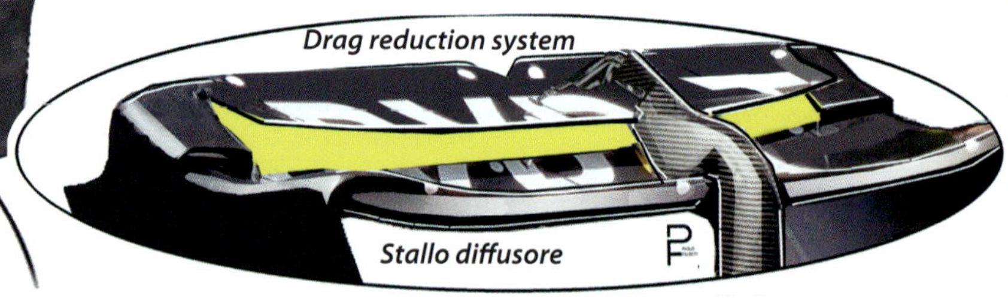


## McLaren MCL60: ala posteriore

In Olanda, la MCL60 è stata dotata di un'ala posteriore caratterizzata dalla miniaturizzazione del collegamento tra il flap e le paratie laterali, sulla falsariga della versione introdotta a Spa dalla Ferrari, (si veda il disegno) e ancor prima a Budapest, dall'Alpha Tauri (disegno). Questa versione si è dimostrata estremamente valida a livello di generazione del carico utile nella parte mista del tracciato e non è stata penalizzante in rettilineo grazie a una ridotta resistenza all'avanzamento garantita dalla sua conformazione. Interessante, per contro, porre a confronto l'ala posteriore della Red Bull che anche sul breve rettilineo di Zandvoort è riuscita a massimizzare l'efficacia del DRS.

# PIRELLI GRAN PREMIO D'ITALIA 2023

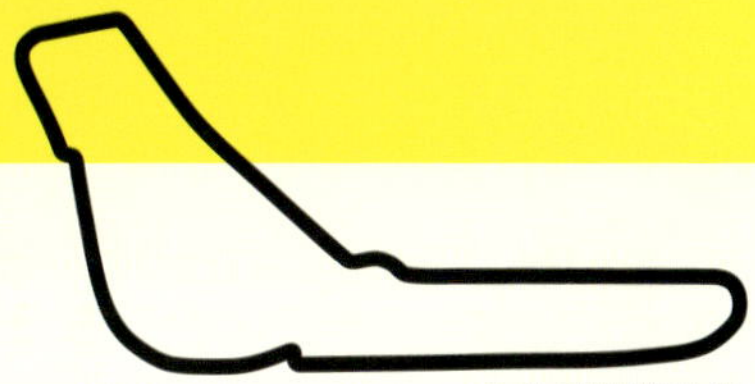

**MONZA**
**AUTODROMO NAZIONALE MONZA**
**3 SETTEMBRE SEPTEMBER**

## La SF-23 estremizzata nell'assetto da basso carico e radente il suolo per essere competitiva

In Formula 1 la legge non scritta, ma sempre rispettata per ottenere risultati, è essere perfetti in ogni ambito, dalla vettura, in termini di concetto progettuale, alla sua gestione in pista per sfruttarne appieno le potenzialità. Se osserviamo l'andamento dell'intero fine settimana a Monza, potremmo dire che certamente questo assioma ha permesso alla Red Bull di vincere la sua quattordicesima gara su quattordici disputate e a Verstappen la decima consecutiva. Nonostante questi numeri impressionanti non pare giusto considerare la Red Bull la protagonista assoluta di questo Gran Premio d'Italia, ruolo che, invece, ha ricoperto egregiamente la Ferrari, dimostrando su questo tracciato di essere la seconda forza dietro le RB19. Potremmo spingerci addirittura, paradossalmente, a dire che non serva essere perfetti in ogni situazione per avere successo o comunque per dimostrare di essere competitivi, mentre sia cruciale saper sfruttare i propri punti di forza. Questo è quanto è riuscito alla Ferrari in qualifica con la pole position di Carlos Sainz e il terzo posto di Charles Leclerc a soli sessantasette millesimi dal compagno di squadra. La SF-23, in pratica, ha trovato a Monza nella sua massima efficienza aerodinamica in rettilineo l'arma per battere, nella lotta per la pole, la RB19 di Verstappen, secondo a soli tredici millesimi da Sainz. Si può sostenere che ciò nella maggior parte delle piste del Mondiale ha rappresentato il vero punto debole di questa monoposto, qui sia stata l'unico punto fermo su cui la Ferrari ha fondato le proprie speranze di ben figurare nella gara di casa, quella che, come ha ribadito alla vigilia lo stesso Frédéric Vasseur «non dà più punti di altre in caso di vittoria», ma a tutti gli effetti imponeva al team di Maranello di fare quel miracolo o magia che tutti i tifosi attendevano. I tecnici Ferrari, per determinare l'assetto dinamico e aerodinamico della SF-23 si sono basati sull'unicità della pista monzese che non solo nasconde le pecche in termini di dinamica imperfetta di questa vettura, ma richiede la massimizzazione di due fattori. Da un lato la potenza massima della PU, che è stata garantita grazie all'adozione su entrambe le monoposto di due unità fresche, le quarte sia per Carlos sia per Charles. Il secondo fattore, forse ancora più determinante, corrisponde all'estremizzazione dell'assetto dinamico e aerodinamico per incrementare la velocità in rettilineo, caratteristica intrinseca a questa vettura già a livello di progetto. Monza è infatti l'unica pista dove il dato velocità massima coincide, quasi sovrapponendosi, con la prestazione cronometrica sul giro. È per questa ragione che al retrotreno è stata adottata un'ala caratterizzata da un profilo principale piatto, e da un flap con un'incidenza molto bassa, quasi da renderlo neutro (estremizzando il concetto), mentre l'ala anteriore presentava l'ultimo flap con una corda ridotta per quasi l'intera lunghezza. In sostanza, una configurazione che non sarebbe stata adeguata su nessun altro circuito, poiché generando così poco carico avrebbe indotto il rapido degrado degli pneumatici per il surriscaldamento del battistrada causato degli scivolamenti laterali. Qui ciò si è verificato in modo molto meno eclatante, non essendoci molte curve in appoggio. Come detto, qui a Monza, conta quindi solo la velocità e quasi tutto il resto passa in secondo piano. Ma se il tracciato brianzolo esalta il dato di top speed non risparmia stress su componenti a partire dalla PU, specificamente a livello di motore endotermico e turbina. La PU, come noto, è determinante nell'equazione prestazionale a Monza: basti pensare che su questo tracciato la percentuale sul giro in cui l'acceleratore è aperto al massimo è prossima all'80%, un dato non avvicinato su nessun'altra pista del Mondiale, a causa del layout dell'autodromo di Monza, un unicum nel calendario della Formula 1. Ha avuto assolutamente senso, dunque, mettere in gioco il quarto esemplare della PU nonostante manchino ancora otto gare alla fine della stagione. Si tratta, in effetti, di due lunghi rettilinei uniti da due varianti, una doppia curva veloce, a Lesmo, e la Parabolica che si percorre in accelerazione verso il rettilineo del traguardo. Ciò rende assolutamente rilevante anche l'assetto dinamico della vettura in quanto privilegiando il carico generato dal fondo rispetto a quello, penalizzante, prodotto dalle ali, ha imposto l'adozione di altezze da terra decisamente ridotte. In pratica, la SF-23 viaggiava radente l'asfalto innescando come conseguenza un *porpoising* particolarmente evidente, ma irrilevante, in termini di effetto negativo sulle performance. Anche per questo motivo, si è avuta la netta impressione, confermata dai fatti, che il passo della SF-23 sia stato più costante rispetto a quasi tutte le gare sinora disputate. In sostanza è parso obiettivamente ridotto il differenziale prestazionale tra qualifiche e gara, rendendo il risultato delle prime più veritiero sullo stato di forma complessivo della vettura su questa pista.

## *SF-23: extremely low downforce configuration and minimal ride height proves competitive*

*In Formula 1, the unwritten but always respected law for obtaining results is to be perfect in every area, from the car, in terms of its design concept, to its management on the track as the team attempts to fully exploit its potential. If we look at its performance over the Monza weekend as a whole, we could say that this motto certainly helped Red Bull to win its 14th race out of 14 disputed and Verstappen his 10th in a row. Despite these impressive numbers, it hardly seems fair to consider Red Bull the absolute protagonist of this Italian GP, a role that Ferrari actually played brilliantly, proving on this track to be the second force behind the RB19. We might even (paradoxically) go so far as to say that it is not necessary to be perfect in every situation in order to be successful or at least to be competitive, while it is crucial to be able to play to one's strengths. This is what Ferrari managed in qualifying with Carlos Sainz's pole position and Leclerc's third place just 67 thousandths behind his teammate. In the fight for pole at Monza, the SF-23 with its ultimate aerodynamic efficiency on the straights was in effect the car to beat the RB19 of Verstappen, 2nd, just 13 thousandths behind Sainz. It might be argued that on most of the World Championship circuits this has been the true weakness of this car, while here it was the only fixed point on which Ferrari based its hopes of doing well in its home race, a Grand Prix that, as Vasseur himself reiterated on the eve of the race, "does not bring any more points than others in the case of victory", but in which to all intents and purposes the Maranello team was required to perform that miracle or that magic that the tifosi were all waiting for. The Ferrari engineers based the handling and aerodynamic set-up of the SF-23 on the uniqueness of this track, which not only concealed the car's flaws in terms of imperfect dynamics, but also requires the maximisation of two factors: on the one hand, the output of the power unit, which was guaranteed thanks to the adoption of fresh units on both cars, the fourth for both Carlos and Charles, and on the other, perhaps even more decisive, an extreme dynamic and aerodynamic set-up designed to increase straight-line speed, a characteristic already intrinsic to this car at design level. Monza is in fact the only track where the top speed figure coincides, almost overlapping, with the timed lap performance. It is for this reason that the rear end adopted a wing characterised by a flat main plane, and a flap with a very low incidence, almost as if to make it neutral (taking the concept to extremes), while the front wing had the final flap with a reduced chord for almost its entire length. In essence, a configuration that would not have been appropriate on any other circuit, as generating so little downforce would have induced rapid tyre degradation due to the overheating of the tread caused by lateral sliding. Here, it was all much less dramatic, as there were not many corners in which the car was loaded. As mentioned, at Monza, it is only the speed that counts and almost everything else takes second place. However, while the Brianza track magnifies the importance the top speed figure, it does not spare any stress on components starting with the power unit, specifically at the level of the internal combustion engine and the turbo. The power unit, as is well known, is decisive in the performance equation on this circuit: suffice to say that here that part of the lap where the throttle is fully open is close to 80%, a figure not approached on any other track in the World Championship, due to the layout of the Autodromo di Monza, a unique feature of the Formula 1 calendar. It made absolute sense, therefore, to bring the fourth PU unit into play despite the fact that there were still eight races to go before the end of the season. Monza is, in effect, two long straights joined by two chicanes, a fast esses, at Lesmo, and the Parabolica which is taken under acceleration heading towards the finishing straight. This means that the dynamic set-up of the car is also absolutely relevant, as favouring the downforce generated by the floor over the (penalising) load produced by the wings, obliges the adoption of significantly reduced ground clearance. In practice, the SF-23 travelled flush with the asphalt, triggering as a consequence a particularly noticeable porpoising effect that was actually irrelevant in terms of its negative effect on performance. For this reason, too, there was a clear impression, confirmed by the facts, that the SF-23's pace was more consistent than in almost any race so far. Essentially, the performance differential between qualifying and the race objectively seemed to have been reduced, making the result of the former more truthful regarding the car's overall state of health on this track.*

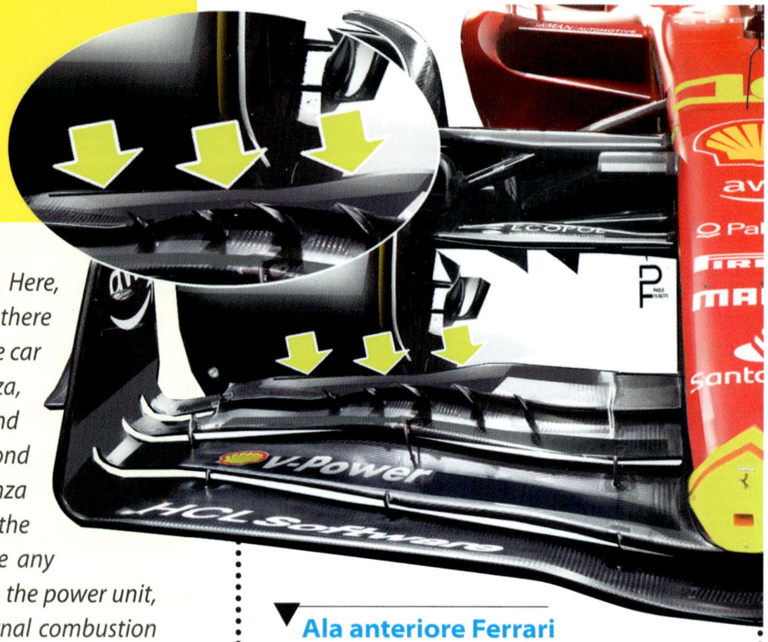


**Ala anteriore Ferrari**
La SF-23, per incrementare l'efficienza in rettilineo anche a discapito del carico, ha adottato un'ala caratterizzata dall'ultimo flap con corda estremamente ridotta e incidenza minima, riducendo così la resistenza all'avanzamento.

***Ferrari front wing***
*To increase its aerodynamic efficiency on the straights at the expense of downforce, the SF-23 adopted a wing characterised by a final flap with a significantly reduced chord and minimal incidence, thereby reducing drag.*

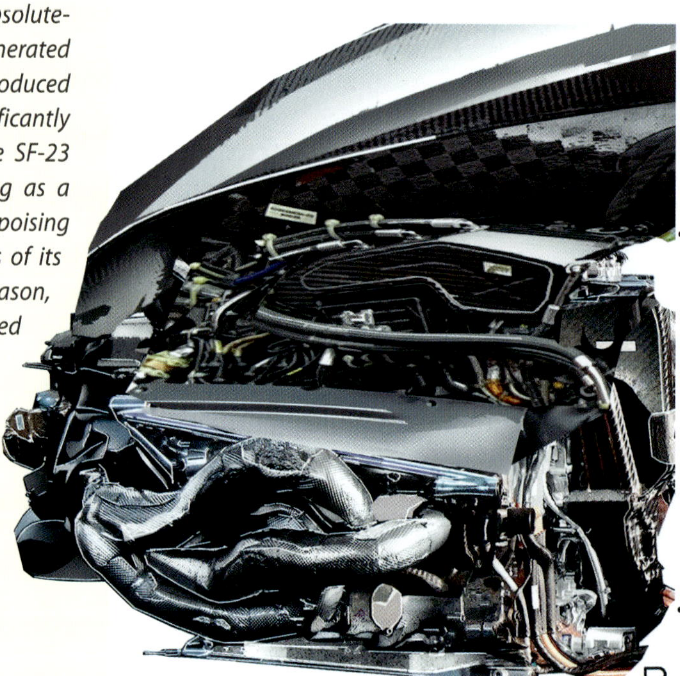

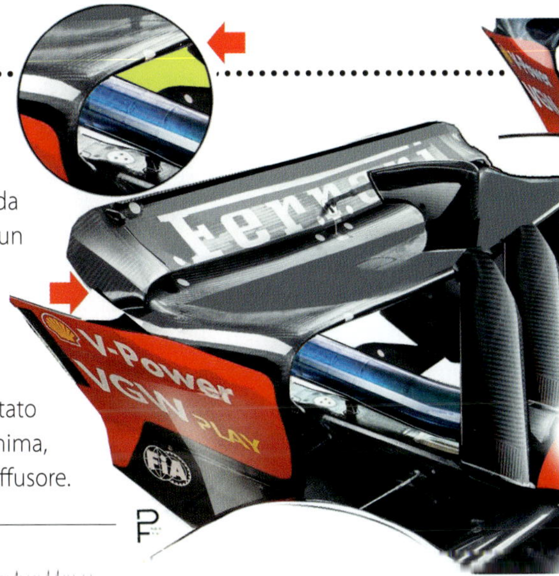

### Ala posteriore SF-23

L'ala posteriore della SF-23 adottata a Monza era caratterizzata da un profilo rettilineo molto alto, tale da obbligare l'adozione del supporto a doppio pilone e un flap con incidenza molto ridotta. La configurazione dunque era più estrema di quella adottata a Baku. Il carico generato da questa combinazione è stato minimo, controbilanciato da altrettanta ridotta resistenza all'avanzamento. Inferiormente, invece, è stato mantenuto il flap della *beam wing* con una corda minima, funzionale all'estrazione del flusso d'aria a valle del diffusore.

### *SF-23 rear wing*

*The rear wing fitted to the SF-23 at Monza was characterised by a very high straight main plane, which required a dual pylon support and a flap with a much-reduced incidence. The configuration was therefore more extreme than the one adopted at Baku. The downforce generated by this combination was minimal, counterbalanced by similarly reduced drag. Lower down, instead, the beam wing was retained with a minimal chord and was designed to assist the extraction of the air flow downstream of the diffuser.*

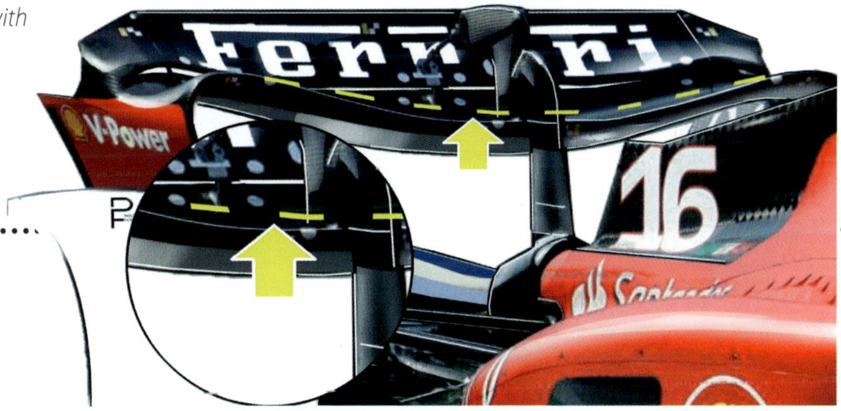

### Ala posteriore Red Bull: confronto tra RB19 e RB18

Interessante il confronto tra l'ala posteriore adottata sulla RB19 e quella della RB18 del 2022. In particolare è curioso come l'anno precedente, per migliorare l'efficienza della vettura, fosse stato necessario effettuare un doppio taglio a mezzaluna sul bordo di uscita, mentre quest'anno è stata mantenuta la corda originale del flap per tutta la sua larghezza.

### *Red Bull rear wing: comparison between the RB19 and RB18*

*The comparison between the rear wing adopted on the RB19 and that of the RB18 from 2022 is interesting. In particular, it is curious how in order to improve the efficiency of the car the previous year it was necessary to adopt a double curved cutaway on the trailing edge, while on the 2023 car the original chord of the flap was maintained for its full width.*

### Power Unit Ferrari

La PU a Monza ha costituito uno dei punti fermi della Scuderia come fattore in grado di garantire la competitività della SF-23.

### *Ferrari Power Unit*

*At Monza, the Power Unit was one of the Scuderia's strong suits in ensuring that the SF-23 would be competitive.*

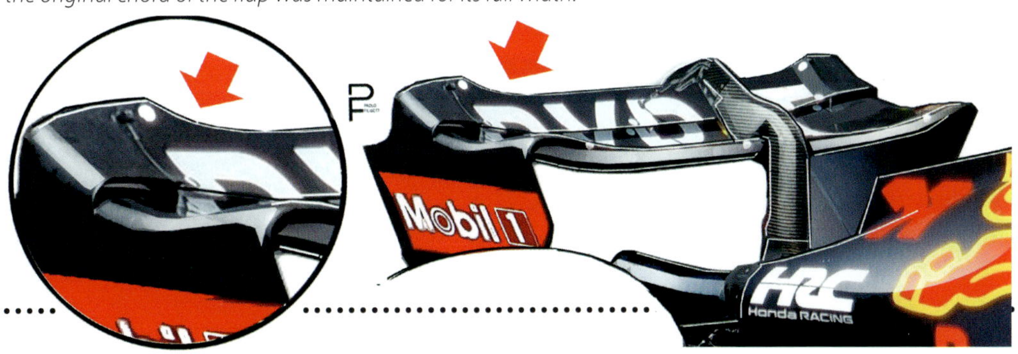

# SINGAPORE AIRLINES SINGAPORE GRAND PRIX 2023

## SINGAPORE
## MARINA BAY STREET CIRCUIT

**17** SETTEMBRE *SEPTEMBER*

### La SF-23 risorge a Marina Bay, con una RB19 irriconoscibile

Il fine settimana del Gran Premio di Singapore si può riassumere in due istantanee. Da un lato il successo di Carlos Sainz, costruito già dal sabato, e l'irriconoscibilità della Red Bull. I problemi della RB19 sul tracciato di Marina Bay hanno visto il loro culmine con l'eliminazione in Q2 di Max Verstappen e Sergio Pérez, rispettivamente undicesimo e tredicesimo sullo schieramento. Era parso evidente sin da venerdì che la monoposto del team di Milton Keynes patisse un difficile inserimento in curva, ma soprattutto una forte instabilità del retrotreno in uscita. Il team ha genericamente parlato di problemi di assetto, nonostante fossero state provate, proprio in FP3, diverse combinazioni a livello di incidenza delle ali, di setup delle sospensioni e di altezze da terra. Lo stesso Christian Horner ha cercato di minimizzare le ripercussioni che l'introduzione della direttiva TD/018 – che da questa gara limitava la flessibilità e deformazione controllata degli elementi delle ali – possa aver avuto sulla vettura. Analizzando però i dati cronometrici relativi ai migliori tempi in ciascun settore è emerso come le RB19 perdessero rispetto alle Ferrari, sull'ipotetico giro ideale (somma del miglior tempo in ciascun settore) circa un secondo netto. Infatti, nel primo settore la differenza tra il crono delle Ferrari e quello delle due RB19 era di circa quattro decimi, distacco che si confermava anche nel T2, riducendosi a due decimi nel terzo, di fatto il settore più veloce del tracciato. Si tratta di valori assoluti che indicano come la monoposto del team di Milton Keynes fosse di fatto lenta ovunque; un dato che ha messo in forte discussione la tesi che si trattasse semplicemente di un assetto errato ad aver condizionato così pesantemente le prestazioni. L'impressione che si è ricavata osservando il comportamento in pista della RB19 è stata quella di una vettura troppo sensibile ai trasferimenti di carico longitudinali, che soffre a causa di un retrotreno quanto mai instabile. In FP3 la Red Bull aveva sofferto anche problemi di trasferimento di coppia, troppo bruschi in salita di marcia (*upshift*) ma anche in scalata (*downshift*), di cui si era lamentato Verstappen nelle comunicazioni radio con Gianpiero Lambiase, suo ingegnere di pista. Ciò rappresenta un ulteriore indicatore di quanto, a livello di sensazione da parte dei piloti, la monoposto fosse troppo sensibile a ogni fattore che potesse variarne, seppur in modo quasi impercettibile, l'assetto. Si intende con questo dire che la RB19 a Singapore ha di fatto cambiato volto, passando da monoposto stabile, incollata all'asfalto e insensibile alle sconnessioni, a un mezzo dal comportamento imprevedibile in uscita di curva e instabile in fase di frenata. Poiché non sono state introdotte novità sulla vettura a livello di sviluppo, limitandosi all'adozione di ali da alto carico, pare corretto considerare il comportamento della monoposto come influenzato da elementi esterni. Confutando le dichiarazioni dei vertici del team, si può dire che non possa essere stato altro se non proprio l'introduzione della direttiva TD/018 a sconvolgere gli equilibri delicatissimi di questa vettura. Aver provato varie configurazioni e assetti, con diverse altezze da terra, senza giungere a una soluzione soddisfacente, che inducesse energia sufficiente sugli pneumatici garantendo adeguata stabilità alla monoposto, indica inequivocabilmente che gli effetti legati all'impossibilità di gestire il carico generato dalle ali, in rettilineo e in curva, mediante la deformazione controllata dei flap, abbia sortito un effetto devastante nel bilanciamento della vettura.

Per quanto riguarda la Ferrari, invece, pare altrettanto evidente come il bilanciamento della SF-23 sia stato quasi perfetto sin dall'inizio del fine settimana. Proprio come a Monza ha colpito la quasi totale assenza del *porpoising* nonostante la vettura avesse adottato altezze da terra molto basse, decisamente non conservative in relazione alle sconnessioni dell'asfalto di Marina Bay. Come ribadito dai piloti, pare evidente come sulla SF-23 si sia trovato, proprio da Monza, il modo per gestire la distribuzione del carico, rendendo il centro di pressione aerodinamica più stabile e riducendo i trasferimenti di massa longitudinali. La "resurrezione" della Ferrari, dunque, non è legata a novità portate a Singapore, dove la SF-23 è stata solo aggiornata a livello di ali per assecondare le esigenze del tracciato, da alto carico. Non è stato dunque uno stravolgimento della vettura, come quello portato dalla McLaren per la MCL60 a "metterle le ali" bensì il corretto *fine tuning* degli assetti. La SF-23 ha girato per tutto il fine settimana con altezze da terra molto ridotte, decisamente inferiori a quelle della Red Bull, ma non ha patito, contrariamente a quanto questo setup porta come conseguenza, il *porpoising*. Appare piuttosto lampante che da Monza in Ferrari abbiano trovato una chiave che permette loro di sfruttare appieno le potenzialità della vettura e degli sviluppi sinora introdotti.

### *A SF-23 renaissance at Marina Bay, with an unrecognisable RB19*

*The Singapore GP weekend can be summarized in two snapshots. On the one hand Sainz's victory, carefully constructed from the Saturday onwards, and the unrecognisability of Red Bull. The RB19's problems on the Marina Bay circuit culminated with the elimination in Q2 of Verstappen and Perez, respectively 11th and 13th on the grid. It had been clear since the Friday sessions that the Milton Keynes team's car was suffering from turn-in issues, but above all from severe rear-end instability on exit. The team spoke generically of set-up problems, despite the fact that different combinations of wing incidence, suspension set-up and ground clearance had been tried in FP3. Christian Horner himself tried to minimise the repercussions that the introduction of the TD/018 directive – which as of this race restricted the flexibility and controlled deformation of the wing elements – may have had on the car. However, analysis of the data relating to the best times in each sector revealed how the*

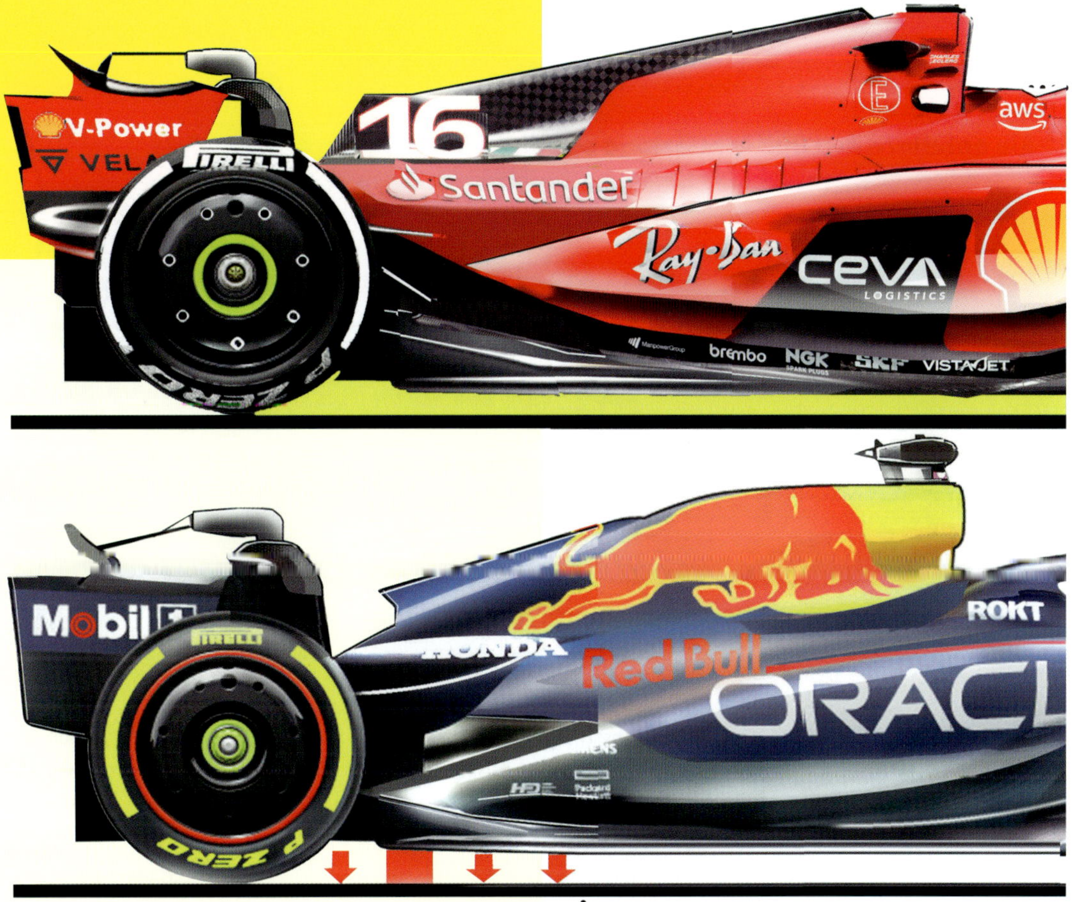


*RB19s lost around a full second compared to the Ferraris on the hypothetical ideal lap (the sum of the best times in each sector). In fact, in the first sector the difference between the Ferrari's time and that of the two RB19s was around four tenths, a gap that was also confirmed in T2, reducing to two tenths in the third, which was in fact the fastest section of the track. These incontrovertible figures show that the Milton Keynes team's car was in fact slow everywhere; something that strongly challenged the thesis that it was simply an incorrect set-up that had affected performance so heavily. The impression gained from observing the RB19's handling on track was that of a car far too sensitive to longitudinal load transfers and suffering from a particularly unstable rear end. In FP3 Red Bull had also suffered torque transfer problems, with both upshifting and downshifting too abrupt, something that Verstappen complained about in radio communications with Gianpiero Lambiase, his race engineer. This is a further indicator of the degree to which, in terms of driver feeling, the car was too sensitive to any factor that might even almost imperceptibly vary its set-up. What we mean by this is that in Singapore the RB19 changed face, transforming from a stable car, glued to the asphalt and insensitive to bumps, to a vehicle with unpredictable handling out of corners and unstable under braking. Since no new features had been introduced to the car at the development level, which was limited to the adoption of high downforce wings, it would seem to be correct to consider the handling of the car as being influenced by external elements. Confuting the statements made by the powers that be at the team, it can be said that it could not have been anything other than the introduction of TD/018 that upset the car's delicate balance. Having tested various configurations and set-ups, with different ride heights but without arriving at a satisfactory solution that would transmit sufficient energy to the tyres to guarantee adequate stability for the car, unequivocally indicates that the effects of the ban on managing the downforce generated by the wings on the straights and in corners through the controlled deformation of the flaps, had a devastating effect on the car's balance.*

*As for Ferrari, it instead seems equally clear that the SF-23's balance was almost perfect from the start of the weekend. Just as at Monza, the almost total absence of porpoising was striking, despite the car having adopted very a low ground clearance, one anything but conservative in relation to the unevenness of the Marina Bay asphalt. As reiterated by the drivers, it seems clear that on the SF-23, a way has been found since Monza to manage load distribution, rendering the aerodynamic centre of pressure more stable by reducing longitudinal mass transfers. Ferrari's "renaissance" was not therefore linked to any new features brought to Singapore, where the SF-23 was simply updated in terms of the wings to accommodate the track's high downforce requirements. It was therefore not a twist on the car, like the one brought by McLaren for the MCL60 that 'gave it wings,' but rather the correct fine tuning of the set-up. The SF-23 ran all weekend with very low ground clearance, much lower than that of the Red Bull, but did not suffer from porpoising, contrary to what this set-up would lead us to expect. It seems rather obvious that since Monza, Ferrari had found a key that allowed them to fully exploit the potential of the car and the developments introduced so far.*

**Confronto altezze da terra Red Bull e Ferrari**

Evidenziata nel disegno l'altezza da terra decisamente inferiore adottata dalla SF-23 rispetto a quella della RB19, molto più conservativa, soprattutto al venerdì, per tornare a un assetto leggermente più basso da sabato.

***Red Bull and Ferrari ride height comparison***

*The significantly lower ride height adopted by the SF-23 with respect to the RB19 is highlighted in the drawing. The Red Bull was much more conservative, especially on the Friday, before returning to a slightly lower set-up on the Saturday.*

### Ala anteriore Red Bull in relazione alla direttiva TD/018

In evidenza, nel tondo, la riduzione di movimento tra i flap dell'ala. Anche la giunzione tra paratie e i profili di tutte le ali è stata irrobustita per ridurre l'ampiezza della flessione dei flap.

### *Red Bull front wing in relation to directive TD/018*

*Highlighted in the circle, the reduction of the movement between the flap and the wing. The junction between the endplates and the wing profile was strengthened to reduce the range of flexing of the flap.*

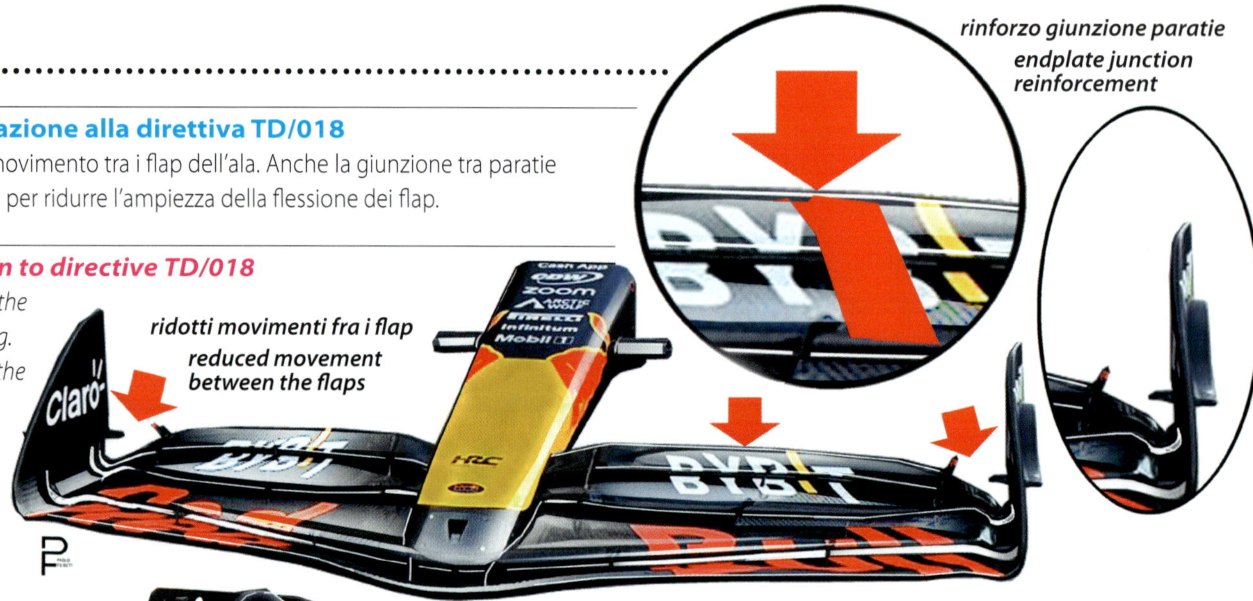


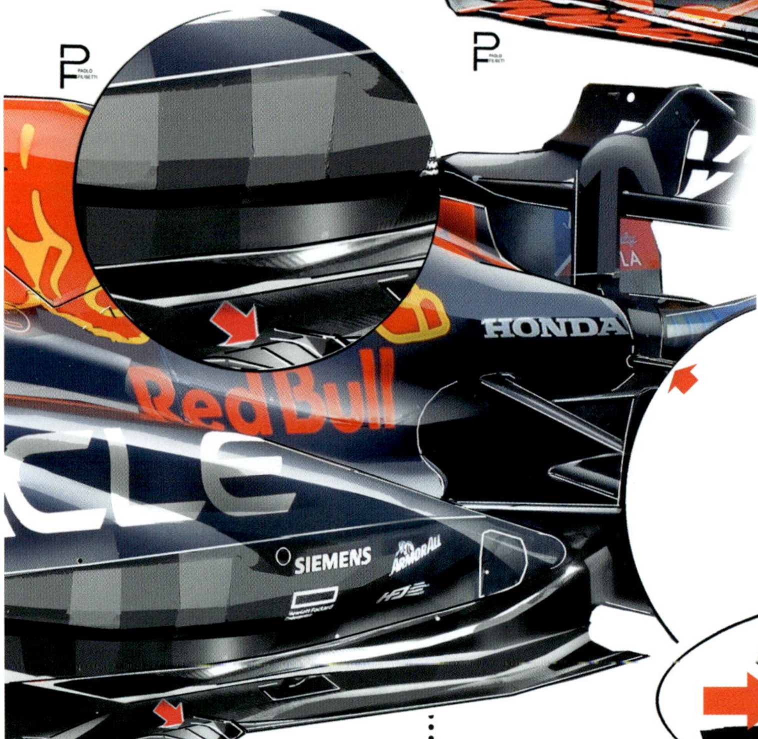

### Effetto DRS non risolutivo per i problemi a Singapore

Nonostante a Singapore, in relazione alla configurazione da alto carico, il DRS della RB19 avesse una maggiore efficacia rispetto a Monza, non è stato un fattore in grado di migliorare le prestazioni della vettura.

### *DRS effect fails to overcome the problems at Singapore*

*Even though in relation to the high downforce configuration at Singapore, the RB19's DRS was more effective than at Monza, it was not a factor capable of improving the car's performance.*

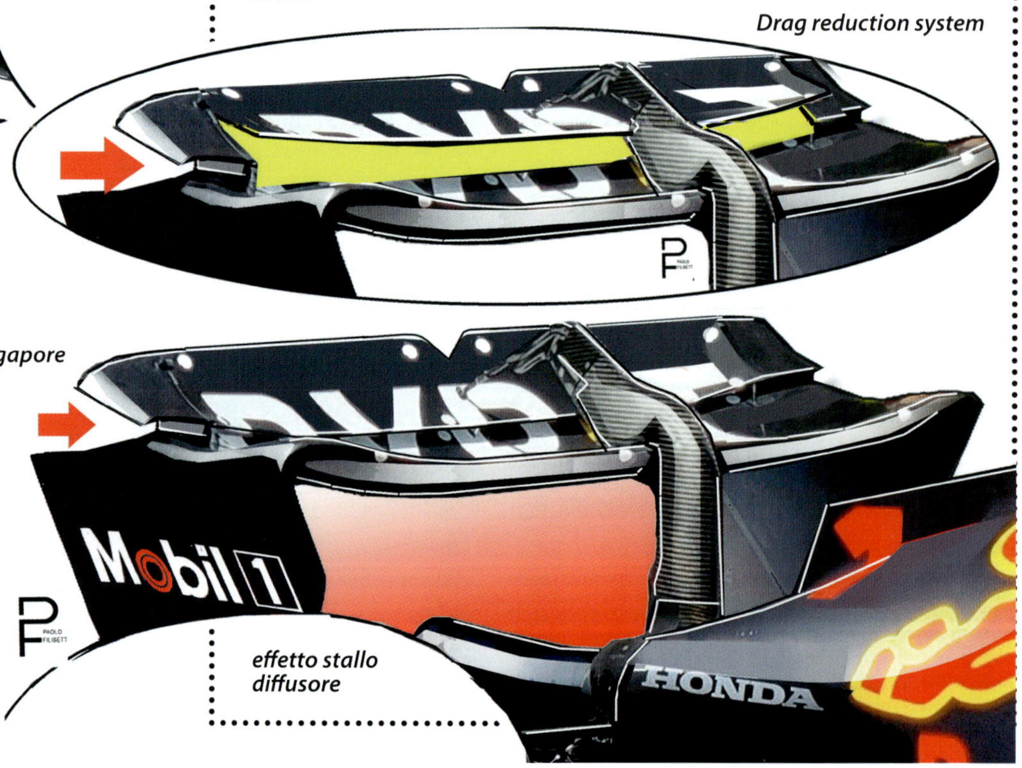


### Fondo RB19 evoluto non utilizzato

La Red Bull ha portato a Singapore, senza poi utilizzarlo a causa degli evidenti limiti di bilanciamento, un fondo rivisto nel bordo laterale.

### *Unused RB19 floor evolution*

*Red Bull took a floor with a revised lateral edge to Singapore but then decided not to use it due to the car's evident balance issues.*

### MCL60: profonda evoluzione e livrea speciale

La MCL60 presentava una profonda evoluzione a livello delle imboccature delle fiancate, ora di sezione squadrata, fortemente ispirata a quelle della Red Bull.
In parallelo, anche il fondo è stato oggetto di aggiornamenti a livello del bordo laterale e dei deviatori di flusso inferiori. La MCL60, inoltre, ha presentato una livrea inedita, specifica per la "night race" di Marina Bay.

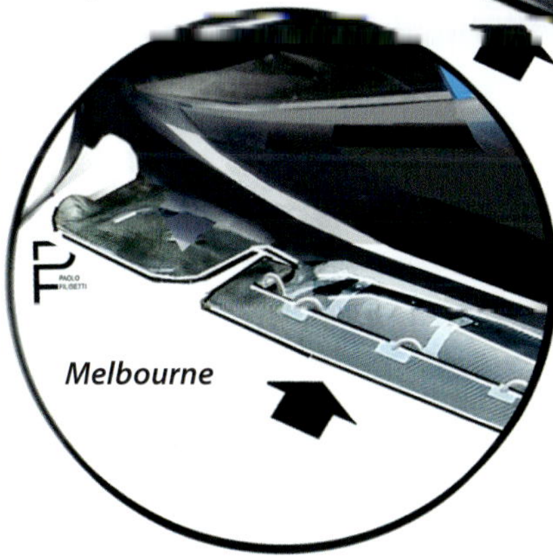


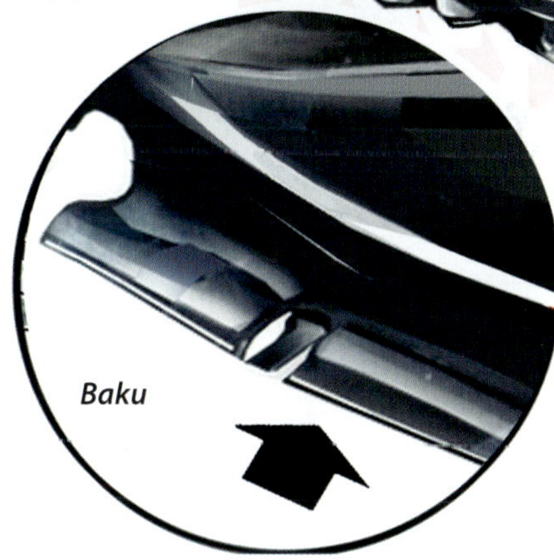

### *MCL60: extensive evolution and special livery*

*The MCL60 presented an extensive evolution in correspondence with the sidepod mouths, which now had a square-cut section inspired by those of the Red Bull. In parallel, the floor was also the object of updates around the lateral edge and the lower turning vanes. Moreover, the MCL60 featured a new colour scheme, specially designed for the Marina Bay night race.*

# LENOVO JAPANESE GRAND PRIX 2023

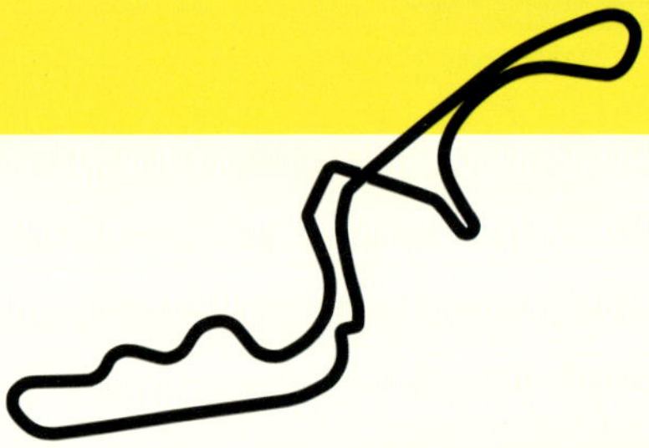

**SUZUKA**
**SUZUKA CIRCUIT**
**24 SETTEMBRE** *SEPTEMBER*

## Red Bull di nuovo sugli allori e McLaren in costante progresso

Il Gran Premio del Giappone a Suzuka ha assunto un valore particolare dal punto di vista tecnico, soprattutto in relazione a tre questioni. Da un lato doveva chiarire se le difficoltà della Red Bull a Singapore fossero un fatto isolato, legato all'unicità dal tracciato di Marina Bay o se, invece, la direttiva TD/018 abbinata alla TD/039, entrambe in vigore da Singapore, avessero di fatto sconvolto l'equilibrio della RB19 tanto da determinare conseguenze, magari meno macroscopiche, anche a Suzuka. La seconda questione che Suzuka era chiamata a chiarire in modo definitivo riguardava la competitività della McLaren MCL60 dopo l'ottimo secondo posto di Lando Norris a Marina Bay. Già dalla vigilia, le *expected performance*, ovvero le simulazioni statistiche dei team, davano la RB19 come favorita a Suzuka. Per valutare quanto fosse irrilevante l'impatto delle direttive sulla Red Bull è stato sufficiente attendere la prima sessione di prove libere in cui Max Verstappen ha subito messo in evidenza come la sua monoposto fosse tornata ai precedenti livelli di competitività. Per quanto riguarda la McLaren, che a Singapore aveva disponibile un solo esemplare con l'ultimo pacchetto di sviluppo aerodinamico, affidato a Norris, ha montato anche sulla monoposto di Oscar Piastri gli ultimi aggiornamenti, mettendo entrambi i piloti nelle stesse condizioni in termini di competitività. Scendendo nel dettaglio delle modifiche apportate sulla MCL60, queste hanno riguardato il fondo, modificato a livello del bordo laterale, caratterizzato da una lunga soffiatura nella parte posteriore, davanti alle ruote, da un nuovo disegno delle imboccature delle prese d'aria ora ridotte nella loro larghezza a favore di una migliore profilatura della zona anteriore delle fiancate. Rinnovato anche il profilo del cofano motore, snellito nella sua sezione, riviste le paratie dell'ala anteriore mentre al retrotreno sono state completamente ridefinite le prese d'aria dei freni per creare una minore interferenza con la parete laterale del diffusore. La MCL60, inoltre, ha adottato una conformazione del collegamento delle paratie dell'ala posteriore – identica a quella introdotta in Olanda sulla vettura di Norris – caratterizzata da una miniaturizzazione di questo elemento a favore dell'efficienza aerodinamica. Si è dunque trattato di uno sforzo sostanziale da parte dei tecnici di Woking, sia a livello di progettazione sia di produzione delle varie parti, fra l'altro in una fase del Campionato in cui la maggior parte delle energie sono di solito già rivolte alla progettazione delle vetture della nuova stagione. Ma non si è trattato di uno spreco di energie, non solo per i risultati immediatamente ottenuti in pista a Singapore e a Suzuka, ma soprattutto perché la direzione di questi sviluppi delinea quella intrapresa nella progettazione della vettura 2024. Da sottolineare che tra la prestazione di Singapore e quella si Suzuka, fosse la prima quella più inattesa, almeno sulla carta. Come era stato possibile già dedurre dalle prestazioni mostrate a Silverstone, era plausibile che in Giappone la McLaren avrebbe trovato buone prestazioni, in linea con le caratteristiche della pista, segnata da curvoni veloci in appoggio e cambi di direzione come le S, che ricordano, a livello dinamico, le tre curve Maggott's, Beckett's e Chapel di Silverstone. Ciò nonostante la McLaren, a livello di gestione complessiva della programmazione da parte di Andrea Stella, sembra aver seguito un percorso chiaro, ben definito in termini di identificazione dei problemi della vettura e sistematicità degli interventi eseguiti per risolverli.

La terza e ultima questione ha riguardato la Ferrari ed è interessante rilevare come le previsioni statistiche dei team avessero indicato la SF-23 come seconda vettura più competitiva su questa pista, dietro la RB19 e davanti alla MCL60, previsione poi smentita soprattutto dalle prestazioni in gara e in qualifica. Da entrambi i piloti è stata adottata una nuova versione del fondo, caratterizzata da un evidente prolungamento dei convogliatori anteriori, sempre più simili a quelli della RB19, mentre nella zona davanti alle ruote posteriori, oltre a una diversa conformazione del bordo, ora appiattito lateralmente, era presente un rigonfiamento alla base del diffusore. Questo cela una concavità inferiore che funge da elemento di discontinuità del profilo dei canali Venturi, per smorzare i sobbalzi indotti dall'assetto estremamente basso, diventato una prerogativa di questa monoposto già da Monza. Il nuovo fondo, di sicuro, non è stato un elemento in grado di incrementare sostanzialmente le prestazioni della SF-23, ma ha reso il comportamento della vettura più coerente.

## *Red Bull back on form while McLaren makes steady progress*

*The Japanese GP at Suzuka was of particular interest from a technical point of view, especially in relation to three issues. On the one hand, it it would be a race that would clarify whether Red Bull's difficulties in Singapore were an isolated event, associated with the uniqueness of the Marina Bay circuit, or whether, on the other hand, directive TD/018 combined with TD/039, both in force since Singapore, had in fact upset the balance of the RB19 to such an extent as to determine consequences, albeit perhaps less macroscopic, at Suzuka too. The second question to which Suzuka was called upon to provide a definitive answer concerned the competitiveness of the McLaren MCL60 following Norris' excellent second place at Marina Bay. On the eve of the race, the expected performance indicated by the teams' statistical simulations gave the RB19 as the favourite at Suzuka. To assess how irrelevant the impact of the directives on Red Bull was, all we had to do was wait for the first free practice session in which Verstappen immediately highlighted how his car had returned to its previous levels of competitiveness.*

*As for McLaren, while the team's sole car with the latest aerodynamic development package available in Singapore had been entrusted to Norris alone, the latest updates twere fitted to Piastri's single-seater too, ensuring both drivers would enjoy the same degree of competitiveness. In detail, the changes made to the MCL60 concerned the floor, modified at the lateral edge and characterised by a long vent at the rear, ahead the wheels, and a new design for the air intake mouths, which were now reduced in width in favour of better profiling of the front area of the sidepods. The shape of the engine cover was also revised, with a slimmer section, the front wing endplates were modified and at the rear the brake air intakes were completely redesigned to create less interference with the side wall of the diffuser. Moreover, the MCL60 also adopted a rear wing endplate fairing shape – identical to the one introduced in Holland on Norris' car – characterised by a miniaturisation of the element in favour of aerodynamic efficiency. It was therefore a substantial effort on the part of the Woking engineers, both in terms of the design and the production of the various parts, among other things at a stage of the season when most of the energy was already being directed to the design of the cars for the new season. However, this was by no means a waste of energy, not only because of the results immediately obtained on track in Singapore and Suzuka, but above all because the direction of these developments outlined the path that would be taken in the design of the 2024 car. It should be noted that between the Singapore and Suzuka performances, it was the former that was the most unexpected, at least on paper. The performance displayed at Silverstone, had in fact shown that McLaren had the potential to achieve high standards in Japan too, given the characteristics of the circuit with its fast corners and changes of direction such as the esses, which are reminiscent, on a dynamic level, of the Maggott's, Beckett's and Chapel corners at Silverstone. In any case, in terms of the overall management of the programme established by Andrea Stella, McLaren seems to have followed a clear, well-defined path in terms of identifying the car's problems and systematically conducting operations to resolve them. The third and final question concerned Ferrari, and it is interesting to note that the teams' statistical forecasts had indicated the SF-23 as the second most competitive car on this track, behind the RB19 but ahead of the MCL60, a prediction that was then disproved above all by the car's performance in both the race and qualifying. A new version of the floor was adopted by both drivers, characterised by an evident extension of the front ducts, increasingly similar to those of the RB19, while in the area ahead of the rear wheels, in addition to a different shape for the edge, now flattened laterally, there was a bulge at the base of the diffuser. This concealed a lower concavity that acts as an interruption in the profile of the Venturi channels, designed to dampen the porpoising induced by the extremely low set-up, which hadbecome a prerogative of this car since Monza. The new floor was certainly not an element that would substantially enhance the SF-23's performance, but it did make the car's handling more consistent.*

**SF-23: evoluzione fondo**

I convogliatori anteriori sotto il fondo si estendono maggiormente in avanti rispetto all'ultima versione introdotta in Austria e utilizzata sino a Singapore. Gestiscono in modo più preciso la pressione dell'aria in ingresso. Davanti alle ruote posteriori il fondo ora presenta una gibbosità che cela un "polmone" sottostante. La funzione è quella di smorzare le oscillazioni verticali indotte dall'assetto basso.

***SF-23: floor evolution***

*The front ducts below the floor were extended further forwards with respect to the previous version Introduced in Austria and used through to Singapore. They managed the incoming air pressure more precisely. Ahead of the rear wheels the floor now featured a hump concealing an underlying "lung". This was designed to dampen the vertical oscillations triggered by the low set-up.*

**MCL60: analisi dettagli fondo Singapore**

Il bordo laterale del fondo è stato ridisegnato: nella sezione davanti alle ruote posteriori è presente una soffiatura orizzontale su tutta la lunghezza per evitare che il flusso d'aria possa infiltrarsi sotto il fondo. Interessante notare l'evoluzione di questa zona durante la stagione (evidenziata nei tondi).

***MCL60: detail analysis of the Singapore floor***

*The lateral edge of the floor was redesigned: in the area ahead of the rear wheels there was a Horizontal vent running the full length to as to prevent the air flow from infiltrating below the floor. It is interesting to note the evolution of this area over the course of the season (Highlighted in the circles).*

### RB19: funziona il fondo rivisitato

La RB19, dopo la débacle di Singapore, ha portato in Giappone un fondo rivisto nel bordo laterale posteriore, che ha arrecato i benefici sperati. In Giappone, l'assetto della RB19 caratterizzato da un retrotreno soft che aveva di fatto costituito un problema a Marina Bay, ha rappresentato invece il punto di forza.

### *RB19: revised floor successful*

*Following the debacle in Singapore, Red Bull revised the floor of the RB19 for Japan with a different lateral edge that brought the hoped-for benefits. At Suzuka, the set-up of the RB19 characterised by a soft rear end that had effectively been a problem at Marina Bay was instead a strong suit.*

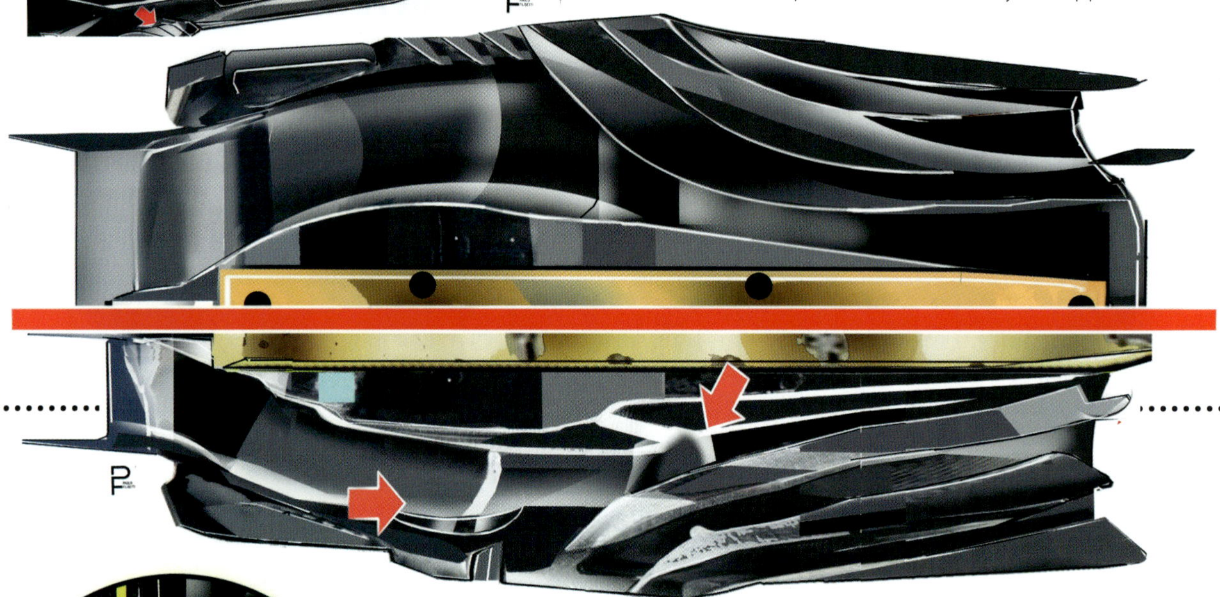

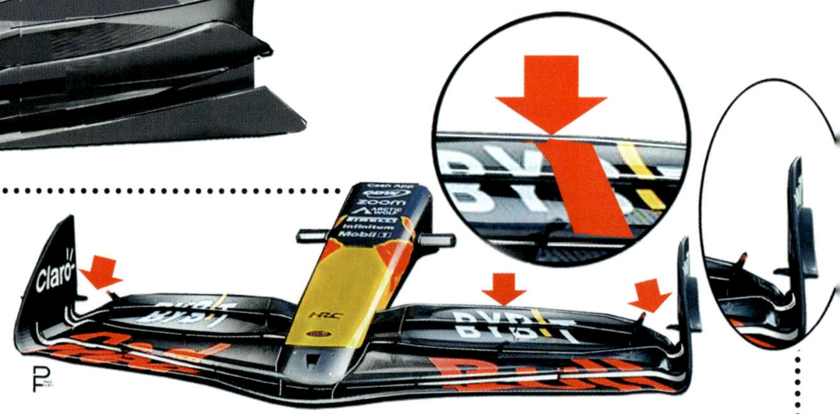


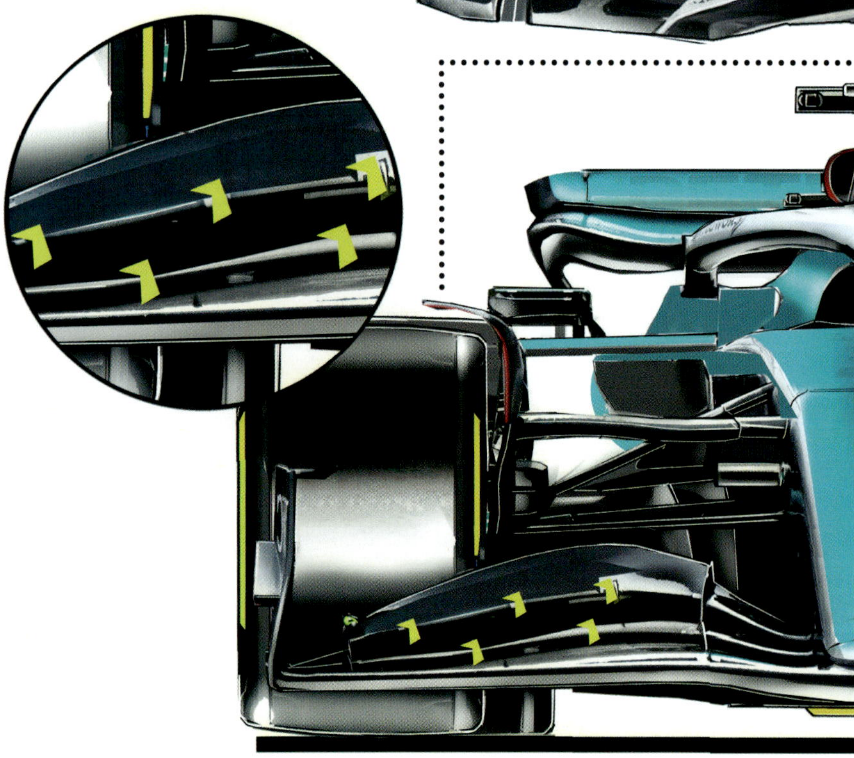

### La direttiva TD/018 non ha inciso sulle prestazioni

La direttiva TD/018 che a Singapore era sembrata una delle cause della débacle della RB19, non ha avuto alcun effetto sulle prestazioni della monoposto di Verstappen e Perez, dimostrando che le cause andavano ricercate in un setup che impediva di ottimizzare le prestazioni dalla RB19.

### *Directive TD/018 did not affect performance*

*Directive TD/018, which in Singapore had seemed to be the cause of the RB19 problems, had no effect on the performance of Verstappen and Perez's cars, demonstrating that the issues were with a set-up that prevented the team from optimising the performance of the RB19.*

# QATAR AIRWAYS QATAR GRAND PRIX 2023

**DOHA**
**LUSAIL**
**INTERNATIONAL CIRCUIT**
**8 OTTOBRE OCTOBER**

## Max iridato e McLaren ancora in progressione

Non ci sono stati elementi di particolare interesse sotto il profilo tecnico in Qatar. O meglio, la pista completamente riasfaltata, nell'ambito dei lavori che hanno trasformato il paddock e i box del tracciato di Losail, così come il layout della pista e le temperature ambientali decisamente superiori alla media stagionale, hanno costituito un vero punto interrogativo per tutti i team. A questo si aggiunga il format del weekend che includeva la Sprint race, limitando quindi a una sola sessione le prove libere. Ciò nonostante, almeno sulla carta, basandosi sulle caratteristiche specifiche della MCL60, la pista del Qatar pareva essere quella ideale per confermare ulteriormente i progressi evidenziati nelle gare precedenti dalla McLaren. I pronostici della vigilia sono stati pienamente rispettati, a partire dalla Sprint del sabato. Ma già dalle prove libere del venerdì era stato chiaro che le vetture di Oscar Piastri e Lando Norris fossero a proprio agio in ogni settore. La MCL60, infatti, anche a livello visivo appariva dinamicamente reattiva e una delle monoposto che pativa di meno il forte degrado degli pneumatici, indotto da un'elevata abrasività del manto d'asfalto. Il bilanciamento di questa vettura si è notato soprattutto tra le curve 13 e 15, spesso teatro del superamento dei track limits dalla maggior parte dei piloti. Fattore, quest'ultimo, non di secondaria importanza, che nei fatti ha condizionato la gara.

Se la McLaren è stata a tutti gli effetti il team che si è più avvicinato alla Red Bull migliore, quella di Max Verstappen, incoronato Campione del mondo già nella Sprint, la Mercedes è riuscita solo parzialmente a capitalizzare la posizione in partenza di entrambe le W14, domenica, riuscendo di fatto più il sabato a ottenere un risultato utile e a mantenere a distanza la Ferrari nella lotta per il secondo posto. Il risultato della Sprint è stato decisamente favorevole a Mercedes anche a causa della scelta delle gomme soft dei due ferraristi, obbligata dello scarso grip evidenziato dalla SF-23 con le altre mescole. La W14, in definitiva, è risultata adeguatamente bilanciata, evidenziando come da quando la monoposto ha adottato l'ultima versione di fondo e fiancate, i progressi, seppure non sempre evidenti, si sono progressivamente stabilizzati, quantomeno su tracciati da elevato carico aerodinamico. In tal senso va sottolineato come anche la W14 sia riuscita in questo tipo di circuiti ad adottare un assetto dinamico caratterizzato da altezze da terra quanto mai ridotte, senza incorrere nel problema dei saltellamenti.

Per contro, la Ferrari non ha trovato la quadra a livello di bilanciamento della SF-23, facendo di fatto risaltare le criticità ben note di questo progetto e non risolte, nonostante l'exploit di Singapore. In generale, la SF-23 presentava una configurazione da medio-alto carico, con un mix, in termini di assetto, basato su ridotte altezze da terra. In un certo senso si è trattato di un setup che ha mescolato alcuni elementi base di quello utilizzato a Zandvoort, ma con una scelta differente sia per le altezze da terra sia per il livello di carico. Tornando al problema che ha costretto i team a una strategia basata su tre soste, si è trattato di un danno scoperto dai tecnici Pirelli in un'analisi standard eseguita sui pneumatici restituiti dopo la FP1. In pratica è emerso un micro danneggiamento della spalla dei pneumatici lungo la circonferenza di giunzione tra il battistrada e il fianco, causato dal passaggio ripetuto per più giri sui cordoli di queste curve. In pratica, il profilo piramidale di questi cordoli – presenti anche su altre piste – avrebbe indotto il problema a causa della frequenza degli urti causati dal passaggio degli pneumatici sulle "creste", con una frequenza pari a circa 110 impatti al secondo. Questa elevata frequenza avrebbe generato il micro danneggiamento riscontrato in modo proporzionalmente superiore su pneumatici con più giri percorsi. Domenica, dopo che la Pirelli aveva portato alla luce la problematica nella giornata precedente, è stato deciso dalla FIA, per ragioni di sicurezza, di imporre un numero massimo di giri con ciascun treno in gara, fissando il limite massimo a diciotto tornate. Sulla base dei dati raccolti dai tecnici Pirelli, questo rappresentava un ragionevole margine di sicurezza, che permetteva di scongiurare l'ipotesi di un peggioramento del danno tale da indurre una perdita di pressione negli pneumatici.

## *Max crowned champion and McLaren still progressing*

*There was nothing of particular interest from a technical point of view in Qatar. Instead, the complete track resurfacing as part of the project transforming the paddock and pits at Losail and the layout of the circuit, along with ambient temperatures decidedly higher than the seasonal average, posed major problems for all the teams. Added to all this was the format of the weekend that included the Sprint race, consequently restricting free practice to just one session.*

**Buon bilanciamento della W14**

L'ultima versione del fondo e delle fiancate ha permesso alla W14 di trovare un miglior bilanciamento su piste da medio/alto carico.

***Improved balance for the W14***

*The final version of the floor and the sidepods allowed the W14 to find improved balance on the medium/ high downforce circuits.*

*However, on paper at least, based on the specific characteristics of the MCL60, Qatar seemed to be an ideal circuit to further confirm the McLaren progress seen in previous races. From Friday's free practice it was clear that Piastri and Norris' cars were comfortable in every sector and the pre-race predictions were fully respected in Saturday's Sprint. In fact, the MCL60 appeared, even to the naked eye, to be dynamically responsive and one of the cars that suffered less from the severe tyre degradation induced by a highly abrasive asphalt surface. The car's balance was especially noticeable between turns 13 and 15, where the track limits were often exceeded by most drivers. This last factor was hardly of secondary importance and in fact conditioned the race.*

*While McLaren was effectively the team that came closest to the most competitive Red Bull driven by Verstappen, who was crowned World Champion after the Sprint, Mercedes only partially managed to capitalise on the starting position of both W14s on the Sunday, actually managing a more useful result on the Saturday that kept Ferrari at a distance in the fight for second place. The Sprint result came down decisively in Mercedes' favour thanks in part to the two Ferrari drivers' choice of soft tyres, a choice forced by the poor grip shown by the SF-23 with the other compounds. Ultimately, the W14 was adequately balanced, highlighting how since the car had adopted the latest version of the floor and sidepods, progress, although not always evident, had gradually been made, at least on high downforce tracks. In this sense, it should be emphasised that on this type of circuit the W14 also managed to adopt a dynamic set-up characterised by a very low ride height, while still avoiding into the problem of porpoising.*

*In contrast, Ferrari failed to find the right balance on the SF-23, bringing out the well-known critical aspects of the design that had not been resolved, despite the exploit in Singapore. In general, the SF-23 presented a medium-high downforce configuration, with a combination, in terms of set-up, based on a low ride height. In a certain sense, this was a set-up that brought together several of the basic elements from the one used at Zandvoort, but with a different choice for both ride height and downforce level. Returning to the issue that forced the teams into a three-stop strategy, damage was discovered by Pirelli engineers in a routine analysis performed on the tyres returned after FP1. In effect, it revealed micro damage to the tyre shoulder along the circumference of the join between the tread and the sidewall, caused by repeatedly passing over the kerbs of these corners for several laps. The pyramidal profile of these kerbs, (also present on other tracks) would have induced the problem due to the frequency of impacts caused by the passage of the tyres over the "crests", with a frequency of around 110 impacts per second. This high frequency would have caused proportionally more micro-damage mre on tyres that had covered more laps. On the Sunday, after Pirelli had brought the problem to light the previous day, the FIA decided for safety reasons to impose a maximum number of laps with each set of tyres in the race, imposing a maximum limit of 18 laps. Based on the data gathered by Pirelli's engineers, this represented a reasonable margin of safety, making it possible to avoid the possibility of the damage worsening to such an extent as to induce a loss of pressure in the tyres.*

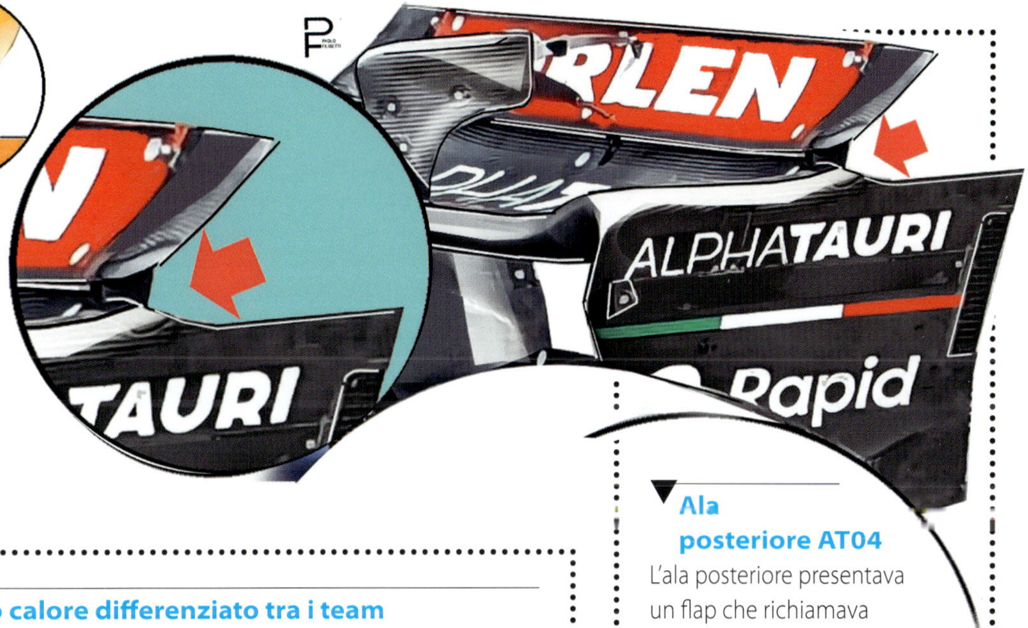


### McLaren: ala posteriore

La configurazione della MCL60 in Qatar corrispondeva in larga parte a quella vista a Zandvoort con l'ala posteriore dotata della stessa tipologia di flap.

### *McLaren: rear wing*

*The configuration of the MCL60 in Qatar largely matched the one seen at Zandvoort, with the rear wing equipped with the same type of flap.*

### Ferrari SF-23

La SF-23 si è presentata con una configurazione analoga a quella adottata in Olanda, ma con un assetto con altezze da terra ridotte e maggiore incidenza delle ali. Gli sviluppi al fondo delle ultime gare hanno funzionato con questo setup.

### *Ferrari SF-23*

*The SF-23 presented a configuration similar to the one adopted in the Netherlands, but with a set-up featuring reduced ride height and an increased incidence for the wings. The developments on the floor, seen in the previous races, worked with this set-up.*

### Smaltimento calore differenziato tra i team

Il forte calore e elevata umidità hanno messo a dura prova gli impianti di raffreddamento. Non tutti i team hanno però incrementato in modo evidente le feritoie di smaltimento calore. La AMR23 ha adottato questa soluzione mentre la RB19 ha presentato una carrozzeria senza sfoghi aggiuntivi nonostante la ridotta sezione delle imboccature che risale all'Ungheria.

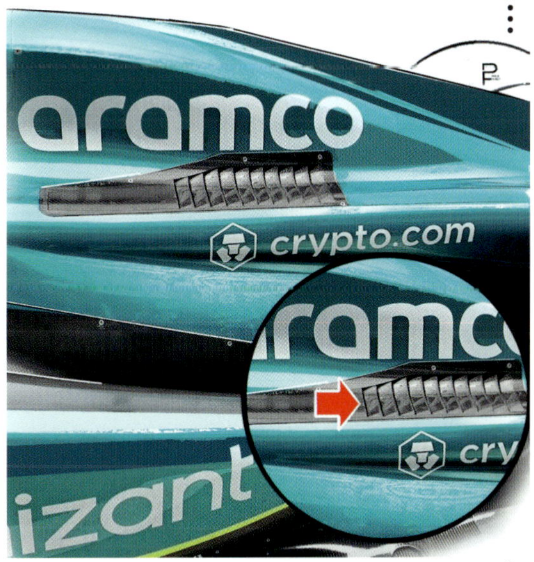


### *Differentiated heat dispersal among the teams*

*The great heat and high humidity severely tested the cooling systems. However, not all the teams conspicuously increased their heat dispersal vents. The AMR23 adopted this feature, while the RB19 presented bodywork without additional vents despite the reduced section of the intake mouths introduced in Hungary.*

### Ala posteriore AT04

L'ala posteriore presentava un flap che richiamava la configurazione vista a Budapest, con un'ampia corda e un micro profilo verticale di attacco alla endplate.

### *AT04 rear wing*

*The rear wing presented a flap that recalled the configuration seen in Budapest, with a deep chord and a vertical micro-profile endplate attachment.*

# LENOVO UNITED STATES GRAND PRIX 2023

**AUSTIN**
**CIRCUIT OF THE AMERICAS**
**22 OTTOBRE OCTOBER**

## Mercedes e Haas già in chiave 2024

Può sembrare strano portare uno sviluppo importante in occasione della diciannovesima gara del Mondiale, ma sicuramente non è il tipo di ragionamento fatto da Mercedes e Haas, sebbene per due ragioni di fondo totalmente diverse. Gli ingegneri Mercedes hanno cercato di investire le ultime risorse nell'ambito della residua disponibilità del budget cap per incrementare il bilanciamento della monoposto a favore di una riduzione del degrado degli pneumatici, ma soprattutto della maggiore prevedibilità di comportamento della vettura in uscita di curva. Si è trattato di un processo evolutivo che non ha avuto come unico obiettivo l'incremento prestazionale della W14, ma anche quello di gettare, a livello di "aerodinamica inferiore", le basi per la W15, ormai in fase di progettazione avanzata. Gli effetti di queste modifiche non sono stati eclatanti, in termini di immediato miglioramento prestazionale, ma è altrettanto indubbio che entrambi i piloti, soprattutto Lewis Hamilton, abbiano sentito la vettura più stabile, tranne che in accelerazione, in uscita di curva dove i pattinamenti laterali sono parsi ancora evidenti. L'introduzione specifica ad Austin si spiega non solo per il fatto che già in Messico le condizioni di rarefazione dell'aria non avrebbero fornito valori oggettivi in termini di efficienza per questa particolare soluzione, ma soprattutto perché il debutto di una novità a cinque gare dalla fine permette una raccolta sostanziale di dati, utili al progetto dell'anno successivo. In sostanza pare corretto definire la W14, nella sua ultima configurazione, un laboratorio su ruote, che negli intenti di James Allison ha evitato al team di seguire direzioni differenti nel progetto di dettaglio della W15, che poi potessero rivelarsi una sorta di vicolo cieco.
La lotta per la seconda posizione nella classifica Costruttori con la Ferrari, inoltre, ha rappresentato un'ulteriore valida motivazione nell'aver proseguito lo sviluppo della W14 prima di questa gara. A livello di dettaglio colpisce come sia ormai chiara la tendenza a incrementare il passaggio d'aria nella parte inferiore delle fiancate evitando, nello stesso tempo, la possibile infiltrazione del flusso nella parte sottostante. Per questo motivo sono state sagomate in modo differente le estremità laterali del fondo in corrispondenza dalla parte terminale dei convogliatori inferiori.
Per quanto riguarda la Haas, lo sviluppo si è concentrato tutto in chiave 2024, sposando la filosofia delle fiancate spioventi ormai seguita da tutte le monoposto, Ferrari inclusa. L'introduzione del nuovo concetto di fiancate che abbandona la famigerata "vasca dei pesci" – che in origine caratterizzava solo la SF-23 e la VF23 – va letta più come un riallineamento ai concetti espressi dalla monoposto di Maranello che un allontanamento da questi. In questa fase conclusiva del Mondiale le due vetture risultavano perfettamente allineate in termini di evoluzione rispetto al concetto originario, per una ragione precisa: la comune necessità, anche in ragione della condivisione della PU, di coordinare l'evoluzione di trasmissione e sospensioni. Non avrebbe avuto ragione proseguire con la precedente conformazione delle fiancate della VF23, in quanto non avrebbe permesso una valutazione reale del concetto aerodinamico della monoposto 2024. I dati raccolti a partire da Austin, dove le prestazioni non sono state oggettivamente pari alle attese, hanno costituito un vantaggio in questa fase di studio di dettaglio dell'impostazione aerodinamica della VF24. Va in ogni caso ribadito che i tecnici diretti da Simone Resta non hanno considerato l'introduzione di questo ampio sviluppo in grado di liberare il potenziale che, a tratti, si era visto con l'attuale vettura.

## *Mercedes and Haas with one eye on 2024*

*It may seem strange to introduce an important development at the 19th round of the World Championship, but this was certainly not how Mercedes and Haas saw their decision, albeit for two totally different underlying reasons. The Mercedes engineers were trying to invest the last resources available in the remaining budget cap residuals to improve the balance of their car with a view to reducing tyre wear, but above all to making its handling more predictable when exiting corners. This was an evolutionary process that rather than having the sole objective of improving the performance of the W14 was also intended to lay the foundations, in terms of the lower body aerodynamics, for the W15, now in an advanced design phase. The effects of these modifications were not dramatic in terms of immediate performance improvement, but there is no doubt that both drivers, especially Hamilton, felt the car was more stable, except when accelerating out of corners where lateral sliding was still evident. The introduction of the modifications in Austin can be explained not only by the fact that the rarefied air conditions in Mexico would not have provided objective values in terms of efficiency for this particular feature, but above all because the debut of a new feature five races from the end of the season allows for substantial data harvesting, useful for the following year's design. Basically it would seem to be correct to define the W14, in this iteration, as a rolling laboratory, which James Allison felt would help the team avoid following different directions in the detail design of the W15, which might subsequently prove to be dead ends.*
*The battle with Ferrari for second place in the Constructors' Championship represented additional motivation for continuing the development of the W14 before this race. In detail, it is striking how clear the trend was to increase the airflow in the lower part of the sidepods while avoiding the possible infiltration of the flow in the lower part. For this reason, the lateral edges of the floor were shaped differently in correspondence with the end part of the lower channels.*

As for Haas, the development work was focused entirely on 2024, espousing the philosophy of sloping sidepods now adopted on all the cars, Ferrari included. The introduction of the new sidepod concept which entailed abandoning the infamous "goldfish bowls" – which originally characterised only the SF-23 and the VF23 - should be seen more as a realignment with the concepts expressed by the car from Maranello than a departure from them. In this final phase of the World Championship, the two cars were perfectly aligned in terms of their evolution with respect to the original concept. This came out of the common need, in part deriving from the shared Power Unit, to coordinate the evolution of transmission and suspension components. It would not have been right to continue with the V23's previous sidepod shape, as it would have prevented effective evaluation of the 2024 car's aerodynamic concept. The data collected from Austin, where objectively performance did not live up to expectations, was an advantage in this phase of detailed design work on the aerodynamic configuration of the VF24. In any case, it must be emphasised that the engineers led by Simone Resta did not consider the introduction of this wide-reaching development capable of releasing the potential that, at times, had been seen with the current car.

### Haas VF23: fiancate spioventi

La Haas ha portato ad Austin, assemblandola sul posto, una versione radicalmente modificata della VF23. Di fatto è stata l'ultima vettura a convertirsi al concetto delle fiancate spioventi (*sloping sidepods*). Le differenze sono riscontrabili nel diverso profilo superiore, che ha abbandonato la versione scavata superiormente, visibile dall'alto, adottata da inizio stagione e che in parte rispecchiava il concetto della SF-23. La nuova versione è caratterizzata dalla presenza di ampie griglie di raffreddamento nella parte inferiore del cofano motore per garantire lo scambio termico, prima concentrate nella parte superiore delle fiancate e nella carrozzeria che sovrastava la zona del cambio. La posizione dei radiatori non ha subito modifiche a dispetto della diversa profilatura delle fiancate.

### *Haas VF23: sloping sidepods*

*Haas unveiled a radically modified version of the VF23 at Austin, assembling the car on the spot. This was in effect the last car to convert to the sloping sidepods concept. The differences could be seen in the upper profile which abandoned the scooped version, visible from above, adopted from the start of the season and which in part mirrored the design of the SF23. The new version was characterised by the presence of large cooling grilles in the lower part of the engine cover to ensure thermal exchange, previously concentrated in the upper part of the sidepods and the bodywork over the gearbox area. The position of the radiators was unchanged despite the different sidepod shape.*

### Evoluzione fondo W14

Il fondo della W14 è stato modificato in più aree, non solo a livello del bordo laterale in corrispondenza della porzione terminale dei divergenti inferiori (evidenziati nel tondo), ma anche nella sua conformazione superiore.

### *W14: floor evolution*

*The floor of the W14 was modified in various areas, not only on the lateral edge in correspondence with the end part of the lower ducts (highlighted in the circle), but also in its upper configuration.*

### Vista laterale fondo e barge boards W14

Si nota come il profilo dei *barge board* anteriori sia sempre più simile a quelli della RB19. Interessante inoltre come, sia nella parte anteriore sia posteriore, il fondo sia caratterizzato da ampie gibbosità che di fatto celano inferiormente le discontinuità dei profili Venturi per contrastare l'insorgere del *porpoising*.

### *Side view W14 floor and barge boards*

*Note how the shape of the front barge boards was ever closer to those of the RB19. It is also interesting how, both front and rear, the floor was characterised by conspicuous humps that concealed the interruptions of the Venturi channels designed to prevent the onset of porpoising.*

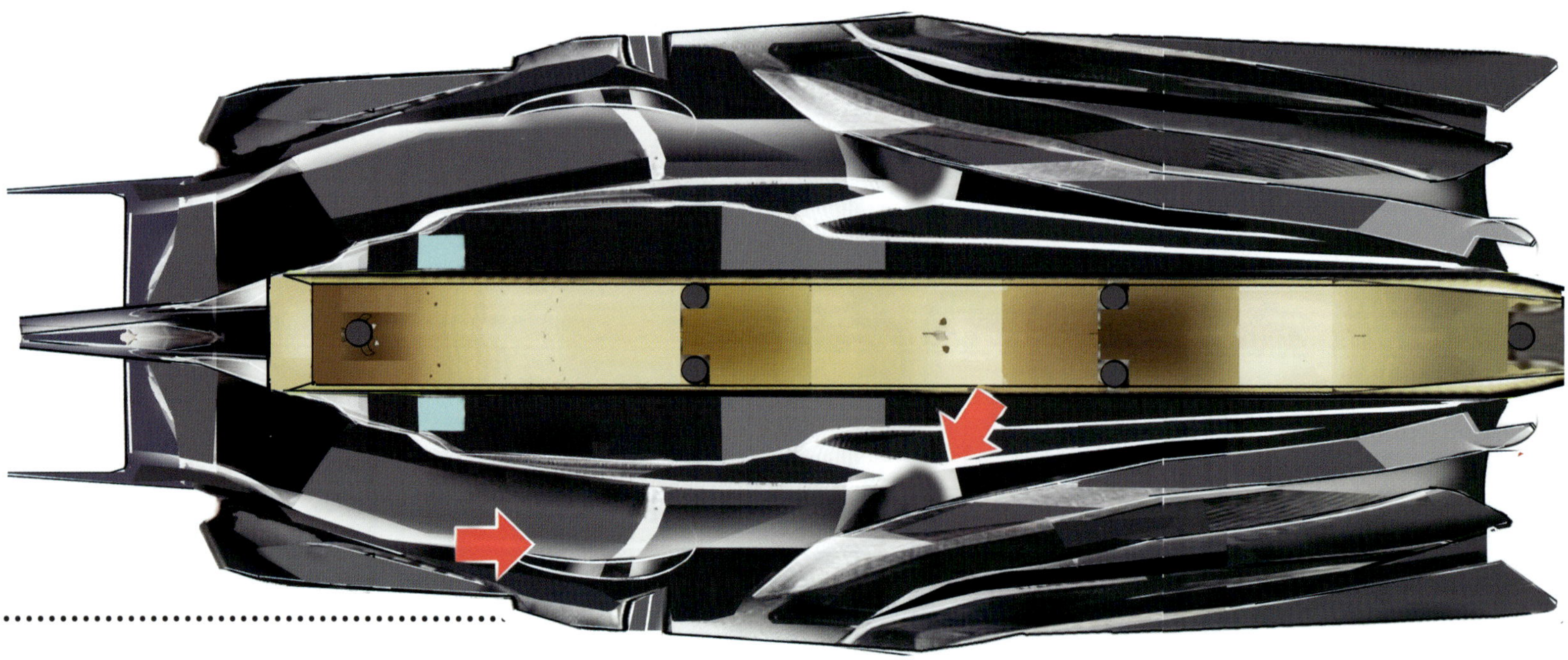

# GRAN PREMIO DE LA CIUDAD DE MÉXICO 2023

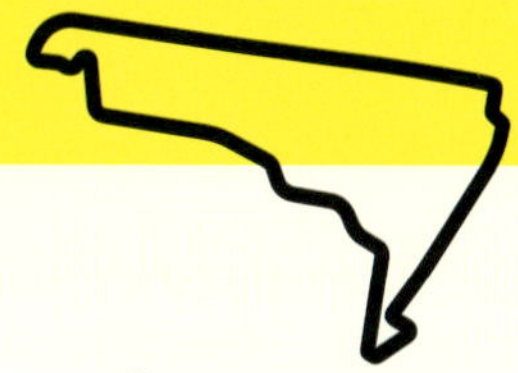

**MÉXICO CITY**
**AUTODROMO**
**HERMANOS RODRÍGUEZ**
**29** OTTOBRE OCTOBER

## Il grande problema resta sempre l'altitudine

Il tracciato di Città del Messico è caratterizzato da un'altitudine di 2.240 metri sul livello del mare, che implica un'elevata rarefazione dell'aria. La densità è di oltre il 30% inferiore rispetto a quella, ad esempio, di Monte Carlo o Singapore, tracciati con cui l'Hermanos Rodríguez condivide la stessa configurazione aerodinamica da alto carico che in Messico, però, produce solo il 65% della deportanza generata invece a Marina Bay o nel Principato. Ciò implica che le vetture generino valori di deportanza decisamente inferiori rispetto a tutte le configurazioni adottate su altre piste nel corso dell'intera stagione, inducendo, come più diretta conseguenza, una quantità di energia molto inferiore alla media sugli pneumatici. Ciò implica che l'aderenza sia una variabile più difficile da calcolare che su altre piste, dipendendo dalle condizioni di equilibrio delle vetture e di grip prevalentemente adesivo più che meccanico degli pneumatici. Queste sono solo alcune delle problematiche legate alla rarefazione, che tutti i team devono affrontare nel fine settimana messicano. Se, infatti, per i problemi citati la soluzione per tutti è stata quella di adottare una configurazione aerodinamica da massimo carico, come detto, paragonabile a quelle di Singapore e Monte Carlo, altre conseguenze negative, sempre legate alla rarefazione, hanno come previsto impattato fortemente sull'efficacia degli impianti di raffreddamento delle monoposto e, più in generale, sullo scambio termico non solo per le PU ma anche per tutti quegli elementi, tra cui i freni, soggetti a elevato stress termico. Tutti hanno dunque adottato come contromisure l'incremento degli sfoghi del calore per garantire il più possibile un adeguato scambio termico. Sulla Ferrari, ad esempio, pur essendo rimasto invariato il numero di feritoie nella parte inferiore del cofano motore, sono state incrementate come sezione favorendo una maggiore portata d'aria calda verso l'esterno. Analoghe soluzioni hanno caratterizzato la Haas, che di fatto ha aumentato verso la zona del cockpit il numero delle feritoie seguendo la stessa filosofia adottata dalla McLaren.

Rarefazione e temperature estremamente variabili nel corso della stessa sessione hanno ampiamente influenzato, tra l'altro, le qualifiche. Molte vetture, infatti, hanno evidenziato una drastica variazione di performance nei tre diversi stint, a causa soprattutto dell'adozione di gomme usate anziché nuove, quindi con ampie differenze tra un treno di pneumatici e un altro. In pratica è emerso, come fattore dominante a livello prestazionale, il grip adesivo delle gomme rispetto a quello indotto dall'assetto aerodinamico e sospensivo. Il grip prodotto da un penumatico Soft nuovo, certamente superiore a quello di una gomma soft usata, ha modificato in modo sostanziale il comportamento della vettura.

Non secondaria, inoltre, l'importanza avuta dalla modalità di utilizzo delle Power unit. Senza dubbio, quella della Ferrari in Q3 si è dimostrata la più performante, nonostante, come per tutti gli altri propulsori fosse stata adottata una modalità che tendeva a privilegiare l'erogazione della potenza elettrica a compensazione, seppur parziale, della perdita di potenza del motore endotermico, causata dall'altitudine. L'erogazione della potenza della PU Ferrari, l'efficienza nei lunghi rettilinei e il grip ottimale garantito in Q3 da due treni di soft nuove, hanno costituito un mix, per nulla scontato, che ha permesso alle SF-23 di occupare l'intera prima fila. Si è trattato, peraltro, delle stesse condizioni di cui ha goduto Daniel Ricciardo con l'Alpha Tauri. La sua vettura aveva un assetto dinamico diverso dal compagno di squadra Yuki Tsunoda, che gli ha garantito un'elevata precisione in entrata e uscita di curva dove le sbavature a livello di perdita di aderenza degli pneumatici sono state praticamente assenti, con una monoposto che si è mostrata perfettamente bilanciata in ogni settore del circuito. L'effetto della rarefazione non ha risparmiato elementi come i freni, la cui ventilazione, per quanto possibile, è stata oggetto di interventi da parte di tutte le squadre. Ha assunto dunque assoluta rilevanza, già in chiave 2024, che la Red Bull abbia provato in Messico, nel corso della FP1, dischi freno Brembo al posto dei soliti Carbone Industrie, anche alla luce delle problematiche, a livello di surriscaldamento del materiale, sofferte da Max Verstappen ad Austin dopo metà gara. Considerando dunque probanti e un fattore di reale criticità le condizioni di Città del Messico, il team di Milton Keynes, che già adotta le pinze della Casa bergamasca, ha ritenuto opportuno effettuare un test con i suoi dischi, identici per materiale e fori di ventilazione (1.050) a quelli montati dalla Ferrari SF-23.

## *Altitude continues to be the issue in Mexico*

*The Mexico City circuit is 2,240 metres above sea level, meaning that the air is very rarefied. The density is more than 30% lower than, for example, Monte Carlo or Singapore, circuits which share with the Hermanos Rodríguez the same high-load aerodynamic configuration that in Mexico, however, produces only 65% of the downforce generated instead at Marina Bay or in the Principality. This means that the cars generate much lower levels of downforce than on any of the other circuits used during the season, with the direct consequence that much less energy than usual is transferred to the tyres. This means that grip is a more difficult variable to calculate than on other circuits, as it depends on the balance of the cars and the prevalently adhesive rather than mechanical grip of the tyres. These are just some of the issues related to rarefaction that all the teams have to face during the Mexican weekend. In fact, due to the problems mentioned above, the they all chose to adopt a maximum load aerodynamic configuration, comparable to those of Singapore and Monaco. As expected, further negative consequences related to the rarefied air severely impacted the effectiveness of the cars' cooling systems and, more generally, on heat exchange not only for the power units but also for all those elements, including the brakes, subject to high thermal stress. All the cars therefore adopted as a countermeasure additional hot air vents to guarantee adequate heat exchange as much as possible. On the Ferrari, for example, although the number of vents in the lower part of the engine cover remained unchanged, their cross-section was increased to favour a greater flow of hot air towards the outside. Similar features characterised the Haas, which in fact increased the number of vents towards the cockpit area, adopting the same philosophy as McLaren.*

*The thin air and extremely variable temperatures over the course of the same session had a significant effect on qualifying. Many cars displayed a drastic variation in performance during the three different stints, mainly due to the use of worn rather than new tyres, which meant that there were significant differences between one set of rubber and another. In practical terms, the dominant factor affecting performance was the adhesive grip of the tyres compared to that induced by the aerodynamic and suspension set-up. The grip produced by a new Soft tyre, which is certainly superior to that of a used Soft tyre, substantially changed the handling of the car.*

*The way the Power Units were used was of by no means secondary importance. Without doubt, Ferrari's unit was the best performing in Q3, even though, as with all the other engines, a mode was adopted to prioritize the supply of electrical power to compensate, albeit partially, for the loss of power from the internal combustion engine caused by the altitude. The power output of the Ferrari PU, the car's aerodynamic efficiency on long straights and the optimal grip guaranteed in Q3 by two sets of new Soft tyres, added up to a combination that was hardly a foregone conclusion but which permitted the SF-23 to lock out the entire front row. These were, moreover, the same -conditions enjoyed by Daniel Ricciardo with the Alpha Tauri. His car had a different dynamic set-up from that of his teammate Yuki Tsunoda, which allowed him to enter and exit corners with great precision and practically no loss of tyre grip, with the car perfectly balanced in every sector of the circuit. The effect of the rarefaction did not spare elements such as the brakes, the cooling of which, as far as possible, was the subject of modifications by all the teams. It was therefore extremely significant, with a view to 2024, that Red Bull tested Brembo brake discs in Mexico during FP1 instead of the usual Carbone Industrie components, also in light of the overheating problems suffered by Verstappen in Austin after the mid-way point in the race. Given that the conditions in Mexico City were clearly a critical factor, the Milton Keynes team, which already uses the calipers of the Bergamo-based manufacturer, decided to carry out a test with its discs, identical in terms of material and ventilation holes (1,050) to those fitted to the Ferrari SF-23.*

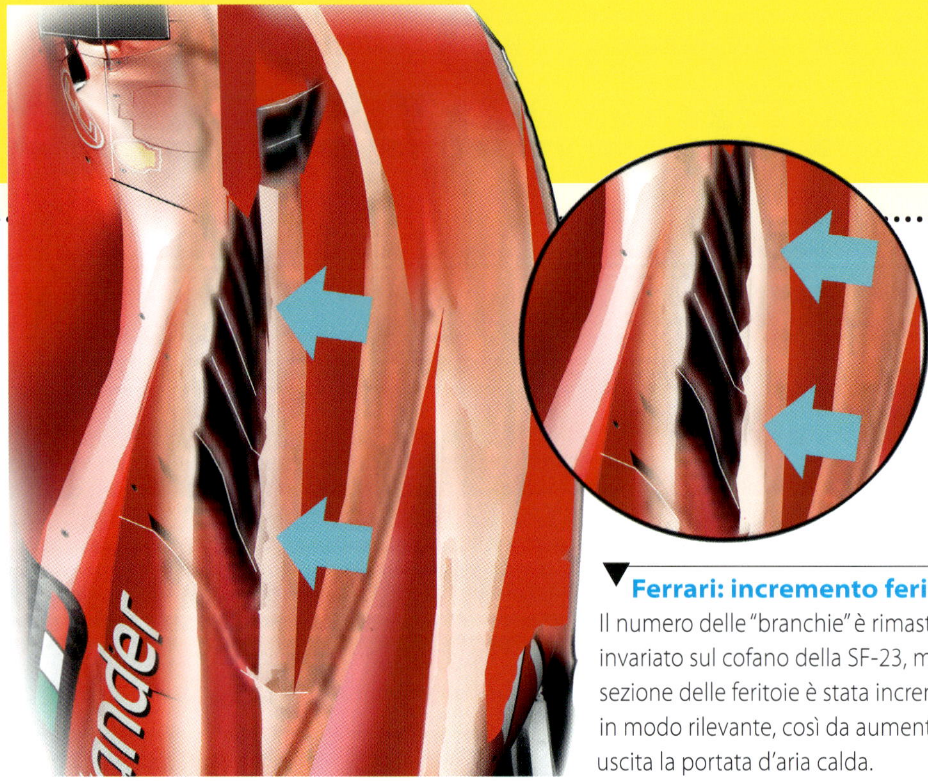

**Ferrari: incremento feritoie**
Il numero delle "branchie" è rimasto invariato sul cofano della SF-23, ma la sezione delle feritoie è stata incrementata in modo rilevante, così da aumentarne in uscita la portata d'aria calda.

***Ferrari: augmented vents***
*The number of "gills" on the SF-23 engine cover was unchanged, but the section of the vents was significantly enlarged so as to increase the outflow of hot air.*

### Haas: più sfoghi rispetto a Austin

Il team americano ha incrementato il numero delle feritoie verticali aggiungendone alcune ai lati del cockpit a quelle introdotte ad Austin. Stessa filosofia seguita dalla McLaren dove sono comparse tre feritoie aggiuntive davanti a quelle standard (vedi tondo).

### *Haas: more vents than in Austin*

*The American team increase the number of vertical vents, adding some either side of the cockpit to those introduced in Austin. The same philosophy was adopted by McLaren which introduced three additional vents ahead of the standard one (see circle).*

### Attenzione alle temperature sulla RB19: testati i dischi Brembo

Anche Red Bull ha posto particolare attenzione allo smaltimento del calore. Non solo dotando la RB19 di feritoie aggiuntive alla base del cofano motore, ma anche testando i dischi freno Brembo al posto dei consueti Carbone Industrie, per verificarne l'efficacia nelle condizioni di rarefazione elevata di Città del Messico.

### *Attention to temperature on the RB19: Brembo discs tested*

*Red Bull also paid particular attention to heat dispersal. Not only was the RB19 equipped with additional vents at the base of the engine cover, but Brembo brake discs were also tested in place of the usual Carbone Industrie components to verify their efficiency in the high altitude conditions of Mexico City.*

# ROLEX GRANDE PRÊMIO DE SÃO PAULO 2023

**SÃO PAULO**
**AUTÓDROMO**
**JOSÉ CARLOS PACE**
**5** NOVEMBRE *NOVEMBER*

## Già si guarda alla stagione 2024

Arrivati a questo punto della stagione, le novità tecniche sulle vetture sono praticamente assenti.

La dimostrazione si è avuta in Brasile dove nove team su dieci non hanno minimamente modificato le monoposto. L'orizzonte tecnico, infatti, si è già spostato sul 2024. L'uscita dalla Mercedes di Mike Elliott, che nel corso della stagione aveva lasciato la propria posizione di direttore tecnico a favore di James Allison, riappropriatosi di questo ruolo dopo due anni in cui la responsabilità tecnica del team di Brackey era stata appunto trasferita a Elliott, non può non essere vista come l'esito finale (peraltro prevedibile) del fallimento del progetto W13 lo scorso anno e del mantenimento dello stesso concetto aerodinamico per la vettura di quest'anno, la W14. Con il ritorno di Allison nel ruolo di Technical Director, Toto Wolff, ha inteso, a tutti gli effetti, creare una netta discontinuità in termini di conduzione tecnica del team, ma soprattutto poter gettare le basi sia dello sviluppo della W15, discostandosi dal concetto precedente, senza condizionamenti "culturali" legati allo staff che aveva progettato le ultime due monoposto. Questo, principalmente in ottica 2024, partendo dalla convinzione che per quanto fosse possibile reindirizzare l'attuale progetto, fosse corretto farlo solo per una più profonda comprensione delle problematiche collegate al concetto originale di questa vettura, per prenderne le distanze in modo radicale nel 2024. Non si è trattato di un riposizionamento delle responsabilità tecniche di vertice; infatti, sebbene dietro le quinte e senza alcun clamore, tutto lo staff che aveva progettato la W13 sotto la diretta supervisione di Elliott, condividendo la filosofia e, soprattutto, considerando valida la decisione di procedere in continuità con la W14, di fatto non ha poi avuto un ruolo cruciale negli sviluppi che si sono susseguiti nel corso del 2023 sulla vettura.

In sostanza, la ricetta di Wolff, a fronte delle difficoltà evidenti della W14 a inizio stagione, si è basata sulla volontà di creare discontinuità anche a livello di gruppo di lavoro nello staff tecnico. Non ci sono state altre uscite eccellenti, beninteso, ma una riassegnazione di ruoli e compiti anche tra le fasce intermedie dei tecnici. Si è dunque assistito a una sorta di "rivoluzione silenziosa", ma profonda, soprattutto basata su un programma scandito sul piano temporale in modo molto preciso, considerando il tempo, appunto, come la risorsa più importante per centrare l'obiettivo di una rinascita prestazionale ai massimi livelli, già nel 2024.

I risultati ottenuti in pista dalla W14, dopo l'introduzione di ampi pacchetti di modifiche, l'ultimo relativo a un nuovo fondo introdotto ad Austin, sono stati decisamente incoraggianti nonostante non abbiano a tutti gli effetti annullato le prerogative di base, negative, soprattutto a livello di efficienza aerodinamica che la W14 ha mostrato nella prima parte della stagione. Ciò nonostante, il team è parso maggiormente centrato sugli obiettivi, anche in termini di precisione di esecuzione delle gare, tranne a Singapore, per quanto riguarda le strategie. In sostanza, nonostante i limiti della monoposto non siano stati annullati, si è avuta, soprattutto dopo la pausa estiva, l'impressione che lo staff diretto da Allison sapesse quale direzione intraprendere, sia per estrarre nell'immediato, un maggiore potenziale dalla W14, sia per gettare le basi per il 2024.

## *Looking ahead to 2024*

*Having reached this point in a season, the technical novelties on the cars are very few and far between. The proof came in Brazil, where nine teams out of ten made no modifications to their cars.*

*The technical horizon had, in fact, already shifted to 2024. Mike Elliott's departure from Mercedes, leaving his position as technical director to James Allison, who reprised the role after two years in which the Brackley team had been led by Elliott, can only be seen as the final (and predictable) outcome of the failure of the previous year's W13 project and the maintenance of the same aerodynamic for the current season's car, the W14. With Allison's return to the position of technical director, Toto Wolff was to all intents and purposes creating a clean break in terms of the team's technical leadership and, above all, laying the foundations for the development of the W14, distancing himself from the previous concept, with no "cultural" conditioning associated with the staff who had designed the last two cars. All this was principally with a view to 2024, based on the conviction that to the extent that it was possible to redefine the current project, it was only right to do so to gain a deeper understanding of the problems associated with the original concept of the car and take a radically different approach in 2024. There was no major reassignment of the team's technical leadership, but behind the scenes and with no fuss, none of the team members who had worked on the design of the W13 under Elliot's direct supervision, sharing his philosophy and above all accepting the decision to proceed in continuity with the W14, played a significant role in the sequential developments introduced to the car in 2023.*

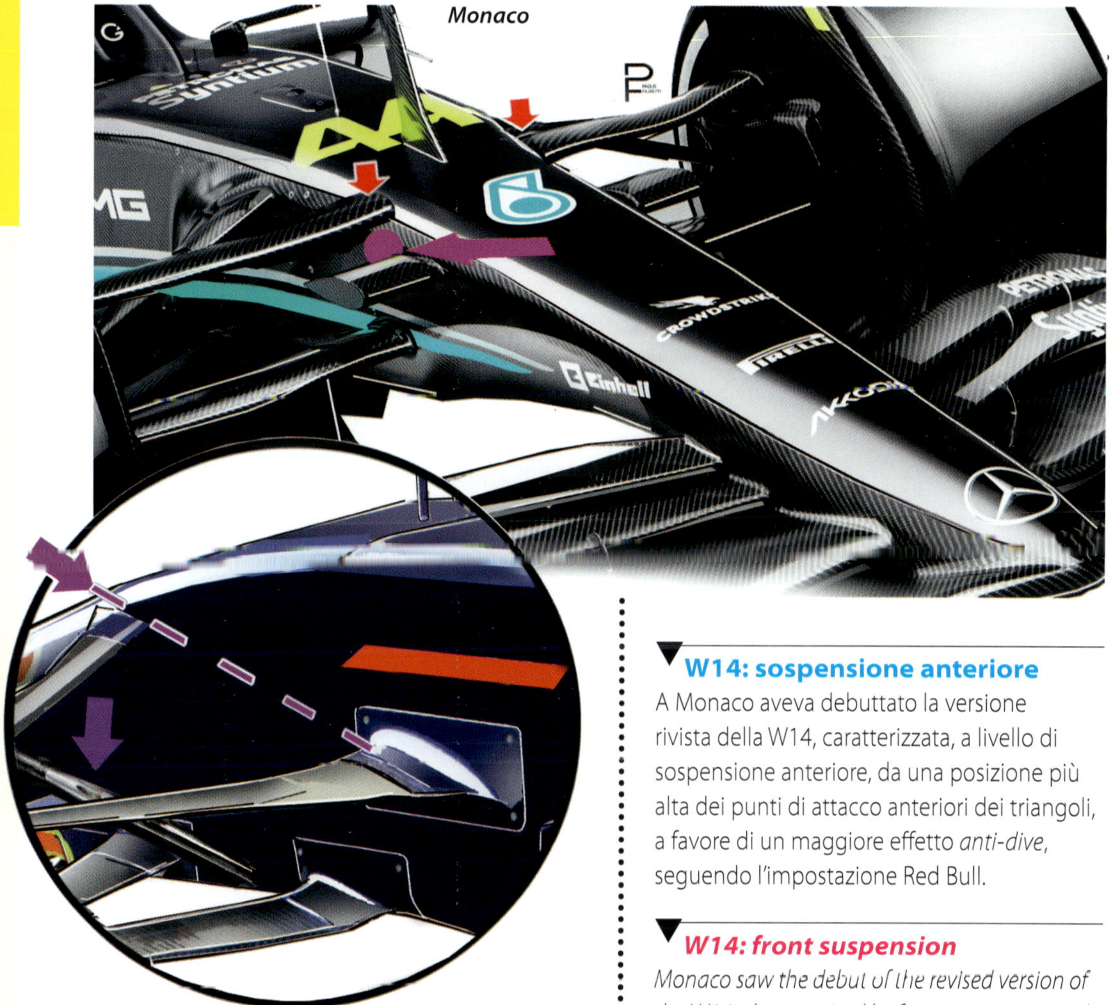


*Essentially, in the face of the clear issues afflicting the W14 early in the season, Wolff's recipe was based on a desire to create a clean break in terms of the working group within the technical staff too. There were no other significant departures, it has to be said, but rather a redesignation of roles and duties among the intermediate level engineers. There was therefore a kind of "silent" but far-reaching revolution, based above all on a programme with a very precise timescale, with time in fact being considered the most precious resource if the objective of a return to the highest level of performance as early as 2024.*
*The results obtained by the W14 on track following the introduction of extensive development packages, the last relating to the new floor seen at Austin, were very encouraging even though they never wholly overcame the underlying negative prerogatives, above all in terms of aerodynamic efficiency displayed by the car at the start of the season. Nonetheless, the team appeared to be better focused and better prepared in terms of race management and strategy, with the exception of the Grand Prix in Singapore. In short, even though the problems with the car had not been completely resolved, we had the impression, especially after the summer break, that the staff led by Allison knew the path to be followed to unlock in the short term the potential of the W14 and to lay the foundations for the 2024 season.*

**W14: sospensione anteriore**

A Monaco aveva debuttato la versione rivista della W14, caratterizzata, a livello di sospensione anteriore, da una posizione più alta dei punti di attacco anteriori dei triangoli, a favore di un maggiore effetto *anti-dive*, seguendo l'impostazione Red Bull.

***W14: front suspension***

*Monaco saw the debut of the revised version of the W14, characterised by front suspension with higher wishbone mounting points that provided a greater anti-dive effect, along the lines of the Red Bull configuration.*

**SF-23: evoluzione fondo**

In Austria si è visto uno dei vari sviluppi al fondo, con una diversa conformazione dei convogliatori inferiori di stampo Red Bull.

***SF-23: floor evolution***

*Austria saw one of the various floor developments, with a different configuration for the Red Bull-style lower diverters.*

### W14: modified sidepods Monaco/ comparison with first version

*The new sidepods with a sloping profile debuted in the principality, marking the abandonment of the "zero pod" concept seen at the start of the season.*

### W14: fiancate modificate Monaco/ confronto con la prima versione

Nel principato hanno debuttato le nuove fiancate con profilo spiovente, che hanno abbandonato il concetto "zero pod" di inizio stagione.

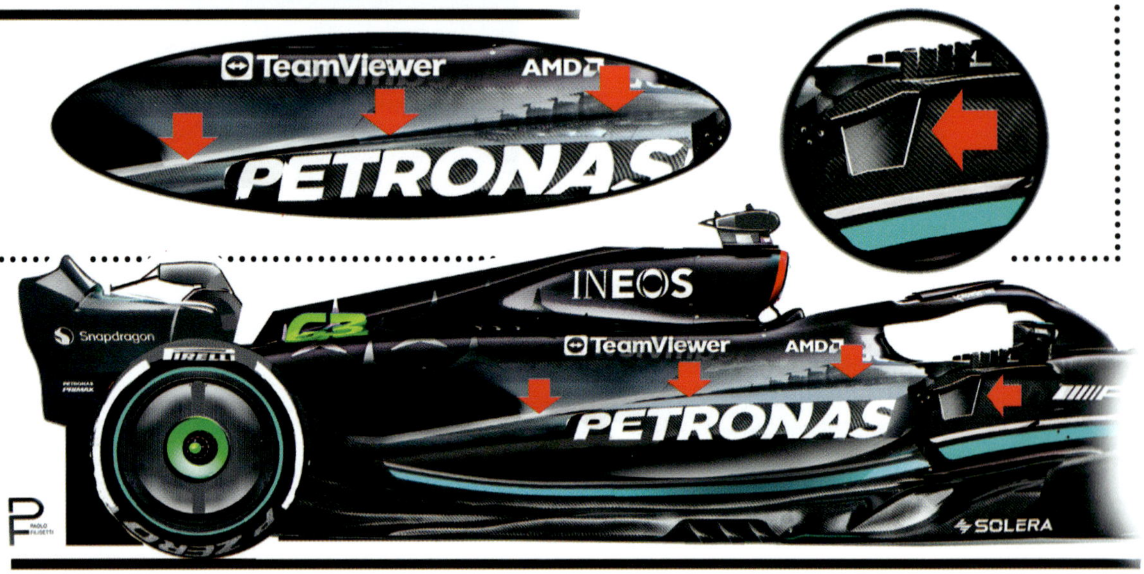

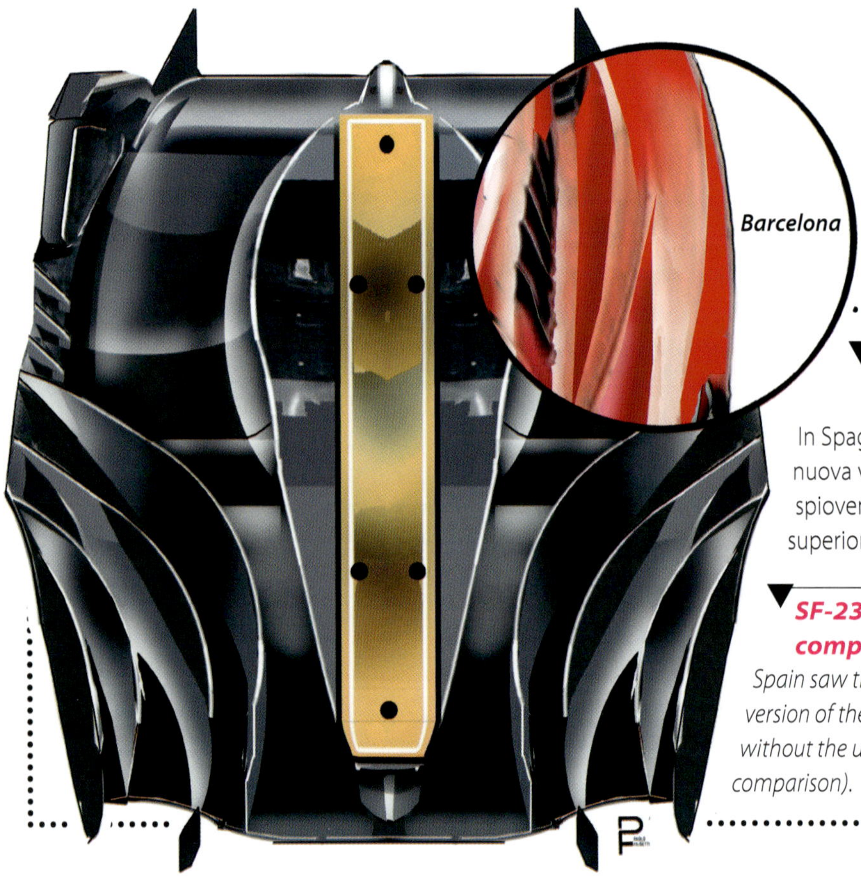


### SF-23: confronto profili fiancate

In Spagna ha debuttato la nuova versione di fiancate spioventi, prive della "vasca" superiore (vedi confronto).

### SF-23: sidepod profile comparison

*Spain saw the debut of the new version of the sloping sidepods, without the upper "bowl" (see comparison).*

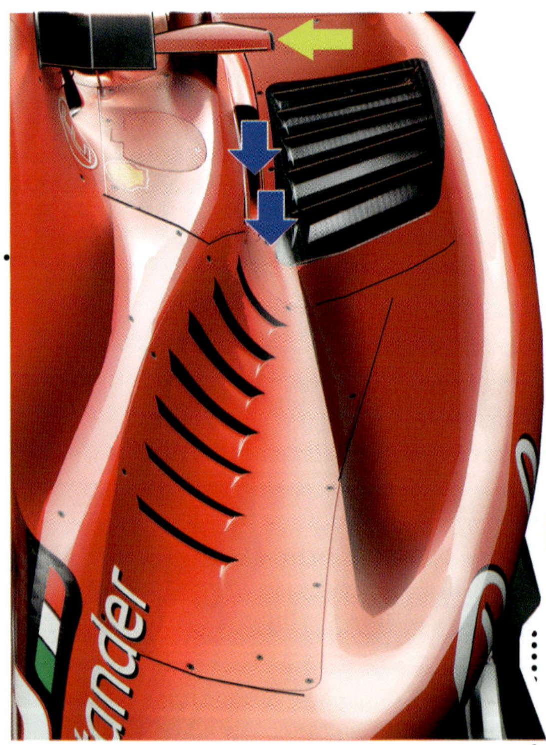

# HEINEKEN SILVER LAS VEGAS GRAND PRIX 2023

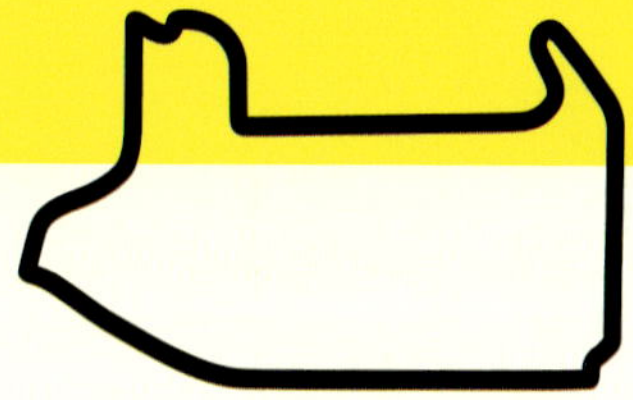

**LAS VEGAS**
**LAS VEGAS STRIP CIRCUIT**
**19** MOVEMBRE NOVEMBER

## Al debutto a Las Vegas in notturna

Il primo Gran Premio di Las Vegas ha costituito a tutti gli effetti una forte incognita, per il layout provato dai piloti solo al simulatore, ma anche perché, considerata la data di svolgimento – la terza settimana di novembre – e il format che prevedeva lo svolgimento di tutte le sessioni in notturna con le qualifiche e la gara programmate rispettivamente a partire dalla mezzanotte e dalle ventidue locali, le temperature ambientali rappresentavano, almeno sulla carta, una sfida non facile per centrare le corrette finestre di utilizzo degli pneumatici. Il grip si è rivelato su questa pista quanto mai ridotto, mentre il *graining* (formazione di riccioli sul battistrada) è stato un fenomeno decisamente amplificato, che ha determinato un rendimento discontinuo delle coperture soprattutto nel caso della mescola più dura. Nell'equazione prestazionale, i team hanno sicuramente inserito questi parametri condizionanti nelle simulazioni, accanto ai valori di incidenza e carico garantiti dalle ali, scelte da tutti nella loro configurazione meno penalizzante a livello di drag. Questo perché il layout del tracciato include di fatto tre rettilinei di cui uno di circa due chilometri. In sostanza, Las Vegas va considerata una pista con forti punti di contatto con Baku, da cui si differenzia per la pressoché totale assenza di una sezione lenta. A livello di assetto dinamico e aerodinamico, i team hanno approcciato il nuovo tracciato con una *baseline* che prevedeva, soprattutto in alcuni casi, l'adozione di altezze da terra ridotte – tendenza questa poi generalizzata da tutti i team – rese possibili anche dalla sostanziale assenza di sconnessioni di rilievo sul tracciato.

La Ferrari, nello specifico, ha adottato un setup quasi sovrapponibile a quello di Monza. Infatti, non solo, come già detto, le altezze da terra erano praticamente identiche a quelle che si sono viste sul tracciato brianzolo, ma anche le ali erano tali, con particolare accento a quella posteriore, che era nella specifica del Gran Premio d'Italia. Una scelta, dunque, volta a massimizzare l'efficienza della SF-23 nei lunghi rettilinei. Questa configurazione aveva già mostrato un valido potenziale anche al simulatore, confermato poi nei fatti sin dalla brevissima prima sessione di prove libere. Per contro, soprattutto sul giro singolo, la Red Bull è parsa meno a proprio agio con il layout veloce della pista, dovendo adottare ali scariche che, nel caso di quella posteriore, come conseguenza, ha ridotto l'ormai nota efficacia superiore del DRS della RB19. Sulla griglia di partenza è stato interessante notare, sulla vettura di Max Verstappen, l'aggiunta di un nolder sul bordo di uscita che era stato "trimmato" riducendone la sezione frontale. L'aggiunta di questo nolder ha avuto come obiettivo non solo quello di incrementare l'energia indotta sugli pneumatici ma anche di determinare un lieve incremento dell'efficacia del DRS quando aperto.

In crisi la Mercedes che in qualifica si era difesa solo con George Russell, terzo sullo schieramento per la penalizzazione di dieci posizioni subita da Carlos Sainz, per la sostituzione dell'Energy Storage. Entrambe le W14, a livello di fondo, adottavano il pacchetto aerodinamico introdotto ad Austin, nonostante quello sviluppo, a tutti gli effetti, non avesse mai del tutto convinto i tecnici di Brackley, peraltro ormai concentrati sulla progettazione di dettaglio della W15. Analizzando le prestazioni della W14 è stato da subito evidente come le caratteristiche peculiari di questa monoposto, a livello di scarsa efficienza in rettilineo, fossero il fattore più penalizzante nell'ottica di ottenere a Las Vegas un risultato che consentisse al team di incrementare il proprio vantaggio sulla Ferrari nel Mondiale Costruttori.

## *Las Vegas at night for the first time*

*The first Las Vegas Grand Prix was in all respects a great unknown, not simply because the drivers had only experienced the track layout on the simulator, but also because, considering the timing of the event – in the third week of November – and the format that involved all sessions taking place at night, with qualifying and the race scheduled to start at midnight and 10 p.m. local time respectively, the ambient temperatures represented, at least on paper, a difficult challenge if correct tyre usage windows were to be hit. Grip on this track proved to be very low, while graining (the formation of curls on the tread) was a significantly amplified issue that led to uneven tyre performance, especially in the case of the harder compound. In the performance equation, the teams would without doubt have included included these variables in their simulations, together with the incidence and downforce values guaranteed by the wings, with every team opting for the lowest drag configuration. This was because the layout of the track actually includes three straights, one of which is roughly two kilometres long. Essentially, Las Vegas can be considered a track with strong similarities to Baku, with respect to which it differs in the almost total the dynamic and aerodynamic set-up, the teams approached the new track with a baseline that entailed, in certain cases especially, the adoption of a lower ride height, a trend that was later taken up by all the teams and was facilitated by the substantial absence of significant bumps on the track surface.*

*Ferrari adopted a setup that was almost identical to the one used at Monza. As already mentioned, not only were the ride heights were practically identical*

to those seen on the Brianza track, but the wings were also the same, with particular emphasis on the rear profile, which mirrored the Italian GP specifications. This configuration aimed at maximising the aerodynamic efficiency of the SF23 on the long straights and had already shown good potential on the simulator. This was confirmed on the track from the very first free practice session. In contrast, especially on single laps, the Red Bull seemed less comfortable with the fast track layout, having to adopt flat wings which, in the case of the rear wing, consequently reduced the now well-known superiority of the RB19's DRS. On the starting grid it was interesting to note that on Verstappen's car a Gurney flap had been added to the trailing edge which had been trimmed by reducing its frontal section. The addition of this flap was designed not only to increase the energy transmitted to the tyres but, as a consequence, to determine a slight increase in the effectiveness of the DRS when open.
*Mercedes were in crisis with only Russell performing well in qualifying, ending up third on the grid thanks to the ten-position penalty inflicted on Sainz for the replacement of the Energy Storage. Both W14s adopted the aerodynamic package affecting the floor introduced at Austin, despite the fact that this development had never fully convinced the Brackley engineers, who were now concentrating on the detail design of the W15. Analysing the performance of the W14 it was immediately evident that the specific characteristics of this car, in terms of its low efficiency on the straight were the most penalising factors in terms of achieving a result in Las Vegas that would allow the team to increase its advantage over Ferrari in the Constructors' World Championship.*

**Ferrari SF-23: riproposta la configurazione di Monza**

La Ferrari ha adottato a Las Vegas una configurazione aerodinamica particolarmente scarica, caratterizzata dalle stesse ali utilizzate a Monza. Interessante notare come anche l'assetto dinamico ricalcasse quello visto sul tracciato brianzolo e mantenuto anche a Singapore, ovvero con altezze da terra minime per incrementare il carico prodotto dal fondo della vettura.

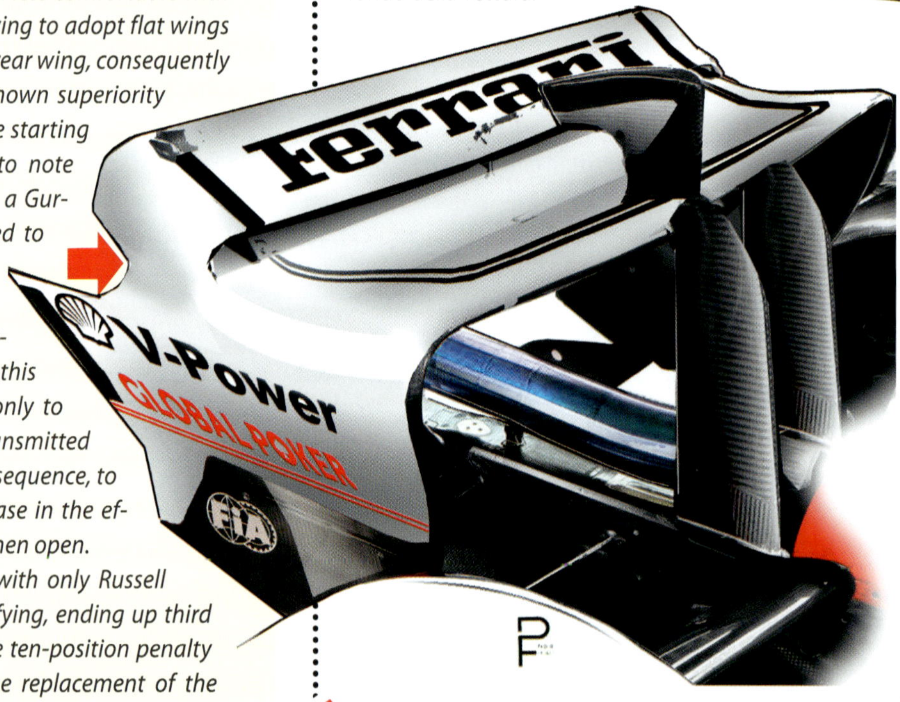


**Ferrari SF-23: reprising the Monza configuration**

*In Las Vegas, Ferrari adopted a particularly low downforce aerodynamic configuration characterised by the same wings used at Monza. It was interesting to note how the dynamic set-up also reprised the one seen at the Brianza circuit and was also retained in Singapore, with minimal ride heights to increase the downforce generated by the car's floor.*

### Red Bull RB19: ala posteriore “trimmata”

Anche Red Bull per incrementare l’efficienza in rettilineo della RB19 ha adottato una configurazione da basso carico, addirittura “trimmando”, ovvero riducendo la corda del flap, mediante un taglio per la sua intera larghezza. Interessante l’aggiunta di un nolder lungo il bordo di uscita, effettuata sullo schieramento, sulla vettura di Verstappen, per incrementare l’energia indotta sugli pneumatici.

### *Red Bull RB19: trimmed rear wing*

*In order to increase the straight-line efficiency of the RB19 Red Bull also adopted a low downforce configuration, actually “trimming” or reducing the chord of the flap with a full width cut. The addition on the starting grid of a Gurney flap along the trailing edge on Verstappen’s car was interesting and was designed to increase the energy transmitted to the tyres.*

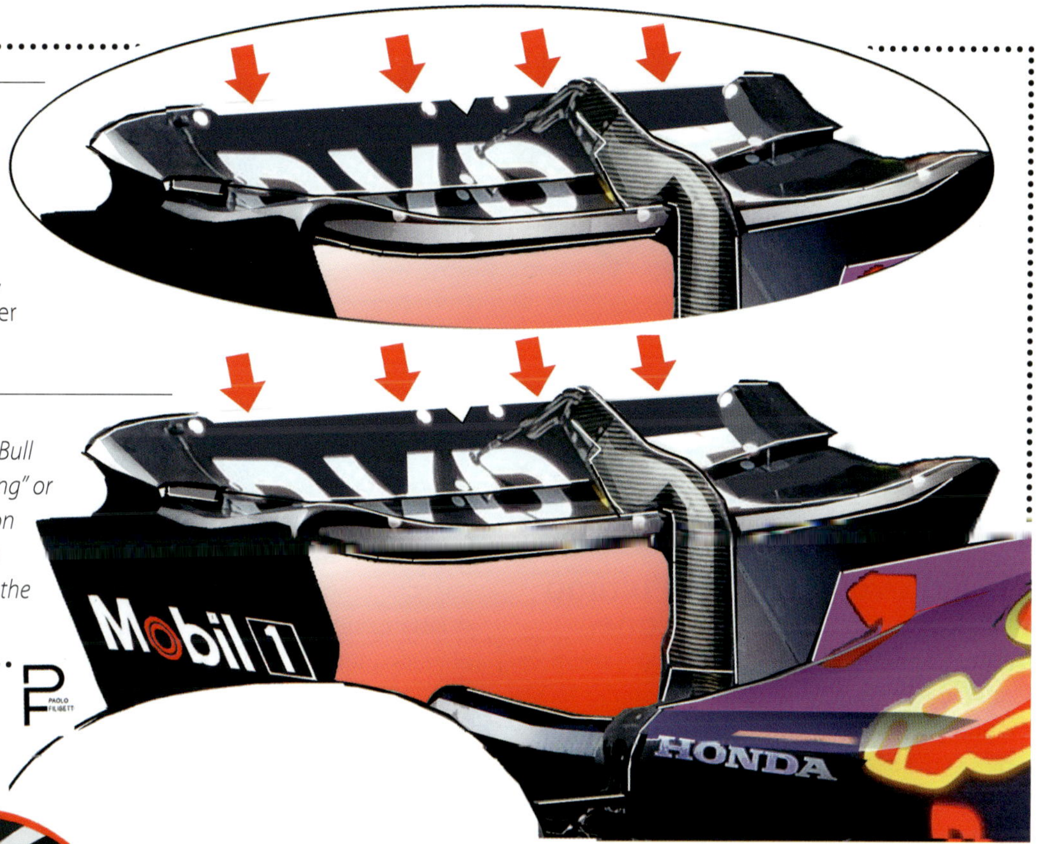

### Mercedes W14: riproposto il fondo introdotto ad Austin

La W14 ha proseguito nell’adozione, seppur non particolarmente fruttuosa, dell’ultimo pacchetto evolutivo introdotto ad Austin. Ciò nonostante la W14 ha mostrato inequivocabilmente sul veloce layout di Las Vegas, come la sua scarsa efficienza in rettilineo rappresentasse il fattore che maggiormente ha condizionato le prestazioni della monoposto su questa pista.

### *Mercedes W14: reprising the floor introduced at Austin*

*The W14 retained the evolution package introduced at Austin even though it not been particularly effective. Nonetheless, the W14 demonstrated on the fast Las Vegas track how its lack of straight-line aerodynamic efficiency represented the factor that most affected the car’s performance on this circuit.*

# ETIHAD AIRWAYS ABU DHABI GRAND PRIX 2023

**ABU DHABI**
**YAS MARINA CIRCUIT**
**26** NOVEMBRE *NOVEMBER*

## Ancora evoluzioni per l'ultimo gran premio della stagione

Il Gran Premio di Abu Dhabi, ultima gara in calendario, non ha offerto particolari spunti tecnici proprio trattandosi dell'atto finale di una stagione lunghissima che, a livello sportivo, aveva già detto tutto tranne che per la lotta per la seconda posizione fra i Costruttori, rimasta aperta tra Mercedes e Ferrari. Ciò nonostante, come sempre, l'ultimo gran premio riveste, sotto il profilo tecnico, un'importanza rivolta più al futuro che al presente, costituendo una sorta di ideale trampolino per la stagione successiva. Ha dunque stupito non poco vedere che in occasione di questa gara conclusiva, alcuni team abbiano introdotto l'ultimo pacchetto evolutivo delle loro monoposto, con quello più rilevante costituito da un nuovo fondo per la Alpha Tauri AT04. La monoposto del team di Faenza è stata sin dall'inizio della stagione caratterizzata da una scarsa competitività frutto di un concetto aerodinamico fondamentalmente sbagliato, che il team ha potuto solo in parte correggere nel finale dell'anno. Si spiega dunque così l'introduzione di questo sviluppo, atto a migliorare l'equilibrio ma soprattutto a incrementare il carico generato dal fondo e la stabilità del centro di pressione sotto la vettura. Schierare in questo momento una modifica di tale portata indica che i tecnici hanno considerato indispensabile una valutazione oggettiva dello sviluppo per poter procedere su questa strada, con maggiori certezze, nella fase di definizione del concetto aerodinamico della vettura 2024. Una scelta cruciale per non ritrovarsi di nuovo con una monoposto, figlia di evoluzioni tecniche, sia a livello aerodinamico sia di strumenti, che si sono resi man mano disponibili nel corso della stagione, ma che hanno di fatto impedito uno sviluppo della AT04 che le garantisse di lottare stabilmente a centro gruppo. L'evoluzione al fondo introdotta ad Abu Dhabi segue i dettami tecnici che la Red Bull ha nei fatti imposto a tutti i rivali, a quelli che, almeno sulla carta, avessero velleità di performance sulla scia di quelle della dominatrice RB19. Nuovi, infatti, sia i deviatori di flusso più esterni, decisamente più avanzati e di sezione maggiore rispetto alla versione originaria. Novità anche per quanto riguarda i convogliatori sotto il fondo, che delimitano i canali Venturi. In pratica, ricordano, come conformazione, quelli introdotti a Suzuka dalla Ferrari. I nuovi convogliatori, infatti, sono fortemente ispirati a quelli della RB19, caratterizzati da una loro estensione verso l'anteriore e un bordo di ingresso arrotondato. Vale la pena sottolineare anche la presenza estremamente pronunciata di un'ampia sezione di espansione del flusso d'aria nella parte anteriore dei canali Venturi, caratteristica già presente sulla RB18 e fortemente affinata sulla RB19 nel corso del 2023. Si tratta di un elemento che ha permesso di ottenere sulla vettura un preciso e difficilmente replicabile equilibrio aerodinamico che, nei fatti, l'ha resa del tutto insensibile al *porpoising*, consentendo ai tecnici del team di adottare un assetto dinamico caratterizzato da altezze da terra minime.

Se Alpha Tauri ha materialmente introdotto un ampio pacchetto, così come l'Alfa Romeo che ha adottato un'inedita ala anteriore, è altrettanto corretto ribadire come quasi tutti i team abbiano fatto esperimenti per valutare la qualità del flusso attraverso la misurazione delle pressioni in vari punti, grazie all'adozione di ampi rastrelli strumentati. L'analisi dei dati ha permesso di ottenere mappe tridimensionali sulla qualità del flusso d'aria localizzato in varie aree della monoposto, in modo da valutarne lo sfruttamento a livello di punti di carico e la loro distribuzione.

## *Further evolutions for the last Grand Prix of the season*

*The Abu Dhabi Grand Prix, the last race of the 2023 season, had no particular technical insights to offer, as it was the final act of a very long season. On a sporting level, everything there was to be said had already been said except for the fight for second place in the Constructors's Championship, which remained open between Mercedes and Ferrari. Nevertheless, as always, from a technical point of view, the final Grand Prix is more important for the future than for the present, as represents an ideal springboard for the season to come. It was therefore surprising to see that for this last race several teams introduced new evolutionary packages for their single-seaters, the most significant being a new floor for the Alpha Tauri AT04. The Faenza team's car had been characterised by a lack of competitiveness since the beginning of the season due to a fundamentally flawed aerodynamic concept, which the team was only partially able to correct late in the year. This explains the introduction of this development, aimed at improving balance but above all at increasing the downforce generated by the floor and the stability of the centre of pressure under the car. Deploying a modification of this magnitude at this moment in time indicated that the engineers considered an objective evaluation of the development to be indispensable in order to proceed in this direction, with greater confidence, when defining*

*the aerodynamic concept of the 2024 car. This was a crucial decision to avoid finding themselves once again with a car that was the result of technical evolutions, both in terms of aerodynamics and instruments that became available during the course of the season, but which in fact prevented the development of the AT04 that would have allowed it to compete consistently in the middle of the group. The evolution of the floor introduced in Abu Dhabi reflected the technical dictates that Red Bull had effectively imposed on all its rivals, including those who, at least on paper, had ambitions to perform to the same level as the dominant RB19. In fact, the outermost flow diverters were new, decidedly more advanced and with a greater section than the original version. There were also new features concerning the underfloor ducts that delimit the Venturi channels. In practice, they resembled those introduced by Ferrari at Suzuka. The new ducts were strongly inspired by those of the RB19, characterised by their extension towards the front and a rounded inlet edge. It is also worth noting the extremely pronounced presence of a broad airflow expansion section at the front of the Venturi channels, a feature already present on the RB18 and significantly refined on the RB19 during 2023. This element permitted the car to achieve a precise and difficult-to-replicate aerodynamic balance that made it completely insensitive to porpoising, allowing the team's engineers to adopt a dynamic set-up characterised by minimal ride heights.*
*While Alpha Tauri introduced a major package, as did Alfa Romeo with their new front wing, it is equally true to say that almost all the teams conducted experiments to evaluate the quality of the air flow by measuring the pressure at various points, using extensive instrumental rakes. The data analysis permitted three-dimensional maps of the quality of the air flow localised in various areas of the single-seater to be obtained, useful in evaluating its exploitation in terms of loading points and their distribution.*

### Alpha Tauri AT04: nuovo fondo

**Abu Dhabi**

A Yas Marina ha debuttato un ampio pacchetto aerodinamico, caratterizzato nella sua parte più rilevante da una versione inedita del fondo della AT04. Ora è caratterizzato da *barge boards* estesi verso l'anteriore, squadrati, di sezione trapezoidale. Nuovi anche i convogliatori sotto i canali Venturi, prolungati anteriormente rispetto al bordo di attacco del fondo. Sono di chiara ispirazione Red Bull così come l'ampia e quadrata sezione a espansione inferiore (vedi tondo).
Nel corso della stagione non sono state molte le evoluzioni della AT04 degne di nota a eccezione dell'ala posteriore con attacco verticale tra flap e *endplate*, introdotta a Budapest.

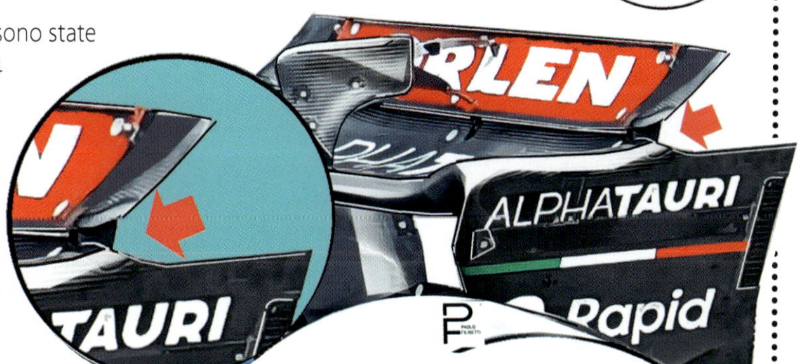


**attacco flap**
**flap mount**

### *Alpha Tauri AT04: new floor*

*Yas Marina saw the debut of an extensive aerodynamic package, characterised in its most significant part by a new version of the AT04's floor. It was now characterised by square-cut barge boards with a trapezoidal section extending towards the front. The ducts below the Venturi channels were also new, extended forwards with respect to the leading edge of the floor. They were clearly inspired by Red Bull, as was the large quadrangular lower expansion section (see circle).*
*During the course of the season there had not been many evolutions of the AT04 worthy of note, with the exception of the rear wing with a vertical mount between the flap and endplate, introduced at Budapest.*

### Ferrari SF-23: fondo Suzuka

L'evoluzione introdotta ad Abu Dhabi sulla AT04 ricorda in parte, in relazione agli stessi elementi, quella portata a Suzuka dalla Ferrari, caratterizzata da convogliatori e *barge boards* molto simili a quelli della Red Bull RB19.

### *Ferrari SF-23: Suzuka floor*

*The evolution introduced on the AT04 at Abu Dhabi recalled in part the one brought to Suzuka by Ferrari, characterised by turning vanes and barge boards very similar to those of the Red Bull RB19.*

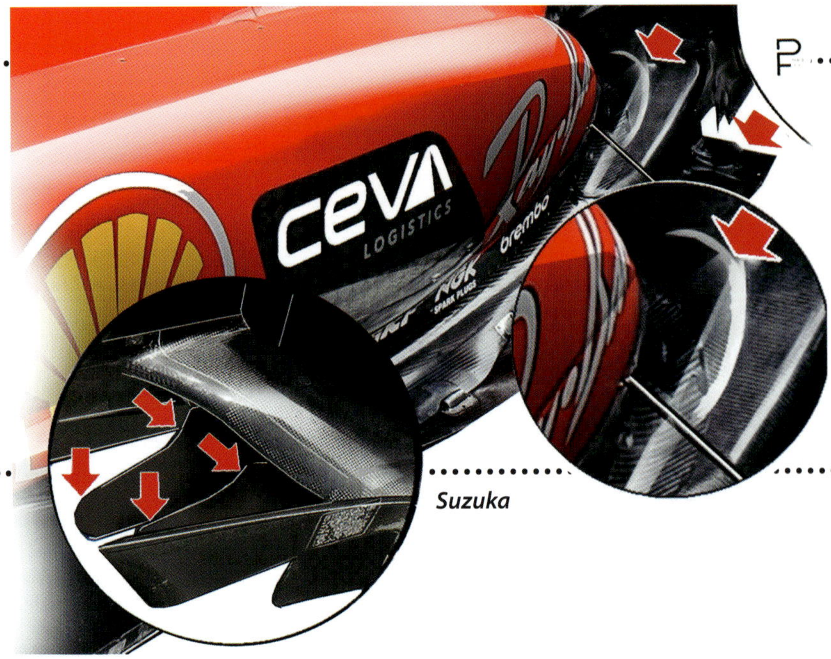

Suzuka

### Haas VF23: configurazione aerodinamica differenziata

Dopo aver introdotto ad Austin l'ultimo sviluppo aerodinamico caratterizzato da fiancate spioventi e un diverso bordo laterale del fondo, il team americano ha avuto riscontri contrastanti in Messico e Brasile. Dunque ad Abu Dhabi le VF23 hanno adottato una doppia configurazione, con Hulkenberg tornato a quella precedente utilizzata sino al Gran Premio del Qatar, mentre Magnussen ha mantenuto l'ultima versione.

### *Haas VF23: differentiated aerodynamic configuration*

*After having introduced the final aerodynamic development at Austin, characterised by sloping sidepods and a different lateral edge to the floor, the American team met with contrasting results in Mexico and Brazil. At Abu Dhabi therefore, the VF23s adopted a double configuration, with Hulkenberg returning to the one previously used through to the Qatar GP and Magnussen retaining the latest version.*

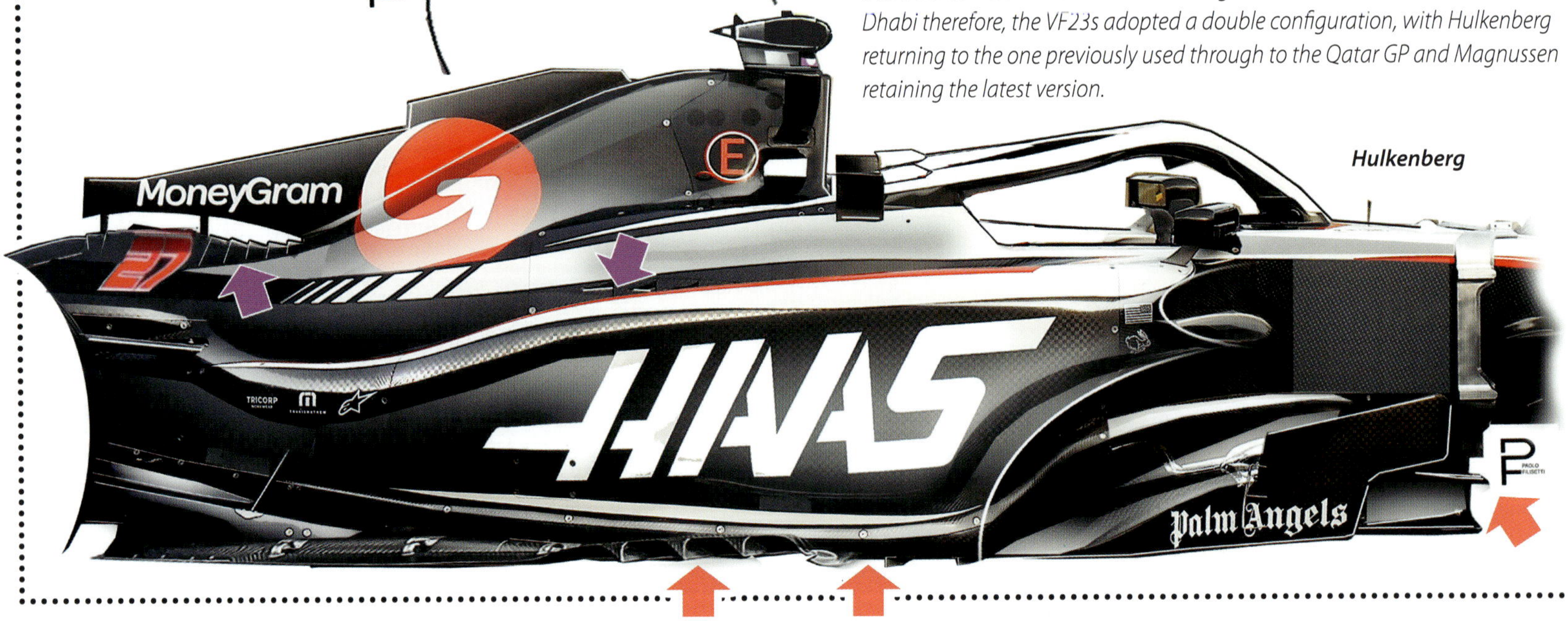

Hulkenberg

# STAGIONE 2024
# 2024 SEASON

# GULF AIR BAHRAIN GRAND PRIX 2024

**SAKHIR**
**BAHRAIN**
**INTERNATIONAL CIRCUIT**
**2** MARZO *MARCH*

## RB20 ancora ai vertici ma con la Ferrari più vicina

Il Gran Premio del Bahrain ha fornito un primo ordine gerarchico delle squadre. Il risultato, forse già anticipato dai test della settimana precedente, è stato quello di una Red Bull RB20 molto competitiva, estremamente equilibrata, capace di costruire la prima doppietta stagionale sul basso degrado delle gomme. La monoposto del team di Milton Keynes, osservata da vicino, ha mostrato un'elevata raffinatezza non solo dal punto di vista aerodinamico ma anche meccanico per le soluzioni adottate. Molto interessante, infatti, è l'evoluzione della sospensione anteriore che, pur rimanendo nella configurazione *pull rod*, ha modificato l'elemento di collegamento tra i due punti di attacco anteriori del triangolo superiore. In sostanza, mentre sulla RB19 era costituito da una lama imperniata nel pannello frontale del telaio, ora è addirittura inglobato in una sorta di centina, più indietro. È stato possibile apprezzare lo spessore di questo elemento che di fatto rende in un unico pezzo il triangolo superiore, contrastando efficacemente, o meglio smorzando, le oscillazioni longitudinali, ossia il beccheggio della vettura.

Dietro la RB20, seconda forza è la Ferrari, con un risultato oggettivamente dolceamaro. Da un lato, la SF-24 è riuscita a dimezzare il distacco dal vincitore rispetto a quello sofferto lo scorso anno. I 22" che separavano Carlos Sainz da Max Verstappen hanno messo in risalto i progressi in termini di gestione del degrado degli pneumatici, anche se ancora migliorabile. In questo senso, chiaro che oltre alla migliore distribuzione del carico aerodinamico che caratterizza questa vettura rispetto alla precedente, un plauso vada alle sospensioni e alla funzione svolta in relazione all'equilibrio dinamico della SF-24 soprattutto nei tratti tortuosi del tracciato. È infatti degno di nota che nei test effettuati la settimana prima del gran premio, gli ingegneri di Maranello fossero già stati in grado di effettuare una messa a punto della sospensione anteriore modificandone la cinematica a livello del punto di attacco inferiore del *push rod*. Se il miglioramento nella gestione del degrado degli pneumatici è stato oggettivo, è altrettanto evidente che a questo riguardo non sia ancora stato raggiunto un livello pari a quello della Red Bull. È comunque un punto di partenza migliore rispetto al 2023, dove era apparso subito chiaro come fosse difficile avere prestazioni dalla SF-23, fortemente limitata negli sviluppi successivi dalla sua specifica architettura. A Sakhir, la SF-24 ha subìto modifiche non sostanziali nel corso del fine settimana, anche se queste hanno riguardato il bordo laterale del fondo con una diversa configurazione della soffiatura longitudinale, e una parzializzazione della prese d'aria all'altezza del cofano motore, ridotte da quattro dalla configurazione standard a una sola, soprattutto in relazione alla gara che si svolge all'imbrunire, quindi con temperatura ambientali che anche durante le ore diurne si sono rivelate decisamente inferiori alle attese.

La Mercedes, invece, con la W15 che il direttore tecnico della scuderia di Brackley aveva definito migliore in termini di passo gara nelle simulazioni effettuate nei test, rispetto alla Ferrari, si è presentata con una configurazione pressoché invariata, ma caratterizzata da grosse branchie alla base del cofano motore. Tutto lo studio aerodinamico a livello dei condotti attraverso i quali esce l'aria calda dai radiatori è apparso, a differenza di altre auto, con la RB20 ovviamente estrema, più in funzione dell'affidabilità del propulsore Mercedes che dello sfruttamento del flusso caldo in uscita per scopi aerodinamici.

## *RB20 still out in front but Ferrari closes the gap*

*The Bahrain Grand Prix provided an initial ranking of the teams. The result, perhaps one already anticipated by the previous week's testing, was a very competitive, the extremely well-balanced Red Bull RB20 achieved the first one-two of the season thanks to the low level of tyre degradation. On close examination, the Milton Keynes team's car showed a high level of sophistication, not only in terms of aerodynamics, but also mechanically thanks to the features adopted. The evolution of the front suspension is particularly interesting; while the pull rod configuration was retained, the element connecting the two front upper wishbone mounts was modified. Basically, while on the RB19 this component consisted of a blade pivot on the front panel of the chassis, it was now actually incorporated in a sort of rib, further back. We were able to appreciate the thickness of this element that in effect makes the upper wishbone one piece, efficiently counteracting, or rather dampening, longitudinal oscillations, that is to say, the pitching of the car. Behind the RB20, second best was the Ferrari, with what was an objectively bittersweet result. On the one hand, the SF-24 succeeded in halving the gap from the winner compared to last year. The 22 seconds that separated Sainz from Verstappen highlighted the progress made in terms of managing tyre degradation,*

*although there was still room for improvement. In this sense, it was clear that in addition to the better distribution of the downforce characterising this car compared to the previous one, praise should be given to the suspension and the function it performed in relation to the dynamic balance of the SF-24, especially through the twistier sections of the track. It is in fact significant that in the tests carried out the week before the GP, the Maranello engineers had already been able to fine-tune the front suspension by modifying its kinematics at the lower push-rod mount. While the improvement in tyre degradation management has been objective, it is equally evident that the Red Bull level has yet to be matched in this respect. However, it represented a better start than in 2023, when it immediately became clear how difficult it would be to extract performance from the SF-23, which was severely limited in subsequent developments by its specific architecture. At Sakhir, the SF-24 was subjected to minor modifications over the weekend, with changes to the lateral edge of the floor featuring a different configuration of the longitudinal vent, and a revision of the air intakes in correspondence with the engine cover, reduced from four in the standard configuration to just one, above all in relation to the race held at dusk, and consequently with ambient temperatures that even during the daytime hours had been decidedly lower than expected.*
*The Mercedes, on the other hand, with the W15 which the technical director at Brackley had defined as better than the Ferrari in terms of race pace in the simulations carried out during testing, presented an almost unchanged configuration, but was characterised by large gills at the base of the engine cover. On the RB20, the aerodynamics of the ducts through which the hot air exits the radiators appeared, unlike on other cars, was clearly more extreme, with a focus on the reliability of the Mercedes engine rather than the exploitation of the hot air outflow for aerodynamic purposes.*

**Dettagli RB20**

Osservando da vicino la RB20 è stato possibile apprezzare alcuni dettagli costruttivi come nel caso dei triangoli superiori della sospensione anteriore, connessi tra loro in corrispondenza dei punti di attacco anteriori, a favore della rigidezza dell'avantreno. Un altro elemento che si era intravisto in occasione della presentazione ha riguardato le feritoie verticali che alimentano gli scambiatori, integrate ai lati della scocca.

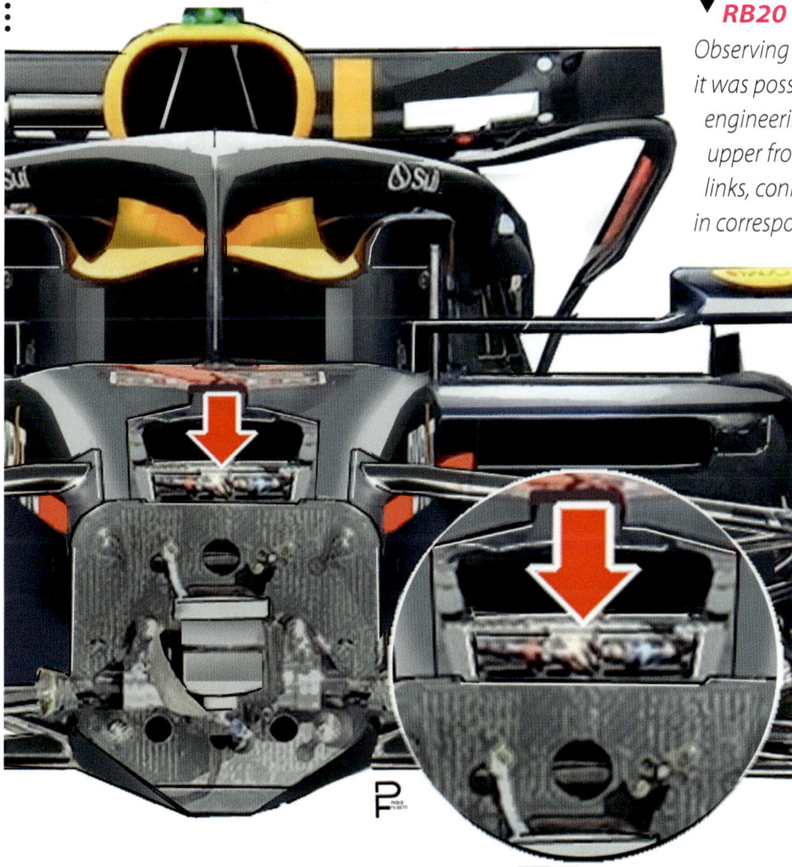

***RB20 details***

*Observing the RB20 from close hand it was possible to appreciate certain engineering details such as the upper front suspension wishbones links, connected to one another in correspondence with the front mounts, favouring front end stiffness. Another element that was glimpsed on the occasion of the presentation concerned the vertical inlets feeding cool air to the radiators, integrated either side of the tub.*

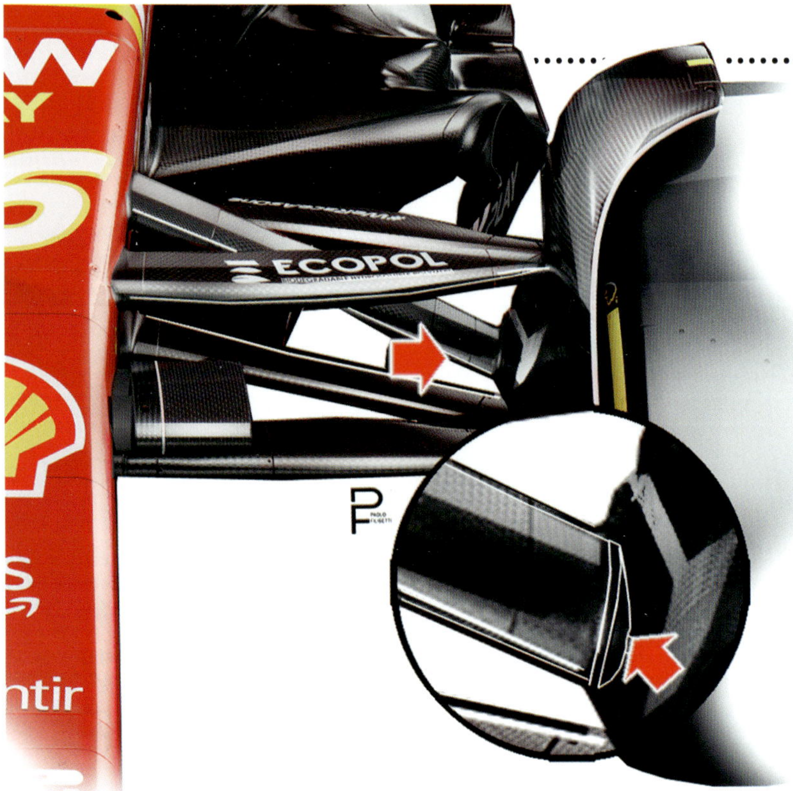

### Cinematica sospensione anteriore

La SF-24 ha mantenuto lo schema *push rod* della vettura precedente, ma è interessante notare come la cinematica sia stata comunque modificata grazie a una posizione arretrata del punto di attacco al portamozzo del *push rod*.

### *Front suspension kinematics*

*The SF-24 retained the push-rod layout of the previous car, but it was interesting to note how the kinematics were modified thanks to the withdrawn location of the push-rod mount on the hub carrier.*

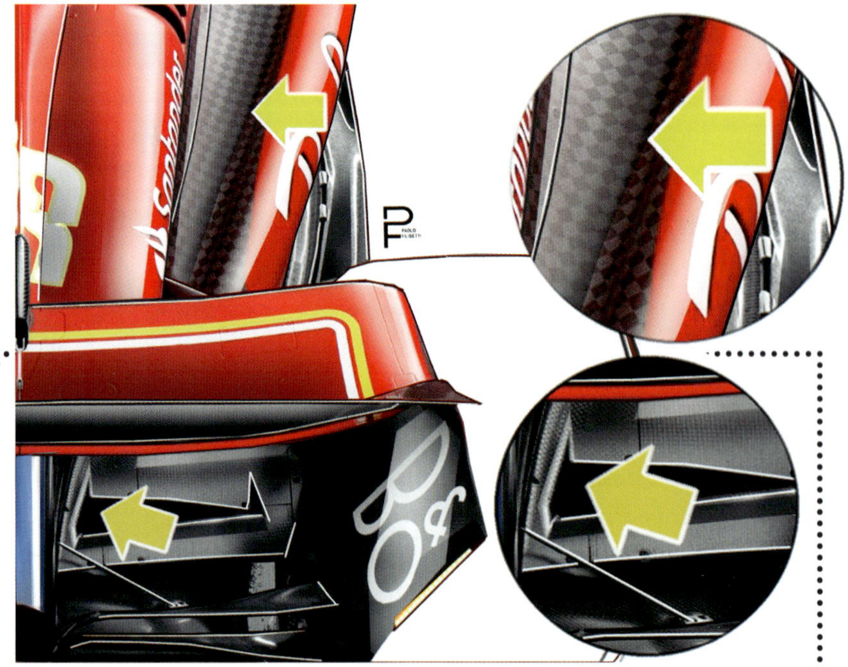

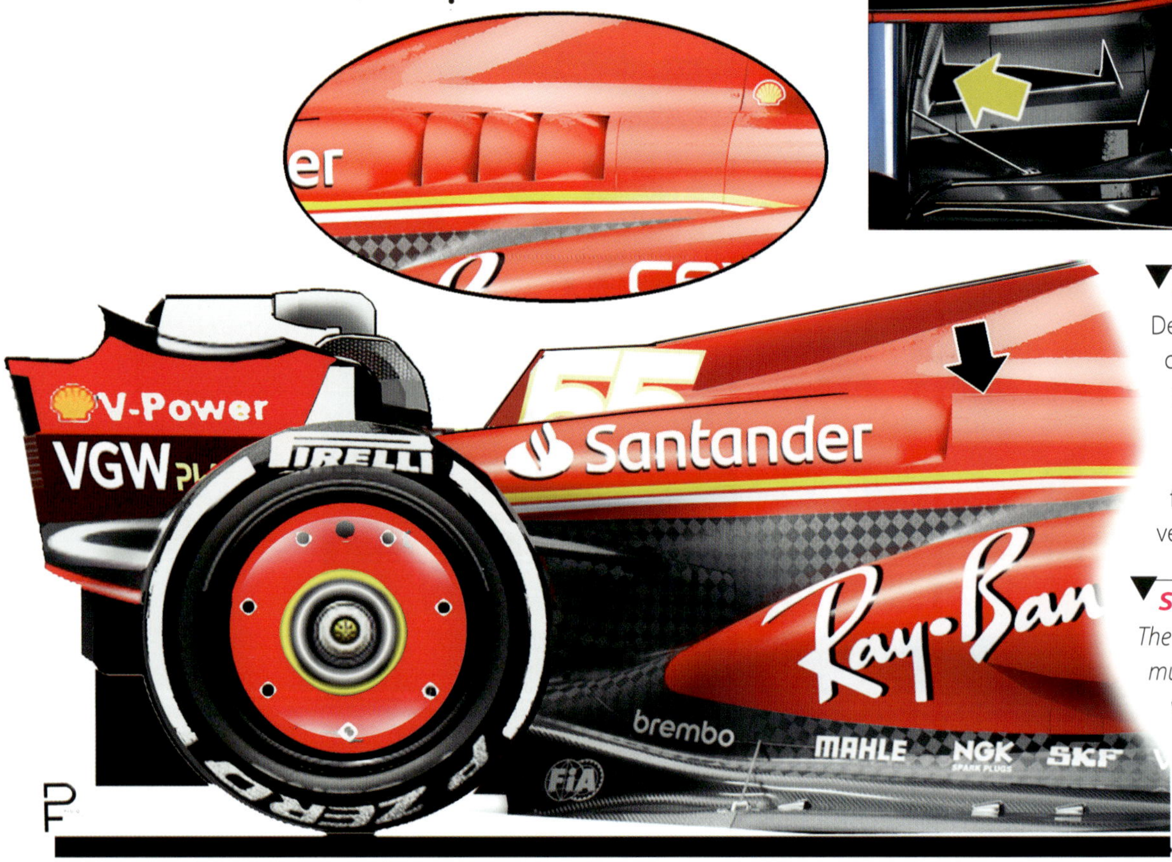

### Aerodinamica posteriore SF-24

Decisamente pulita l'aerodinamica posteriore caratterizzata da una serie, variabile nel numero, di feritoie in relazione alle condizioni ambientali, e il profilo superiore delle fiancate che mantiene un andamento scavato favorendo il *downwash* del flusso d'aria diretto verso il retrotreno.

### *SF24 rear aerodynamics*

*The rear aerodynamic configuration was much cleaner and characterised by a series of vents, variable in number according to the environmental conditions. The upper profile of the sidepods retained a scooped shape, favouring the downwash towards the rear end.*

## L'ufficio di Leclerc

Il volante della SF-24 è di fatto un'evoluzione del precedente, con solo pochi aggiustamenti a livello ergonomico nella posizione dei manettini e identificazione delle funzioni supportate.

## *Leclerc's office*

*The SF-24's steering wheel was an evolution of the previous component, with just a few ergonomic adjustments concerning the knobs and the identification of the functions provided for.*

## W15: dettaglio ultimo flap ala anteriore

L'ala anteriore della W15 è caratterizzata dall'ultimo flap che riduce fortemente la propria corda nella sezione più vicina al musetto, rispettando solo a livello formale la continuità dei singoli elementi dell'ala.

## *W15 front wing final flap detail*

*The W15's front wing was characterised by a final flap with a chord that was significantly reduced in the section closest to the nose, with only the leading edge respecting the continuity of the individual wing elements.*

# STC SAUDI ARABIAN GRAND PRIX 2024

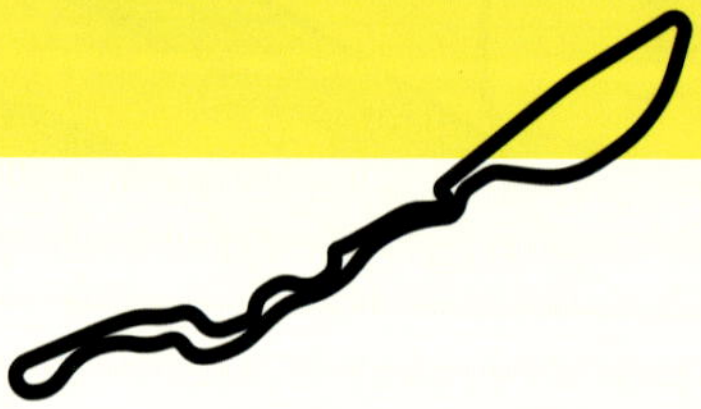

**JEDDAH**
**JEDDAH CORNICHE CIRCUIT**
**9** MARZO MARCH

## Ancora Red Bull pur nella bufera

Il Gran Premio dell'Arabia Saudita, svolgendosi a una sola settimana di distanza da quello del Bahrain, non presentava molti ingredienti di particolare rilievo sotto il profilo tecnico, a eccezione del fatto che il tracciato del Jeddah Corniche Circuit è caratterizzato da un layout radicalmente diverso da quello di Sakhir. Ciò ha implicato, come conseguenza, una diversa configurazione aerodinamica di tutte le monoposto, con ali da basso carico, in alcuni casi estremizzate, a favore dell'incremento delle velocità massime nei curvoni veloci e in rettilineo.

La monoposto che ha adottato l'ala posteriore più estrema è stata la Mercedes W15, con la versione introdotta in Arabia Saudita, caratterizzata dal profilo superiore decisamente posto molto in alto, con un'incidenza piuttosto ridotta del flap. Questo elemento, peraltro, era connesso al profilo principale caratterizzato lateralmente da due mini supporti verticali, per ridurre al massimo il drag generato. Per contro, la scelta operata in Ferrari è stata più conservativa o, per meglio dire, è stata un compromesso tra carico e scorrevolezza, con l'ala posteriore caratterizzata da un flap scarico; non si è trattato di una versione estrema che è stata portata ma non è stata utilizzata. Interessante per contro l'adozione di una *beam wing* con un singolo elemento. In sostanza, come detto, il compromesso cercato dai tecnici di Maranello è stato quello di mantenere un carico indotto al retrotreno per favorire la trazione in uscita di curva. Una scelta che ha funzionato nel complesso, ma che ha comportato (consapevolmente) una minore efficacia della SF-24 nei sorpassi, in gara.

Questa, nei fatti, l'analisi dal punto di vista puramente tecnico delle soluzioni adottate dai team in pista, con le prestazioni in qualifica ma soprattutto in gara, che hanno confermato il livello di competitività già visto in Bahrain, con la Red Bull battistrada non raggiungibile (almeno per ora) e la Ferrari seconda forza.

Ma vale la pena allontanarsi dalla realtà tecnica del momento per affrontare un tema che potrebbe avere un effetto dirompente, in grado, se non già nel corso della stagione, di rimescolare le carte.

Ci si riferisce al terremoto che ha scosso la Red Bull al suo interno, a margine de "l'affaire Horner". Da indiscrezioni molto puntuali raccolte nel paddock di Jeddah trapelava una tensione elevatissima diffusa nei vari ranghi del team, tale da rendere «l'aria interna alla factory decisamente irrespirabile». In queste condizioni, le vittorie, anzi, le doppiette, sono l'unico elemento che dà un'aria di normalità alla quotidianità del team anglo-austriaco e non sorprende che i rivali non abbiano perso tempo per sondare il terreno presso nomi più o meno di spicco, nello staff tecnico del team. Adrian Newey e Pierre Waché, ovviamente, rappresentavano gli oggetti del desiderio di molti, non esclusa la Ferrari, ma le difficoltà legate al trasferimento di ciascuno dei due restano elevatissime, già evidenziate dai falliti approcci avvenuti in un recente passato (nella stagione 2023).

Ma accanto all'attenzione rivolta verso i massimi calibri, molto più serrata e accreditata di una maggiore fattibilità, è la corte fatta a figure meno di spicco, ingegneri di seconda fascia che ricoprono ruoli esecutivi. Potremmo definire quello che ha visto coinvolti i principali team rivali della Red Bull, una sorta di "assalto al cerchio magico" costituito dagli ingegneri che lavorano a stretto contatto con Newey e il direttore tecnico Pierre Waché. Sembra si tratti di almeno tre figure cui anche la Ferrari sarebbe interessata, che occupano nella catena di comando tecnica la cruciale posizione di ingegnerizzazione e definizione di dettaglio degli sviluppi previsti sulla monoposto. Un patrimonio di informazioni che faceva gola a molti, soprattutto in ottica 2025 e 2026.

## *Red Bull still leading despite the storm*

*There were few ingredients of particular importance from a technical point of view at the Saudi Arabian Grand Prix, which took place just one week after the race in Bahrain. The sole exception was due to the fact that the Jeddah Corniche Circuit has a radically different layout from that of Sakhir. This demanded a different aerodynamic configuration for all the cars, with low-downforce wings, in some cases extremely low, in order to increase maximum speed through fast corners and on the straights.*

*The car that adopted the most extreme rear wing was the Mercedes W15, with the version introduced in Saudi Arabia characterised by a particularly high upper plane and a significantly reduced flap incidence. This last element was, moreover, connected to the main plane laterally by two small vertical supports, to reduce the drag generated as much as possible. In contrast, the choice made at Ferrari was more conservative or, rather, it was a compromise between downforce and penetration, with the rear wing characterised by low downforce flap; this was not the case of an extreme version that was brought to the race but never used. The adoption of a single-element beam wing was interesting. Basically, as mentioned, the compromise sought by the Maranello technicians was to maintain downforce on the rear axle to favour traction when exiting corners. This decision was generally successful, but naturally made the SF-24 less effective when overtaking in races.*

*This is a purely technical analysis of the features adopted by the teams on the track, with the performances in qualifying and above all in the race, confirming the levels of competitiveness already seen in Bahrain. Red Bull was out in front and unreachable (at least for now), while Ferrari was lying in second place.*

*However, it is worth stepping back from the technical reality of the moment to address an issue that could have had a disruptive effect, one capable of shuffling the pack, perhaps during the course of the season in question.*

*We are referring to the earthquake that shook Red Bull internally in the wake of the "Horner affair". Very precise rumours heard in the Jeddah paddock revealed that the tension running throughout the various levels of the team was so extreme as to make "the air inside the factory decidedly unbreathable". In a situation such as this, victories, especially one-two finishes, were all that could give an sense of normality to the everyday life of the Anglo-Austrian team and it is hardly surprising that their rivals wasted no time in sounding out the more or less prominent names on the team's technical roster. Adrian Newey and Pierre Wachè, obviously, were the objects of desire for many, including Ferrari, but the difficulties involved in signing either of them were stratospheric, as evidenced by the failed approaches in the recent past (in the 2023 season). However, alongside the attention paid to the upper echelons, there was also the far more intensive and more feasible courting of less prominent figures, second-tier engineers holding executive roles.*

*We might define what went on with Red Bull's main rivals as a kind of "assault on the magic circle" composed of those engineers working closely with Newey and the technical director Pierre Waché. It seems that Ferrari were interested in at least three of these people, occupying crucial positions in the technical chain of command regarding engineering and defining the details of the developments planned for the car. A wealth of information that was attractive to many, especially in view of the 2025 and 2026 seasons.*

### Vista laterale MCL38

Osservando da vicino la MCL38 è visibile il lavoro di evoluzione effettuato rispetto alla MCL60 nonostante non si discosti dalla sua filosofia progettuale. Il team di Woking ha previsto un ampio pacchetto di aggiornamenti per Miami.

### *MCL38 side view*

*Observing the MCL38 at close hand, we could see the evolution undertaken with respect to the MCL60, even though there was no clean break in terms of design philosophy. The Woking -based team provided for a broad package of updates for Miami.*

### Fondo RB20 in dettaglio

Anche in Arabia Saudita le prestazioni della RB20 sono state da primato, con un'efficienza aerodinamica molto elevata. La conformazione del fondo ha permesso non solo di generare alto carico, consentendo di scaricare le ali, ma ha garantito un ottimo bilanciamento.

### *RB20 floor in detail*

*In Saudi Arabia too, the RB20's performance was peerless, with particularly high aerodynamic efficiency. The configuration of the floor not only permitted high downforce to be generated, allowing the wings to be lightened, but also ensured that the car would be extremely well balanced.*

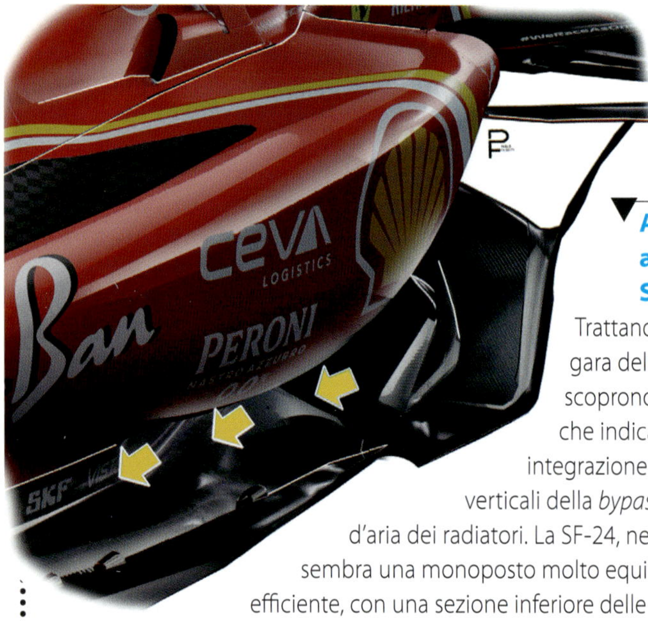

## Analisi aerodinamica SF-24

Trattandosi della seconda gara della stagione si scoprono ancora dettagli che indicano una precisa integrazione tra le feritoie verticali della *bypass duct* e le prese d'aria dei radiatori. La SF-24, nel suo complesso, sembra una monoposto molto equilibrata ed efficiente, con una sezione inferiore delle fiancate decisamente scavata.

## *SF-24 aerodynamic analysis*

*With this being the second race of the season, we discovered further details that indicated a precise integration of the vertical slots of the bypass duct and the radiator intakes. Overall, the SF-24 seemed to be a very well-balanced and efficient car, with the decisively undercut sidepods having a smaller section.*

## Ala posteriore Ferrari SF-24

A Jeddah ha debuttato un'ala posteriore da basso carico caratterizzata da un profilo principale molto alto che ha ridotto fortemente l'incidenza del flap.

## *Ferrari rear wing*

*Jeddah saw the debut of a low downforce rear wing characterised by a very high main plane that significantly reduced the incidence of the flap.*

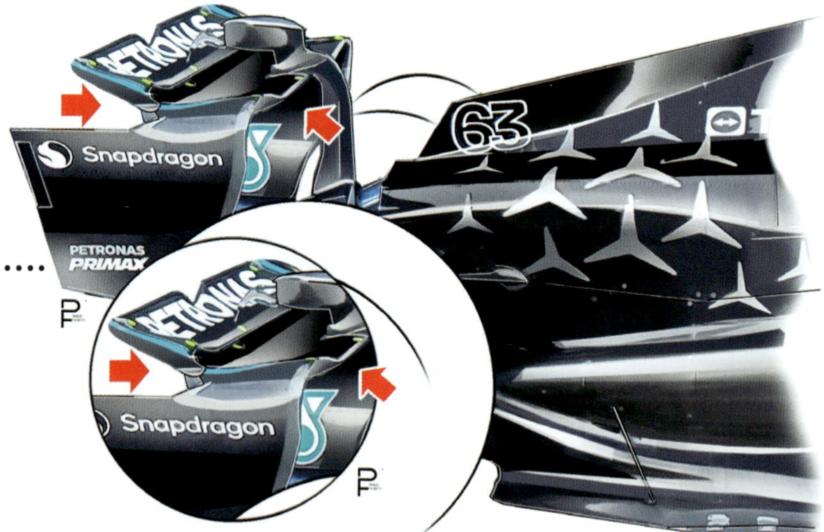

## Ala posteriore W15

Un'ala specifica per questo tracciato veloce, quella montata sulla W15, che ha favorito una sostanziale riduzione del drag.

## *W15 rear wing*

*Mercedes fitted a specific wing for this fast track to the W15, facilitating a substantial reduction in drag.*

# ROLEX AUSTRALIAN GRAND PRIX 2024

**MELBOURNE**
**ALBERT PARK**
**24** MARZO MARCH

## Ferrari su tutti

Il tracciato dell'Albert Park è sembrato un vestito tagliato alla perfezione per la SF-24, praticamente per l'intero fine settimana. Per questo motivo, la doppietta Ferrari a Melbourne, al netto del ritiro di Max Verstappen, ha imposto di interrogarsi se la prestazione vista in Australia potesse essere considerata un fatto isolato o, invece, fosse l'indicazione di un trend per il prosieguo della stagione. Sono forti i punti di contatto con la vittoria della Ferrari in Australia di due anni prima, sempre con Verstappen out, allora per un problema all'impianto di alimentazione della sua RB18. Infatti, in quell'occasione, la gestione degli pneumatici era stato un punto forte della F1-75 rispetto alla monoposto del team di Milton Keynes. Ciò nonostante, compiendo questa analisi a ritroso, pare corretto ribadire che l'avvio della stagione 2022 non corrispose a una immediata posizione dominante della Red Bull; infatti la Ferrari, in occasione della prima gara in Bahrain, ottenne una doppietta con Charles Leclerc e Carlos Sainz. Il vero volto della RB18 si mostrò, al rientro in Europa, a Imola, nonostante Verstappen avesse vinto anche in Arabia Saudita, ma con un margine risibile sulle due Ferrari. Solo con l'affinamento del setup e con l'introduzione del primo vero sviluppo aerodinamico, il team di Milton Keynes ha poi preso il largo, con la RB18 sempre meno avvicinabile dai rivali. Per contro, al netto del problema che dopo soli tre giri ha fermato Verstappen in Australia, è innegabile che la RB20 si fosse presentata a Melbourne, se non come favorita dalle specifiche caratteristiche del tracciato, sicuramente come leader del Mondiale con due doppiette ottenute su tracciati tra loro agli antipodi. Il degrado degli pneumatici, o meglio il *graining* sofferto da tutti sia a Jeddah sia a Melbourne, nel confronto diretto tra le due monoposto già nelle prove libere, ma soprattutto in gara, era più evidente sulla RB20 rispetto alla SF-24, con Sainz, nel primo stint di domenica, capace di spingere per oltre tredici giri a un ritmo elevato che gli ha permesso di controllare agevolmente la McLaren alle sue spalle seguendo il piano gara stabilito alla vigilia. Beninteso, la SF-24 non ha raggiunto la Red Bull RB20, e non avrebbe potuto farlo, considerando che non vi sono state modifiche alla monoposto dopo le prime due gare tali da giustificarlo. Per contro, appare indiscutibile come la solidità delle sue prestazioni poggi su fondamenta decisamente molto solide. In sostanza, la performance della SF-24 in Australia non è stata casuale né inaspettata.
La RB20 si è dimostrata anche a Melbourne più efficiente, veloce nei tratti scorrevoli, meno precisa e reattiva nei settori guidati, qualcosa che comunque era emerso sia in Bahrain sia in Arabia. I valori espressi nelle prime tre gare, al netto dei risultati rispettivi, sono stati molto più lineari di quanto non lo fossero quelli del 2022. Vale la pena infatti considerare che la qualità della SF-24 emersa in queste prime tre gare sia stato l'ottimo bilanciamento che determina il ridotto degrado degli pneumatici. Inoltre, sia a Jeddah sia a Melbourne è stato palese quanto un punto debole che caratterizzava la SF-23, ossia la sensibilità al vento laterale, fosse assente su questa vettura. Il vento soffiava con raffiche trasversali sia in Arabia sia all'Albert Park inducendo il *graining* generalizzato lungo tutto lo schieramento. Come detto in esordio, la SF-24 di Sainz ne è stata meno condizionata della Red Bull superstite.

## *Ferrari above all*

*The Albert Park track seemed seemed to be made to measure for the SF-24 for practically the entire weekend. For this reason, Ferrari's one-two in Melbourne, leaving aside Max Verstappen's retirement, begged the question as to whether the performance seen in Australia could be considered an isolated event or an indication of an on-going trend for the season. There were strong similarities to Ferrari's victory in Australia two years earlier, when Verstappen was also sidelined, that time due to a problem with the fuel system of his RB18. Indeed, on that occasion, tyre management had been a strong point of the F1-75 compared to the Milton Keynes team's car. Nonetheless, working back with this analysis, it seems fair to reiterate that the start of the 2022 season did not correspond to n immediate dominance by Red Bull; in fact, at the first race in Bahrain, Ferrari scored a one-two with Leclerc and Sainz. The true face of the RB18 showed itself on its return to Europe, at Imola, although it is true Verstappen had also won in Saudi Arabia by a negligible margin from the two Ferraris. It was only with the refinement of the set-up and the introduction of the first true aerodynamic development that the Milton Keynes team then drew away, with the RB18 becoming increasingly superior to its rivals. On the other hand, despite the issue that sidelined Verstappen after just three laps in Australia, it is undeniable that the RB20 turned up in Melbourne, if not as the favourite due to the specific characteristics of the track, certainly as the leader of the World Championship with two one-two wins obtained on contrasting circuits. In the direct comparison between the two cars in free practice, but especially during the race, the tyre degradation, or rather the graining suffered by everyone both in Jeddah and Australia, was more evident on the RB20 than on the SF-24, with Sainz, in the first stint on Sunday, able to push for over 13 laps at a pace high enough to allow him to easily control the following McLaren as he implemented the strategy established on the eve of the race. Of course, the SF-24 failed to catch the Red Bull RB20, nor could it have been expected to do so, considering there had been no changes to the car after the first two races to justify it. Then again, it seems indisputable that the solidity of the Ferrari's performance in Australia rested on a very solid foundation and was, in essence, neither accidental nor unexpected.*
*Even in Melbourne, the RB20 proved to be more efficient, fast in the fast sectors, less precise and reactive*

*SF23*

### Ridotta sensibilità al vento laterale

La conformazione delle fiancate e dell'aerodinamica superiore della SF-24 ha reso questa monoposto poco sensibile al vento laterale come si è notato a Melbourne dove l'Albert Park è stato spazzato da frequenti raffiche.

### *Reduced sensitivity to cross winds*

*The configuration of the sidepods and the superior aerodynamics of the SF-24 made this car much less sensitive to cross winds, as could be seen in Melbourne where the Albert Park circuit was swept by frequent gusts.*

*in the more technical stretches, something that had in any case emerged in both Bahrain and Arabia. The values expressed in the first three races, irrespective of their respective results, were much more linear than they were in 2022. In fact, it is worth considering that the quality of the SF-24 that emerged in these first three races was the excellent balance that results in reduced tyre degradation. Furthermore, at both Jeddah and Melbourne it was evident how much a weakness that characterised the SF-23, namely its sensitivity to crosswinds, was absent on this car. The wind gusted across the track both in Saudi Arabia and at Albert Par, inducing generalised graining across the entire field. As mentioned earlier, Sainz's SF-24 was less affected than the surviving Red Bull.*

### Ala posteriore SF-24

L'ala posteriore della SF-24 non differiva sostanzialmente da quella di Jeddah, anche a causa dell'incremento di velocità del tracciato dopo le modifiche apportate nel secondo settore.

### *SF-24 rear wing*

*The SF-24's rear wing was not substantially different to the one used in Jeddah, in part due to the increased speed of the circuit following the modifications made in the second sector.*

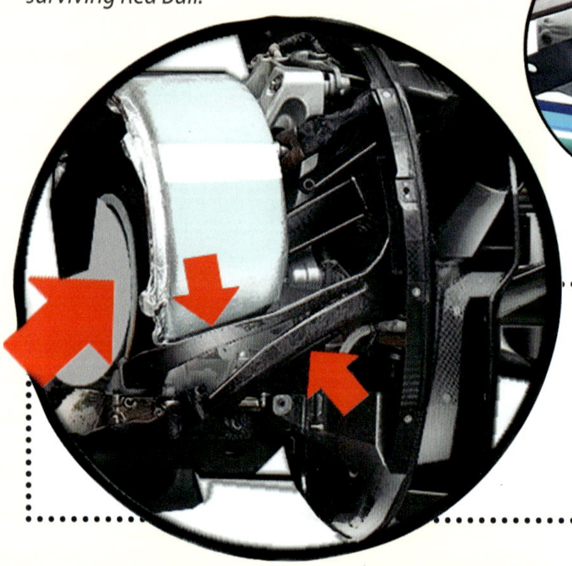

### Corner posteriore destro

Si tratta del corner dove si è verificato il principio d'incendio che ha costretto Verstappen al ritiro. Si notano, in primo piano, le canalizzazioni di raffreddamento all'interno del cestello ruota.

### *Right rear corner*

*This was the corner where a fire broke out and led to Verstappen's retirement. Note, in the foreground, the cooling ducts within the wheel shroud.*

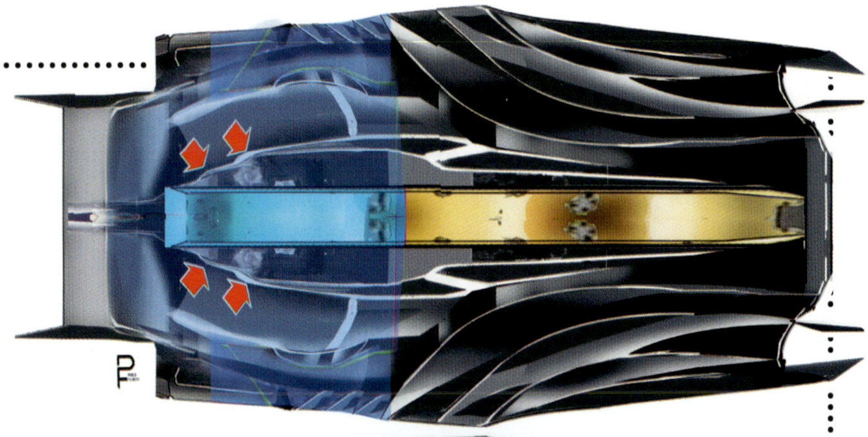

### Analisi centro di pressione

Molto interessante, per comprendere il comportamento delle attuali monoposto, è valutare il centro di pressione aerodinamica che si genera sotto il fondo. Nello specifico, la comparazione tra quello della Red Bull e quello della Ferrari evidenzia la differenza di posizione più che di distribuzione della pressione, tendenzialmente concentrata nella metà posteriore del fondo.

### *Pressure centre analysis*

*For an understanding of the behaviour of the 2024 car, it is very interesting to analyse the centre of aerodynamic pressure generated beneath the floor. Specifically, a comparison between that of the Red Bull and that of the Ferrari highlights the different position rather than the distribution of the pressure, generally speaking concentrated in the rear half of the floor.*

### Ala anteriore Red Bull

Solo lievi variazioni di setup per l'ala anteriore della RB20, che di fatto ha mantenuto una configurazione che privilegiava l'efficienza al carico.

### *Red Bull front wing*

*Only minor variations to the front wing set-up for the RB20, which effectivelt retained a configuration privileging efficiency over downforce.*

### Racing Bulls e Alpine deludono

La Racing Bulls e l'Alpine hanno rappresentato le maggiori delusioni di questo inizio Campionato, non trovando un valido punto fermo, a livello di performance, su tracciati tra loro diversi. Indubbiamente la A524 ha dimostrato di trovarsi a proprio agio su tracciati veloci come Jeddah e di soffrire soprattutto per la gestione gomme su un circuito ritmico come quello di Melbourne.

### *Racing Bulls and Alpine disappoint*

*The Racing Bulls and the Alpines represented the biggest disappointments of this early part of the championship, being unable to find a valid reference point in terms of performance on what were very different circuits. Without doubt, the A524 proved to be more comfortable on fast circuits such as Jeddah and to suffer above all in terms of tyre management on a circuit such as Melbourne.*

# MSC CRUISES JAPANESE GRAND PRIX 2024

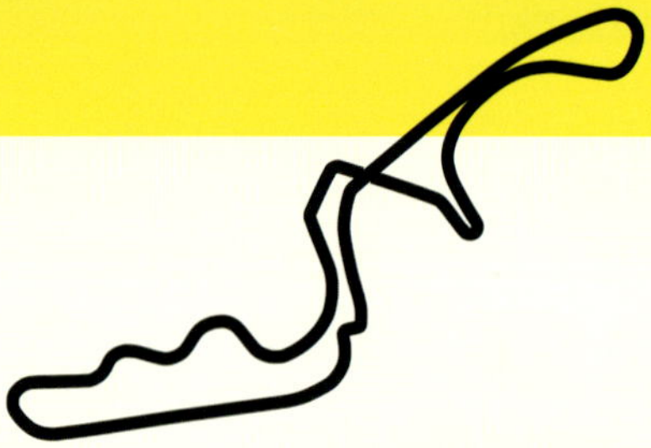

**SUZUKA**
**SUZUKA CIRCUIT**
**7 APRILE / APRIL**

## Pacchetti evolutivi per Red Bull e Aston Martin

Il Gran Premio del Giappone, quarta gara della stagione, ha rappresentato una tappa molto importante a livello tecnico, più per una verifica dello status quo prestazionale della maggior parte delle monoposto che per l'introduzione di nuovi pacchetti evolutivi. Infatti, solo Red Bull e Aston Martin hanno portato a Suzuka uno sviluppo non marginale delle rispettive monoposto.

La RB20, infatti, è stata equipaggiata con un fondo rivisto nella sua porzione periferica laterale, con una diversa inclinazione del bordo esterno, ma soprattutto è parsa decisamente rilevante l'introduzione di nuove prese d'aria di raffreddamento, poste simmetricamente alla base dell'halo. Si tratta di una modifica pianificata sin da prima dei test in Bahrain, come dichiarato dal responsabile dell'engineering in pista, Paul Monaghan, dunque non realizzata come soluzione a eventuali problemi legati allo scambio termico della PU Honda, riscontrati nelle prime gare. Ciò nonostante, sicuramente una modifica che ha rappresentato un perfezionamento a livello di flussi d'aria di alimentazione dello scambiatore principale, che ha messo in risalto la complessità dell'impianto di raffreddamento della RB20, suddiviso, come noto, su quattro distinti livelli. Questa soluzione ha di fatto consentito, mediante la suddivisione di radiatori e scambiatori su più piani, di ottenere la riduzione dei volumi delle fiancate. La posizione delle nuove prese d'aria, secondo Monaghan, è funzionale allo sfruttamento di zone di alta pressione per incrementare lo scambio termico adottando aperture relativamente piccole. La loro introduzione è stata contemporanea all'eliminazione delle branchie nei voluminosi condotti tubolari, alla base del cofano motore.

Va sottolineato che questo sviluppo ha costituito una pietra tombale sull'introduzione, ventilata da qualcuno, di una versione "zero pod" delle fiancate che Mercedes adottava nel 2022 e l'anno scorso sino a Imola.

Per quanto riguarda invece Aston Martin, il team di Silverstone ha concentrato gli sforzi del reparto aerodinamico per produrre, in tempo per la trasferta giapponese, una visibile evoluzione delle fiancate e della porzione laterale del fondo, accanto ad altri interventi di micro aerodinamica. Le fiancate della AMR24, nella nuova versione presentano il profilo superiore caratterizzato da una profonda svasatura diagonale, che ricorda in modo inequivocabile lo stesso profilo che aveva debuttato per la prima volta sulla Red Bull RB18 due anni fa e che aveva caratterizzato anche la RB19 nel 2023. Lo scopo di questa profonda svasatura è quella di generare *downwash*, ovvero deviazione verso il basso di una porzione del flusso d'aria che lambisce la parte superiore delle pance. In questo modo gli aerodinamici dell'Aston Martin hanno cercato di energizzare il flusso che attraversa il sottoquadro, diretto verso il retrotreno, a favore di un incremento del carico aerodinamico prodotto. Collegata a questa modifica, anche l'evoluzione del bordo laterale del fondo, sia in corrispondenza del profilo a espansione che devia all'esterno il flusso d'aria canalizzato dai convogliatori inferiori per creare, in modo efficace, una sorta di sigillo pneumatico e mantenere lontano dalla vettura le turbolenze generate dalla rotazione delle ruote anteriori. Nuova anche la porzione posteriore del marciapiede, davanti alle ruote, caratterizzato da una soffiatura diagonale, al posto del taglio a scalino perpendicolare che caratterizzava la versione precedente. Si tratta di una modifica che non solo ha la funzione di incrementare l'efficacia del sigillo pneumatico anche in quest'area, ma soprattutto è volta a massimizzare la resa della porzione posteriore del fondo all'altezza del gomito del diffusore. Da notare come Alonso avesse trovato il nuovo pacchetto decisamente positivo, in termini di migliore equilibrio e soprattutto prevedibilità nelle reazioni della monoposto. La AMR24 dello spagnolo si è peraltro dimostrata estremamente rapida e precisa nei cambi di direzione come nella sezione delle "S", caratteristica del tracciato giapponese. L'impressione emersa, sulla complessiva efficacia del pacchetto evolutivo introdotto, è stata positiva nonostante, in termini di prestazioni, soprattutto a livello di passo gara, la AMR24, abbia patito ancora, soprattutto nei confronti delle McLaren MCL38 di Lando Norris e Oscar Piastri.

## *Evolutionary packages for Red Bull and Aston Martin*

*The Japanese GP, the fourth race of the season, represented a very important stage on a technical level, more in terms of a verification of the performance status quo of most of the cars rather than the introduction of new evolution packages. In fact, only Red Bull and Aston Martin brought more than minor developments to Suzuka for their respective single-seaters.*

*The RB20 was equipped with a floor featuring a revised lateral edge section, with a different inclination to the outer part, but what seemed particularly relevant was above all the introduction of new cooling air intakes, located symmetrically at the base of the halo. This modification had been planned since before the Bahrain tests, as declared by the chief engineer at the track, Paul Monaghan. It was therefore not introduced as a solution to any heat exchange issues with the Honda power unit encountered in the early races. Nonetheless, it was certainly a modification that represented a refinement at the level of the air flows feeding the* main heat exchanger, highlighting the complexity of the RB20's cooling system, which was subdivided, as is known, into four distinct levels. By splitting the radiators and heat exchangers over several levels, this configuration has in fact made it possible to reduce the volume of the sidepods. The location of the new air intakes, according to Monaghan, was designed to exploit high pressure zones and increase heat exchange while adopting relatively small openings. Their introduction came in parallel with the elimination of the gills in the voluminous tubular ducts at the base of the engine cover.

It should be emphasised that this development definitively closed the door on the introduction, suggested by some, of a version of the "zero pod" configuration adopted by Mercedes in 2022 and through to Imola in 2023. As for Aston Martin, on the other hand, the Silverstone team focused the aerodynamic department's efforts on producing, in time for the Japanese trip, a visible evolution of the sidepods and the lateral edge of the floor, alongside further micro-aerodynamic changes. The new version of the AMR24's sidepods had an upper profile characterised by a deep diagonal groove, unmistakably reminiscent of the same shape that first debuted on the Red Bull RB18 two years earlier and which also characterised the RB19 in 2023. The purpose of this deep groove is to generate downwash, that is to say, to deflect downwards of a portion of the airflow over the top of the sidepods. In this way, Aston Martins aerodynamicists sought to energise the flow through the underbody, heading towards the rear of the car, in favour of an increase in the downforce produced. Also linked to this modification was the evolution of the side edge of the floor, both in correspondence with the expansion profile deflecting the flow of air channelled by the lower ducts outwards to create an effective pneumatic seal and to keep the turbulence generated by the rotation of the front wheels away from the car. Also new was the rear portion of the footplate, in front of the wheels, characterised by a diagonal vent, instead of the perpendicular step cut that characterised the previous version. This was a modification that not only aimed to increase the effectiveness of the pneumatic seal in this area too, but above all was designed to maximise the performance of the rear portion of the floor in correspondence with the diffuser elbow. Note how Alonso found the new package decidedly positive, in terms of better balance and above all the predictability of the car's reactions. Moreover, the Spaniard's AMR24 also proved to be extremely quick and precise in changes of direction through the Japanese track's characteristic esses. The impression that emerged regarding the overall effectiveness of the evolutionary package was positive, despite the fact that the AMR24 still suffered that a lack of performance, and race pace in particular, against the likes of the McLaren MCL38s driven by Norris and Piastri.

**Prese di raffreddamento aggiuntive**
A Suzuka, sulla RB20, sono comparse ai lati del cockpit due prese di raffreddamento aggiuntive per incrementare lo scambio termico del propulsore.

***Additional cooling intakes***
*At Suzuka, the RB20 presented two new additional cooking intakes to the sides of the cockpit to increase the power unit's thermal exchange.*

**Dettaglio retrotreno Ferrari SF-24**
Molto interessante osservare da vicino la compattezza della scatola del cambio della SF-24 perfettamente integrata nella sua aerodinamica posteriore.

***Ferrari SF-24 rear end detail***
*It was very interesting to observe at close hand the compactness of the SF-24 gearbox, perfectly integrated with the rear aerodynamics.*

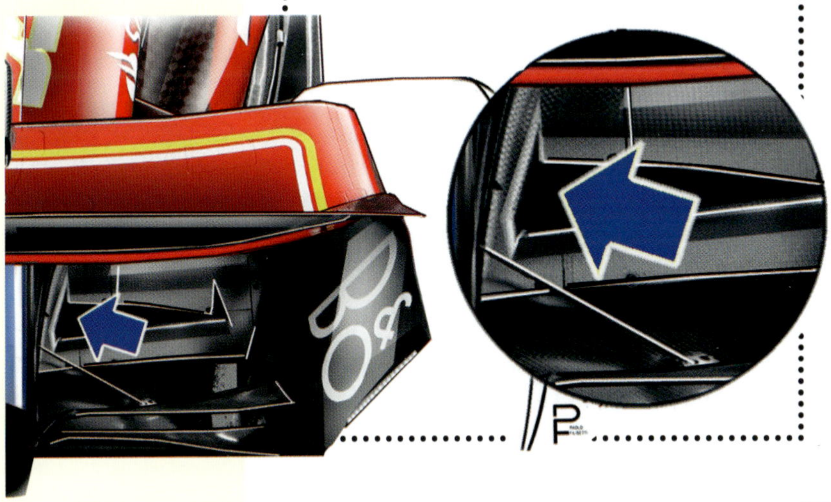

## Il podio delle Power Unit

Interessante è stato il confronto al vertice tra le PU Ferrari, Honda e Mercedes. Lo scarto prestazionale, al netto delle performance aerodinamiche delle rispettive vetture, è risultato minimo mettendo i tre Costruttori sullo stesso piano. Fuori da questo ideale podio la Renault.

## *The Power Unit podium*

*There was an interesting confrontation at the front of the grid between the Ferrari, Honda and Mercedes power units. The performance differential, taking away the aerodynamic performance of the respective cars, proved to be minimal, with the three constructors on the same plane. Renault failed to make this hypothetical podium.*

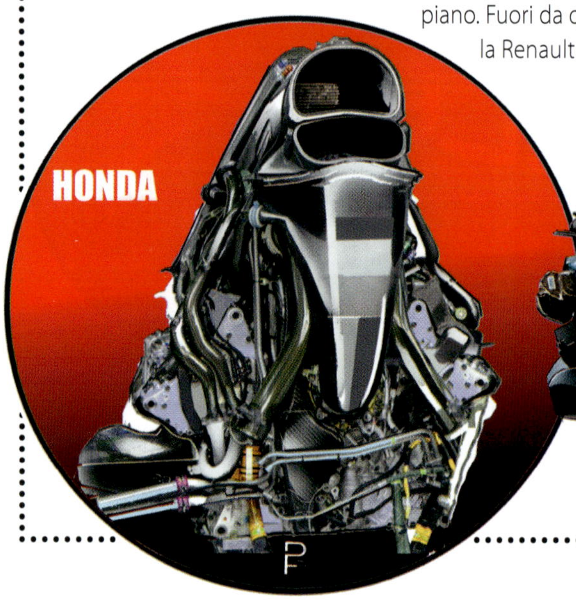


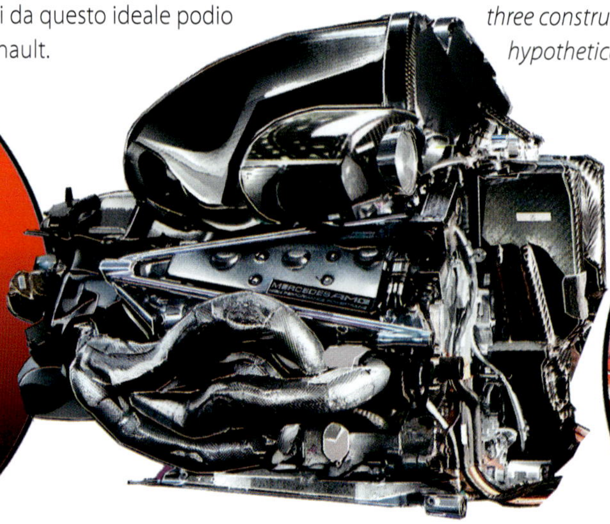

## La AMR24 ha deluso nonostante lo sviluppo di Suzuka

Se in Australia avevamo indicato rispettivamente Racing Bulls e Alpine tra i team più deludenti di inizio stagione, in Giappone l'Aston Martin è entrata a far parte di questo gruppo. Infatti, nonostante a Suzuka sia stata introdotta una modifica sostanziale al fondo, le performance della AMR24 sono apparse lontane da quelle delle AMR23 di inizio 2023.

## *The AMR24 disappoints despite the Suzuka development package*

*While in Australia we called out Racing Bulls and Alpine as among the most disappointing teams of the early season, in Japan it was Aston Martin who joined the group. In fact, despite the debut at Suzuka of a substantial modification to the floor, the performance of the AMR24 failed to match that of the AMR23 from early 2023.*

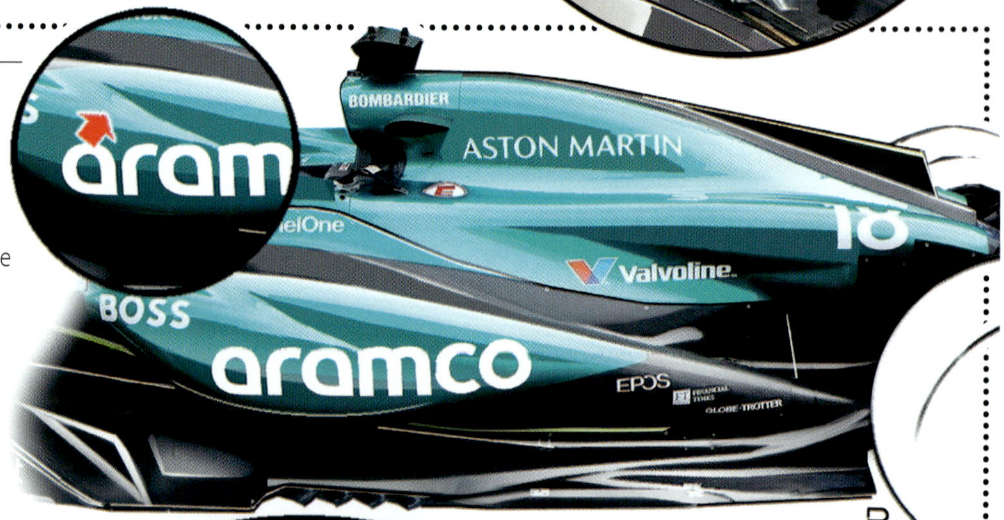


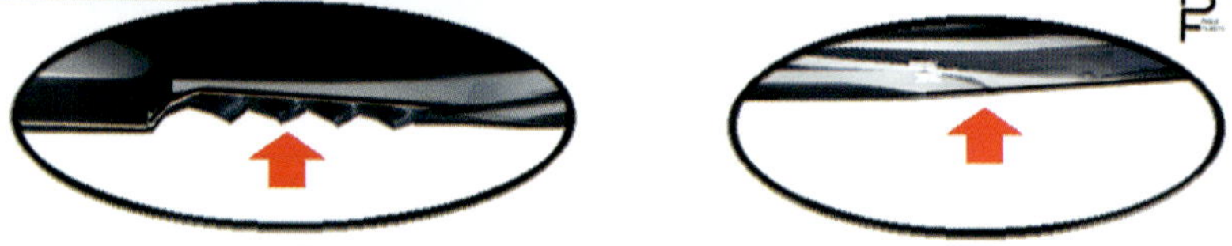

# LENOVO CHINESE GRAND PRIX 2024

**SHANGHAI**
**SHANGHAI INTERNATIONAL CIRCUIT**
**21 APRILE / APRIL**

## Prima Sprint del 2024

Il Gran Premio di Cina ha avuto la duplice caratteristica di rappresentare dopo quattro anni il ritorno della Formula 1 a Shanghai e, nello stesso tempo, di ospitare la prima Sprint della stagione 2024. Il mix delle due cose è stato esplosivo, sotto il profilo del valore d'incertezza che è stato in grado di produrre. Infatti, il fine settimana cinese ha messo in risalto, complice anche il manto di asfalto parzialmente ricoperto da uno stato resinoso, dal grip scarso e incostante, quale fosse il livello di prestazione della Red Bull, e quanto, per contro, il resto dello schieramento abbia dovuto adattarsi a queste condizioni particolari facendo emergere i punti deboli delle rispettive monoposto.

Il caso più eclatante ha riguardato la Ferrari, con la McLaren che è riuscita magistralmente ad approfittarne, sia in qualifica sia in gara. Superfluo sottolineare che le condizioni citate in esordio non abbiano permesso l'introduzione di evoluzioni di rilievo, con una sola sessione di prove libere disponibile. Ciò premesso, il risultato della domenica, indubbiamente non ha soddisfatto i ferraristi, ma più nello specifico Charles Leclerc. Il quarto e il quinto posto alla fine sono stati un risultato del tutto al disotto delle aspettative della vigilia. Il passo gara, evidenziato anche nella Sprint dalla SF-24, nello specifico con le gomme Medie, aveva infatti lasciato intravvedere la realistica possibilità di piazzarsi subito dietro le due Red Bull, se non, addirittura, di spaiare la coppia del team Campione del mondo, superando Sergio Pérez. Il primo stint di gara, a eccezione della partenza decisamente complessa che in curva 1 ha fatto perdere terreno a entrambe le Ferrari, è stata aderente alle attese in termini di contenimento del degrado delle gomme Medie; così non è stato dopo il pit stop in cui entrambi i ferraristi hanno montato le Hard. Da quel momento, infatti, il passo è calato vertiginosamente passando da una prestazione in linea con quella della McLaren di Lando Norris, a un ritardo che è aumentato ogni giro di circa mezzo secondo. Analizzando il comportamento della SF-24 nei due stint di gara è lampante che la scelta di assetto adottata, soprattutto a livello aerodinamico, scaricando le ali dopo la Sprint e sacrificando la sessione di qualifica in favore della gara, abbia paradossalmente innescato il problema domenica. Si è ridotto il carico ma anche in considerazione all'assetto dinamico adottato, la SF-24, nella condizione specifica di basse temperature della pista e dell'aria, non è stata in grado di trasferire adeguata energia sulle gomme. In pratica, la SF-24 non è riuscita a completare quello che si definisce in gergo il ciclo di "isteresi" del pneumatico, ovvero quello che permette alla mescola, mediante un preciso riscaldamento della fascia di rotolamento del pneumatico, di massimizzare il grip adesivo tra la gomma e l'asfalto. Se nelle prime tre curve il problema pareva essenzialmente a livello del setup dinamico, a incidere maggiormente nell'economia prestazionale è stata la scelta di minore incidenza delle ali, rilevante negli altri settori della pista. La strategia adottata dalla Ferrari con un singolo pit stop, ovvero il "PLAN D", era quella più giusta nell'evoluzione della gara dopo l'ingresso della safety car. La stessa scelta ha funzionato per la McLaren di Norris, con un vantaggio in pista che ha permesso di tenere agevolmente alle spalle la Red Bull di Pérez. Quest'obiettivo sarebbe stato ottenuto anche da Leclerc se il passo della SF-24 fosse stato consistente quanto quello della MCL38 a parità di mescola.

Appare dunque evidente come il gran premio cinese abbia messo ancora una volta in risalto, quanto nel complesso, soprattutto a livello di setup aerodinamico, la SF-24 non sia stata in grado di generare con il fondo vettura un carico che inducesse sufficiente energia sugli pneumatici, indipendentemente dall'incidenza delle ali.

## *First Sprint Race of 2024*

*The Chinese GP had the dual distinction of representing F1's return to Shanghai after five years and, at the same time, hosting the first Sprint race of the 2024 season. The combination of the two was explosive, in terms of the degree of uncertainty it generated. Indeed, the weekend in China highlighted, thanks in part to the asphalt partially covered by a resinous layer offering inconsistent low grip surface, the level of performance of Red Bull and the degree to which the rest of the field had to adapt to these particular conditions, revealing the weaknesses of their respective cars.*

*The most striking case concerned Ferrari, with McLaren masterfully managing to take advantage, both in qualifying and in the race. Needless to say, the conditions mentioned above did not permit the introduction of major evolutions, with only one free practice session available. That said, the Ferraristi, and more specifically Leclerc could hardly have been happy with the result on the Sunday. Final 4th and 5th places were well below the expectations on the eve of the race. The pace shown in the Sprint race by the SF-24, where it was running on Medium tyres, had in fact hinted at the realistic possibility of finishing just behind the two Red Bulls, if not, indeed, splitting the World Champion team pairing by overtaking Checo Perez. The first stint of the race, with the exception of the decidedly tricky start into Turn 1 which caused both Ferraris to lose ground, lived up expectations in terms of containing the degradation of the Medium tyres; this was not the case after the pit stop when both Ferraristi mounted the Hard tyres. From that moment on, their pace dropped dramatically from a performance in line with that of Norris' McLaren, to*

drag reduction system

stallo diffusore

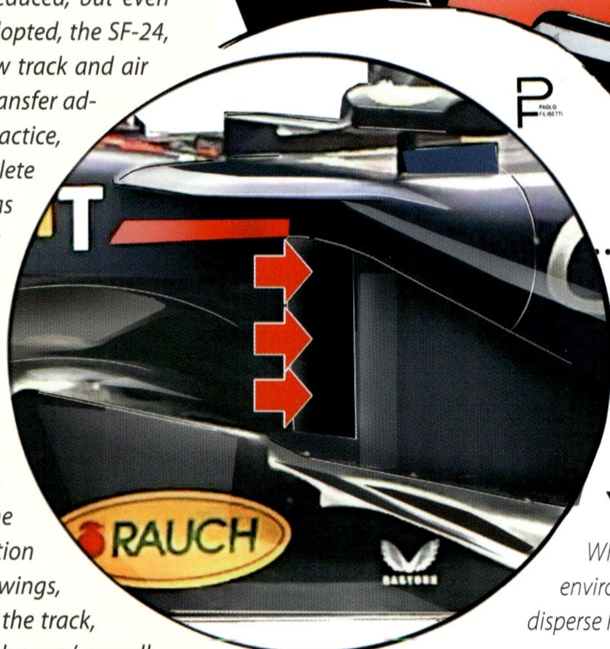


*a gap that increased by around half a second every lap. Analysing the SF-24's behaviour over the two race stints, it is clear that the set-up choice adopted, especially in terms of the aerodynamics, unloading the wings after the Sprint and sacrificing the qualifying session in favour of the race, paradoxically triggered the problem on Sunday. The downforce was reduced, but even given the suspension set-up adopted, the SF-24, in the specific conditions of low track and air temperatures, was unable to transfer adequate energy to the tyres. In practice, the SF-24 was unable to complete what is known in the jargon as the tyre "hysteresis" cycle, that is to say, the process which allows the compound, through precise heating of the tread, to maximise the adhesive grip between the tyre and the asphalt. If in the first three corners the problem seemed to be essentially at the level of the dynamic setup, it was the adoption of a lower incidence for the wings, relevant in the other sectors of the track, that had a greater impact on the cars' overall performance. The strategy adopted by Ferrari with a single pit stop, the so-called "PLAN D", was correct given the evolution of the race after the deployment of the Safety Car. The same choice worked for Norris's McLaren, with an advantage on track that allowed them to easily keep Perez's Red Bull behind them. This would also have been achieved by Leclerc had the SF-24's pace been as consistent as that of the MCL38 on the same compound.*

*It is therefore clear that the Chinese GP once again highlighted how, on the whole, but especially at the aerodynamic set-up level, the SF-24 was unable to generate enough downforce from the floor of the car to transfer sufficient energy to the tyres, regardless of the incidence of the wings.*

### Confronto ali

Interessante il confronto tra l'ala posteriore della RB20 e quella della RB19. Lo scorso anno, nelle prime gare, era emerso come dato vincente la capacità di far stallare il diffusore all'apertura del DRS. Questa prerogativa è invece del tutto assente sulla RB20.

### Incremento sfoghi calore

Se a Suzuka sono state introdotte nuove prese d'aria di raffreddamento, in Cina, nonostante le temperature ambientali non elevate, sono comparse griglie per lo smaltimento del calore dai lunghi bazooka alla base del cofano motore.

### *Additional cooling vents*

*While at Suzuka new cooling air intakes were introduced, in China, despite environmental temperatures that were not particularly high, grilles appeared to disperse heat from the long bazookas at the base of the engine cover.*

### *Wing comparison*

*There is an interesting comparison to be made between the rear wings of the RB20 and the RB19. In the early race4s the previous year, it had proved to be crucial to be able to stall the diffuser on the opening of the DRS. This was something that was instead absent on the RB20.*

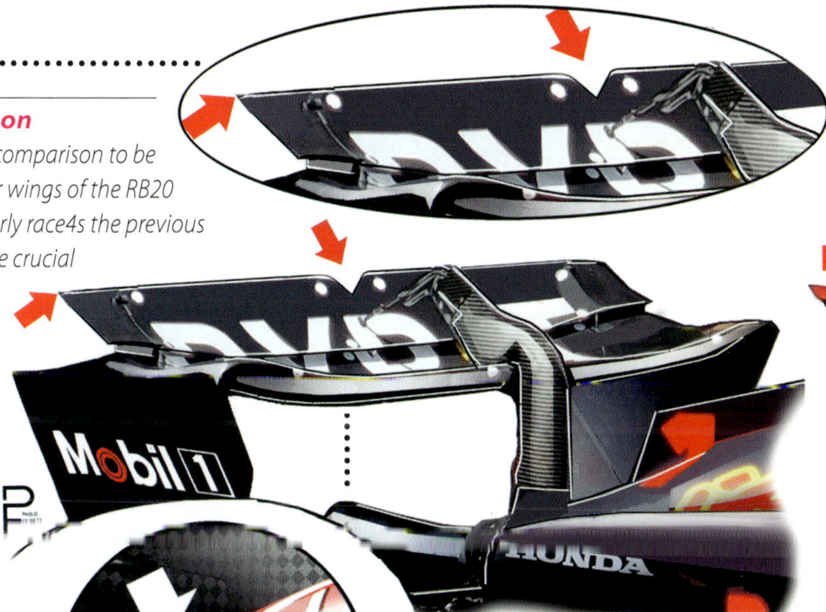

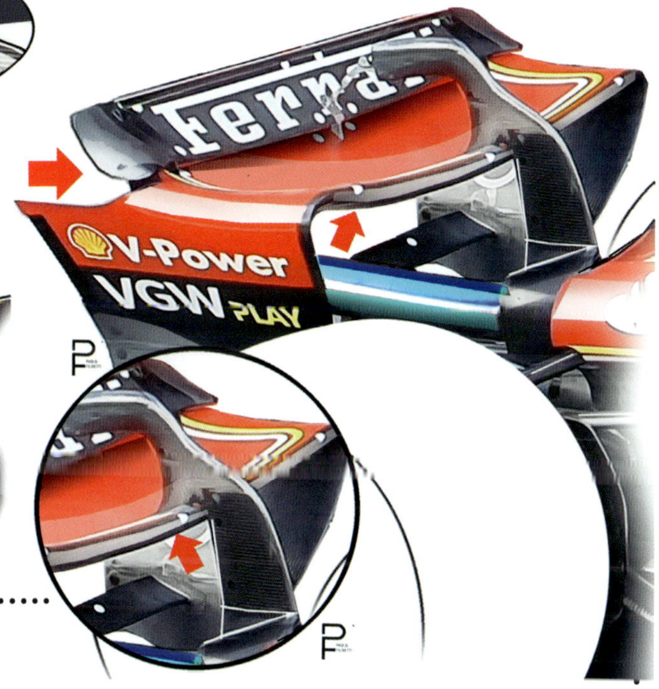

### Ala posteriore Ferrari

L'ala posteriore adottata a Shanghai, nei fatti, rispecchiava la configurazione di Melbourne mentre piccoli interventi hanno riguardato il fondo vettura davanti alle ruote posteriori.

### *Ferrari rear wing*

*The rear wing adopted at Shanghai effectively mirrored the Melbourne configuration, while minor modifications concerned the car's floor ahead of the rear wheels.*

### Nuove feritoie per smaltire il calore

Come per la Red Bull, sulla MCL38 in Cina sono state adottate feritoie laterali supplementari per lo smaltimento del calore.

### *New heat dispersal slots*

*As with the Red Bull, in China the MCL38 adopted supplementary lateral heat dispersal vents.*

# CRYPTO.COM MIAMI GRAND PRIX 2024

## MIAMI
## MIAMI INTERNATIONAL AUTODROME

**5** MAGGIO *MAI*

### La Ferrari ritocca solo la livrea mentre importanti modifiche arrivano in Casa McLaren

A Miami la Ferrari non ha portato alcun aggiornamento alla SF-24 a eccezione di una nuova livrea caratterizzata da una banda bicolore azzurro-blu, sia con un chiaro riferimento ai colori del team NART e alle divise azzurre utilizzate dalla squadra nel corso degli anni Settanta, sia per accogliere il nuovo title sponsor HP.

Per contro, la McLaren ha introdotto un amplissimo pacchetto di modifiche sulla monoposto. Già in occasione del Gran Premio di Cina, Andrea Stella, team principal del team, aveva confermato che a Miami la MCL38 sarebbe stata dotata di un ampio pacchetto di sviluppo per consolidare il miglioramento che la vettura aveva mostrato nelle ultime due gare precedenti. Stella a Miami ha poi confermato nel dettaglio la portata di questo sviluppo che di fatto ha visto una ridefinizione a livello aerodinamico della vettura a partire dall'ala anteriore, passando alla geometria della sospensione anteriore, a un nuovo fondo, a nuove imboccature delle fiancate, a un nuovo cofano motore, sino all'ala posteriore dove il team di Woking è intervenuto a livello della *beam wing*. Il team principal McLaren ha peraltro confermato come le modifiche che hanno riguardato sia le feritoie verticali sia le prese d'aria, hanno richiesto interventi anche all'impianto di raffreddamento per ottenere il massimo livello di efficienza sotto il profilo dello scambio termico. Le elevate temperature ambientali di Miami, sempre secondo Stella, non hanno costituito un problema in quanto, a detta dell'ingegnere italiano, l'efficienza dell'impianto di raffreddamento nella nuova configurazione sarebbe addirittura migliore rispetto alla versione precedente. Va sottolineato che l'intero pacchetto di modifiche è stato montato solo sulla vettura di Lando Norris mentre su quella di Oscar Piastri si è proceduto soltanto all'adozione della nuova ala anteriore e a modificare la geometria della sospensione anteriore, così come pure l'adozione di minime modifiche che hanno riguardato quella posteriore. In sostanza, sulla monoposto del pilota australiano è stato trasferito circa il 50% del pacchetto evolutivo. Interessante notare che la pianificazione dell'introduzione di questo sviluppo abbia, in origine, considerato solo su una vettura per almeno due ragioni. Il primo, relativo al format del weekend Sprint, che con una sola *free practice session* non permette un'analisi approfondita, soprattutto nel caso di improvvisi problemi. In sostanza, far debuttare il nuovo pacchetto solo su una delle due vetture minimizza i rischi. La seconda ragione è invece legata alla possibilità di effettuare un raffronto diretto tra le due versioni, confrontando i dati delle due monoposto.

L'ampiezza dello sviluppo introdotto, come lo stesso Stella ha confermato, doveva fornire rilevanti vantaggi e incremento prestazionale rispetto alla versione di inizio stagione. Osservando nel dettaglio le modifiche, è evidente come i tecnici aerodinamici del team di Woking abbiano di fatto concentrato i loro sforzi sull'analisi del comportamento dinamico della vettura, quindi con obiettivi prestazionali, e sul flusso passante al disotto della vettura. In tal senso va letta non solo la nuova versione di ala anteriore ma soprattutto la diversa geometria della sospensione anteriore che tende a indirizzare il flusso d'aria verso il bordo di entrata del nuovo fondo. Uno degli obiettivi, che pare sia stato solo parzialmente raggiunto con il debutto del nuovo package, riguarda le scarse prestazioni della MCL38 nelle curve a bassa velocità. In realtà, l'estensione degli aggiornamenti, secondo nostra analisi, tendeva a un miglioramento complessivo del comportamento dinamico della vettura, funzionale anche a una migliore gestione del degrado gomme.

Una nota interessante, sempre in merito agli sviluppi introdotti a Miami, riguarda anche la Mercedes. Molto interessante è stata infatti la nuova conformazione dell'ala anteriore e soprattutto la sezione arrotondata e piatta del musetto. Si è trattato di una modifica che si accompagna a una parziale revisione del bordo laterale del fondo, che precede un più profondo *upgrade* per Imola.

### *Ferrari only revises its livery while McLaren introduces major modifications*

*Ferrari decided against bringing any updates for the SF-24 to Miami, with the exception of a new livery featuring a two-tone blue stripe, both as a clear reference to the colours of the NART team and the blue uniforms worn by the team in the 1970s and to welcome the scuderia's new title sponsor HP.*

*In contrast, McLaren introduced a very broad package of modifications to its car. Team principal Andrea Stella had already stated at the Chinese Grand Prix that the MCL38 would be equipped with a large development package in Miami that would consolidate the improvement the car had shown in the previous two races. Having arrived in Miami, Stella then confirmed in detail the*

### SF-24: nuova livrea

Interessante la nuova livrea adottata a Miami dalla Ferrari, caratterizzata da una doppia fascia azzurro-blu che attraversava la carrozzeria, oltre ai copricerchi azzurri. Ha avuto sia la funzione di celebrare la Ferrari negli Stati Uniti, sia di presentare il nuovo sponsor HP.

### *SF-24: Miami livery*

*The interesting new livery adopted in Miami by Ferrari features a dual light and dark blue band crossing the bodywork, along with light blue wheel covers. The colour scheme both celebrated Ferrari in the USA and presented the new sponsor HP.*

*extent of this development, which effectively saw a redefinition of the car's aerodynamics, starting with the front wing and passing by way of the geometry of the front suspension, a new floor, new sidepod intakes, a new engine cover and finally the rear wing, where the Woking-based team made changes to the beam wing. The McLaren team principal also confirmed that the changes to both the vertical slots and the air intakes required work on the cooling system to achieve maximum efficiency in terms of heat exchange. According to Stella, Miami's high ambient temperatures did not pose a problem as the efficiency of the cooling system in the new configuration was even better than in the previous version. It should be noted that the full package of modifications was fitted to Norris's car only, while Piastri's only received the new front wing and modifications to the front suspension geometry, along with minor changes to the rear suspension. In essence, approximately 50% of the upgrade package was carried over to the Australian driver's car. It is interesting to note that the introduction of this development was originally planned for only one car for at least two reasons. The first concerns the Sprint weekend format, which, with only one free practice session, does not allow for in-depth analysis, especially in the event of unexpected problems. Essentially, introducing the new package on only one of the two cars minimises the risks. The second reason is related to the opportunity to make a direct comparison between the two versions by comparing the data from the two cars.*

*The breadth of the development introduced, as Stella himself confirmed, was intended to provide significant advantages and performance gains with respect to the version raced at the start of the season. Examining the changes in detail, it is clear that the Woking-based aerodynamic engineers concentrated on analysing the car's handling, with a view to improving performance, and on the air flow underneath the car. In this respect, it was not only the new version of the front wing that was of note, but above all the different geometry of the front suspension, which tended to direct the air flow towards the leading edge of the new floor. One of the objectives, which seems to have been only partially achieved with the introduction of the new package, concerned the poor performance of the MCL38 through slow corners. In reality, according to our analysis, the extent of the updates tended to improve the overall handling of the car, which also helped to better manage tyre degradation.*

*An interesting note, again regarding the developments introduced in Miami, concerns Mercedes. The new shape of the front wing was very interesting, especially the rounded, flat section of the nose. This change was accompanied by a partial revision of the lateral edge of the floor, ahead of a more extensive upgrade for Imola.*

### SF-24: anticipazione evoluzione Imola

La SF-24 a Miami non è stata modificata se non in adattamenti a livello di setup. Per contro, l'evoluzione prevista per Imola ha riguardato il fondo vettura, a livello del bordo e delle sezioni dei canali Venturi, con interventi di micro aerodinamica anche ai lati del cockpit e nella zona posteriore della carrozzeria per quanto riguarda le prese d'aria destinate allo smaltimento del calore.

### *SF-24: anticipating the Imola evolution*

*The SF-24 was not modified for Miami with the exception of set-up adaptations. In contrast, the evolution planned for Imola concerned the car's floor, in the lateral area and the sections of the Venturi channels, with micro-aerodynamic adjustments also made either side of the cockpit and at the rear of the bodywork with regards to the heat dispersal air intakes.*

sospensione posteriore
rear suspension

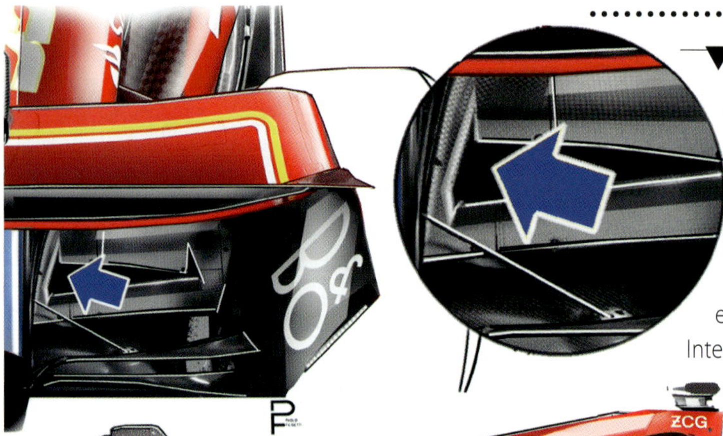

### SF-24: dettaglio setup Miami

Il setup della SF-24 era stato deliberato dopo lunghe serie di iterazioni al simulatore. Nello specifico sono stati approntati aggiustamenti a livello di cinematica delle sospensioni, per quanto riguarda il *push rod* anteriore, e regolazioni per quella posteriore. Interventi si sono avuti anche a livello aerodinamico in relazione alla *beam wing*.

cinematica sospensione
suspension kinematics

### SF-24: Miami set-up detail

*The set-up of the SF-24 was decided after long series of simulator interations. Specifically, adjustments were made to the suspension settings involving the front push-rod and the settings of the rear component. Changes were also made to the aerodynamics of the beam wing.*

### Vista laterale McLaren MCL38 e dettaglio imboccature fiancate

Indicate dalle frecce rosse tutte le aree che hanno riguardato il nuovo pacchetto di sviluppi: ala anteriore modificata a livello della sezione centrale del cucchiaio, ora più piatta; nuova conformazione dei bracci della sospensione anteriore. Modificate anche le imboccature delle fiancate (vedi dettaglio tondo) ora più allungate, e il profilo inferiore delle pance. Diverso il fondo, sia nel bordo di ingresso sia in quello laterale. Infine, diverso il diffusore e la *beam wing*.

### McLaren MCL38 side view and sidepod mouth detail

*The red arrows indicate all the areas involved in the new development package: front wing with a modified central dished section, now flatter, new conformation of the front suspension arms. The sidepod mouths were also modified (see the round detail), which were now longer, and the lower profile of the pods. The floor was different, with changes the leading and lateral edges. Finally, the diffuser and the beam wing were modified.*

# MSC CRUISES GRAN PREMIO DEL MADE IN ITALY E DELL'EMILIA-ROMAGNA 2024

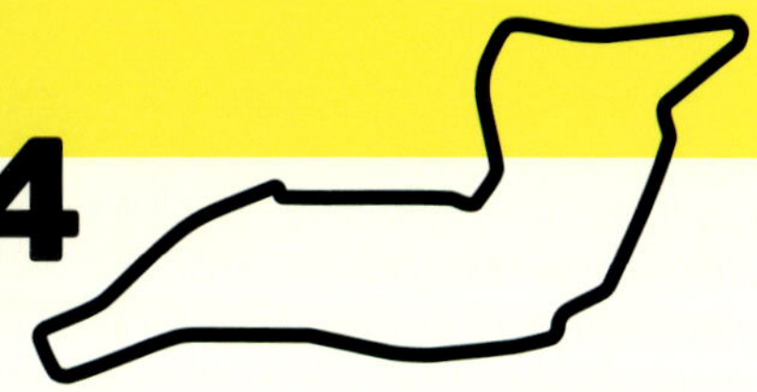

**IMOLA**
**AUTODROMO INTERNAZIONALE ENZO E DINO FERRARI**
**19 MAGGIO MAY**

## Inseguimento alla Red Bull quasi compiuto

Il Gran Premio del Made in Italy e dell'Emilia Romagna è stato un appuntamento denso di significato sotto il profilo tecnico poiché, in pratica, tutti i team con l'ovvia eccezione della McLaren – che aveva introdotto un pacchetto evolutivo già a Miami – hanno apportato sviluppi più o meno ampi alle rispettive monoposto. È stato infatti cruciale soprattutto per verificare se e quanto i rivali diretti della Red Bull si fossero avvicinati alle prestazioni della RB20. L'inizio del weekend aveva subito messo sotto i riflettori le performance della SF-24 EVO, con gli ampi aggiornamenti che hanno funzionato mentre, in parallelo, ha sorpreso la difficoltà di setup accusata dalla RB20, instabile ma soprattutto caratterizzata, quantomeno nella prima sessione di prove libere, da un difficile inserimento in curva. Date queste premesse, il sabato di Imola è stato una vera doccia fredda che ha poi raffreddato l'entusiasmo del pubblico ferrarista: i due decimi che hanno separato Leclerc dalla pole di Verstappen non erano infatti prevedibili guardando le prestazioni della SF-24 nelle sessioni di prove libere. Non è stata invece una sorpresa la performance della McLaren, chiara già da venerdì, con una MCL38 forte degli aggiornamenti di Miami e qui presenti al completo su entrambe le vetture. L'exploit di Max Verstappen ha di fatto costituito l'elemento fuori controllo, rispetto a quello che, sino alla FP3, era un fine settimana in cui il confronto al vertice pareva ristretto a Ferrari e McLaren. Un confronto che appunto si è esteso a tre team e si è confermato tale anche in gara, anche se un dato è emerso inequivocabile: a Imola la direzione del vento del Campionato è comunque cambiata. In pratica, l'ampio margine che la Red Bull aveva dato l'impressione di possedere rispetto ai diretti rivali, ora è parso praticamente ridotto alle sole, fenomenali qualità di pilotaggio di Verstappen. Come detto, la Ferrari che aveva introdotto un pacchetto amplissimo, osservando solo la classifica di fine gara, si potrebbe dire non abbia centrato l'obiettivo, anche se questo è un modo davvero superficiale di valutare la situazione. Il distacco finale tra Verstappen e Leclerc è stato di circa 7", un distacco che dimostra un innegabile "aggancio prestazionale", non visibile solo a chi ritenga deludente qualsiasi altro risultato che non fosse la vittoria.

Le McLaren e le Ferrari aggiornate si sono infatti rivelate le rivali più credibili della Red Bull, con il team di Woking in lieve vantaggio per la miglior conoscenza degli aggiornamenti, a valle dell'analisi dei dati raccolti a Miami, rispetto alla Scuderia. Forse, il coraggio di osare mostrato da Andrea Stella nel far debuttare l'ampio sviluppo della MCL38, ha giocato a favore di una più efficace determinazione di assetto a Imola, rispetto alla SF-24. In realtà, come lo stesso Frédéric Vasseur ha più volte ribadito nel fine settimana, non basta una singola pista per determinare in termini quantitativi l'apporto del pacchetto di sviluppi sulle prestazioni di una vettura. In sostanza, mentre è alquanto aleatorio trovare quanti centesimi o decimi di secondo possa valere su un tracciato specifico, è piuttosto l'analisi del comportamento su circuiti dal layout diverso che permette la valutazione oggettiva dello sviluppo introdotto. Ciò nonostante è parso chiaro che la MCL38 e la SF-24 possano, d'ora in poi, essere le più accreditate rivali della Red Bull, almeno nelle occasioni in cui la RB20 non raggiungerà l'optimum prestazionale o, per meglio dire, risulterà plafonata a livello prestazionale per lo scarso dialogo tra la sua raffinatissima aerodinamica e la parte dinamica.

A Imola, in gara, è stato evidente come la RB20 non fosse in grado di far lavorare in modo altrettanto efficiente rispetto alla McLaren di Norris le gomme di mescola hard, soprattutto quelle anteriori. Max, ha dato il meglio, di fatto compiendo una gara capolavoro il cui risultato poggiava in modo quasi esclusivo sulle sue capacità di pilotaggio e sulla precisa visione di gara del team. McLaren e Ferrari hanno di fatto rivoluzionato le rispettive monoposto nelle ultime due gare, ma il risultato ottenuto, nonostante il quinto successo stagionale della Red Bull, è stato ben più ampio rispetto a quanto la classifica finale della gara abbia lasciato intendere.

## *Red Bull chase almost pays off*

*The Made in Italy and Emilia Romagna Grand Prix was a significant event from a technical point of view, as practically all the teams, with the obvious exception of McLaren – which had already introduced an upgrade package in Miami – introduced more or less extensive developments to their cars. It was in fact vitally important to verify whether and by how much Red Bull's direct rivals had closed the gap to the RB20. The start of the weekend immediately put the SF-24 EVO's performance in the spotlight, with the extensive updates working well, while at the same time the RB20 surprisingly struggled with its set-up, proving unstable and, at least in the first free practice session, having trouble turning into corners. Given these circumstances, the Saturday at Imola proved to be a cold shower that dampened the enthusiasm of Ferrar's tifosi: the*

two tenths that separated Leclerc from Verstappen's pole position time could hardly have been foreseen given the SF-24's performance in the free practice sessions. On the other hand, McLaren's performance came as no surprise as it had been clear on the Friday that the MCL38 was benefiting from the updates introduced in Miami, which were fitted to both cars here. Verstappen's exploit was the one random uncontrollable element over the course of what had been, until FP3, a weekend in which the struggle at the top had seemed to be restricted to Ferrari and McLaren. A struggle that was instead extended to three teams and was confirmed in the race, with one thing emerging unequivocally: at Imola, the direction of the Championship wind had changed. Effectively, the ample margin that Red Bull had appeared to have over its direct rivals now seemed to have been reduced to Verstappen's phenomenal driving skills alone. As mentioned, if we look only at the final race standings, Ferrari, which had introduced a very extensive package, could be said to have missed its target, although this is a very superficial way of assessing the situation. The final gap between Verstappen and Leclerc was about seven seconds, a gap that demonstrates an undeniable catch-up in performance gap, not visible only to those who consider any result other than victory disappointing.

The updated McLarens and Ferraris proved to be Red Bull's most credible rivals, with the Woking team having a slight advantage over the Scuderia thanks to their better understanding of the updates, following the analysis of the data collected in Miami. Perhaps the courage shown by Andrea Stella in debuting the extensive development of the MCL38 early worked in favour of a more effective set-up at Imola compared to the SF-24. In reality, as Frédéric Vasseur himself repeatedly stated over the weekend, a single race is not enough to determine in quantitative terms the contribution of the development package to a car's performance. In essence, while it is somewhat random to calculate how many hundredths or tenths of a second it is worth on a specific track, it is rather the analysis of the car's behaviour on circuits with different layouts that allows for an objective evaluation of the development introduced. Nevertheless, it seemed clear that the MCL38 and SF-24 could, from now on, be Red Bull's most credible rivals, at least on those occasions when the RB20 failed to achieve its optimum performance or rather, when its performance was limited due to the poor dialogue between its highly sophisticated aerodynamics and its dynamic parts.

In the race at Imola, it was clear that the RB20 was unable to make the hard compound tyres work as efficiently as Norris' McLaren, especially the front ones. Max gave his best, delivering a masterpiece in racecraft, with a result rested almost exclusively on his driving skills and the team's clear race vision. McLaren and Ferrari had effectively revolutionised their cars over the last two races, but the result, despite Red Bull's fifth win of the season, was much more significant than the final race standings suggested.

### Confronto SF-24 standard (livrea Miami) e SF-24 EVO

Nei dettagli, si nota come le imboccature siano ora caratterizzata da un labbro superiore che in parte cela la sezione verticale della presa d'aria (1). Molto accentuato il canale inferiore (2) grazie a una sezione più arrotondata della porzione verticale delle fiancate. Il canale si estende e amplia verso la sezione posteriore incrementando il passaggio del flusso diretto al retrotreno (3). Decisamente interessante e raffinato lo studio dei flussi e la sua energizzazione tramite un incremento della sezione verticale della griglia di smaltimento dell'aria calda, seguito da un abbassamento della sezione posteriore della carrozzeria per generare un profondo canale.

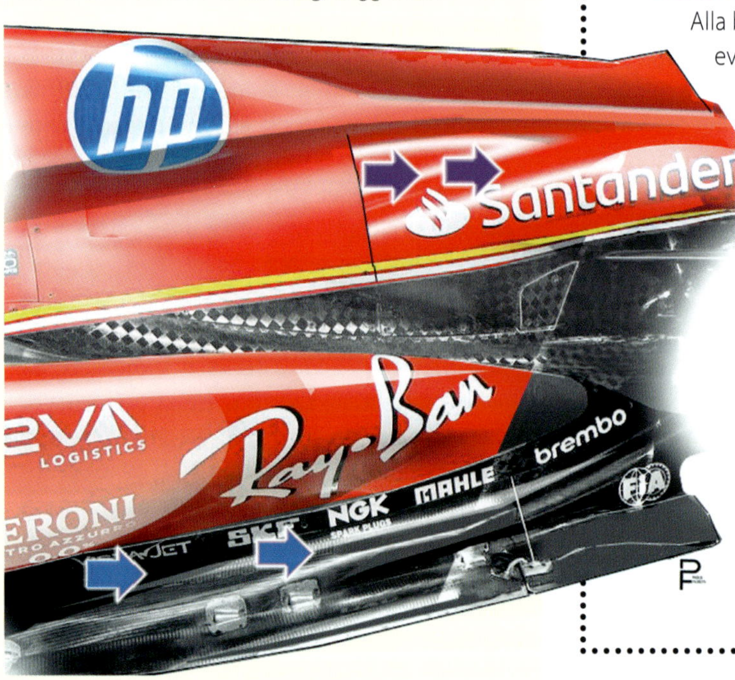

### Gestione flussi SF-24 EVO

Alla base dell'ampio pacchetto evolutivo, la migliorata gestione dei flussi che lambiscono la carrozzeria, con uno smaltimento del calore completamente rivisitato, al pari dell'andamento del flusso tra fiancate e fondo.

### *SF-24 EVO air flow management*

*Underlying the broad development package was the improved management of the air flows over the bodywork, with completely revised heat dispersal and management of the flow between sidepods and floor.*

Al lati dell'abitacolo (4) il profilo separatore verticale non è più connesso all'halo ma è estroflesso. È poi stata inglobata la presa d'aria di uscita della *bypass duct*, nella nuova conformazione della carrozzeria verso la singola feritoia verticale di smaltimento dell'aria calda.

### Standard SF-24 (Miami livery) and SF-24 EVO comparison

*In the details, note how the sidepod mouths were now characterised by an upper lip that in part concealed the vertical section of the intake (1). The lower channel (2) was very accentuated thanks to a rounder section of the vertical portion of the sidepods. The channel extended and broadened towards the rear, increasing the flow of air directed towards the rear of the car. (3) Of particular interest was the study of the air flow and its energization through an increase in the vertical section of the hot air dispersal grille, followed by a lowering of the rear section of the bodywork to create a deep channel. Either side of the cockpit (4) the vertical separating profile was no longer connected to the halo but was flicked outwards. The bypass duct air vent was then incorporated into the new configuration of the bodywork towards the single vertical hot air dispersal slot.*

***nuovo profilo laterale fondo***
***new floor lateral profile***

***incremento ampiezza canale inferiore***
***increase in width of lower channel***

### SF-24: confronto fiancate

Nel dettaglio si nota il profondo lavoro di affinamento nella gestione dei flussi che lambiscono le fiancate, con un canale inferiore di sezione maggiorata rispetto alla versione originaria e con un diverso bordo laterale del fondo stesso.

### SF-24: sidepod comparison

*In the detail, note how the extensive work on refining the management of the air flows over the sidepods, with a larger section lower channel with respect to the original version and with a different lateral edge to the floor.*

### SF-24: confronto dettaglio cofano motore

Interessante il confronto diretto tra le due versioni di cofano motore dove è evidente la razionalizzazione degli sfoghi per lo smaltimento dell'aria calda indirizzata verso il posteriore, smaltimento che prima era garantito solo attraverso griglie verticali.

### *SHF-24 engine cover detail comparison*

*There is an interesting comparison to be made between the two versions of the engine cover revealing the rationalization of the hot air dispersal vents directed towards the rear of the car, the dispersal previously being guaranteed by vertical grilles alone.*

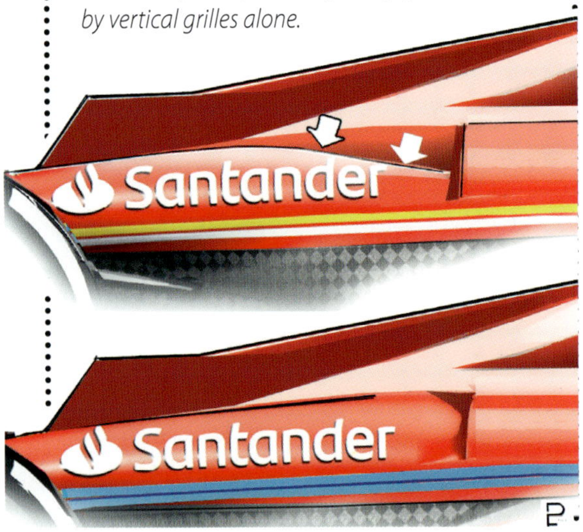


### SF-24: nuove imboccature radiatori e profilo "Cobra"

Il pacchetto introdotto a Imola era caratterizzato da una diversa conformazione delle imboccature delle fiancate, caratterizzate da un ampio labbro superiore che le scherma e da un profilo inferiore arcuato che si integra alla presa d'aria verticale della *by pass duct*. Inoltre è stato ampliato il profilo "Cobra" ai lati dell'abitacolo aumentandone la sezione laterale.

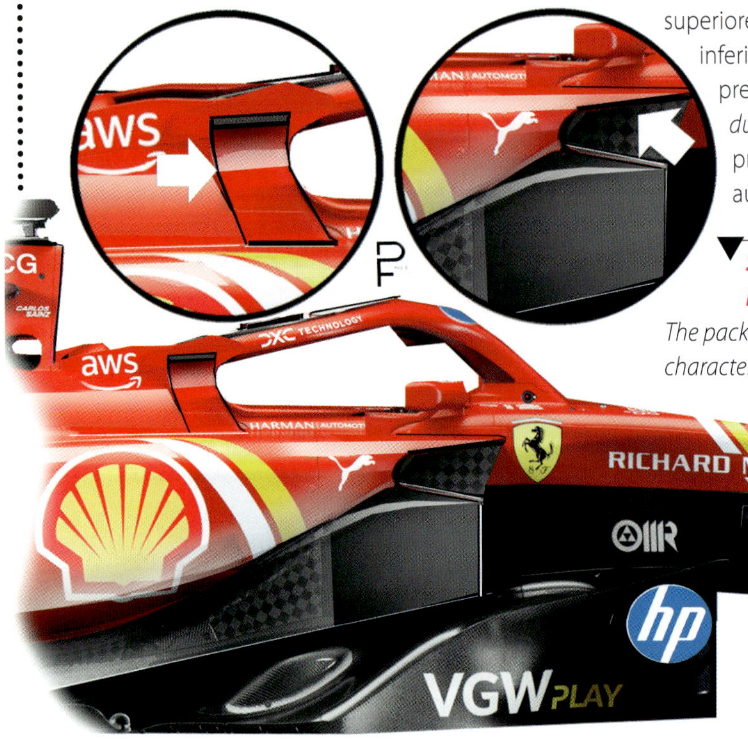


### *SHF-24: new radiator intakes and "Cobra" fins*

*The package introduced at Imola was characterised by a different configuration of the sidepod mouths, characterised by a large upper lip which shielded them and by an arched lower profile integrated with the vertical bypass duct intake. Moreover, the "cobra" fins either side of the cockpit were extended, increasing their lateral section.*

### MCL38 e SF-24 EVO: le aree di sviluppo a confronto

Come si può notare dal confronto diretto tra le viste laterali delle due vetture, l'ampiezza dei due rispettivi pacchetti evolutivi è quasi sovrapponibile avendo, nei fatti, riguardato l'intera veste aerodinamica di entrambe le vetture, dall'ala anteriore a quella posteriore. Le fiancate sono caratterizzate da un'inversione del labbro davanti alle imboccature, che ora le ricopre orizzontalmente, mentre su tutte e due è stata incrementata la sezione del sottoquadro.

### *MCL38 and SF-24 EVO: development areas compared*

*As can be seen from the direct comparison between the side views of the two cars, the extent of the two development packages was broadly similar and effectively concerned the entire aerodynamic configuration of both cars, from the front to the rear wings. The sidepods were characterised by an inversion of the lip ahead of the mouths, which now covers them horizontally, while on both the section of the cutaway was increased.*

# GRAND PRIX DE MONACO 2024

**PRINCIPATO DI MONACO**
**MONTE CARLO**
**26** MAGGIO
MAI

## Un weekend perfetto per Leclerc e Ferrari, molto meno per Red Bull

Dopo la pole position di sabato, non del tutto scontata quantomeno in Q1 e Q2 rispetto a quanto avevano mostrato le sessioni di prove libere, mancava solo la vittoria per completare un fine settimana perfetto per Charles Leclerc e la Ferrari. In qualifica, il monegasco aveva recuperato feeling con la vettura proprio nel Q3 dopo che alcune minime modifiche di assetto, a valle della FP3, non avevano confermato quanto visto in FP2, con la SF-24 in difficoltà nell'inserimento dell'avantreno in curva, fattore cruciale per fare il tempo a Monaco. Ma alla fine è bastato un lieve incremento del carico all'avantreno per far ritrovare sia a Leclerc sia a Carlos Sainz, seppur non le stesse sensazioni delle libere, almeno la fiducia per spingere a fondo nei due tentativi nella sessione decisiva per la pole.

Va considerato il diverso livello di grip, soprattutto all'avantreno, che ha caratterizzato le varie monoposto e che è stata la discriminante nel fine settimana, in particolare per la Red Bull. La RB20, infatti, ha faticato sin da venerdì nelle prime due sessioni di prove libere, riuscendo solo sabato mattina, in FP3, a trovare un valido compromesso in termini di equilibrio dinamico. Il gap prestazionale tra la RB20 e la SF-24 era parso tutto a favore delle rosse, con il solo talento di Max Verstappen in grado di colmare, seppur non del tutto, le lacune della sua vettura a livello di bilanciamento. I tecnici Red Bull hanno poi lavorato molto sugli angoli caratteristici della sospensione anteriore, ma altrettanto sulle altezze da terra nell'ottica di ridurre l'accentuato sottosterzo che a Monte Carlo rappresenta una forte limitazione per la performance, considerando il particolare layout del tracciato. La sesta posizione in griglia dell'olandese e la diciottesima di Sergio Pérez (prima che le Haas, squalificate per irregolarità al volume del DRS aperto, lo facessero avanzare in sedicesima), rappresentano la prova tangibile di un fine settimana complesso per il team di Milton Keynes, che ha ricordato quello di Singapore 2023. In quell'occasione era apparso chiaro quanto le sconnessioni dell'asfalto di Marina Bay avessero messo in crisi l'equilibrio della RB19, dando a tutti gli effetti il via libera all'unica vittoria "non Red Bull" dello scorso anno, quella ottenuta dalla Ferrari con Sainz.

In sostanza, come lo stesso Verstappen già venerdì aveva dichiarato, i problemi della RB20 a Monaco non potevano essere risolti con un ribaltamento completo dei parametri di assetto. Il progetto della RB20 è a tutti gli effetti un complesso capolavoro di interazione tra la componente dinamica (le sospensioni) e quella aerodinamica che qui a Monte Carlo, a differenza della Ferrari, ha avuto riferimenti alquanto labili. In sostanza, mentre la Ferrari ha mostrato una precisa correlazione tra la *baseline* di assetto tracciata al simulatore e la realtà, così non è stato per la RB20.

In ottica gara, Leclerc ha avuto come rivale più temibile Oscar Piastri con la McLaren, progressivamente migliorata da venerdì, forse grazie alle sue caratteristiche dinamiche che in parte la differenziano dalla RB20. Interessante rilevare che, prudenzialmente, il propulsore di Leclerc era stato sostituito a conclusione della FP3, per la segnalazione anomala di un sensore della temperatura dell'olio, di fatto montando nuovamente la PU di Miami al posto di quella utilizzata a Imola. In gara, la configurazione delle griglie di smaltimento calore è stata incrementata con la presenza di ben quattro feritoie alla base del cofano motore, in modo da mantenere sotto controllo le temperature della PU. Si potrebbe dire che, curando ogni minimo dettaglio, il team di Maranello ha rimosso ogni possibile ostacolo che potesse impedire a Leclerc di tornare al successo. Altrettanto palese è stata la perfetta gestione del muretto così come quella dei piloti per gli pneumatici: Leclerc e Sainz hanno adottato un passo gara che, dopo la ripartenza, ha permesso loro di percorrere l'intera lunghezza senza ulteriori soste.

## *A perfect weekend for Leclerc and Ferrari, much less so for Red Bull*

*Following Saturday's pole position, which compared to what the free practice sessions had shown was by no means a sure thing, at least in Q1 and Q2, only the win was missing to complete a perfect weekend for Leclerc and Ferrari. In qualifying, Charles had regained a degree of feeling with the car in Q3 after some minor set-up changes following FP3 had failed to confirm what had been seen in FP2, with the SF-24 struggling with front end turn-in, a crucial factor in setting a time in Monaco. However, ultimately a slight increase in front-end downforce was sufficient for both Leclerc and Sainz to regain, if not the same feel as in free practice, at least the confidence to push hard in their two attempts at pole in the decisive session.*

*We should consider the different grip levels, especially at the front end, which characterised the various cars and which was the discriminating factor over the weekend, particularly for Red Bull. The RB20, in fact, struggled from Friday in the first two free practice sessions, only managing in FP3 on Saturday morning to find a successful compromise in terms of dynamic balance. The performance gap between the RB20 and the SF-24 appeared to be all in favour of the Rosse, with only the talent of Verstappen able to make up for at least some of his car's shortcomings in terms of balance. The Red Bull engineers then focused on the specific angles of the front suspension, as well as on the ground clearance in order to reduce the pronounced understeer that at Monaco severely hampers performance, given the particular layout of the track. The Dutchman's 6th position on the grid and Perez's 18th (before the Haas disqualification for open DRS volume irregularities moved him up to 16th), represent tangible evidence of a complex weekend for the Milton Keynes team, which recalled that of Singapore 2023. On that occasion, it became clear how much the Marina Bay asphalt's unevenness had undermined the RB19's balance, effectively giving the green light to that year's only "non-Red Bull" victory, claimed by Sainz in the Ferrari.*

*In essence, as Verstappen himself had already stated on Friday, the RB20's problems in Monaco could not be solved by a complete overhaul of the set-up parameters. The design of the RB20 was, to all intents and purposes, a complex masterpiece of interaction between the dynamic part of the car (the suspension) and its aerodynamics, which here in Monaco, unlike Ferrari, had rather shaky references. Basically, while Ferrari showed a precise correlation between the set-up baseline established in the simulator and reality, this was not the case with the RB20.*

*In terms of the race, Leclerc's most formidable rival was Piastri in the McLaren, a car that had progressively improved from the Friday sessions, perhaps thanks to the dynamic characteristics that partly differentiate it with respect to the RB20. It is interesting to note that, prudently, Leclerc's power unit had been replaced at the end of FP3, due to an anomalous signal from an oil temperature sensor, in effect the team refitted the Miami PU in place of the one used at Imola. In the race, the configuration of the heat dissipation grilles was expanded, with no less than four slots at the base of the engine cover, in order to keep the Power Unit temperatures under control. It could be said that by taking care of every last detail, the Maranello team removed every possible obstacle that might prevent Leclerc from returning to the winner's circle. Equally clear was the perfect management of the race from the pit wall as well as by the drivers with regard to the tyres: Leclerc and Sainz adopted a race pace that, following the restart, permitted them to run to the chequered flag without further stops.*

### Nuova ala posteriore

A Monaco, come per tutti i team, anche la Ferrari ha adottato una configurazione da massimo carico. Specificamente è stata introdotta un'inedita ala posteriore caratterizzata dal flap con le estremità a spigolo vivo, non arrotondate, per incrementarne la superficie massima, in modo tale da generare un carico più elevato.

### *New rear wing*

*At Monaco, as with all the teams, Ferrari adopted a maximum downforce configuration. Specifically, the team introduced a new rear wing characterised by a flap with sharp rather than rounded corners to increase trhe maximum area and generate more downforce.*

### MCL38: livrea Senna

Al di là del consueto adattamento al tracciato del principato la McLaren ha adottato su entrambe le vetture una livrea commemorativa di Senna, che peraltro ha messo in risalto in modo efficace gli elementi che contraddistinguono la configurazione aerodinamica adottata. Non solo risaltavano le recenti modifiche al bordo laterale del fondo, introdotte a Miami, ma era anche evidente l'incidenza del flap dell'ala posteriore al pari delle ampie griglie di raffreddamento, incrementate nella loro sezione a causa del ridotto scambio termico garantito dalle basse velocità tipiche di questa pista. Una soluzione adottata dalla maggior parte dei team.

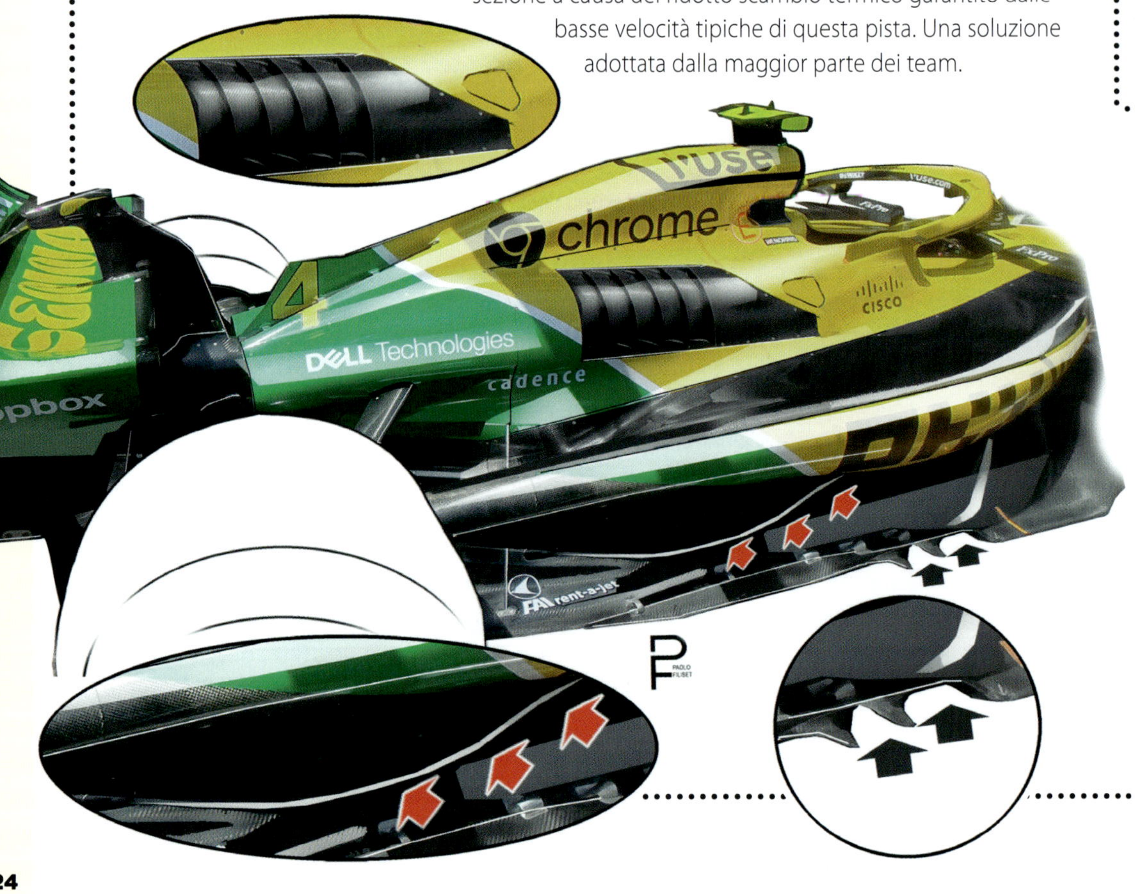

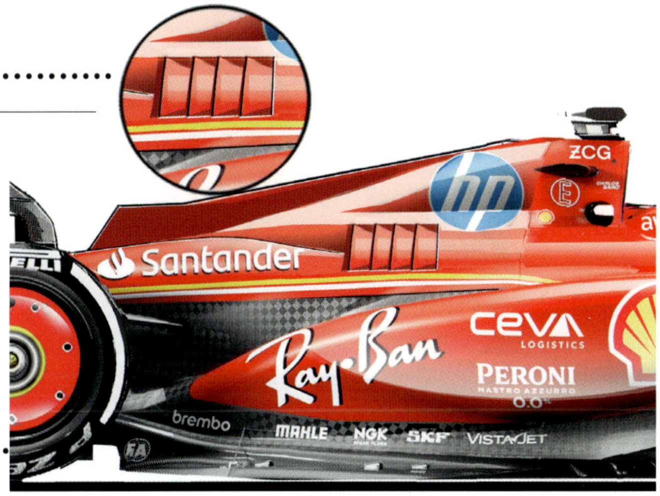



### Griglie smaltimento calore SF-24

In gara, entrambe le SF-24 sono state caratterizzate da un incremento delle griglie di smaltimento del calore, con la presenza di quattro feritoie. Tale soluzione, decisamente non ottimale a livello di efficienza aerodinamica, è stata però un fattore non marginale sul tortuoso tracciato del principato.

### *Heat dispersal grilles SF-24*

*In the race, both SF-24s were characterised by an expansion of the heat dispersal grilles with the presence of four slots. This configuration, by no means optimal in terms of aerodynamic efficiency, was nonetheless a by no means marginal factor on the tortuous circuit in the principality.*

**Baku**

### RB20: ala posteriore Monte Carlo - confronto con versione Baku

La Red Bull, come tutti i team, ha adottato la configurazione da massimo carico. In particolare, ha dotato la RB20 di una nuova ala posteriore caratterizzata da un flap ad ampia incidenza e da un profilo dell'ala maggiormente concavo, in modo da garantire un elevato carico aerodinamico sull'asse posteriore. La trazione, infatti, è uno degli elementi cruciali su questo tracciato, favorendo l'accelerazione in uscita di curva e la precisione in ingresso, non la velocità pura. Nel dettaglio, la nuova ala presenta spigoli vivi alle estremità laterali con la funzione di estendere il più possibile la superficie del flap, garantendo il massimo carico anche se questo comporta un netto aumento della resistenza aerodinamica. In effetti, tale resistenza su questo tracciato è irrilevante, sebbene sia corretto ribadire come, a differenza del passato, da alcuni anni le configurazioni aerodinamiche siano decisamente meno estreme, con il profilo principale spesso non più caratterizzato da un cucchiaio accentuato, come invece accadeva in passato. Tuttavia, va sottolineato che a Monte Carlo il fondo è in grado di produrre un carico notevolmente inferiore rispetto ad altri tracciati. Ad esempio, a Baku, il carico complessivo prodotto, in rettilineo, è realmente superiore a quello nel principato, nonostante ali con minore incidenza.

### *MCL38: Senna livery*

*Apart from the usual adaptation to the circuit in the principality, both McLarens adopted a livery commemorating Ayrton Senna that effectively highlighted the distinctive features of the car's aerodynamic configuration. Not only were the recent changes to the lateral edges of the floor introduced in Miami clearly visible, but the incidence of the rear wing flap was evident, as were the large cooling grilles, the section of which had been increased due to the reduced thermal exchanged guaranteed by the low speeds typic of this track. This feature was adopted by the majority of the teams.*

### *RB20: rear wing Monte Carlo – comparison with the Baku version*

*Like all the other teams, Red Bull adopted a maximum downforce configuration. In particular, the team equipped the RB20 with a new wing featuring a flap with a steep angle of incidence and a more dished main plane guaranteeing high downforce on the rear axle. Traction is in fact one of the key factors on this circuit, favouring precision when turning into and acceleration out of corners rather than pure speed. In detail, the new wing featured sharp corners on the ends designed to extend as much as possible the surface area of the flap, guaranteeing maximum downforce even at the expense of significantly increased drag. In effect, drag on this circuit is irrelevant, although it should be pointed out that in recent years the aerodynamic configurations have been much less extreme than in the past, with the main plane no longer characterised by accentuated dishing as was once the case. However, it has to be said that at Monaco the floor is capable of generating much less downforce than at other circuits. For example, at Baku, the overall downforce produced on the straight was significantly superior to that in the principality, despite the wings with lower incidence.*

**Monaco**

# AWS GRAND PRIX DU CANADA 2024

**MONTRÉAL**
**CIRCUIT GILLES VILLENEUVE**
**9 GIUGNO *JUNE***

## Red Bull di nuovo non al meglio

Il fine settimana della Red Bull In Canada non è stato certamente lineare, sia per le iniziali difficoltà di assetto della RB20, poi risolte in FP3 quantomeno per Max Verstappen, sia per il guasto all'ERS che ha colpito la monoposto dell'olandese in FP2. L'origine del problema all'ERS (sistema di recupero dell'energia) è stato identificato in un guasto all'MGU-k, ovvero il motogeneratore cinetico che ha la funzione di ricarica attraverso i freni posteriori della vettura. Si è trattato senza alcun dubbio di una componente sottoposta a un carico di lavoro rilevante dato il layout "stop and go" di questo circuito. Ciò nonostante ha destato sorpresa, sia perché il problema si è manifestato prima della metà della seconda sessione, con la prima ridotta a una manciata di giri per la pioggia, sia soprattutto perché Red Bull negli ultimi due anni aveva dimostrato una affidabilità granitica delle PU Honda. Alcune indiscrezioni dal paddock di Montréal hanno puntato il dito sull'estremizzazione della RB20 in tutte le sue aree, per esigenze legate soprattutto all'aerodinamica. Sotto questo profilo, una "spia" potrebbe essere considerata la verifica che i tecnici Red Bull, proprio in Canada, hanno effettuato in relazione alla deformazione (flessibilità) del tirante *pull rod* anteriore. Sono infatti stati posti degli indici ottici (bollini adesivi) in tre diversi punti del tirante per valutare la loro costante complanarità sotto sforzo, soprattutto nel passaggio sui cordoli, o micro spostamenti rispetto all'asse virtuale passante attraverso i tre indici. In sostanza, la sua sezione minima si riteneva potesse essere causa delle deformazioni in fase di passaggio sui cordoli, tale da far perdere i riferimenti rispetto all'assetto impostato ai box. A questo si aggiunge che alcuni elementi accessori della PU, sacrificati nella loro collocazione, come il complesso sistema di raffreddamento e alcuni componenti miniaturizzati, potrebbero essere stati fattori determinanti per un'affidabilità non più al livello della monoposto precedente.
Considerando, in definitiva, i risultati sino a qui ottenuti, si giustifica l'impostazione progettuale decisamente aggressiva della Red Bull. In sostanza, prima la prestazione, poi, nel caso di problemi, l'affidabilità si trova... secondo il primo teorema di... Newey!

## *Red Bull off the pace again*

*Red Bull's Canadian weekend was by no means straightforward due both to the RB20's initial set-up difficulties, subsequently resolved in FP3 at least for Verstappen, and because of the ERS fault which affected the Dutchman's car in FP2. The source of the problem with the ERS (Energy Recovery System) was identified as a failure of the MGU-k, the kinetic motor-generator that has the function of charging through the car's rear brakes. While this was undoubtedly a component subject to a significant workload given the "stop and go" layout of this circuit, it nevertheless came as a surprise given that the problem manifested itself before the middle of the second session, with the first reduced to a handful of laps due to the rain, and above all because Red Bull had demonstrated the granitic reliability of the Honda Power Units over the past two years. Certain paddock indiscretions in Montréal pointed the finger at the extreme nature of the RB20 in all areas, due above all to aerodynamic demands. In this respect, the verification that the Red Bull engineers conducted in Canada in relation to the deformation (flexibility) of the front pull rod might be seen as a warning sign. In fact, optical indices (stickers) were placed at three different points of the tie rods to assess their constant coplanarity under stress, especially when passing over kerbs, or micro-displacements with respect to the virtual axis passing through the three indices. Basically, the component's minimal cross-section was thought to cause deformations when passing over kerbs that were sufficient to lose the set-up references established in the pits. Additionally, certain accessory elements of the PU were sacrificed in terms of their location, including the complex cooling system and several miniaturised components, might well have been determining factors in the fall-off in reliability with respect to the previous single-seater.*
*Ultimately, considering the results thus far, Red Bull's decidedly aggressive design approach had been justified. Essentially, performance comes first, then, in the event of problems, reliability could be sought... according to Newey's first theorem!*

### RB20: verifica flessibilità tirante pull rod

La Red Bull a Montréal ha effettuato misurazioni sulla flessibilità del *pull rod* anteriore, valutandone i movimenti relativi rispetto agli scuotimenti indotti dal passaggio sui cordoli.

### *RB20: pull rod flexibility verification*

*Red Bull conducted tests on the flexibility of the front pull rods in Montreal, evaluating the movements in relation to the shocks induced by the passage over the kerbs.*

### RB20: un progetto complesso

Il numero di prese d'aria incrementato a Suzuka, evidenzia la complessità dell'impianto di raffreddamento su quattro livelli. Una scelta che ha vincolato fortemente lo sviluppo aerodinamico superiore di questa monoposto.

### *RB20: a complex project*

*The number of air intakes increased at Suzuka highlighted the complexity of the four-level cooling system. A design decision that weighed heavily on the development of the car's upper aerodynamics.*

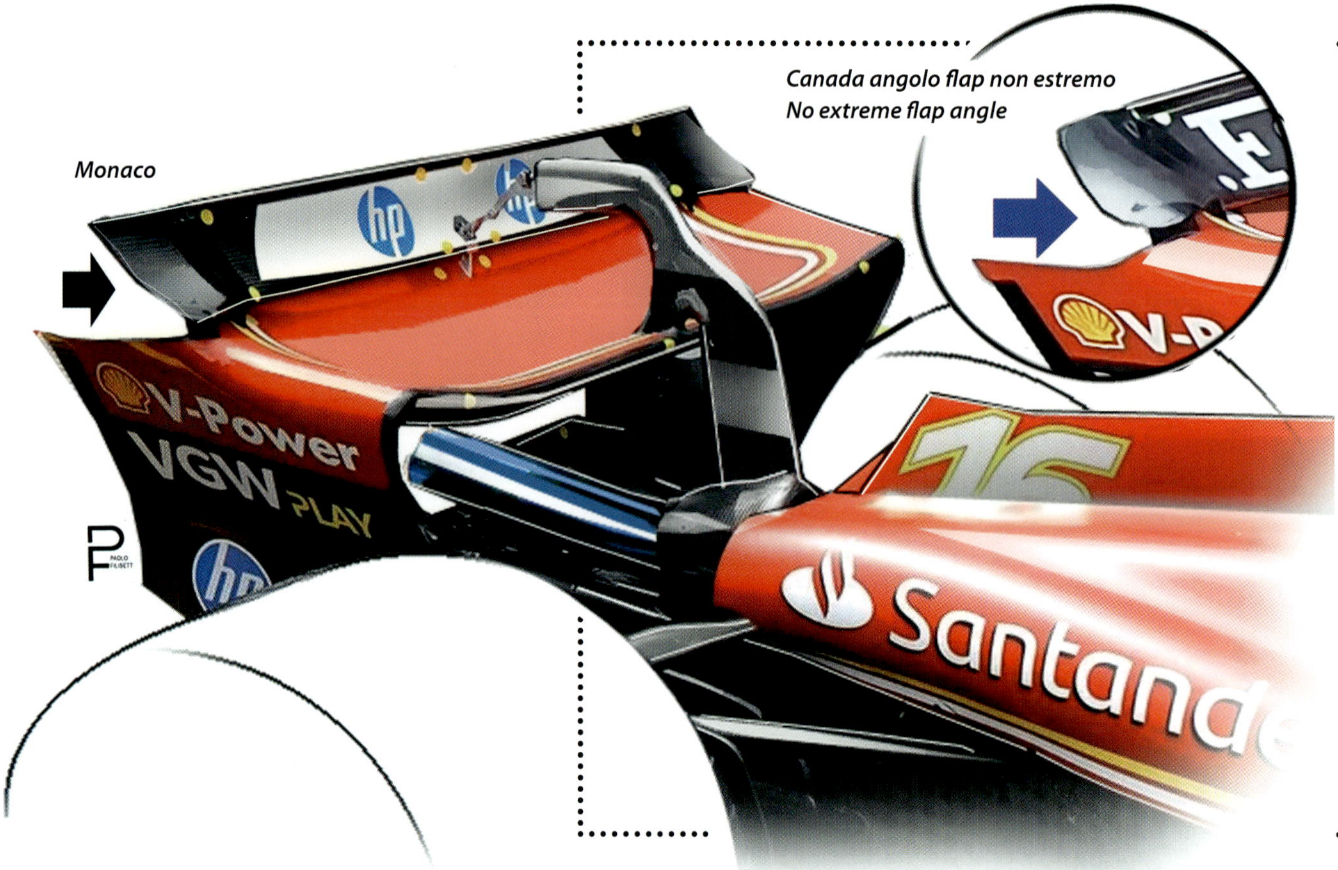


### Ala posteriore SF-24

A Montréal la Ferrari ha adottato un'ala posteriore decisamente più scarica rispetto all'ultima versione introdotta a Monaco, dotata di un flap con incidenza inferiore e diverse estremità.

### *SF-24 rear wing*

*For Montreal, Ferrari adopted a rear wing developing considerably less downforce than the last version introduced at Monaco, equipped with a flap with a lower angle of incidence and different extremities.*

### Power Unit Ferrari

Sul tracciato stop and go di Montréal la Ferrari ha utilizzato una specifica modalità di utilizzo e ricarica della PU, in modo tale da sfruttare la piena potenza nel lungo rettilineo di ritorno. Una modalità in effetti molto simile a quella scelta a Baku.

### *Ferrari power unit*

*On the stop and go Montreal circuit, Ferrari used a specific PU use and recharging mode so as to exploit full power on the long back straight. This mode was in effect very similar to one adopted at Baku.*

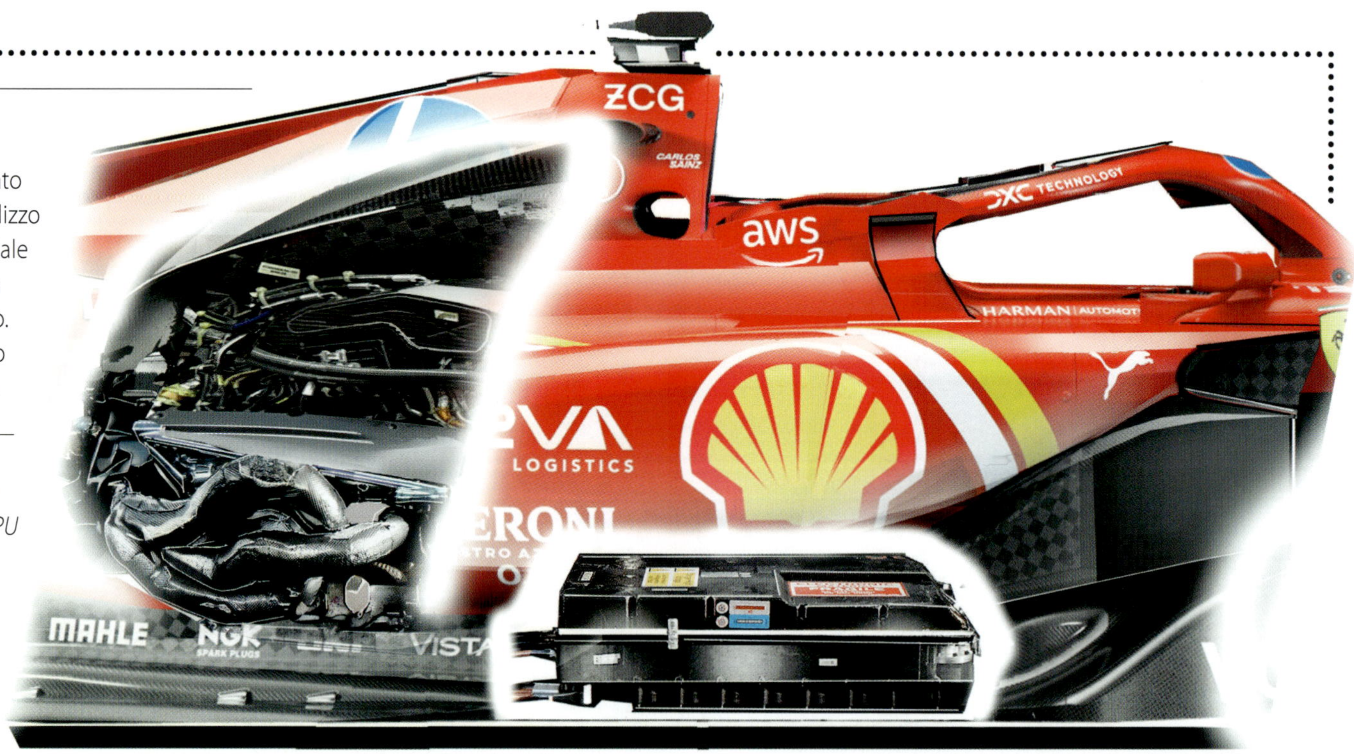

# ARAMCO GRAN PREMIO DE ESPAÑA 2024

## Nuovo, importante pacchetto evolutivo per la Ferrari

A Maranello, dopo un Gran Premio del Canada da incubo, erano convinti si fosse trattato solo di un'isolata battuta d'arresto, non tale da mettere in risalto un qualche male oscuro della SF-24, male che potesse condizionare le prestazioni nel prosieguo del Campionato. In Spagna, questa convinzione è rimasta tale anche dopo un ennesimo fine settimana incolore. Eppure, proprio a Barcellona, è stato introdotto un ampio pacchetto evolutivo, anticipando i tempi rispetto all'originaria programmazione, previsto per Silverstone, due settimane più tardi. Lo stesso team principal Frédéric Vasseur, infatti, a precisa domanda se si ritenesse soddisfatto degli sviluppi introdotti sulla SF-24, ha risposto affermativamente ricordando che «un pacchetto evolutivo, spesso, non esprime il proprio totale potenziale la prima volta che viene introdotto ma solo dopo qualche gara». Una tesi che può certo poggiare su dati indubitabili, ma che porta in realtà come conseguenza a un'altra domanda, ossia se fosse davvero necessario introdurre tali sviluppi già in questa gara. Anche in questo caso la risposta di Vasseur non ha lasciato spazio al dubbio «si introducono il più rapidamente possibile per non subire il ritmo di sviluppo degli avversari». In questo caso emerge come conseguenza che in Ferrari, dopo l'introduzione da parte della McLaren del pacchetto di Miami, fosse già chiara a Imola la minore efficacia dello sviluppo introdotto proprio al Gran Premio dell'Emilia Romagna sulla SF-24. E che, nonostante la vittoria di Monaco, fosse quindi necessario non aspettare sino a Silverstone dove, peraltro, anche i rivali hanno poi introdotto ulteriori sviluppi. Ora, se in effetti la direzione intrapresa negli sviluppi è corretta, si potrebbe ipotizzare che la loro portata sia stata sovrastimata e, in parallelo, sia stata sottostimata la capacità di evoluzione dei diretti rivali, McLaren e Mercedes. Altra ipotesi è che gli sviluppi sinora introdotti, prima a Imola e poi a Barcellona, abbiano seguito una direzione non proficua ma anche in considerazione all'andamento delle gare sinora disputate, a eccezione di Montréal, anche questa ipotesi è da escludere. Più probabile allora, leggendo tra le righe nelle risposte di Vasseur, è la necessità di una verifica su più gare per estrarre il massimo di incremento prestazionale che un'evoluzione, sulla carta, può garantire. Vasseur dà dunque estrema rilevanza alla corretta determinazione degli assetti, ovvero a quella fase di integrazione delle modifiche in vettura che, come noto, richiede un'ampia serie di simulazioni.

I limiti intrinseci della SF-24, infatti, erano ben chiari a Enrico Cardile e ai suoi collaboratori, sin da inizio stagione, e sono stati rappresentati soprattutto da una difficoltà nell'accendere (*warming up*) le gomme, al retrotreno in specifiche condizioni. Gli sviluppi introdotti a Imola hanno di certo costituito un passo in avanti anche sotto questo profilo, ma non risolutivo, soprattutto con determinati layout di tracciato abbinati a basse temperature, come accaduto a Montréal. In ogni caso, è altrettanto vero che il pacchetto evolutivo introdotto in occasione della gara imolese, a eccezione di quello del debutto, non è stato sinora utilizzato su tracciati particolarmente probanti sotto il profilo aerodinamico.

Il fine settimana al Montmelò è stato sicuramente sfruttato per raccogliere i dati ancora mancanti per una valutazione a tutto tondo, ma forse, a eccezione del confronto diretto con il nuovo sviluppo effettuato in FP1, si sono in parte sovrapposti. Lo staff degli aerodinamici diretto da Diego Tondi, già in occasione del debutto del primo pacchetto, aveva definito nel dettaglio la seconda fase di sviluppo della SF-24, permettendo un'accelerazione nella realizzazione effettiva delle varie componenti. Nel dettaglio, gli sviluppi si sono concentrati sul fondo, soprattutto a livello dei deviatori di flusso inferiori, ma hanno riguardato anche la zona del fondo all'altezza del gomito del diffusore e la creazione di mini canali all'altezza del suo bordo di uscita. Altri ritocchi sono stati apportati a livello dell'area intorno all'abitacolo, con una ridefinizione del profilo "Cobra" e della base dell'halo. Va

**BARCELONA**
**BARCELONA-CATALUNYA**
**23** GIUGNO JUNE

sottolineato come l'obiettivo non fosse quello di un generico incremento del carico ma di una sua accurata distribuzione. Forse proprio qui, la nuova configurazione che mirava al mantenimento di assetti dinamici non esasperati, potrebbe aver messo in crisi il setup della SF-24.

## *A new major evolutionary package for the Ferrari*

*The powers that be at Maranello were convinced that the nightmare Canadian Grand Prix was just an isolated setback, not something that highlighted any major flaws in the SF-24 that might affect performance over the rest of the Championship. In Spain, this belief remained unchanged even after yet another lacklustre weekend. This was despite Barcelona seeing the early introduction of a comprehensive upgrade package which had originally been planned for Silverstone two weeks later. When asked specifically whether he was satisfied with the developments introduced on the SF-24, team principal Frédéric Vasseur replied in the affirmative, pointing out that "an evolutionary package frequently fails to express its full potential first time out, but only after a few races". While this argument was certainly based on indisputable data, it actually leads to another question, namely whether it was really necessary to introduce these developments as early as this race. Again, Vasseur's answer left no room for doubt: 'they are introduced as quickly as possible so as not to fall behind the development pace of our rivals." In this case, it appears that after McLaren introduced its Miami package, it was already clear at Imola that the development introduced on the SF-24 at the Emilia Romagna Grand Prix was less effective. Despite the victory in Monaco, it was therefore clear that the team could not wait until Silverstone, where, moreover, its rivals also introduced further developments. Now, if the direction taken in the developments was indeed correct, it could be said that their scope has been overestimated while, at the same time, the evolutionary potential of Ferrari's direct rivals McLaren and Mercedes had been underestimated. Another hypothesis is that the developments introduced so far, first at Imola and then at Barcelona, had not borne fruit, but considering the performance in the races thus far, apart from Montreal, this hypothesis can also be ruled out. What is more likely, then, reading between the lines of Vasseur's own answers, was that there was a need for verification over several races to extract the maximum performance increase that an evolution could guarantee, at least on paper. Vasseur therefore attached great importance to the correct determination of the set-upthat is to say, the phase of integrating the changes into the car, which, as is well known, requires an extensive series of simulations.*

*The intrinsic limitations of the SF-24 were, in fact, clear to Enrico Cardile and his team from the start of the season and mainly concerned a difficulty in warming up the rear tyres under specific conditions. The developments introduced at Imola certainly represented a step forward in this respect, but they were not decisive, especially on certain track layouts when combined with low temperatures, as was the case in Montreal. In any case, it is equally true that the package introduced at the Emilia Romagna Grand Prix, with the exception of its debut, had not yet been used on tracks that were particularly challenging from an aerodynamic point of view. The Montmelò weekend was certainly used to gather the data still missing for a comprehensive evaluation, but perhaps, except for the direct comparison with the new development carried out in FP1, they overlapped to some extent. The aerodynamics team led by Diego Tondi had already defined the second phase of development of the SF-24 in detail on the occasion of the launch of the first package, allowing for an acceleration in the actual production of the various components. Specifically, developments focused on the floor, especially at the level of the lower flow vanes, but also involved the area of the floor at the diffuser elbow and the creation of mini channels at its trailing edge. Further tweaks were made to the area around the cockpit, with a redefinition of the "cobra" profile and the base of the halo. It should be emphasised that the aim was not to increase downforce in general but to distribute it more carefully. Perhaps it was here that the new configuration, which aimed to maintain dynamic settings that were not extreme, may have undermined the SF-24's setup.*

**MCL38: vista laterale**

In Spagna le modifiche alla MCL38 sono state minime. In pratica è stato sinora solo lo sviluppo introdotto a Miami a incrementare il livello di competitività della monoposto. Le frecce indicano tutte le aree coinvolte nello sviluppo introdotto a Miami a favore di un genarle miglioramento del bilanciamento della monoposto.

***MCL38: side view***

*In Spain, McLaren made only minimal modifications to the MCL38. In effect, it was only the development introduced at Miami that had improved the competitiveness of the car. The arrows indicate all the area involved in the development introduced in Miami with the intention of improving the car's balance.*

**Dettaglio aree sviluppo**

Gli sviluppi sono stati soprattutto concentrati sul fondo, con l'adozione di nuovi convogliatori inferiori per generare diversi valori di pressione sotto il fondo, e una differente volumetria dei canali Venturi e del diffusore. Le altezze da terra non sono state estremizzate, nonostante siano state ridotte.

***SF-24: development areas in detail***

*The developments were concentrated above all on the floor, with the adoption of new lower channels to generate different pressure values under the car and different volumes for the Venturi channels and the diffuser. The ride heights were reduced but not to extreme values.*

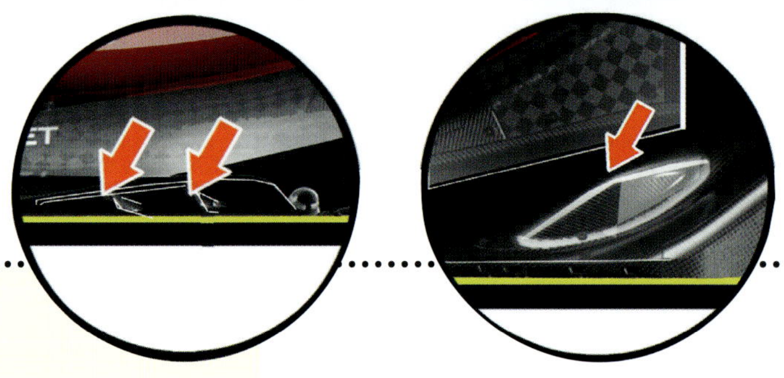

### RB20: evoluzione prese d'aria verticali

A Barcellona sono state modificate le prese d'aria verticali sotto l'ampio labbro anteriore delle fiancate. In particolare, la sezione è stata rivista con un restringimento della porzione centrale per incrementare le pressioni del flusso d'aria in ingresso e garantire una migliore laminazione di quello che lambisce il bordo esterno.

### *RB20: vertical air intake evolution*

*Barcelona saw the introduction of modified vertical air intakes beneath the ample front sidepod lip. In particular, the section was revised, with a narrowing of the central portion to increase the intake air flow pressure and guarantee improved lamination of the flow over the external edge.*

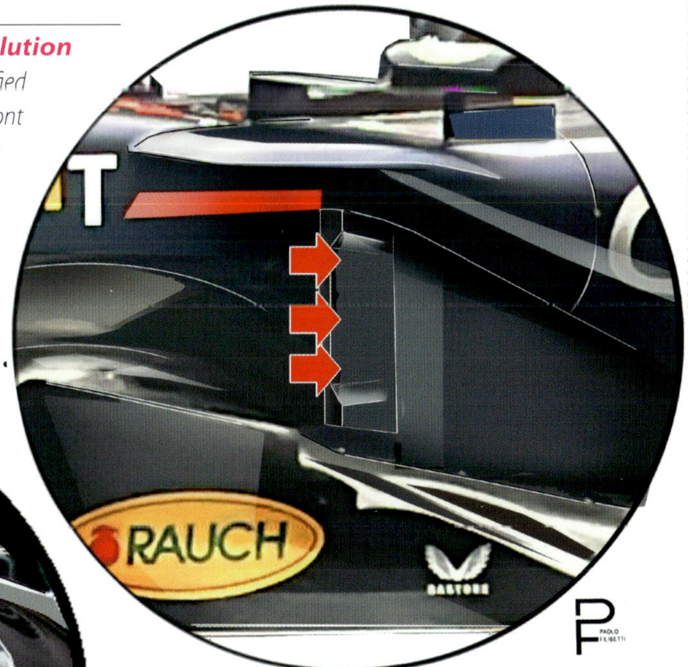


### McLaren: dettaglio imboccature fiancate

Da Miami sono state ridefinite le imboccature caratterizzate da prese d'aria sovrastate da un ampio labbro.

### *McLaren: sidepod mouth detail*

*From Miami, the car featured redesigned sidepod mouths characterised by intakes set under a large lip.*

### MCL38: ala posteriore Imola

A Imola aveva debuttato una nuova versione dell'ala posteriore caratterizzata da una conformazione diversa del punto di attacco laterale del flap al profilo principale e alla paratia laterale.

### *MCL38: rear wing Imola*

*McLaren introduced a new version of the rear wing at Imola characterised by a different configuration of the attachment of the flap to the main plane and the endplate.*

# QATAR AIRWAYS AUSTRIAN GRAND PRIX 2024

**SPIELBERG**
**RED BULL RING**
**30** GIUGNO *JUNE*

## Red Bull e McLaren, ormai uniche rivali

La McLaren in Austria si è confermata in modo perentorio l'unica rivale credibile della Red Bull. Vale a dire la sola monoposto in grado di rivaleggiare in pista, ad armi pari, con la RB20 di Max Verstappen. Al Red Bull Ring, il team diretto da Andrea Stella ha introdotto una nuova evoluzione riguardante l'ala anteriore. La nuova versione, infatti, si distingueva dalla precedente per il profilo delle paratie laterali, caratterizzato da una sezione arrotondata nella zona frontale e non più costituita da spezzate rettilinee raccordate tra loro. Non si può di certo considerare questo sviluppo determinante ai fini prestazionali della MCL38, ma rappresenta in ogni caso un ulteriore tassello che è andato a rafforzare la consistenza della monoposto, dopo lo sviluppo introdotto al Gran Premio di Miami. Va inoltre ribadito, prendendo in prestito le parole di Frédéric Vasseur nel dopo gara di Spielberg, che sarebbe errato e per certi versi riduttivo considerare sviluppi solo quelli aerodinamici. In sostanza appare chiaro come, in modo sempre più sostanziale, gli sviluppi aerodinamici vadano accompagnati da un adattamento in termini di setup ma anche di modifiche meno appariscenti all'interno della vettura, per garantire l'incremento prestazionale atteso dall'introduzione delle modifiche stesse. Da Miami in poi le monoposto di Lando Norris e Oscar Piastri hanno subito un costante affinamento della loro dinamica unita all'aerodinamica. In pratica, regolazioni e minori cambiamenti a livello di alcune componenti interne hanno permesso di ottimizzare costantemente la performance allargando la finestra ideale di sfruttamento della vettura. Altrettanto chiaro, però, è che per ottenere questo risultato, la solidità del progetto, intesa come correttezza della strada intrapresa nell'evolvere la monoposto, sia fondamentale. Dopo le prime gare incerte, la MCL38 è parsa sempre in grado di trovare il setup e di sfruttare le proprie caratteristiche quasi su ogni circuito. I punti deboli hanno riguardato soprattutto le curve lente ma la MCL38 ha messo in evidenza come, con adeguati ritocchi a livello di sospensioni – giocando con diverse combinazioni di rigidezza e di altezze da terra – il suo comportamento dinamico sia radicalmente evoluto. Osservando lo sviluppo stesso del fine settimana austriaco, con particolare attenzione alla gara di domenica, è chiaro come in termini di accelerazione la monoposto di Norris fosse decisamente più efficace rispetto alla RB20. E questo non solo in condizioni di degrado degli pneumatici posteriori, più evidente sulla monoposto di Verstappen, ma anche all'inizio di ciascuno stint. L'arrivo a Woking di Rob Marshall, ex capo progettista Red Bull, ha di fatto permesso di disporre delle chiavi di lettura per assetti dinamici più efficaci, in modo da ottenere la massima performance aerodinamica, avvicinando di parecchio la RB20. In sostanza, gli strumenti di simulazione costituiscono un elemento cruciale per non rendere vano, o comunque meno efficace, il lavoro di studio operato dal team degli aerodinamici. La prestazione di una monoposto a effetto suolo, nei fatti, dipende in maniera ancor più netta dalla corretta determinazione del setup, rispetto alle monoposto del precedente ciclo tecnico. Questo dato spiega anche la radicale differenza prestazionale che due monoposto identiche possono avere. Almeno in parte si possono così spiegare le macroscopiche differenze di prestazione tra la RB20 di Verstappen e quella del suo compagno di squadra.

## *Red Bull and McLaren, reciprocal rivals*

*McLaren emphatically confirmed itself as Red Bull's only credible rival in Austria. That is to say, it was the only car capable of competing on equal terms with Verstappen's RB20 on the track. At the Red Bull Ring, the team led by Andrea Stella introduced a new evolution of its front wing. The updated version differed from the previous one in terms of the profile of the endplates, which were rounded at the front and no longer consisted of straight sections connected to each other. This development can hardly be considered decisive for the performance of the MCL38, but it was nevertheless a further step that reinforced the consistency of the car after the developments introduced at the Miami Grand Prix. It should also be reiterated, to borrow Vasseur's words after the Spielberg race, that it would be wrong and somewhat reductive to consider only aerodynamic developments. In short, it is clear that aerodynamic developments must increasingly be accompanied by adjustments in terms of set-up, but also by less obvious changes within the car, in order to guarantee those performance gains expected from the introduction of the principal modifications themselves. Since Miami, the car driven by Norris and Piastri had undergone continuous refinement of its dynamics and aerodynamics. In practice, adjustments and minor changes to some internal components allowed for continuous optimisation of performance,*

*expanding the ideal window for exploiting the car. It was equally clear, however, that in order to achieve this result, the solidity of the project, understood as the correctness of the path taken in evolving the car, is fundamental. After some uncertain early races, the MCL38 always seemed capable of finding the right set-up and exploiting its strengths on almost every circuit. Its weaknesses were mainly exposed in slow corners, but the MCL38 showed that, with the right suspension tweaks – playing with different combinations of stiffness and ground clearance – its handling had evolved radically. Looking at the development over the Austrian weekend, with particular attention to Sunday's race, it was clear that in terms of acceleration, Norris' car was significantly more effective than the RB20. This was not only when the rear tyres were degraded, something more evident on Verstappen's car, but also at the start of each stint. The arrival in Woking of Rob Marshall, former Red Bull chief designer, effectively provided the keys to more effective dynamic set-ups, enabling maximum aerodynamic performance to be achieved and reeling in the RB20 considerably. Essentially, simulation tools are crucial to ensuring that the work conducted by the aerodynamics team is not wasted or rendered less effective. The performance of a ground-effect single-seater actually depends even more on the correct set-up than in the previous technical cycle. This also explains the radical difference in performance that two identical cars might display and at least in part, provides a reason for the clear superiority displayed by Verstappen's RB20 with respect to that of his teammate.*

**McLaren MCL38**

La vista laterale include le modifiche che hanno riguardato la vettura a Spielberg. Si nota soprattutto la differenza rispetto alla versione precedente, in particolare delle paratie dell'ala anteriore ora caratterizzate da un profilo arrotondato e non più squadrato. Le elevate temperature ambientali hanno poi imposto l'incremento delle feritoie verticali di smaltimento del calore alla base del cofano motore.

***McLaren MCL38***

*The side view includes the modifications that concerned the car at Spielberg. Note above all the difference with respect to the previous version, in particular the front wing endplates now characterised by a rounded rather than angular profile. The elevated ambient temperatures imposed the increase in the vertical heat dispersal slots at the base of the engine cover.*

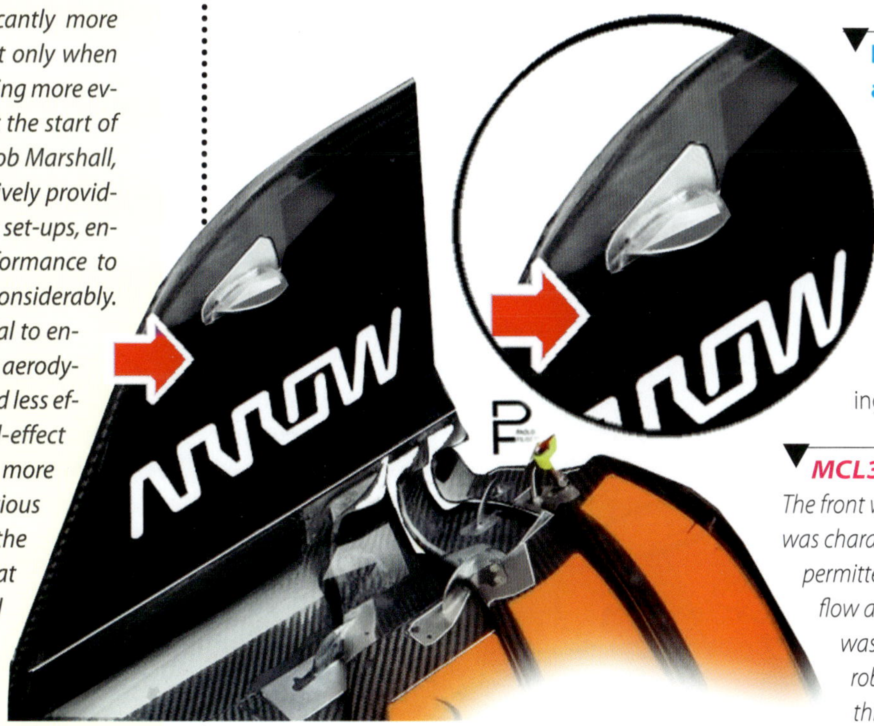

**Dettaglio paratie ala anteriore MCL38**

Indicata dalla freccia la paratia laterale dell'ala anteriore, caratterizzata da un profilo arrotondato, che permette una diversa gestione dei flussi intorno alle ruote. Una modifica non sostanziale, ma che corrobora la robusta prestazione della monoposto inglese su questo tracciato.

***MCL38: front wing endplate detail***

*The front wing endplate, indicated by the arrow, was characterised by a rounded shape that permitted a different management of the air flow around the wheels. The modification was not substantial but reinforced the robust performance of the English car on this circuit.*

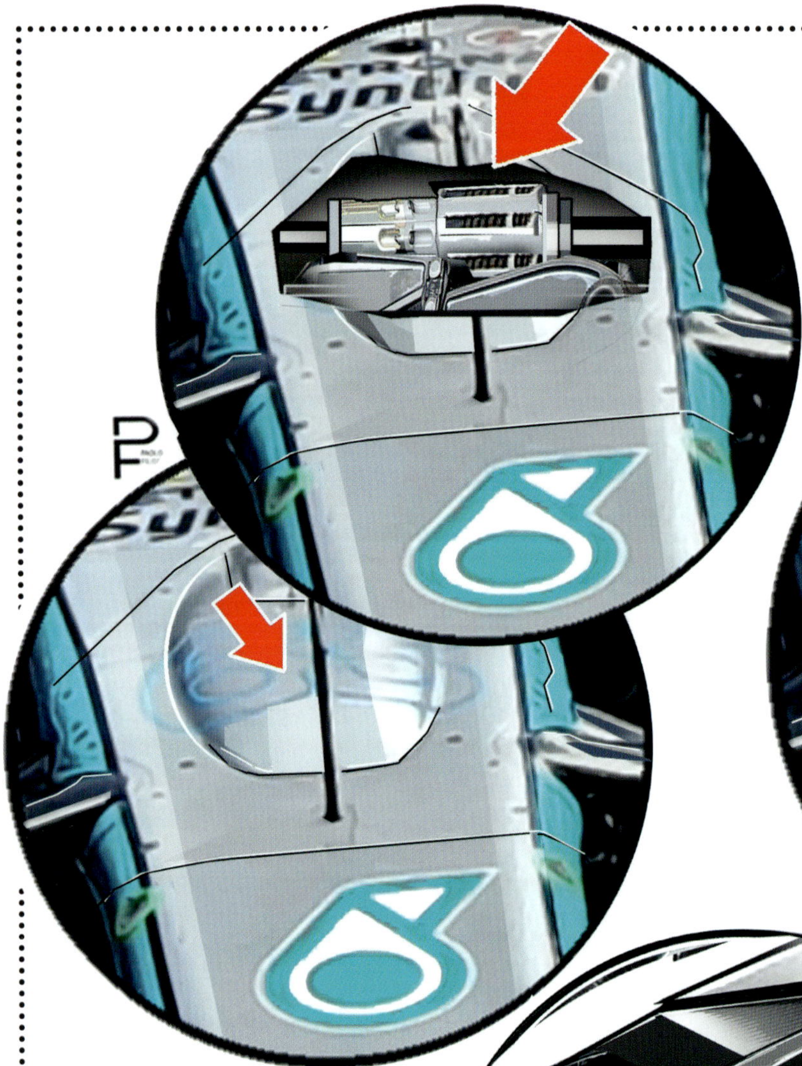

### W15: front suspension secret

*In Austria we could note a conspicuous hump on the upper front part of the chassis, in correspondence with the housing of the internal suspension mechanisms. It was immediately clear that this cover concealed a modification that had the effect of making the W15 perfectly balanced in terms of the containment of the longitudinal oscillations, eliminating porpoising. This was a new heave damper that recalled the mechanical version first introduced on the W10 in 2019.*

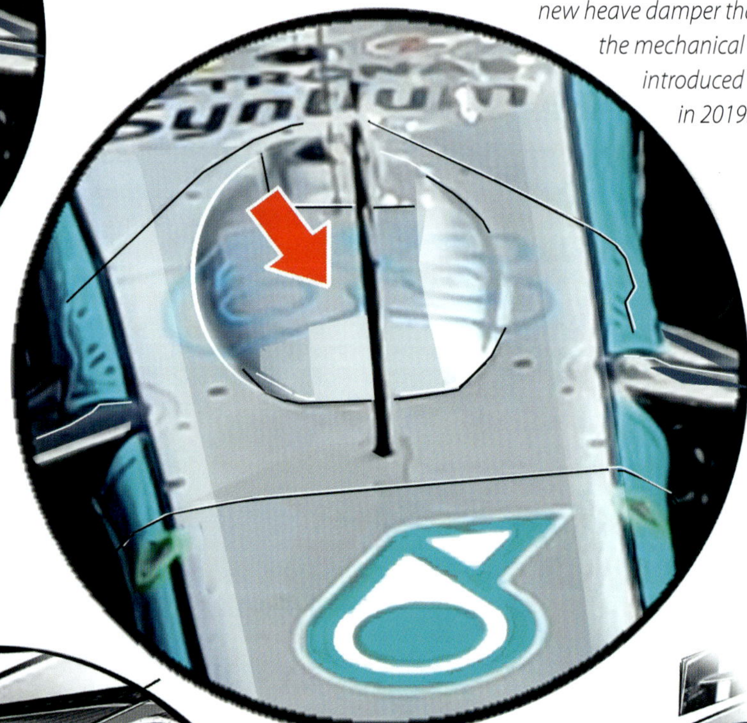

### Segreto della sospensione anteriore W15

In Austria è stato possibile notare una vistosa bombatura sulla parte superiore anteriore del telaio, all'altezza dell'alloggiamento dei cinematismi interni della sospensione. Subito è apparso chiaro come questa copertura celasse una modifica che ha avuto l'effetto di rendere la W15 assolutamente bilanciata a livello di contenimento delle oscillazioni longitudinali, annullando il *porpoising*. Si tratta di un nuovo *heave damper* che ricorda la versione meccanica introdotta la prima volta sulla W10 nel 2019.

# QATAR AIRWAYS BRITISH GRAND PRIX 2024

**SILVERSTONE**
**SILVERSTONE CIRCUIT**
**7** LUGLIO JULY

## Evoluzioni per Ferrari, Red Bull e Mercedes

Potremmo definire il Gran Premio di Gran Bretagna quello delle conferme dal punto di vista tecnico, sia in positivo sia in negativo. La Ferrari, infatti, ha confermato che il pacchetto introdotto in Spagna non funziona, o meglio, non riesce a essere integrato sulla SF 24 per essere sfruttato secondo le sue potenzialità a causa del *porpoising*, in particolare alle alte velocità. Non si tratta di scarsa correlazione tra quanto emerso nelle simulazioni e la pista, bensì l'incremento del carico aerodinamico generato non consente di mantenere quelle regolazioni, a livello di sospensioni, adottate con la precedente evoluzione, che non aveva stravolto il bilanciamento della monoposto. La situazione vissuta nel fine settimana di Silverstone riporta alla mente il Gran Premio d'Olanda 2023 quando, nei fatti, la Scuderia aveva volontariamente sacrificato le sessioni di prove libere per capire i mali, sino a quel momento oscuri, della SF-23. Questa volta i tecnici del team di Maranello hanno cercato di sfruttare le due sessioni di prove libere per capire cosa inducesse i saltellamenti montando l'ultima evoluzione del fondo introdotta in Spagna sulla vettura di Charles Leclerc e confrontandola con quella precedente adottata da Carlos Sainz, nonostante questa sia stata una decisione sofferta. Ed è stato subito chiaro che su un tracciato veloce come quello inglese, l'opzione di sacrificare la performance della SF-24 non avrebbe potuto funzionare. Una soluzione sulla carta, infatti, poteva essere quella di incrementare le altezze da terra riducendo in modo sostanziale il carico generato dal fondo, ma su questo tracciato la perdita prestazionale sarebbe stata decisamente superiore al beneficio di controllare i sobbalzi. Da qui la decisione di adottare la versione precedente in qualifica e gara, in quanto questa garantiva un livello di performance in ogni caso superiore a quella nuova e soprattutto un comportamento più omogeneo della vettura nei vari settori del tracciato. Se dunque non si può parlare di bocciatura in senso stretto del pacchetto introdotto a Barcellona, si può comunque parlare di insuccesso il fatto di averlo utilizzato su tracciati dalle caratteristiche sostanzialmente diverse tra loro.

Sembra un paradosso, osservando la classifica di questo gran premio, associare al fallimento dell'integrazione dello sviluppo Ferrari, quello introdotto dalla Red Bull. Ci si riferisce all'evoluzione del fondo della RB20, concentrata soprattutto a livello del bordo laterale, nella zona terminale dei deviatori di flusso inferiori. Questi elementi, infatti, erano caratterizzati da una diversa inclinazione e curvatura verso l'anteriore, per incrementare l'effetto di soffiaggio delle turbolenze all'esterno, aumentando il sigillo pneumatico tra fondo e asfalto. La soluzione da subito non ha completamente soddisfatto Max Verstappen e nel corso dell'intero fine settimana il comportamento della RB20, soprattutto in determinate sezioni del tracciato, come alla Stowe e alla Copse, è parso decisamente non lineare o, per meglio dire, imprevedibile. Passando ora alle conferme positive ricavate in questo gran premio, è spiccata soprattutto la Mercedes W15. Se in Canada aveva in parte sorpreso la sua competitività, a Silverstone è parso chiaro che il cambio di pelle di questa monoposto, diventata nelle ultime gare costante a livello di rendimento, agile sui cordoli e precisa in inserimento di curva, sia dovuto alla modifica "silenziosa", ma non invisibile, della sospensione anteriore. Infatti, sin dal Gran Premio d'Austria era comparsa una vistosa bombatura sulla parte superiore del telaio, in corrispondenza dell'alloggiamento dei cinematismi interni della sospensione anteriore. Da nostre indagini è emerso si trattasse di una versione inedita dei leveraggi che permettono una precisa gestione delle altezze da terra, ma soprattutto una forte attenuazione delle oscillazioni longitudinali della vettura. In sostanza, è come se il nuovo cinematismo replicasse la stessa funzione di un *heave damper* (terzo elemento non ammesso dal regolamento). La W15, infatti, anche a livello di analisi dinamica, pare essere la vettura più radente il suolo senza incorrere nei sobbalzi indotti da altezze da terra minime. Insomma, appare sempre più chiaro come la chiave per rendere efficace l'aerodinamica di queste monoposto a effetto suolo, sia un'intelligente concezione delle sospensioni, tutt'altro che convenzionali a livello di cinematismi interni.

## *Evolutions for Ferrari, Red Bull and Mercedes*

*We might define the 2024 British Grand Prix as one of technical confirmation, both positive and negative. Ferrari in fact confirmed that the package introduced in Spain did not work, or rather, it could be integrated into the SF-24 and exploited to its full potential due to porpoising, particularly at high speeds. This was not a case of poor correlation between the simulations and the track, but rather that the increase in aerodynamic load generated prevented the suspension settings adopted with the previous evolution, which had not upset the balance of the car, from being maintained. The situation experienced at Silverstone recalls the 2023 Dutch Grand Prix when the team voluntarily sacrificed the free practice sessions to get to the bottom of the SF-23's problems, which were unclear at the time. Here, the Maranello team's engineers tried to use the two free practice sessions to understand what was causing the porpoising by fitting the latest evolution of the floor introduced in Spain to Leclerc's car and comparing it with the previous one used by Sainz, despite this having been a difficult decision. It was immediately clear that on a fast track like Silverstone, sacrificing the performance of the SF-24 would not work. A solution on paper might have been to increase the ground clearance by substantially reducing*

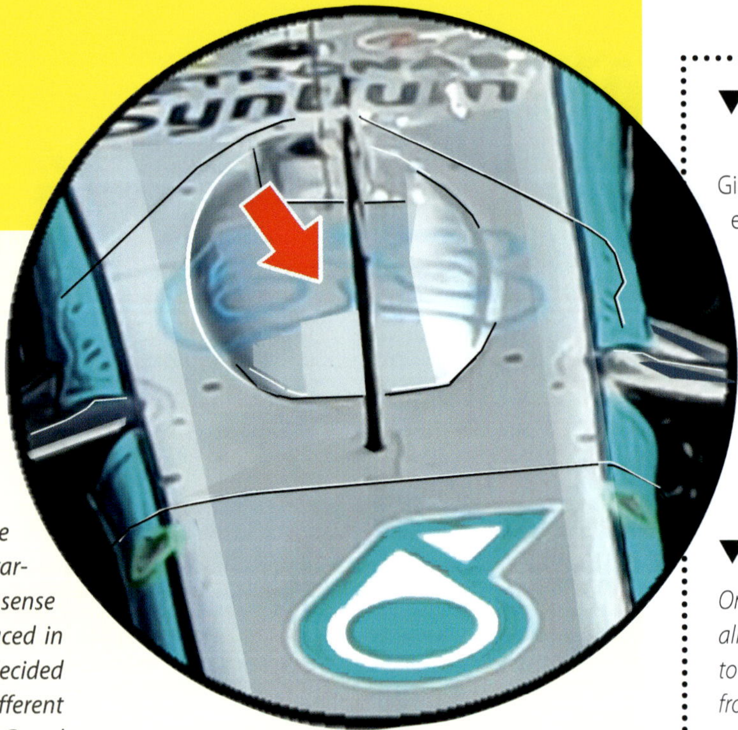

*the downforce generated by the floor, but on this track the loss in performance would have been significantly greater than the benefit of controlling the porpoising. Hence the decision to adopt the previous version in both qualifying and the race as it guaranteed a level of performance that was in any case superior to the new floor and, above all, offered more consistent handling in the various sectors of the track. While in the strict sense it cannot be said that the package introduced in Barcelona was rejected, it was certainly decided not to use it on tracks with substantially different characteristics. Looking at the results of this Grand Prix, it seems paradoxical to associate the failure of Ferrari's development with the package introduced by Red Bull. This refers to the evolution of the RB20's floor, focusing mainly on the lateral edge, in the terminal section of the lower flow vanes. These elements were characterised by a different angle and curvature towards the front, to increase the effect of venting turbulence outwards, thereby improving the pneumatic seal between the floor and the asphalt. The solution did not immediately satisfy Verstappen and throughout the weekend the handling of the RB20, especially in certain sections of the track, such as Stowe and Copse, appeared decidedly non-linear and unpredictable. Moving on to the positive confirmations to emerge from this Grand Prix, the Mercedes W15 stood out above all. While its competitiveness had been somewhat surprising in Canada, at Silverstone it became clear that the change in this car, which has become consistent in terms of performance, agile on the kerbs and precise when turning into corners in recent races, was due to a "silent" but not invisible modification to the front suspension. In fact, since the Austrian Grand Prix, a noticeable bulge had appeared on the upper part of the chassis, in correspondence with the housing of the internal mechanisms of the front suspension. Our investigations revealed that this was a new version of the linkages that allow precise management of ground clearance, but above all a significant reduction in the car's longitudinal oscillations. Essentially, it was as if the new mechanism replicated the function of a heave damper (a third element not permitted by the regulations). In fact, in terms of dynamic analysis too the W15 appears to be the car that ran closest to the ground the most without encountering the jolting induced by minimal ride heights. In short, it was becoming increasingly clear that the key to effective aerodynamics in these ground-effect single-seaters was an intelligent suspension design that was anything but conventional in terms of its internal linkages.*

### Rinnovata sospensione anteriore della W15

Già in occasione del Gran Premio d'Austria era stato possibile identificare, grazie all'ampia bombatura sulla parte anteriore del telaio, una modifica ai cinematismi interni. A Silverstone la bombatura è stata mantenuta, indicando che la modifica debba essere considerata permanente, di fatto dimostrando la sua validità nei veloci cambi di direzione di questo tracciato.

### *W15: revised front suspension*

*On the occasion of the Austrian GP it had already been possible to identify a modification to the internal linkages thanks to a hump at the front of the chassis. At Silverstone, the hump was retained, indicating that the modification should be considered to be permanent, the effectiveness of the design being demonstrated in the rapid changes of direction on this circuit.*

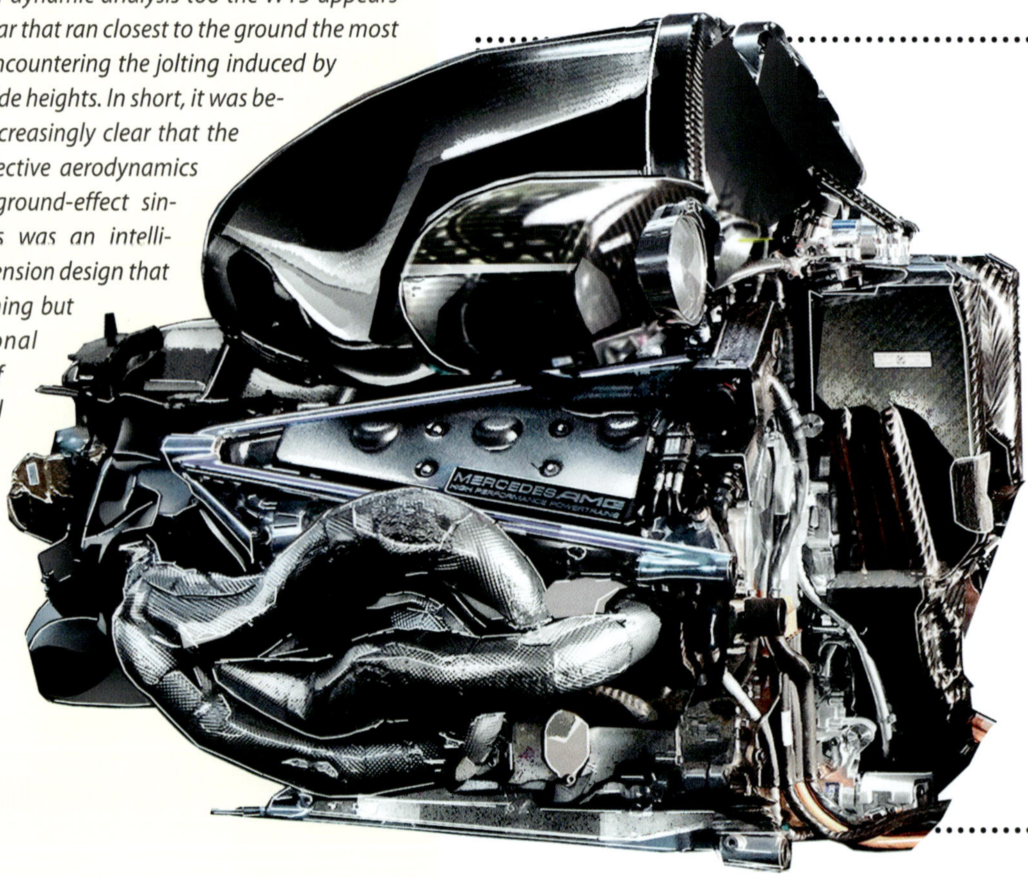

## SF-24: evoluzione Spagna pensata anche per Silverstone

Le caratteristiche del tracciato britannico hanno indotto i team ad adottare altezze da terra minime per incrementare il carico generato dal fondo. Il setup adottato dalla SF-24, radente all'asfalto, è stato considerato nella fase di delibera della modifica introdotta in Spagna, cercando un deciso contenimento del *porpoising* all'aumentare del carico generato dal fondo vettura.

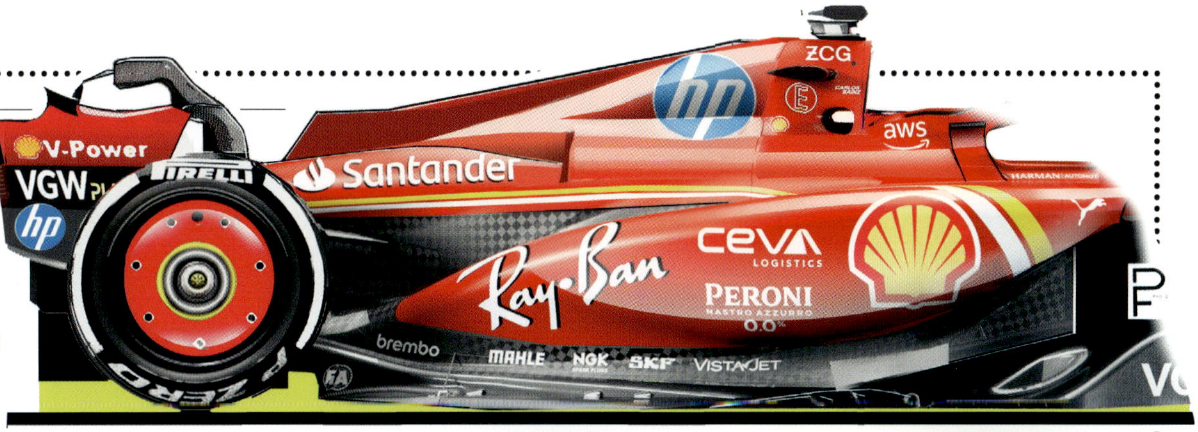


## *SF-24: Spain evolution considered for Silverstone too*

*The characteristics of the British track induced the teams to adopt minimal ride heights so as to increase the downforce generated by the floor. The set-up adopted on the SF-24, running close to the ground, was considered during the definition of the modification introduced in Spain, with the intention of significantly containing porpoising as the downforce generated by the car's floor rose.*

## Power Unit Mercedes, garanzia prestazionale

Sul veloce tracciato inglese la PU Mercedes ha mostrato di essere quantomeno a livello di quella Ferrari, considerata il termine di paragone assoluto, e superiore alla PU Honda, soprattutto a livello di gestione della carica elettrica ma anche di affidabilità.

## *Mercedes PU: guaranteed performance*

*On the fast British circuit, the Mercedes Power Unit proved to be at least on a level with the Ferrari, considered to be the absolute term of comparison, and superior to the Honda PU, above all in terms of electrical charge management but also reliability.*

## RB20: evoluzione fondo

A Silverstone ha debuttato una nuova versione del fondo caratterizzata da una diversa inclinazione dei convogliatori inferiori che, sulla carta, avrebbe dovuto incrementare il sigillo pneumatico tra fondo e asfalto. In realtà il comportamento della RB20 è parso in sezioni specifiche del tracciato, incostante e imprevedibile, innescando un fastidioso sottosterzo lamentato da Verstappen.

## *RB20: floor evolution*

*Silverstone saw the debut of a new version of the floor characterised by a different inclination of the lower channels which, on paper, should have provided an imporved pneumatic seal between the floor and the asphalt. In reality, the handling of the RB20 in certain sections of the circuit appeared inconsistent and unpredictable, triggering a degree of understeer that frustrated Verstappen.*

# HUNGARIAN GRAND PRIX 2024

**BUDAPEST**
**HUNGARORING**
**21** LUGLIO JULY

## La Red Bull non è più quella di una volta nonostante le modifiche per Max

Il Gran Premio di Ungheria ha confermato come la Red Bull non fosse più un punto di riferimento tecnico per la stagione 2024. La RB20 non è più la migliore vettura già dal Gran Premio di Miami, un ruolo che ha ceduto alla McLaren MCL38. Le prestazioni della monoposto del team diretto da Andrea Stella hanno confermato il rendimento della vettura su circuiti con caratteristiche totalmente diverse tra loro. Risulta un esercizio complesso individuare in questa fase del Mondiale un punto debole della McLaren. Infatti, la difficoltà palesata a inizio stagione nella percorrenza delle curve lente è svanita dopo il debutto del primo pacchetto di sviluppi a Miami, con MCL38 che ha acquisito una trazione in uscita di curva decisamente migliore rispetto alle vetture rivali. Anche in condizioni di scarso grip, con basse temperature dell'asfalto, la McLaren ha dimostrato di eccellere in quest'ambito. In aggiunta, come è stato possibile verificare su tracciati come il Red Bull Ring e poi a Silverstone, la precisione in ingresso curva e nei rapidi cambi di direzione è diventata un'ulteriore prerogativa. Il confronto con la Red Bull mostra come la RB20 abbia progressivamente subito un'involuzione delle performance, soprattutto per quanto riguarda il bilanciamento, interessando specificamente la dinamica della monoposto. L'ultimo sviluppo introdotto in Ungheria va infatti inquadrato non nella ricerca di un incremento prestazionale attraverso un'evoluzione pianificata da tempo bensì come un correttivo che i tecnici diretti da Pierre Waché hanno dovuto studiare, a seguito dell'inefficacia dei due sviluppi precedenti, l'ultimo in ordine di tempo, quello al fondo, introdotto a Silverstone. In Ungheria la Red Bull ha portato solo per Max Verstappen una monoposto radicalmente modificata soprattutto all'altezza del cofano motore. La nuova versione ha rinunciato ai voluminosi bazooka che sinora caratterizzavano la RB20, a favore di una sezione della carrozzeria più snella determinando un minore bloccaggio aerodinamico e incrementando in modo rilevante la sezione delle griglie di smaltimento del calore. Si tratta di una modifica di ampia portata, con ricadute multiple sull'affidabilità ma anche sulle prestazioni. Nella prima sessione di prove libere è stato effettuato un confronto diretto tra le due versioni, con quella precedente assegnata a Sergio Pérez. Le modifiche apportate hanno influenzato in modo rilevante la fluidodinamica superiore della vettura ma hanno avuto una ripercussione anche nella sezione inferiore delle fiancate. In pratica, la diversa conformazione della carrozzeria superiore, in parte si scontra con il concetto originale della RB20, le cui fiancate, sulla monoposto di Max risultano posteriormente più voluminose, meno rastremate rispetto a quelle della RB20 di Pérez, determinando una gestione completamente diversa del flusso che lambisce la loro porzione inferiore e modificando, in parte, l'efficacia del fondo della monoposto a livello di carico generato, soprattutto della sua distribuzione. Una differenza che su questo tracciato può essere considerata impercettibile, ma che su atri tracciati potrebbe avere un'influenza non marginale sul comportamento della vettura. In sostanza, resta da capire quanto possa essere plausibile l'ipotesi di un'intercambiabilità tra le due configurazioni aerodinamiche, a seconda della tipologia dei tracciati. Un'ipotesi, in ogni caso indicativa della natura estrema del progetto RB20, molto distante dalla monoposto del 2023, che aveva come caratteristica vincente quella di adattarsi a qualsiasi tipo di tracciato senza particolari criticità, a eccezione dell'unicum di Singapore. La RB20 ha dunque dimostrato di non essere praticamente imbattibile come invece era stata la RB19.

## *Red Bull no longer the same force despite the modifications for Max*

*The Hungarian GP confirmed that the Red Bull was no longer the technical point of reference for the 2024 season. The RB20 had, in fact, shown that it was no longer the best car as early as the Miami GP, handing over that particular sceptre to the McLaren MCL38. The performance of the car entered by Andrea Stella's team demonstrated the efficiency of the car on circuits with very different characteristics. In this phase of the Championship it proved to be a difficult exercise to identify a weakness with the McLaren. In fact, the struggles with slow corners the team suffered with at the start of the season disappeared after the introduction of the first development package in Miami, with the MCL38 acquiring traction out of corners that was decidedly superior to that of its rivals. Even in conditions of poor grip and low track temperatures, the McLaren proved to excel in this area. Additionally, as was evident on circuits such as the Red Bull Ring and then at Silverstone, precision when turning into corners and in rapid changes of direction became an additional strength. A comparison with Red Bull shows that the RB20 suffered a gradual decline in performance, especially in terms of balance, specifically affecting the car's handling. The development introduced in Hungary should not be seen as part of a long-planned evolution aimed at improving performance, but rather as a corrective measure which the engineers led by Pierre Wachè had to devise in the face of the ineffectiveness of the two previous developments, the latest of which, at the rear, had been introduced at Silverstone. The car Red Bull took to Hungary for Max Verstappen was radically modified, especially with regard to the height of the engine cover. The new version dispensed with the bulky "bazookas" that had previously characterised the RB20, in favour of a slimmer body section, resulting in less aerodynamic drag while significantly increasing the section of the heat dispersal grilles. This was a far-reaching modification, with multiple implications for both reliability and performance. In the first free practice session, the team staged a direct comparison between the two versions, with the earlier configuration one assigned to Pérez. The changes made significantly affected the car's upper fluid dynamics but also had an impact on the lower section of the sidepods. In practice, the different shape of the upper bodywork partly conflicted with the original concept of the RB20. The sidepods of Verstappen's RB20 were more voluminous at the rear and less tapered than those of Pérez's RB20, resulting in a completely different management of the air flow skimming their lower portion and partially modifying the effectiveness of the car's floor in terms of the downforce generated, especially its distribution. This difference may have been imperceptible on this track, but on other tracks it could have a significant influence on the car's handling. Essentially, it remained to be seen how plausible the hypothesis of interchangeability between the two aerodynamic configurations depending on the type of track would be. In any case, this hypothesis was indicative of the extreme nature of the RB20 project, which was very different to the 2023 car, whose key feature was its ability to adapt to any type of track without any particular issues, with the exception of the unique Singapore circuit. The RB20 therefore proved to be not as invincible as the RB19 had been.*

*nuovo cofano motore*
*new engine cover*

**RB20: abbandonati i bazooka sulla nuova versione per l'Ungheria e confronto con quella precedente**
Si nota l'ampia modifica nella zona del cofano motore dove la carrozzeria presenta una sezione inferiore rispetto all'andamento verticale, caratterizzata dai voluminosi bazooka della versione precedente, quella a disposizione di Pérez in Ungheria. Spiccano le ampie griglie di smaltimento del calore per garantire un adeguato scambio termico nelle condizioni torride riscontrate in questo gran premio.

***RB20: bazookas abandoned on the new version for Hungary and comparison with the earlier configuration***
*Note the extensive modifications in the area of the engine cover, where the bodywork presented a smaller section with respect to the vertical configuration, characterised by the voluminous bazookas of the earlier version driven by Pérez in Hungary.*

**Pérez**

### Ferrari SF-24: fondo modificato

Per mitigare il *bouncing*, nella settimana dopo il Gran Premio d'Inghilterra, la Ferrari è riuscita a produrre una versione riveduta e corretta del fondo – introdotto senza successo in Spagna – e scartata proprio a Silverstone. Le modifiche hanno riguardato la sezione dei canali Venturi nella zona davanti alle ruote posteriori.

### *Ferrari SF-24: modified floor*

*In order to mitigate porpoising, in the week following the British Grand Prix, Ferrari managed to produce a revised and improved version of the floor introduced without success in Spain and then rejected at Silverstone. The modifications concerned the section of the Venturi channels in the area ahead of the rear wheels.*

### Ferrari, ala anteriore da alto carico: similitudini con versione Austria della MCL38

Tra le modifiche introdotte sulla SF-24, anche un'ala anteriore da alto carico, caratterizzata da una corda incrementata di un flap nella porzione più esterna. Interessante notare come il collegamento tra i flap e la paratia laterale sia dello stesso tipo di quello introdotto in Austria sulla MCL38 per incrementare l'effetto *outwash*.

### *Ferrari: high downforce front wing, similarities with the Austria version of the MCL38*

*Among the modifications introduced to the SF-24, there was also a high downforce front wing, characterised by an increased chord and a flap in the outermost section. It was interesting to note how the link between the flaps and the endplates was the same as the one introduced in Austria on the MCL38 to increase the outwash effect.*

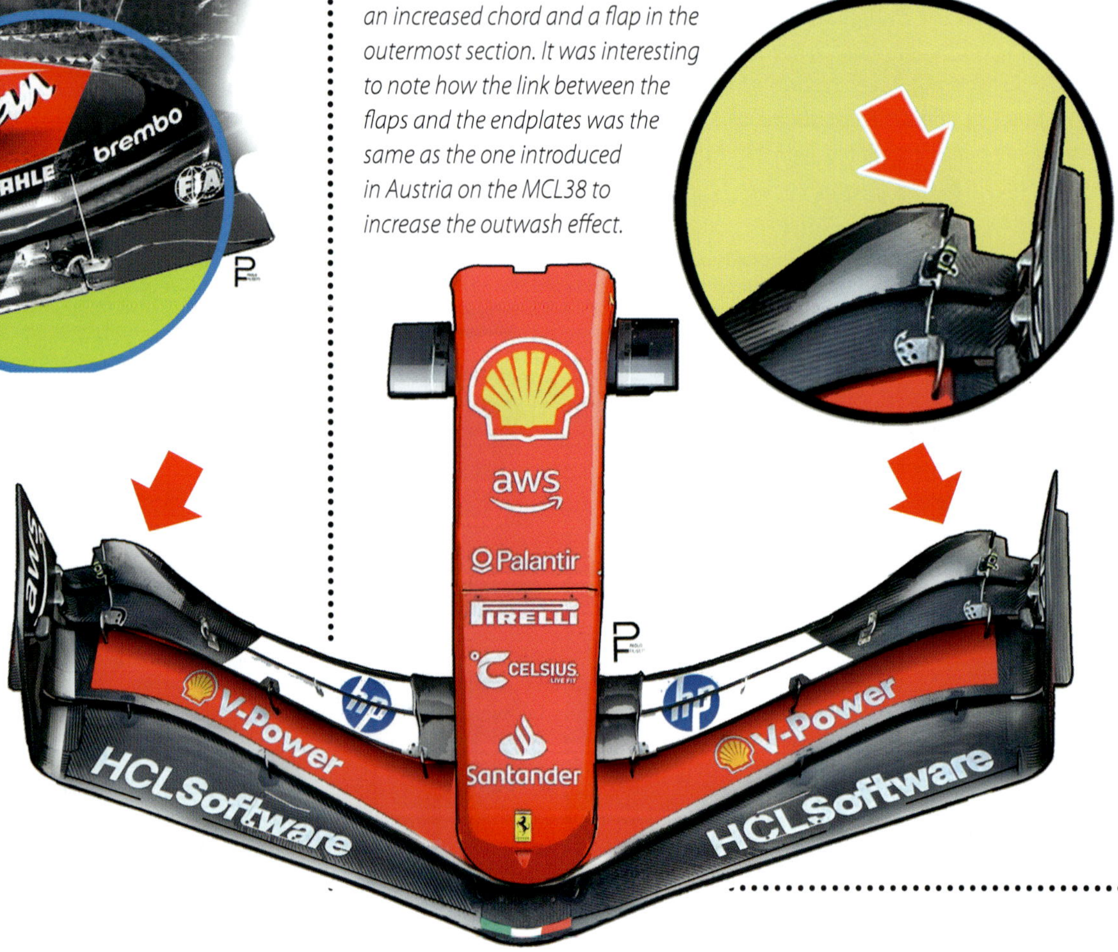

# ROLEX BELGIAN GRAND PRIX 2024

**FRANCORCHAMPS**
**SPA-FRANCORCHAMPS**
**28 LUGLIO JULY**

## Prove e gara, due mondi distinti

Il Gran Premio del Belgio ha messo in risalto come le prestazioni delle prime quattro monoposto fossero estremamente allineate. In qualifica i distacchi dalla seconda posizione in poi si sono dimostrati ridottissimi, con differenze che oscillavano dal decimo di secondo a pochi centesimi. Ciò detto, sono emersi almeno tre temi tecnici da questa gara. Il primo, il fatto che la Red Bull abbia adottato un assetto decisamente carico per ottimizzare la performance in qualifica con un incremento del grip nei curvoni veloci. Ciò ha implicato sicuramente una strategia per la gara, di fatto opposta rispetto a quella dei team rivali. Ha colpito la parziale débâcle della McLaren che ha sacrificato la qualifica sull'altare del mantenimento delle regolazioni per pista asciutta. In sostanza, il team di Woking ha attuato una scelta diametralmente opposta a quella operata dai tecnici Red Bull. Non modificando né il livello di carico né in modo rilevante le altezze da terra della MCL38, la vettura, in qualifica, è diventata decisamente poco precisa nei curvoni perdendo terreno soprattutto nei due settori più guidati del tracciato; sulla carta avrebbe dovuto essere una scelta premiante in gara ma lo è stato solo parzialmente. Da nostre fonti, e secondo precise valutazioni relative al comportamento dinamico della vettura di Oscar Piastri e Lando Norris, è parso evidente come il livello di *downforce* prodotta fosse inferiore non solo a quello di entrambe le Red Bull, ma in parte anche rispetto a quello dei diretti competitor, Ferrari e Mercedes. Quest'ultima è parsa, come la Ferrari, parzialmente avvantaggiata dalle condizioni di scarso grip della pista in qualifica, mostrando una performance nel complesso migliore rispetto a quanto visto nelle sessioni disputate in condizioni da asciutto; in realtà ha tratto forza dall'aver ripudiato, dopo le prime due sessioni di prove libere, proprio il pacchetto evolutivo con il bordo laterale del fondo previsto per il Belgio.

La gerarchia prestazionale emersa in gara ha in parte sovvertito quella delle qualifiche dove il team di Brackley era la terza forza e la McLaren la quarta. In realtà le prestazioni si sono radicalmente ribaltate in gara, con entrambe le W15 capaci di un passo decisamente insostenibile per i rivali, la McLaren seconda, quantomeno con Piastri, e la Ferrari terza. La Red Bull, in gara, ha nei fatti cercato di contenere i danni derivanti dalla penalità di dieci posizioni scontata da Max Verstappen. Il dato oggettivo, in ogni caso, resta quello di una monoposto che nel complesso, a eccezione dell'exploit dell'olandese in qualifica, ha ormai ceduto lo scettro di migliore vettura a quelle dei rivali. Questa costituisce la prova più lampante della convergenza prestazionale tra le prime quattro monoposto. Va peraltro rilevato un ulteriore elemento: i pacchetti di sviluppo introdotti in diverse occasioni sulle differenti monoposto, con l'eccezione della McLaren MCL38, evoluta in modo rilevante solo a Miami, non sono stati garanzia di incremento prestazionale e sono stati spesso accantonati a favore della configurazione precedente. Questo è accaduto proprio alla Mercedes in Belgio, ma anche alla stessa Red Bull, che non ha tratto sostanziali benefici da nessuna delle evoluzioni introdotte sulla RB20. Si tratta, quindi, di una sorta di *leit motiv* che ha accumunato le monoposto a effetto suolo del 2024. In pratica, la performance garantita sulla carta dagli sviluppi aerodinamici può essere confermata in pista solo grazie a una dinamica del veicolo precisa, ovvero a sospensioni che garantiscano un perfetto bilanciamento e costanza nelle altezze dal suolo, riducendo al minimo i movimenti del fondo rispetto al manto di asfalto.

## *Qualifying and race, worlds apart*

*The Belgian Grand Prix highlighted how closely matched the leading four cars were in terms of performance. In qualifying, the gaps from second place onwards were minimal, with differences ranging from a tenth of a second to a few hundredths. That said, at least three technical issues emerged from this race. The first was the fact that Red Bull adopted a decidedly high downforce set-up to optimise performance in qualifying providing increased grip through fast corners. This certainly implied a race strategy that contrasted with that of the team's rivals. The partial debacle of McLaren was striking, as it had sacrificed qualifying in order to maintain its dry-weather set-up. Essentially, the Woking team made a choice that was diametrically opposed to that of the Red Bull engineers. By changing the downforce level nor the ground clearance of the MCL38 in any significant way, the car became significantly nervous through the corners during qualifying, losing ground especially in the two most demanding sectors of the track. On paper, this decision should have brought its rewards in the race, but this proved only partially to be the case. According to our sources and based on precise assessments of the handling of Piastri and Norris' cars, it was clear that the level of downforce produced was lower not only than that of both Red Bulls, but also, to some extent, than that of their direct competitors, Ferrari and Mercedes. The German team, like Ferrari, appeared to be partially advantaged by the low grip conditions of the track in qualifying, showing performance that overall was better than in the dry sessions. In reality, the team benefited from having rejected, after the first two free practice sessions, the evolutionary package with the lateral edge of the floor designed for Belgium.*

*The performance hierarchy that emerged in the race partly overturned that of qualifying, where the Brackley team was 3rd and McLaren 4th. In reality, the*

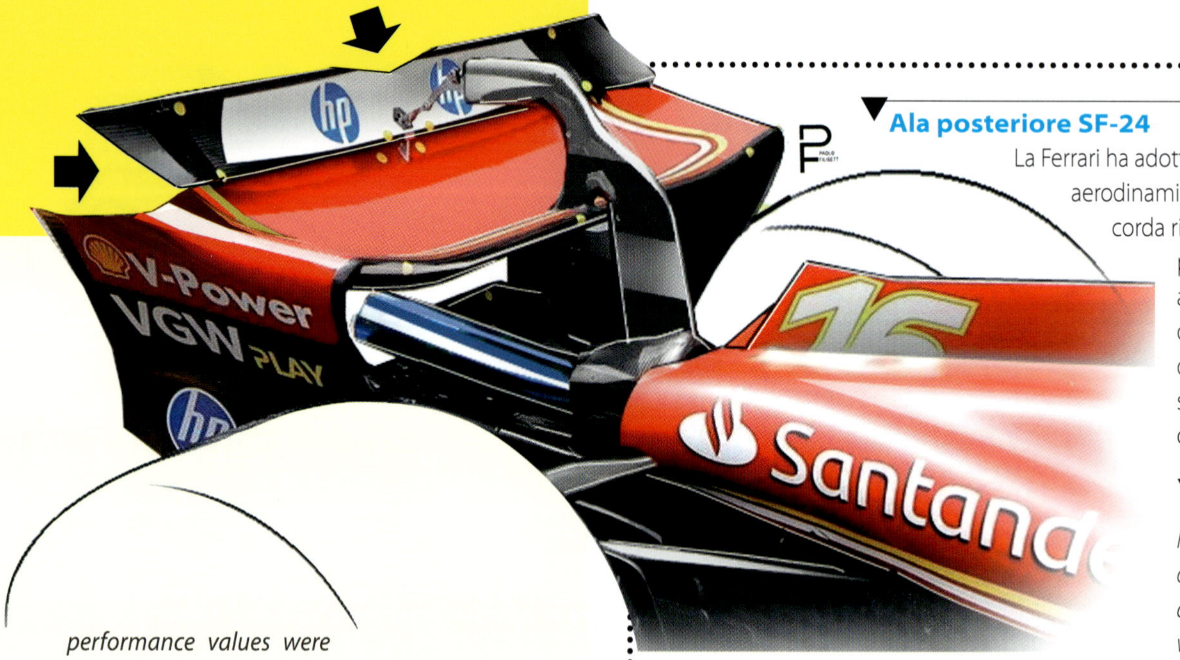


### Ala posteriore SF-24

La Ferrari ha adottato una configurazione da basso carico aerodinamico, caratterizzato da un'ala anteriore con flap di corda ridotta e minima incidenza, ma soprattutto un'ala posteriore con il profilo principale con una curvatura appena accennata e un flap con minima incidenza oltre a una sezione ridotta, a sua volta caratterizzata da un ampio taglio a V centrale. Corretto sottolineare che la *beam wing* (profilo inferiore) era contrassegnata da un singolo elemento.

### *SF-24: rear wing*

*Ferrari adopted a low downforce configuration characterised by a front wing with a reduced chord and minimal incidence, but above all by a rear wing with a main plane featuring the slightest of curvatures and a flap with minimal incidence and a reduced section, in turn characterised by a broad V-shaped central cutaway. It is correct to underline that the beam wing (lower profile) was distinguished by a single element.*

*performance values were radically reversed in the race, with both W15s capable of a pace that was decidedly unsustainable for their rivals, McLaren 2nd, at least with Piastri, and Ferrari 3rd. In the race, Red Bull effectively tried to limit the damage caused by Verstappen's 10-place penalty. In any case, that fact remained that this was a once dominant car that, with the exception of the Dutchman's exploit in qualifying, had now surrendered its crown to its rivals. This is the clearest evidence of the convergence in performance between the top four cars. It should also be noted that the development packages introduced at different times on the various cars, with the exception of the McLaren MCL38, which evolved significantly only in Miami, had not brought an increase in performance and had often been shelved in favour of the previous configuration. This happened to Mercedes in Belgium, but also to Red Bull, which did not benefit significantly from any of the developments introduced on the RB20. This was, therefore, a sort of leitmotif that united the ground-effect single-seaters of 2024. In effect, the performance guaranteed on paper by aerodynamic developments can only be confirmed on the track thanks to precise vehicle dynamics, that is to say, suspension systems that ensure perfect balance and consistent ground clearance, minimising the movements of the underbody relative to the track surface.*

### Setup SF-24

La SF-24 a Spa presentava un setup caratterizzato da altezze da terra non estremizzate in termini di distanza dal suolo. In sostanza, nonostante siano state privilegiate le prerogative veloci di questo tracciato è stato ricercato un equilibrio di compromesso tra i vari settori della pista per un ottimale sfruttamento degli pneumatici.

### *SF-24: set-up*

*At Spa the SF-24 presented a set-up characterised by ride heightsd that wewre by no means extreme. In short, despite the speed prerogatives of this circuit having been privileged, the team sought a balanced compromise between the various sectors of the track to exploit the tyres to best effect.*

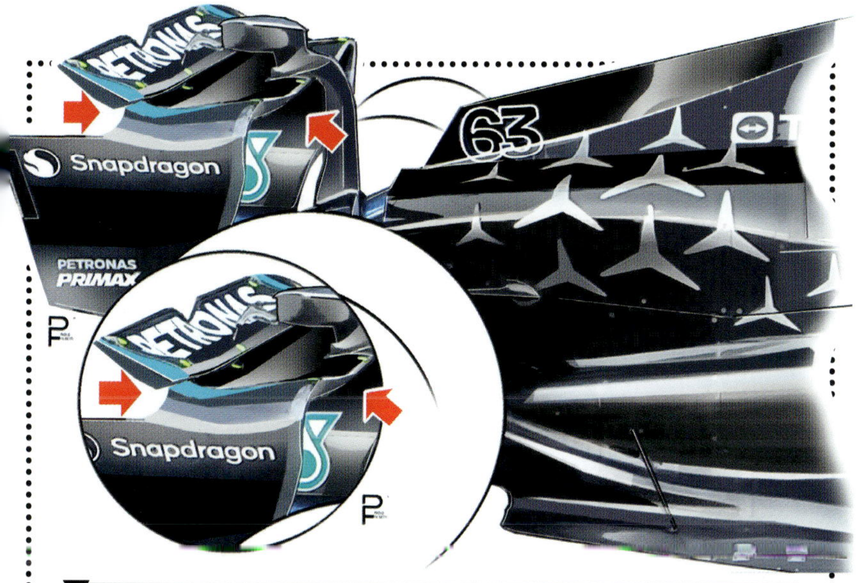

### Ala posteriore Mercedes W15

Il team di Brackley ha portato una nuova versione del fondo, modificato a livello del bordo laterale. In realtà questa modifica è stata accantonata dopo i primi due turni di prove libere a favore della versione precedente. Sono rimaste invece le ali specifiche per questo tracciato, con quella posteriore caratterizzata da una ridottissima incidenza del flap e dal profilo principale posto di conseguenza molto in alto.

### *Mercedes W15: rear wing*

*The team from Brackley brought a new version of the floor to Spa, with modifications to the lateral edge. In reality, this modification was shelved in favour of the previous version after the first two free practice sessions. The track specific wings instead remained, with the rear one characterised by an extremely reduced flap chord, with the main plane consequently located very high.*

### La RB20 torna alla carrozzeria standard

A una settimana dall'introduzione della carrozzeria priva dei bazooka alla base del cofano motore, è stata utilizzata a Spa la versione standard, non solo perché le esigenze di raffreddamento in Belgio fossero decisamente inferiori rispetto all'Hungaroring, ma soprattutto perché la configurazione da basso carico richiesta su questo tracciato è ottimizzata per la versione originaria.

### *RB20: return to standard bodywork*

*A week on from the introduction of the bodywork with no bazookas at the base of the engine cover, Spa saw Red Bull reviving the standard version, not only because in Belgium the demands on the cooling system were much less severe compared to the Hungaroring, but above all because the low downforce configuration required on this circuit had been optimised for the original bodywork.*

### Ipotesi valvola inerziale freni posteriori RB20

Proprio in occasione del Gran Premio del Belgio è stata introdotta una modifica all'articolo 11.2.1, votata all'unanimità dai team: «È vietato qualsiasi sistema o meccanismo che possa produrre sistematicamente o intenzionalmente coppie frenanti asimmetriche su un dato asse». Radio Paddock aveva indicato come destinataria di questo provvedimento la Red Bull, rea di aver dotato di una valvola inerziale l'impianto frenante a valle del *brake by wire* in modo da rendere asimmetrica la frenata sull'asse posteriore. Tale voce non è però mai stata confermata dalla FIA.

### *RB20: inertial rear brake valve hypothesis*

*The Belgian GP saw the introduction of a modification to article 11.2.1, unanimously approved by the teams: "Any system or mechanism that can systematically or intentionally produce asymmetric braking torques on a given axis is prohibited." Radio Paddocl had indicated Red Bull as the team this measure had been aimed at, as it was thought it had adopted an inertial brake valve downstream of the brake by wire so as to render asymmetrical the braking on the rear axle. However, this rumour was never confirmed by the FIA.*

Cina

# HEINEKEN DUTCH GRAND PRIX 2024

**ZANDVOORT**
**CIRCUIT ZANDVOORT**
**25** AGOSTO AUGUST

## Nuovo pacchetto evolutivo per la McLaren

Il Gran Premio d'Olanda ha ufficialmente aperto la seconda parte della stagione 2024 e il tracciato di Zandvoort ha decretato in modo netto, ove vi fosse stato ancora qualche dubbio residuo, che la McLaren MCL38 è la monoposto da battere e il team di Woking, a dispetto delle classifiche iridate, è saldamente la prima forza in questa fase del Mondiale. Più volte abbiamo ripetuto che le prestazioni delle vetture 2024 siano dipendenti da una eccessiva *track sensitivity* che, in considerazione delle performance estremamente ravvicinate tra le varie monoposto, rende possibili variazioni anche molto ampie in termini di risultati a seconda delle caratteristiche del singolo tracciato. Ebbene, la McLaren, pur non avendo del tutto sconfessato questa tesi, ha mostrato una consistenza prestazionale addirittura maggiore con un nuovo upgrade introdotto proprio in Olanda. Si tratta del secondo ampio pacchetto evolutivo di questa stagione, dopo quello di Miami. Gli aerodinamici del team di Woking hanno compiuto uno sforzo rilevante grazie a una precisa ottimizzazione delle risorse a loro disposizione in termini di ore in galleria del vento e simulazioni al CFD, analizzando praticamente ogni area della vettura, dall'avantreno al retrotreno. Molto interessanti, infatti, le modifiche agli elementi esterni delle sospensioni, sia all'anteriore, sia al posteriore, caratterizzate da una diversa profilatura e sezione, con particolare attenzione a quella della presa d'aria dei freni, per indirizzare efficacemente il flusso d'aria che lambisce questa zona, evitando vortici e bloccaggi, così da incrementare l'efficienza aerodinamica nel suo insieme.

Oltre alle sospensioni, anche il fondo è ora caratterizzato da un diverso bordo laterale, mentre ha debuttato una nuova versione di ala posteriore da alto carico, differente rispetto alla precedente, utilizzata a Monaco e in Ungheria, non solo nella sezione superiore ma anche nella profilatura della *beam wing*, per una migliore estrazione del flusso inferiore dal diffusore. Si è già trattato di novità che anticipano la configurazione che sarà poi propria della MCL38 nella seconda parte della stagione. Entrambi i piloti hanno beneficiato dello sviluppo svolgendo nel corso delle prove libere varie analisi soprattutto attraverso la visualizzazione della vena fluida, mediante l'applicazione di *flow viz*, specificamente sugli elementi della sospensione posteriore e dell'ala. Inoltre, all'avantreno sono stati montati, nella prima parte della FP2, voluminosi rastrelli dotati di sensori di pressione multi direzionali, per misurare le pressioni locali del flusso d'aria davanti alle fiancate.

Se questa è stata la realtà tecnica che ha caratterizzato il fine settimana della McLaren, per contro, quella della Red Bull è stata quella dell'aver adottato, per entrambe le vetture, una carrozzeria priva dei bazooka e con ampie griglie di smaltimento del calore, in pratica la versione che era stata introdotta in Ungheria solo sulla monoposto di Max Verstappen. Come noto, si tratta di una configurazione che non ha specifiche finalità prestazionali, bensì trova la sua principale ragione nel migliore scambio termico garantito da questa configurazione, su tracciati da alto carico, con layout tortuoso e brevi rettilinei. Nel corso del fine settimana si è sparsa la voce che la RB20 fosse tornata, a livello di fondo, alla versione di inizio stagione, di fatto scartando l'ultimo upgrade introdotto a Silverstone, per consentire ai tecnici di Milton Keynes di effettuare un'analisi dati nelle condizioni antecedenti l'ultima evoluzione, che era parsa inefficace in termini di miglioramento dell'handling complessivo della vettura. In realtà, osservando direttamente la RB20 sullo schieramento di partenza, l'impressione è stata quella che l'ultimo sviluppo fosse stato regolarmente adottato su entrambe le RB20. Il dato oggettivo, emerso nel corso della gara, proprio a livello visivo sul comportamento della vettura, è stato quello di un accentuato sottosterzo e una forte sensibilità al vento laterale, caratteristica in parte "inedita" per questa monoposto, ma che può essere strettamente legata all'utilizzo della configurazione priva dei bazooka, maggiormente penalizzata sotto questo profilo.

## *New evolutionary package for McLaren*

*The Dutch GP officially opened the second part of the 2024 season and the Zandvoort circuit decreed, if there were any lingering doubts, that the McLaren MCL38 was the car to beat and the Woking-based team, despite the championship standings, had established itself as the prime movers in this phase of the championship. We have often said that the performance of the 2024 cars displayed an excessive track sensitivity which, considering the narrow performance differentials between the various cars, makes a wide range of results possible depending on the characteristics of the individual circuits. Nonetheless, McLaren, while not entirely disproving this thesis, displayed a consistency of performance that was even greater with a new upgrade that was introduced in Holland. This was, in fact, the second major evolutionary package of the season, following the one introduced in Miami. The Woking team's aerodynamicists made significant efforts to optimise the resources available to them in terms of wind tunnel hours and CFD simulations, analysing virtually every area of the car, from front to back. The modifications made to the external elements of the suspension, both at the front and rear, were in fact particularly interesting. The components featured a different profile and section. Particular attention was paid to the brake air intake, permitting effective management of the airflow around this area, avoiding turbulence and blockages and thereby increasing overall aerodynamic efficiency. Elsewhere, the floor now featured a different lateral edge, while a new version of the high-downforce rear wing made its debut, differing from the previous one used in Monaco and Hungary not only in the*

upper section but also in the shape of the beam wing, improving extraction of the lower flow from the diffuser. These were new features that anticipated the configuration scheduled to be used on the MCL38 in the second half of the season. Both drivers benefited from the development, conducting various analyses during free practice, mainly through the visualisation of the air flow using flow viz, specifically on the rear suspension and wing elements. In addition, in the first part of FP2, large rakes equipped with multi-directional pressure sensors were mounted on the front end to measure local airflow pressures ahead of the sidepods. While this was the technical reality that characterised McLaren's weekend, Red Bull's was instead marked by the adoption, on both cars, of bodywork without bazookas and with large heat dispersal grilles, basically the version that had been introduced in Hungary on Verstappen's car only. As is well known, this configuration had no specific performance purpose, but was mainly intended to improve heat exchange on high-downforce tracks with twisty layouts and short straights. Over the weekend, rumours spread that the RB20 had reverted to its early season configuration, effectively discarding the latest upgrade introduced at Silverstone, to allow the Milton Keynes engineers to analyse data in the state prior to the latest evolution, which had appeared ineffective in terms of improving the car's overall handling. In reality, when examining the RB20 on the starting grid, the impression was that the latest development had been adopted on both cars. The objective data that emerged during the race, specifically in terms of the car's handling, showed pronounced understeer and strong sensitivity to crosswinds, a characteristic that was partly "unprecedented" for this car, but which may be closely linked to the running of the bazooka-free configuration, which is more penalised in this respect.

**MCL38: il pacchetto di Miami**

A Miami era stato introdotto il primo sviluppo, altrettanto esteso, che aveva di fatto interessato anche in quell'occasione tutte le aree della MCL38, dall'avantreno al retrotreno, fondo incluso.

***MCL38: the Miami package***

*The first major development package had been introduced in Miami and on that occasion too had involved all areas of the MCL38, from the front end to the rear, including the floor.*

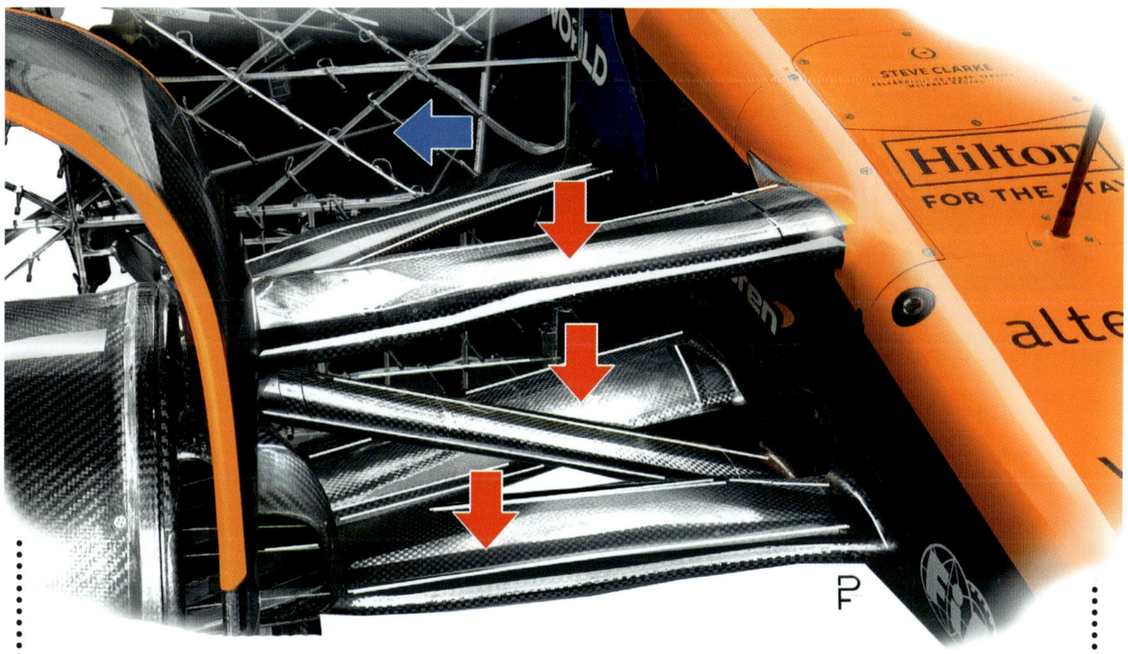


**MCL38: lo sviluppo olandese**

Gli elementi della sospensione anteriore, così come quelli posteriori, sono stati riprofilati per migliorare la gestione dei flussi. Si nota il rastrello di sensori per verificare le pressioni davanti alle fiancate. Si è trattato di un'ampia raccolta dati a seguito dell'introduzione del secondo pacchetto di sviluppo sulla MCL38, come ampiezza, paragonabile al primo apportato a Miami.

***MCL38: the Dutch development***

*The front and rear suspension elements were reshaped to improve the management of the air flows. Not the sensor rake for verifying local pressures ahead of the sidepods. This was an extensive data gathering progamme following the introduction of the second development package on the McLaren, comparable in scope to the one presented in Miami.*

### La configurazione da alto carico della RB20

Come in Ungheria, ma questa volta a disposizione di entrambi i piloti, è stata adottata la configurazione della carrozzeria priva dei bazooka, caratterizzata da un incremento delle feritoie di smaltimento del calore per favorire lo scambio termico su un tracciato privo di lunghi rettilinei.

### *RB20: high downforce configuration*

*As in Hungary, albeit for both drivers this time, a bodywork configuration without bazookas was adopted, characterised by an increase in the number of heat dispersal slots to favour thermal exchange on a circuit lacking long straights.*

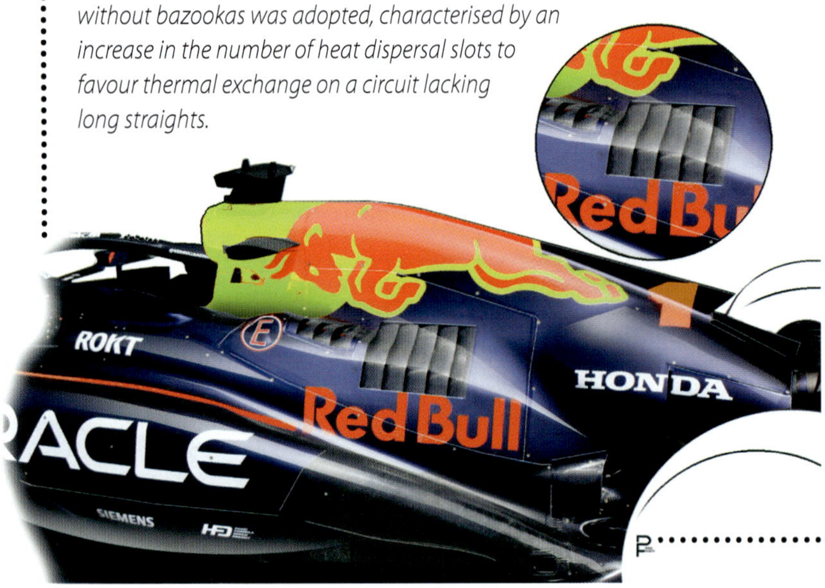


### SF-24: esperimenti con le pressioni

A Zandvoort la SF-24 ha provato diversi setup per trovare il miglior bilanciamento dinamico e soprattutto aerodinamico a livello di pressioni differenziate nelle varie sezioni del fondo.

### *SF-24: pressure experiments*

*Zandvoort saw the SF-24s testing diverse set-ups in order to find the best handling and above all aerodynamic balance in terms of the different air pressures in the various sections of the floor.*

### SF-24: cinematica interna sospensione anteriore e setup sospensione posteriore

Al pari della configurazione aerodinamica è corretto sostenere che in Olanda la Ferrari abbia effettuato ampi esperimenti a livello di cinematica interna della sospensione anteriore provando diverse tarature del terzo elemento. In parallelo sono stati effettuati altri esperimenti a livello di setup della sospensione posteriore.

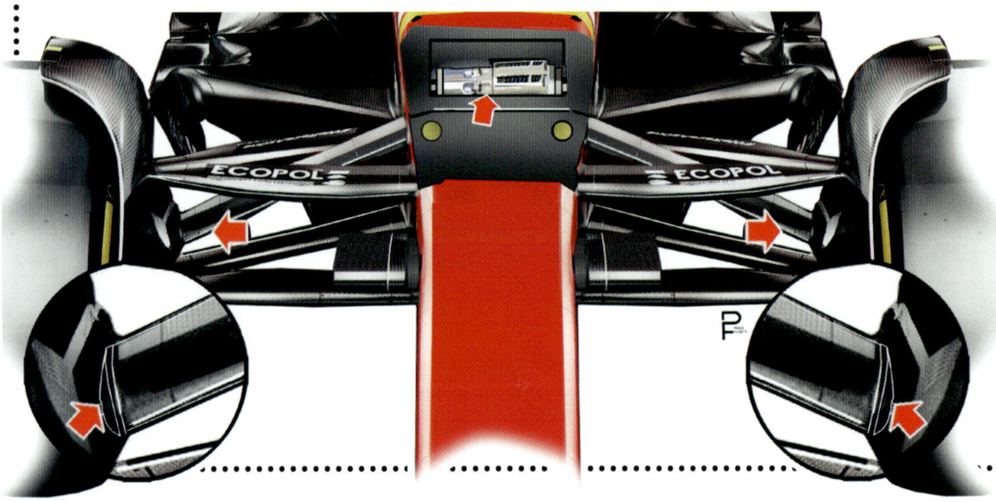


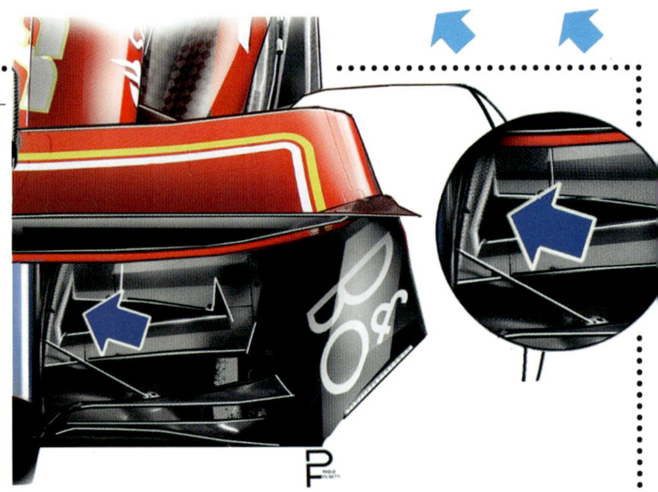

### *SF-24: internal suspension kinematics and rear suspension set-up*

*Along with the aerodynamic configuration, Ferrari was seen to conduct extensive experimentation on the internal kinetics of the front suspension, testing various third element ratings. In parallel, further experiments were conducted on the rear suspension set-up.*

# PIRELLI GRAN PREMIO D'ITALIA 2024

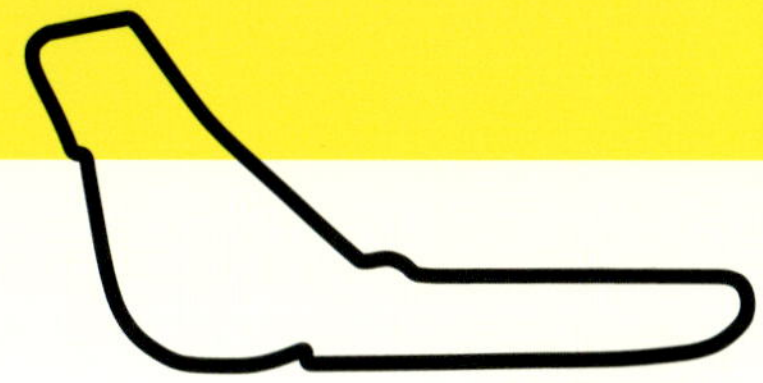

**MONZA**
**AUTODROMO NAZIONALE MONZA**
**1** SETTEMBRE *SEPTEMBER*

## Ampie modifiche in casa Ferrari

La Ferrari, come previsto, ha introdotto a Monza un amplissimo pacchetto di sviluppo sulla SF-24, non solo caratterizzato dalle modifiche specifiche per il velocissimo tracciato brianzolo, ma anche – anzi soprattutto – focalizzato sulla gestione dei sobbalzi che avevano impedito, a partire dal Gran Premio di Spagna, di capitalizzare l'ipotetico incremento prestazionale che il pacchetto introdotto a Barcellona avrebbe dovuto garantire, almeno sulla carta. Va sottolineato che il tracciato di Monza, anche a seguito della totale riasfaltatura, non potesse essere considerato il banco di prova più severo, quello in grado di fornire una risposta definitiva sulla soluzione dell'innesco del *porpoising*. In dettaglio, il fondo è stato modificato in quattro aree cruciali. Nella sezione anteriore sono cambiati i volumi intorno ai deviatori di flusso inferiori, con un andamento della superficie esterna del tutto diverso. La ricerca di differenti volumetrie inferiori si è tradotta in una diversa gestione e generazione delle pressioni sottostanti, proprio con l'obiettivo precipuo di smorzare le oscillazioni verticali ma, ancor più, di evitarne l'insorgenza. Interessante poi l'incremento della sezione a espansione laterale, prolungata di almeno 40 centimetri verso il posteriore, modificando radicalmente l'integrazione con il marciapiede posto davanti alle ruote posteriori. La terza area interessata, invece, ha riguardato la sezione posteriore dei canali Venturi, modificata nella sua volumetria per circa un metro a partire dal gomito del diffusore. Questo è avvenuto intervenendo sulla bombatura a livello di raccordo con il marciapiede laterale. Ultimo ma non ultimo, il diffusore, totalmente rinnovato nei suoi volumi, ma soprattutto con una sezione di espansione del tutto modificata, proprio per una diversa gestione della pressione in uscita, tale da rendere meno soggetta ai saltellamenti la monoposto durante la fase di stallo del diffusore.

La McLaren, nonostante si sia limitata a un generale adattamento al tracciato di Monza, a eccezione di una modifica al profilo delle fiancate, è stato l'altro team protagonista nel fine settimana. La MCL38, dopo il risultato in qualifica, ma già a partire dalle sessioni di prove libere, si era mostrata chiaramente la vettura da battere ma anche l'unica che si potesse definire *all round*. Si intende dire, come più volte abbiamo ripetuto, quanto le performance delle vetture *ground effect* di questa stagione siano *track sensitive*. Per contro, la MCL38 ha smentito questo assunto dimostrando la propria efficacia sia su tracciati da alto carico sia su circuiti *low downforce*, come quello di Monza. Vale però la pena far notare un dettaglio non trascurabile, che riguarda proprio la configurazione aerodinamica adottata dalla McLaren dopo la FP3. Infatti, per le qualifiche e la gara, le MCL38 sono state provviste della stessa ala posteriore adottata a Spa, rinunciando dunque alla versione estrema da basso carico con cui erano state disputate le prime due sessioni di prove libere. Si è trattato di una scelta che poteva avere una doppia motivazione. Da un lato, infatti, l'incremento del carico poteva essere interpretato come funzionale a ottenere una performance in qualifica riducendo gli scivolamenti laterali in curva e garantendo maggiore trazione in uscita dalle varianti così come, soprattutto, a Lesmo. Ma va primariamente considerata in funzione del degrado degli pneumatici. Il nuovo asfalto del tracciato di Monza, infatti, ha mostrato come le attuali condizioni di basso grip meccanico, solo parzialmente compensate dal grip adesivo, inducano un elevato degrado. Un fattore che poi, in gara, si è rivelato decisivo impedendo alla McLaren la strategia di una sola sosta, quella che ha poi permesso alla Ferrari di vincere sovvertendo le previsioni della vigilia.

## *Extensive modifications for Ferrari*

*As had been expected, Ferrari introduced a very extensive development package for the SF-24 at Monza, not only featuring specific modifications for the high-speed Brianza track, but also – and above all – focused on managing the porpoising that had prevented the team from capitalising on the hypothetical performance increase which the package introduced in Barcelona should have guaranteed, at least on paper, from the Spanish Grand Prix onwards. It should be noted that the Monza track, after being completely resurfaced, could not hardly be considered to be the severest of tests, capable of providing a definitive answer regarding the solution to the porpoising issue. In detail, the floor was modified in four key areas. In the front section, the volumes around the lower flow vanes were changed, with a completely different outer surface profile. The research into alternative lower volumes translated into different management and generation of the pressures beneath the car, with the primary aim of dampening vertical oscillations but, even more importantly, preventing them from being triggered in the first place. Also of interest was the increase in the lateral expansion section, extended by at least 40 cm towards the rear, which radically changed the integration with the footplate ahead of the rear wheels. The third area affected instead concerned the rear section of the venturi channels, modified in volume for about one metre* starting from the diffuser elbow. This was achieved by modifying the camber at the junction with the lateral footplate. Last but not least, the diffuser was thoroughly revised in terms of its volume, but above all with a highly modified expansion section specifically designed to manage the exit pressure differently, making the car less prone to porpoising during the diffuser stall phase.

Despite limiting itself to a general adaptation to the Monza track, with the exception of a modification to the profile of the side panels, McLaren was the other team in the spotlight over the weekend. After its performance in the free practice sessions and result in qualifying, the MCL38 had clearly shown itself to be the car to beat, but also the only one that could be described as an all-rounder. What we mean is, as we have repeatedly said, that the performance of the 2024 season's ground effect car cars was track sensitive. The MCL38 actually disproved this assumption by demonstrating its effectiveness on both high-downforce circuits and low-downforce tracks such as Monza. However, it is worth noting a by no means negligible detail concerning the aerodynamic configuration adopted by McLaren after FP3. In fact, for qualifying and the race, the MCL38s were fitted with the same rear wing used at Spa, thus foregoing the extreme low-downforce version used in the first two free practice sessions. This decision could have been motivated by two factors. On the one hand, the increase in downforce could be interpreted as a means of achieving better qualifying performance by reducing lateral sliding in corners and ensuring greater traction out of the chicanes such as, above all, at Lesmo. However, it should primarily be considered in relation to tyre degradation. The new asphalt at Monza had shown that the current conditions of low mechanical grip, only partially compensated for by adhesive grip, induced elevated degradation. This factor proved decisive in the race, preventing McLaren from implementing a one-stop strategy and allowing Ferrari to win, overturning the pre-race predictions.

### Fondo evoluto SF-24

Il fondo è stato profondamente modificato sia nei volumi dei canali Venturi, sia nel profilo laterale, con l'incremento della sezione a espansione in corrispondenza del bordo di uscita dei profili separatori inferiori.

### SF:24: evolution floor

*The floor was extensively modified both in terms of the Venturi channels and in the lateral edge, with the enlargement of the expansion section in correspondence with the trailing edge of the lower separator vanes.*

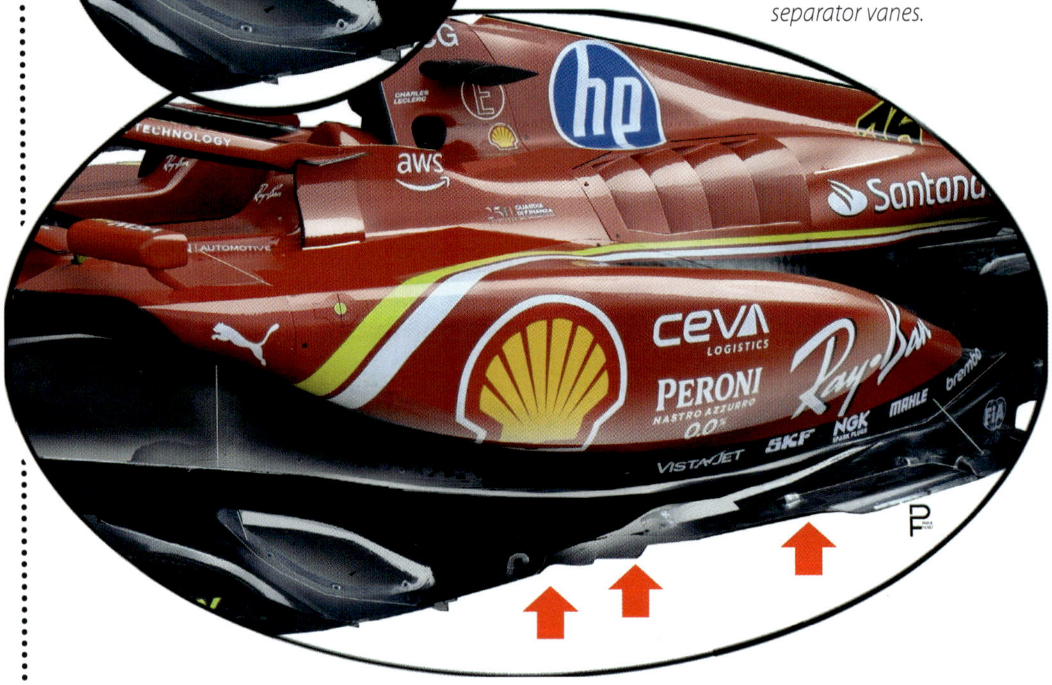

### Ala posteriore SF-24

La versione adottata a Monza costituisce l'estremizzazione della configurazione più scarica vista sinora. Questa versione è caratterizzata dal profilo principale molto rialzato, dunque con una ridotta incidenza del flap.

### *SF-24: rear wing*

*The version adopted at Monza represents the most extreme low downforce configuration seen to that point. This version was characterised by a very high main plane, resulting in a flap with a reduced incidence.*

### Ala posteriore MCL38

Anche la McLaren ha adottato sulla MCL38 un'ala posteriore che in parte mutuava quella vista in Belgio, caratterizzata da una ridotta incidenza del flap e da un profilo principale molto alto rispetto al pilone di supporto.

### *MCL38: rear wing*

*McLaren also fitted with the MCL38 with a rear wing that in part recycled the one seen in Belgium, characterised by a reduced flap incidence and a main plane set very high with respect to the pylon.*

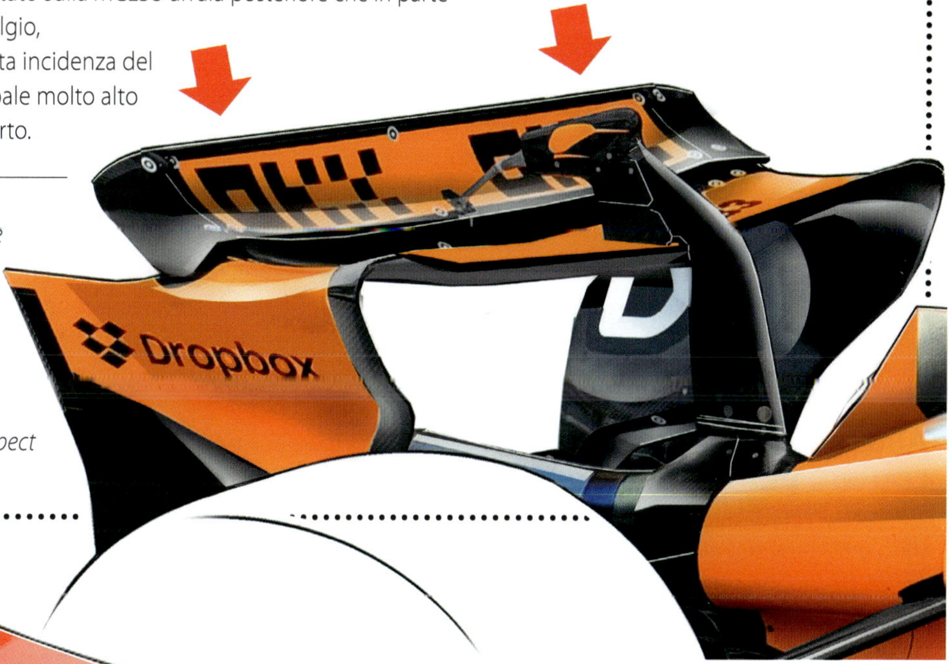

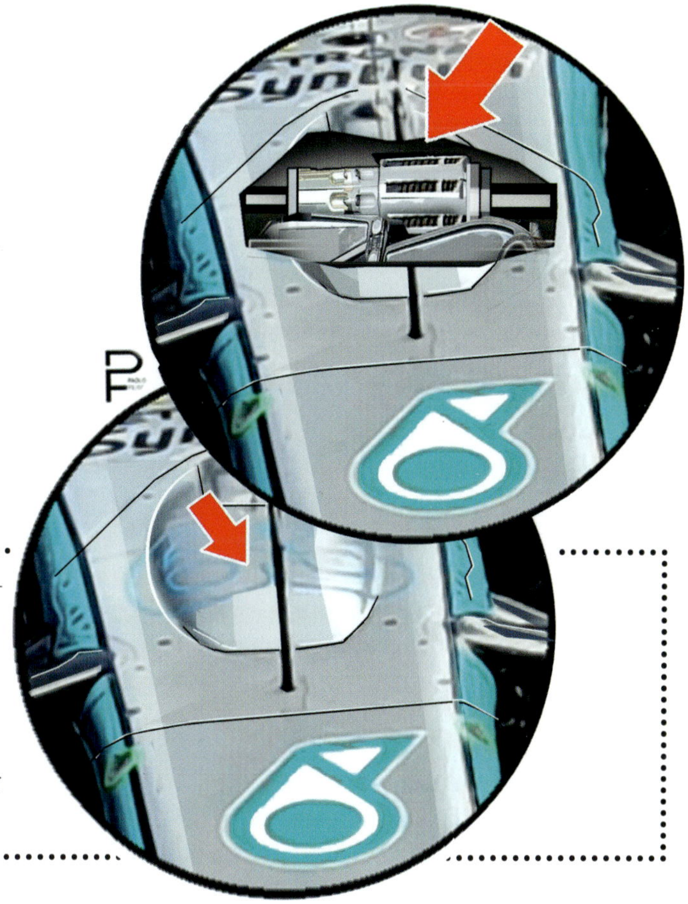

### Sospensione anteriore W15

Interessante notare come la revisione del terzo elemento, introdotta in Austria, su un tracciato decisamente diverso, sia ormai divenuta una soluzione definitiva a livello di configurazione del nuovo terzo elemento che ha debuttato al Red Bull Ring.

### *W15 front suspension*

*It is interesting to note how the revision of the third element, introduced in Austria, on a very different circuit, had now become a definitive feature in terms of the configuration of the new third element that had made its debut at the Red Bull Ring.*

# QATAR AIRWAYS AZERBAIJAN GRAND PRIX 2024

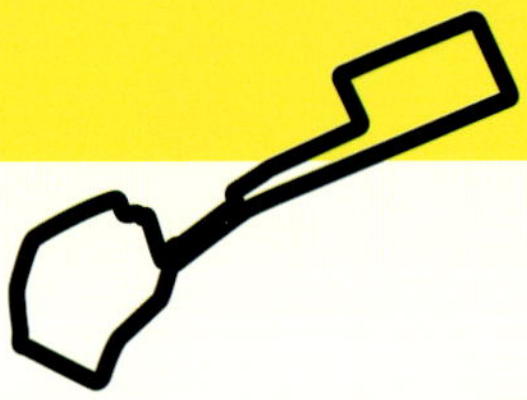

**BAKU**
**BAKU CITY CIRCUIT**
**15 SETTEMBRE SEPTEMBER**

## Alla Red Bull… costretti a copiare per restare al vertice

Il fine settimana del Gran Premio dell'Azerbaigian è stato preceduto dall'annuncio ufficiale dell'arrivo di Adrian Newey in Aston Martin per il 2025. La notizia ha posto fine alla lunga "saga" che si era aperta, in merito alla sua destinazione, dopo che aveva annunciato, a fine aprile, l'uscita dalla Red Bull. Come noto, Newey non entra in Aston Martin da "semplice" responsabile dell'area tecnica, ruolo che peraltro, nelle vesti di DT, sarà ricoperto da Enrico Cardile, bensì da partner, socio dunque di Lawrence Stroll, che in questo modo ha raggiunto un duplice obiettivo. Da un lato assicurarsi Newey, dall'altro non incidere con il suo ingaggio sul budget operativo dell'azienda, non per evitare i vincoli del budget cap (non comprende i tre stipendi più alti erogati dal team), ma per opportunità gestionale, (è infatti molto più difficile identificare ora quale sia l'accordo economico alla base) impedendo così proprio l'effetto deleterio conseguente all'assunzione di una superstar alla Cristiano Ronaldo, in confronto con gli stipendi erogati agli altri tecnici di primo livello della squadra. In pratica, si può quindi dire che anche Lawrence Stroll abbia messo al primo posto l'unità del team, del gruppo, rispetto al singolo, riuscendo così a integrare uno *star engineer* in un team in piena crescita. E il mantra di Frédéric Vasseur sulla rilevanza del gruppo ha avuto una sua rappresentazione effettiva proprio in Azerbaigian.

La gara di Baku era un appuntamento che la Red Bull non poteva mancare a livello di competitività della RB20. Dopo sei gare consecutive in cui Max Verstappen non aveva vinto, ritrovare l'equilibrio, diventato sempre più precario da Miami in poi, era un imperativo categorico per il team di Christian Horner, per poter pensare di gestire il vantaggio dell'olandese su Lando Norris sino all'ultima gara. Monza, però, solo due settimane prima, è stato il punto più basso in termini di competitività della monoposto del team di Milton Keynes, ed era impossibile approntare in così poco tempo una soluzione definitiva allo scarso bilanciamento della RB20. Quando il tempo rappresenta la risorsa più rilevante, spesso non esiste strada più efficace che implementare, senza porsi troppe questioni, quelle soluzioni che, su monoposto rivali, hanno risolto egregiamente problemi analoghi di aerodinamica e dinamica del veicolo. Facendo proprio questo principio, i tecnici diretti da Enrico Balbo, sono stati in grado di integrare nel fondo "patchwork" della RB20, (in quanto mix di più pacchetti evolutivi precedenti), alcuni elementi dello sviluppo aerodinamico introdotto a Monza sulla Ferrari SF-24. Specificamente, questo ha interessato alcune modifiche ai volumi inferiori dei canali Venturi, ma soprattutto alla riprofilatura della sezione centrale del diffusore, ora dotata, come la vettura di Maranello, di un profilo a chiglia che determina una diversa gestione dei flussi in uscita e soprattutto diverse pressioni nei canali Venturi. Nella sezione centrale del diffusore è stata applicata una carenatura, che non ha richiesto una modifica complessiva del profilo estrattore. In sostanza, potrebbe essere definita un'integrazione poco invasiva, consentendo così una sorta di intervento evolutivo ma "conservativo" veloce a livello di esecuzione, seppure non possa essere considerato definitivo. I problemi della RB20, infatti, sono parsi maggiormente sotto controllo a Baku, seppur non del tutto, ma di immediata efficacia. Va però considerata questa soluzione ispirata alla Ferrari, come una conferma indiretta della veridicità del già citato mantra di Vasseur: l'importanza del gruppo rispetto al singolo. Ma dimostra, inequivocabilmente, riportando l'attenzione in casa della Red Bull, anche che in assenza delle intuizioni di "Genius Newey", non sia restato altro che copiare bene, tenendo comunque presente che neppure questo è un esercizio dall'esito scontato. E si è visto.

## *Red Bull… obliged to copy to stay on top*

*The Azerbaijan Grand Prix weekend was preceded by the official announcement that Adrian Newey would be joining Aston Martin for 2025. This "revelation" brought an end the long saga regarding his next move that began when he announced at the end of April that he would be leaving Red Bull. As is well known, Newey is not joining Aston Martin as "mere" technical director, a position that will instead be filled by Enrico Cardile, but as a partner, alongside Lawrence Stroll, who has thus achieved two objectives. On the one hand, he has secured Newey's services, while on the other, his signing will not affect the company's operating resources, not to avoid the constraints of the budget cap (which does not include the three highest salaries paid by the team), but for managerial motives (it is in fact currently much more difficult to identify the underlying financial agreement), thereby avoiding the detrimental effect of hiring a Cristiano Ronaldo-style superstar, compared to the salaries paid to other leading engineers in the team. In effect, we might say that Lawrence Stroll has also put the unity of the team and the group ahead of the individual, thus succeeding in integrating a star engineer into a rapidly developing team. Vasseur's mantra about the importance of the group was effectively demonstrated in Azerbaijan.*

*The Grand Prix in Baku was an all-important event for Red Bull in terms of the competitiveness of the RB20. After six consecutive races in which Verstappen had not won, regaining the balance that had become increasingly precarious since Miami was a categorical imperative for Christian Horner's team if they were to manage the Dutchman's advantage over Lando Norris through to the last race. Just two weeks earlier, Monza had actually marked the lowest point in terms of competitiveness for the Milton Keynes team's car and it was impossible to come up with a definitive solution to the RB20's poor balance in such a short time. When time is of the essence, there is often no more effective route than to implement, without asking too many questions, those features that have* successfully solved similar aerodynamic and handling issues on rival cars. Applying this principle, the engineers led by Enrico Balbo were able to Integrate some of the aerodynamic developments introduced at Monza on the Ferrari SF-24 into the RB20's "patchwork" floor (in as much as it was a mix of several previous development packages). Specifically, this involved several changes to the lower volumes of the Venturi channels, but above all the re-profiling of the central section of the diffuser, as on the car from Maranello, which now featured a keel profile determining a different management of the outflow and, above all, different pressures in the Venturi channels. A fairing was applied to the central section of the diffuser, which did not require an overall modification of the extractor profile. Essentially, the operation could be defined as a minimally invasive integration, allowing for a sort of evolutionary but "conservative" development that was quick to implement, but could hardly be considered definitive. The problems suffered by the RB20 did seem to be more under control in Baku, and while the modifications did not entirely resolve the issues, they did have an immediate effect. In any case, this Ferrari-inspired solution should be seen as indirect confirmation of the truth of Vasseur's aforementioned mantra: the importance of the team rather than the individual. However, it also unequivocally demonstrates, to bring the focus back to Red Bull, that in the absence of the insights of "Genius Newey", all that remains is to copy well, bearing in mind that even this is not an exercise with guaranteed results. As we have seen.

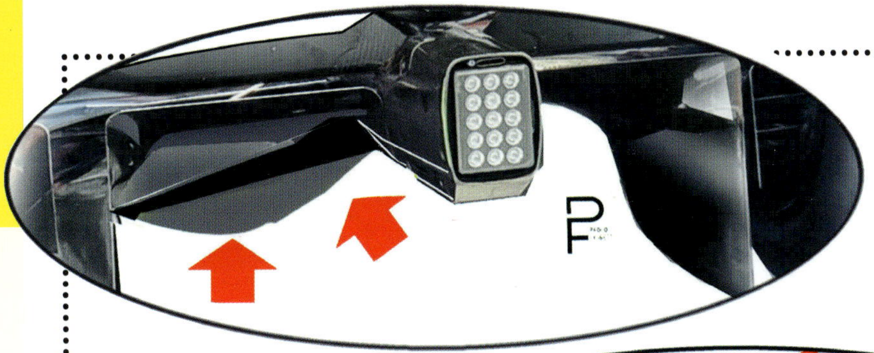

*chiglia del diffusore come SF-24*

*diffuser keel like the SF-24*

*configurazione profili come SF-24*

*wing configuration like the SF-24*

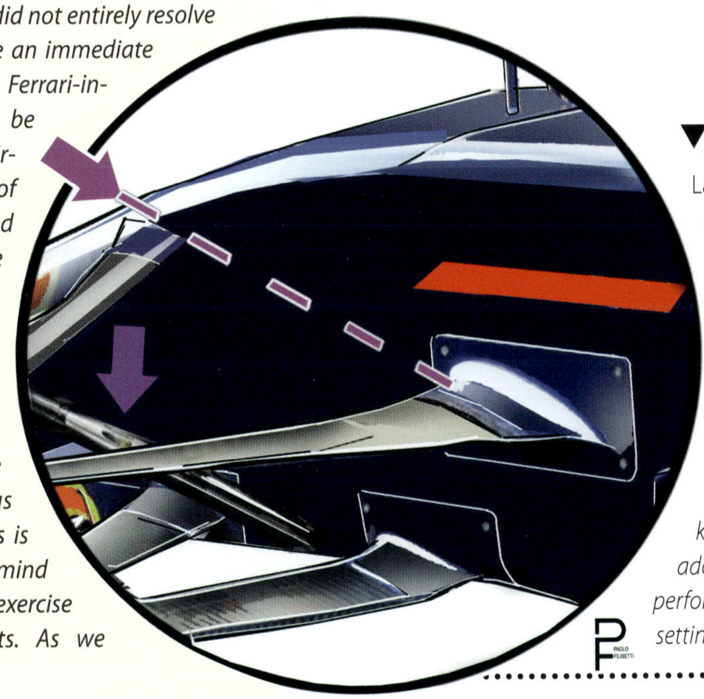

**L'aerodinamica della RB20 ispirata dalla SF-24**

La configurazione della RB20 a Baku è stata fortemente ispirata dalla SF-24. Non solo a livello del diffusore, con la "chiglia" centrale introdotta dalla Ferrari a Monza, ma anche a livello di profili alari e utilizzo di una *beam wing* piatta al retrotreno. Il miglioramento delle prestazioni della RB20 è anche legato a una diversa regolazione della sospensione anteriore *pull rod*.

***RB20 aerodynamics inspired by the SF-24***

*The configuration of the RB20 at Baku was heavily influenced by that of the SF-24. Not solely in terms of the diffuser, with the central keel introduced by Ferrari at Monza, but also the wing profiles and the adoption of a flat beam wing at the rear. The improvements in the RB20's performance was also to be attributed to a different front suspension pull rod setting.*

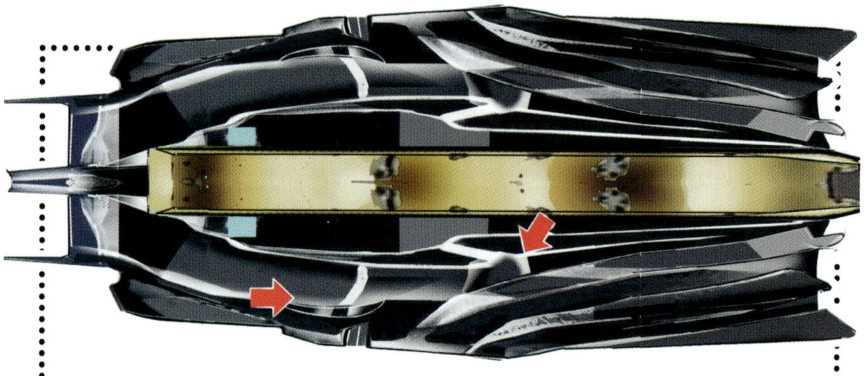

### Sviluppo fondo RB19 al Gran Premio di Spagna 2023

Christian Horner ha dichiarato che le prestazioni altalenanti della RB20 risalgono a problemi già riscontrati sulla RB19 a partire del Gran Premio di Spagna 2023. Il fondo della RB19 era stato lievemente modificato in occasione di quella gara, variando la curvatura dei deviatori di flusso inferiore e in modo non radicale quelli dei canali Venturi.

### *RB floor development at the Spanish GP 2023*

*Christian Horner declared that the RB20's inconsistent performance was due to problems already found on the RB19 from the Spanish GP in 2023. The RB19's floor had been slightly modified on the occasion of that race, with a variation to the curvature of the lower flow vanes and a non-radical change to those of the Venturi channels.*

### Pacchetto evoluzione Monza SF-24

Le novità introdotte sulla RB20 a Baku, oltre al diffusore, hanno riguardato anche la variazione delle sezioni dei canali Venturi, simili a quelle apportate sulla Ferrari a Monza, oltre alla riprofilatura del bordo laterale come sulla monoposto italiana.

### *SF-24 Monza evolutionary package*

*Apart from the diffuser, the novelties introduced on the RB20 at Baku also concerned the variation of the sections of the Venturi channels, similar to those made to the Ferrari at Monza, along with the reshaping of the lateral edge, as on the Italian car.*

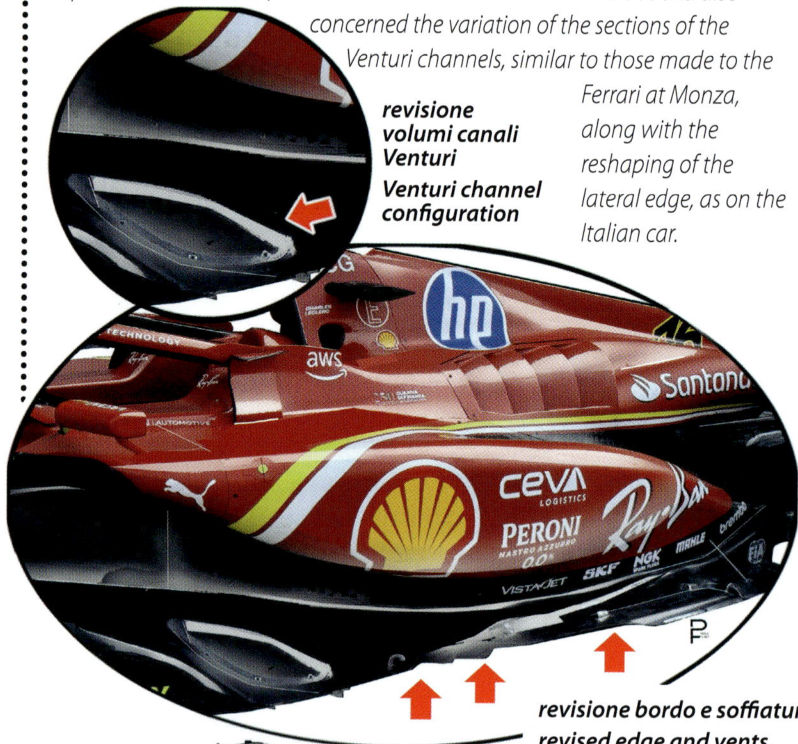


### Elasticità ala posteriore McLaren MCL38

A Baku, la flessibilità dei singoli elementi dell'ala posteriore della MCL38 è stata al centro dell'attenzione mediatica dei team rivali. Ma anche la flessibilità complessiva dell'intera ala, incluso il supporto, è stata posto sotto osservazione, con l'indicazione che a pieno carico l'ala si inclinasse verso il posteriore riducendo la sezione frontale di circa 0,8 pollici in altezza.

### *McLaren MCL38 rear wing flexibility*

*At Baku, the flexibility of the individual elements of the MCL38's rear wing caught the attention of the team's rivals. The overall flexibility of the entire wing, including the pylon, was also the object of close scrutiny, with the indication that under full load the wing sloped to the rear, reducing the frontal section by about 0.8 inches in height.*

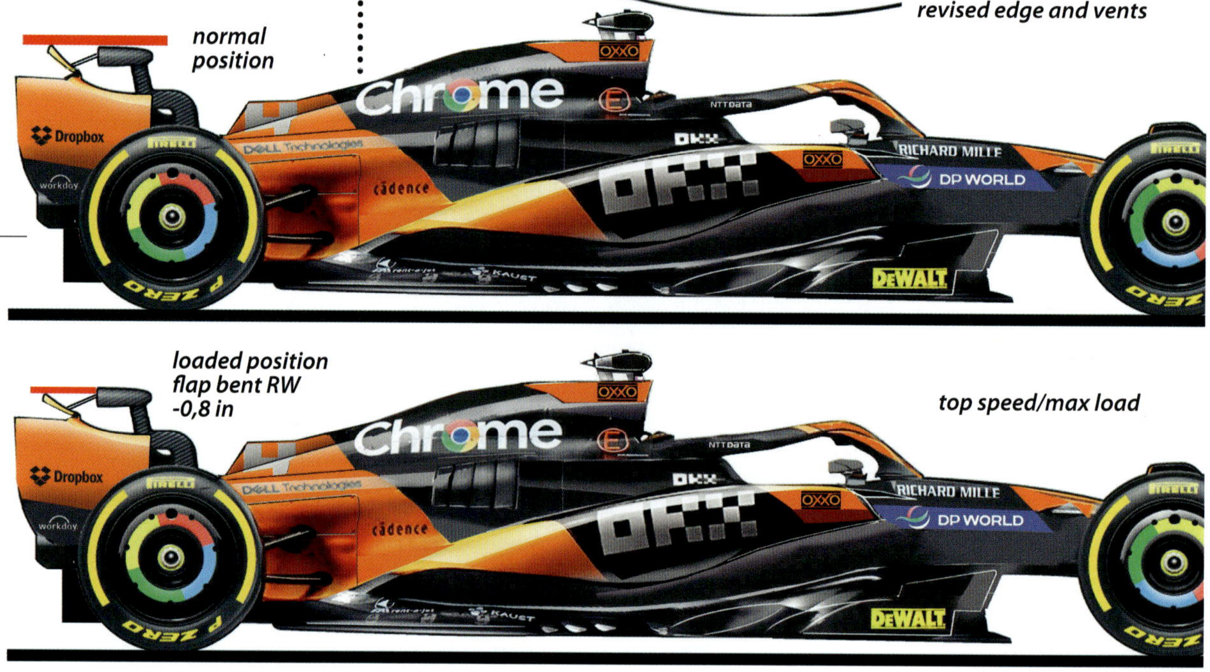

# SINGAPORE AIRLINES SINGAPORE GRAND PRIX 2024

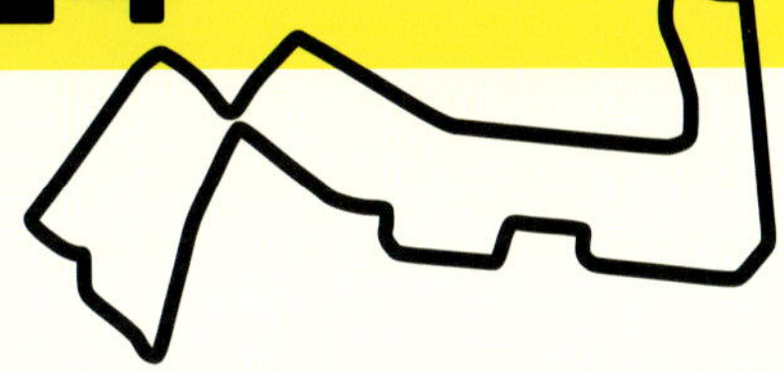

## Questione di ali

Il Gran Premio di Singapore ha messo in risalto quanto lo stato di forma della McLaren MCL38 le abbia permesso di dominare interamente il fine settimana, costruendo in gara un vantaggio sulla Red Bull di Max Verstappen che in alcune fasi ha addirittura sfiorato il mezzo minuto. Ciò può anche essere considerato la dimostrazione che la competitività della vettura vista a Baku non dipendesse neppure in minima parte dalla flessione periferica del flap dell'ala posteriore, subito ribattezzato impropriamente "mini DRS", sulla base di un giudizio più legato a impressioni visive che sulla reale conoscenza dell'entità del presunto vantaggio. Tralasciando per ora questo argomento, a livello tecnico la Ferrari ha introdotto a Marina Bay una nuova versione di ala anteriore. Si tratta di un'ala di nuova concezione, capace di sfruttare in modo efficace i gradi di libertà concessi dalle attuali norme in termini di elasticità dei singoli elementi dell'ala, pur rispettando i limiti imposti dal regolamento quando sottoposta a test statici di flessione. Nel complesso, il bilanciamento della SF-24 è parso subito ottimale sin dalla prima sessione di prove libere e non ha richiesto particolari modifiche a livello di assetto dinamico. Va rilevato, peraltro, che entrambe le Ferrari sono state tra le monoposto che hanno adottato altezze da terra particolarmente ridotte, segno inequivocabile dell'ottimo bilanciamento della vettura che non ha risentito minimamente delle irregolarità dell'asfalto di Marina Bay. In dettaglio, la nuova ala anteriore è caratterizzata da una diversa costruzione e soprattutto da differenti fissaggi dei flap, che consentono un maggior grado di flessibilità dei due ultimi elementi, ovvio, all'interno dell'attuale quadro regolamentare stabilito dalla FIA. Al di là del risultato ottenuto in gara, fortemente condizionato dalla posizione ottenuta in qualifica, ha assunto particolare importanza la precisa scelta di anticipare il debutto di tutte quelle modifiche che potessero consentire anche un marginale incremento prestazionale. Il reparto aerodinamico diretto da Diego Tondi e quello compositi, sono stati messi sotto pressione, proprio con l'intento di portare a Singapore una parte del pacchetto di sviluppo in origine previsto per il Gran Premio degli Stati Uniti. Esserci riusciti ha costituito un vantaggio in termini di programmazione per eventuali lievi rettifiche, ma soprattutto ha permesso di raccogliere dati rilevanti dalla pista per verificarne la correlazione con le simulazioni.

Vale la pena approfondire il discorso relativo alle ali flessibili. Per chiarezza, va precisato che la questione tra la flessibilità dell'ala anteriore e quella posteriore è totalmente diversa. In sostanza, a Baku, nonostante la sua "poca rilevanza" in termini prestazionali, l'ala posteriore della MCL38 era caratterizzata da un'anomala flessione verso l'alto del flap nella sua porzione periferica. Qualcosa che con il DRS chiuso non rappresenta il normale comportamento del flap. In sostanza, sebbene il vantaggio non è tangibile, è indubbio che il sollevamento parziale dell'angolo inferiore del flap non sia un fenomeno normale. Di ben altra natura, invece, la flessione a pieno carico dei flap anteriori, che rientra in una flessibilità certamente controllata e funzionale alle performance, ma può essere comunque intrinseca al comportamento normale dell'ala sottoposta al massimo carico. Per questo motivo, risulta molto più complessa la sua gestione e sanzionabilità da parte della FIA. In sostanza, mentre è stato corretto porre l'accento su quanto anomalo fosse il comportamento del flap posteriore della McLaren – e proprio per questo motivo il team di Woking ha autonomamente deciso di modificarlo prima del successivo utilizzo – tutte le costruzioni di ali anteriori che flettano in movimento, a pieno carico, devono essere considerate totalmente legali e, su queste basi, bene ha fatto la Ferrari ad anticiparne il debutto a Singapore.

**SINGAPORE**
**MARINA BAY STREET CIRCUIT**
**22 SETTEMBRE SEPTEMBER**

## *A question of wings*

*The Singapore GP highlighted how the McLaren MCL38's form allowed it to dominate the entire weekend, building up a lead over Verstappen's Red Bull in the race that at times was almost half a minute. We can see this as proof that the competitiveness of the car seen in Baku did not depend in the slightest on the peripheral flexing of the rear wing flap, immediately and incorrectly interpreted as a "mini DRS", based on a judgement that had more to do with visual impressions than actual knowledge of the extent of the presumed advantage. Leaving this topic aside for now and looking at technical issues, Ferrari introduced a new version of its front wing at Marina Bay. This was a newly designed wing, capable of effectively exploiting the degree of freedom permitted by the current regulations in terms of the flexibility of the individual wing elements, while complying with the limits imposed by the regulations when subjected to static flex tests. Overall, the balance of the SF-24 appeared optimal from the first free practice session and it did not require any particular changes to its dynamic set-up. It should also be noted that both Ferraris were among those cars with particularly low ground clearance, a clear sign of the vehicle's excellent balance, which was not affected in the slightest by the uneven surface of the Marina Bay track. In detail, the new front wing featured a different construction and, above all, different flap fixtures, which allowed for greater flexibility of the last two elements, while clearly meeting the current FIA regulations. Quite apart from the result achieved in the race, which was heavily influenced by the position obtained in qualifying, the decision to bring forward the debut of all those changes that could provide even a marginal increase*

in performance took on particular importance. The aerodynamics department headed by Diego Tondi and the composites department were put under pressure with the aim of bringing part of the development package originally planned for the United States Grand Prix to Singapore. Having succeeded in this was an advantage in terms of programming any minor adjustments, but above all it allowed the team to collect relevant data from the track and verify its correlation with the simulations.
It is worth going into more detail on the subject of flexible wings. For the sake of clarity, it should be noted that the issue of front wing flexibility is completely different from that of the rear wing. Essentially, in Baku, despite its "insignificance" in terms of performance, the peripheral section of the flap on the MCL38's rear wing was characterised by an abnormal upward flexion. This is not how the flap usually behaves with the DRS closed. In short, although the advantage was not tangible, there was no doubt that the partial lifting of the lower angle of the flap was not a normal phenomenon. The flexing of the front flaps under full load is of a completely different nature, however, as it is certainly part of a controlled flexibility that is functional to performance but may still be intrinsic to the normal behaviour of the wing under maximum load. For this reason, its management and its sanctioning by the FIA is much more complex. Essentially, while it was correct to emphasise how unusual the behaviour of the McLaren rear flap was – and for this very reason the Woking team independently decided to modify it before its next outing – all front wing designs that flex in motion under full load must be considered completely legal and, on this basis, Ferrari was right to bring forward its debut in Singapore.

*modificati attacchi ultimi due flap*
*modifications to final two flap mounts*

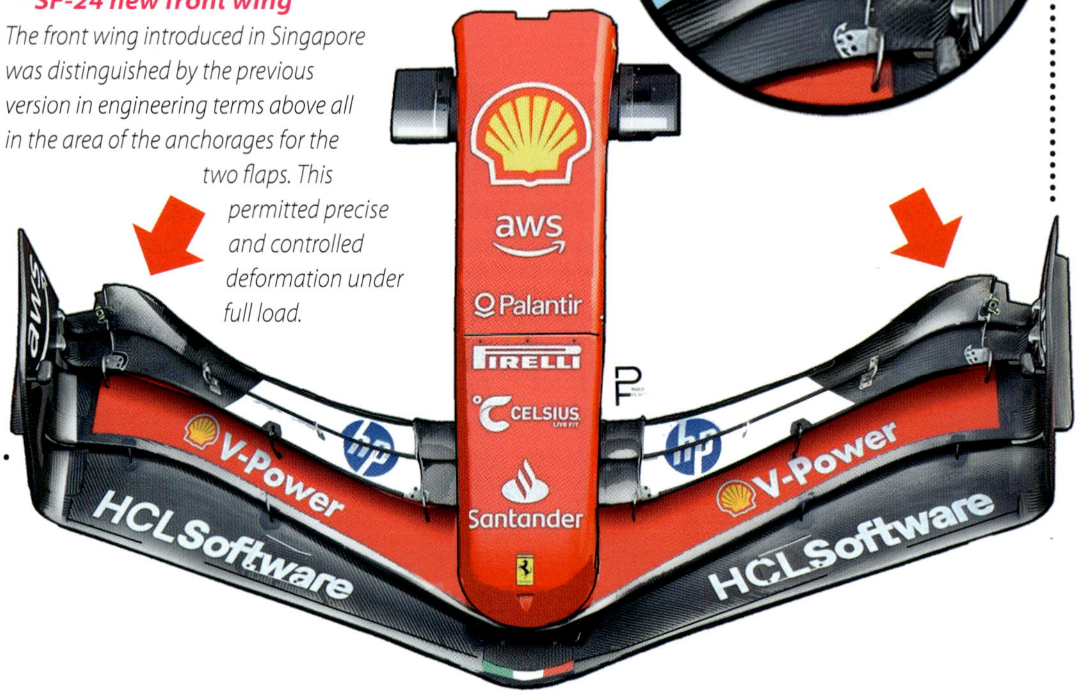

### Nuova ala anteriore SF-24

L'ala anteriore introdotta a Singapore si distingue dalla precedente a livello di costruzione soprattutto nell'ancoraggio dei due flap. Questo ne permette una precisa deformazione controllata a pieno carico.

### *SF-24 new front wing*

*The front wing introduced in Singapore was distinguished by the previous version in engineering terms above all in the area of the anchorages for the two flaps. This permitted precise and controlled deformation under full load.*

**Monaco-Singapore**

### Ala posteriore SF-24

Al retrotreno la SF-24 ha montato la stessa ala adottata a Monaco, caratterizzata da un flap con corda massima ed elevata incidenza per estremizzare il carico.

### *SF-24 rear wing*

*At the rear, the SF-24 was equipped with the same wing used in Monaco, characterised by a flap with maximum chord and a high incidence to maximise downforce.*

### MCL38: livrea speciale per Singapore

La McLaren. pur non presentando novità di rilievo sulla MCL38, ha sfoggiato una livrea speciale caratterizzata da uno schema cromatico che richiamava le gloriose MP4 degli anni Ottanta e Novanta.

### *MCL38 special livery for Singapore*

*While not introducing any significant modifications to then MCL38, McLaren did present its cars in a special livery characterised by a colour scheme recalling the glorious MP4s of the 1980s and '90s.*

### *McLaren: detail modifications to the MCL38 floor*

*The MCL38 did not feature a development package as the team had planned to introduce a new floor in the USA with a modified lateral expansion section and changes to the area ahead of the front wheels, thereby increasing the points of downforce generated. In any case, the car did benefit from the modifications in this are introduced for the Dutch GP and still earlier in Austria.*

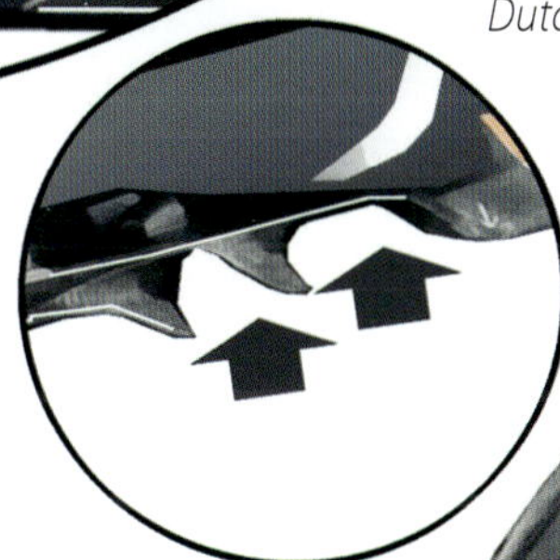

### McLaren: dettaglio modifiche fondo MCL38

La MCL38 non ha introdotto alcun pacchetto di sviluppo prevedendo negli Stati Uniti il debutto di un nuovo fondo modificato a livello della sezione laterale a espansione e nella zona posteriore davanti alle ruote, incrementando così i punti di carico generato. In ogni caso ha beneficiato delle modifiche in quest'area apportate al Gran Premio di Olanda e ancor prima in Austria.

# PIRELLI UNITED STATES GRAND PRIX 2024

**AUSTIN**
**CIRCUIT OF THE AMERICAS**
**22 OTTOBRE / OCTOBER**

## La Red Bull sotto investigazione

La volata decisiva per il Mondiale è iniziata subito con una polemica di carattere tecnico. Nel fine settimana di Austin, la Federazione Internazionale ha intensificato i controlli nei confronti della Red Bull. Il nome del team è stato reso pubblico solo dopo che gli stessi tecnici di Milton Keynes hanno ammesso di disporre di un sistema, a bordo della RB20, che permetteva la variazione dell'altezza da terra del *Tea tray* che, secondo la segnalazione delle scuderie, avrebbe potuto potenzialmente essere utilizzato tra qualifiche e gara, variando dunque l'assetto in regime di parco chiuso. Com'è noto, il regolamento vieta tassativamente le modifiche di assetto durante questo regime, quello cioè che intercorre tra la fine delle qualifiche e l'inizio della gara, stabilendo con l'articolo 40.2 che in tale intervallo di tempo si possa solo cambiare l'incidenza dell'ala anteriore cui non si possono aggiungere, rimuovere o sostituire elementi. Né può essere modificata alcuna altra parte della vettura. Deve essere chiaro che le modifiche non possono essere apportate senza l'uso di opportuni attrezzi. La Red Bull ha però progettato e realizzato un meccanismo potenzialmente azionabile dall'interno dell'abitacolo da un meccanico, durante i normali controlli alla monoposto tra qualifiche e gara.

Perché l'altezza da terra è così importante? Le attuali Formula 1, introdotte dal 2022, sono definite monoposto a effetto suolo, di fatto evidenziando come la loro performance aerodinamica (leggi carico) sia generata per circa il 70% dal fondo vettura. Ma ciò varia, in modo significativo, a seconda della distanza del fondo dall'asfalto. In sostanza, quanto più è vicino il fondo tanto più elevata è la performance. Ma ci sono degli effetti collaterali, ovvero gli impatti frequenti del fondo sull'asfalto, che dipendono sia dal carico aerodinamico generato a piena velocità, sia dal peso stesso della monoposto. Si intuisce quanto sia diversa l'incidenza del peso a serbatoio scarico in qualifica da quello con il pieno per la gara. I team, per rispettare il regolamento (sull'impossibilità di variare l'assetto della vettura tra qualifiche e gara), adottano altezze da terra che costituiscono un compromesso tra prestazione e attenzione ad attenuare gli impatti sull'asfalto, anche per conservare lo spessore della tavola posta inferiormente entro il limite minimo di 9 millimetri. La Red Bull, dunque, con l'adozione di un sistema meccanico azionabile dall'abitacolo che permette la variazione dell'altezza da terra del fondo a livello del *Tea tray*, avrebbe potuto, in teoria, adottare sempre un assetto perfetto sia in qualifica sia in gara, massimizzando le prestazioni nelle due specifiche condizioni. In pratica: massima performance sul giro secco, ma anche corretta gestione delle gomme in gara, e non ultimo, consumo entro i limiti della tavola in legno. Qualcosa che alcune squadre, proprio in occasione del Gran Premio di Singapore, hanno voluto portare all'attenzione della FIA, sollecitandone l'intervento.

La FIA ha verificato la RB20 nel box, con l'ausilio degli ingegneri del team di Milton Keynes, applicando un sigillo che di fatto comprovasse il non utilizzo del sistema tra qualifiche e gara ma anche tra qualifiche Sprint e la mini gara del sabato.

A margine di questa polemica, che di fatto ha infiammato la prima parte del fine settimana, va sottolineato come la McLaren abbia, a differenza della maggior parte delle squadre, introdotto un ampio pacchetto di modifiche, soprattutto concentrate nella parte anteriore della MCL38, a partire da una nuova ala, caratterizzata da un diverso andamento e concetto di *outwash* alle estremità dei flap. Il team di Woking ha lavorato anche sulla sezione e profilo delle prese a V di raffreddamento dei freni, anteriori e posteriori, e sulle carenature degli elementi esterni delle sospensioni. La Ferrari, per contro, non ha ufficialmente introdotto modifiche sulla SF-24, ma è invece circolata l'indiscrezione secondo cui l'ala anteriore, in pratica la versione adattata alle esigenze del COTA di quella vista a Singapore, fosse caratterizzata, almeno nelle prove libere, da una diversa costruzione del flap.

## *Red Bull under investigation*

*The decisive sprint for the World Championship began with an immediate technical controversy. Over the weekend in Austin, the International Federation intensified its checks on Red Bull. The team's name was only made public after the Milton Keynes engineers themselves admitted to having a system on board the RB20 that allowed the ground clearance of the T-tray to be varied. According to the team, this could potentially have been used between qualifying and the race, thereby changing the set-up under parc fermé conditions. As is well known, the regulations strictly prohibit set-up changes during this period, that is to say, between the end of qualifying and the start of the race, stipulating in Article 40.2 that during this time only the angle of the front wing may be changed and no elements may be added, removed or replaced. No other part of the car may be modified either. It must be clear that modifications cannot be made without the use of appropriate tools. However, Red Bull has designed and built a mechanism that can potentially be operated from inside the cockpit by a mechanic during normal checks on the car between qualifying and the race.*

*Why is ground clearance so important? The current Formula 1 cars, introduced in 2022, are defined as ground-effect single-seaters, highlighting how approximately 70% of their aerodynamic performance (that is to say, downforce) is generated by the car's underbody. However, this varies significantly depending on the distance between the underbody and the asphalt. Basically, the closer the underbody, the greater the performance, but there are side effects, namely the frequent impacts of the underbody on the asphalt, which depend both on the aerodynamic load generated at full speed and on the weight of the car itself. It is easy to see how different the impact of the weight of an empty fuel tank in qualifying is from that of a full tank during the race. In order to comply with the regulations (which prohibit changing the car's set-up between qualifying and the race), teams adopt ground clearances that are a compromise between performance and attention to mitigating impacts with the asphalt, while ensuring that the thickness of the plank on the underbody remains within the minimum limit of 9 millimetres. By adopting a mechanical system operated from the cockpit that allows the ground clearance of the floor to be varied at T-tray level, Red Bull, could therefore, in theory, always benefit from perfect set-up for both qualifying and the race, maximising performance under the two specific conditions: maximum performance on the flying lap, but also appropriate tyre management during the race and, last but not least, wear on the plank within the permitted limits. This is something that certain teams, specifically at the Singapore Grand Prix, wanted to bring to the attention of the FIA, urging them to intervene. The FIA checked the RB20 in the pits, with the help of engineers from the Milton Keynes team, applying a seal that effectively proved that the system had not been used between qualifying and the race, but also between qualifying and the Sprint race on Saturday.*

*Aside from this controversy, which effectively inflamed the first part of the weekend, it should be noted that McLaren, unlike most teams, introduced a comprehensive package of changes, mainly focusing on the front end of the MCL38, starting with a new wing, characterised by a different shape and outwash concept at the ends of the flaps. The Woking team also worked on the section and profile of the front and rear V-shaped brake cooling ducts and on the fairings of the external suspension elements. Ferrari, on the other hand, did not officially introduce any changes to the SF-24, but rumours suggest that the front wing, which was basically a version the one seen in Singapore adapted to the COTA requirements, featured a different flap construction, at least in free practice.*

**Meccanismo regolazione altezza da terra Tea tray**

Si nota l'ammortizzatore celato nel divergente, comandato però da un leveraggio che consente la sua regolazione dall'abitacolo. Un elemento che ha incrementato i sospetti dei rivali, è il peso, non irrilevante, di questo dispositivo che di fatto non si giustificherebbe semplicemente per velocizzare le operazioni di setup del *Tea tray* in prova, come sostenuto dalla Red Bull.

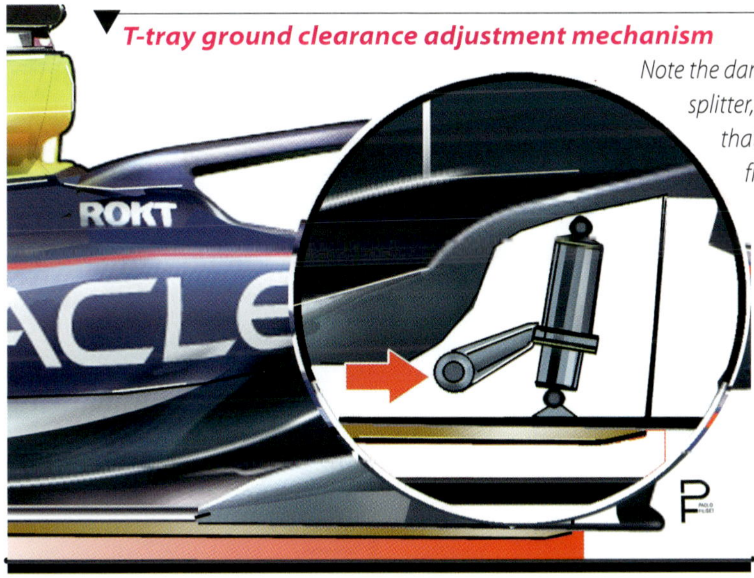


***T-tray ground clearance adjustment mechanism***

*Note the damper concealed within the splitter, but controlled via a lever that permitted its adjustment from the cockpit. One aspect that increased the suspicions of Red Bull's rivals was the by no means irrelevant weight of the device which in effect was hardly justified by Red Bull's claims that it was designed to speed up T-tray adjustment operations in practice.*

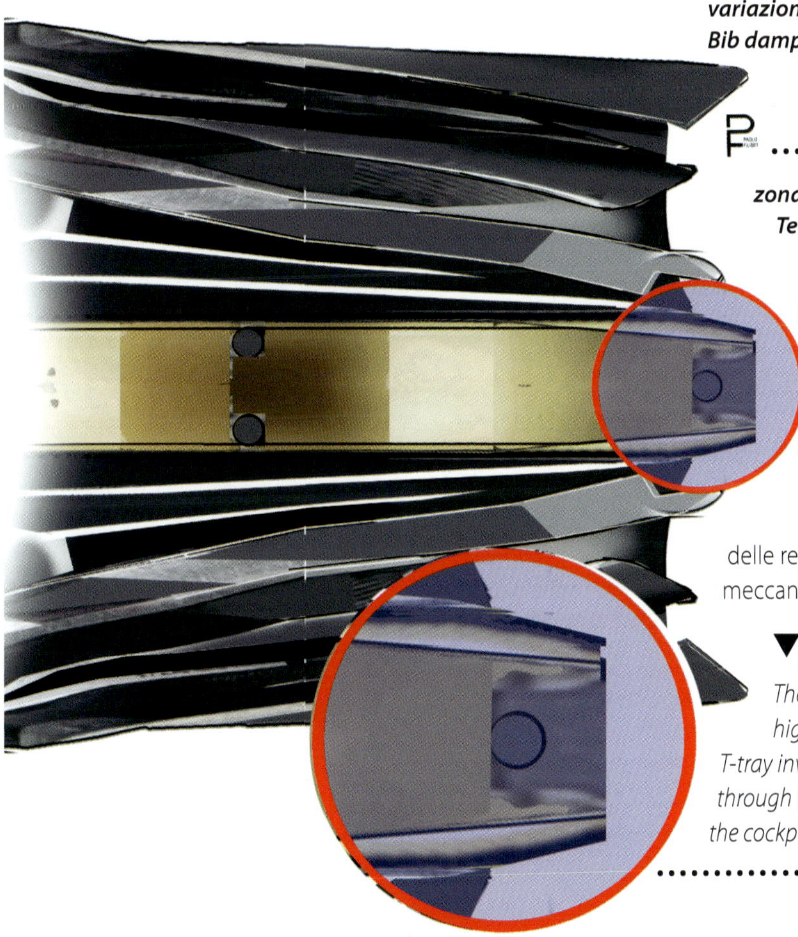


**Dettaglio fondo RB20**

Nel tondo è evidenziata l'area del *Tea tray*, oggetto delle regolazioni attraverso il meccanismo posto nell'abitacolo.

***RB20: floor detail***

*The detail in the circle highlights the area of the T-tray involved in the adjustment through the mechanism located in the cockpit.*

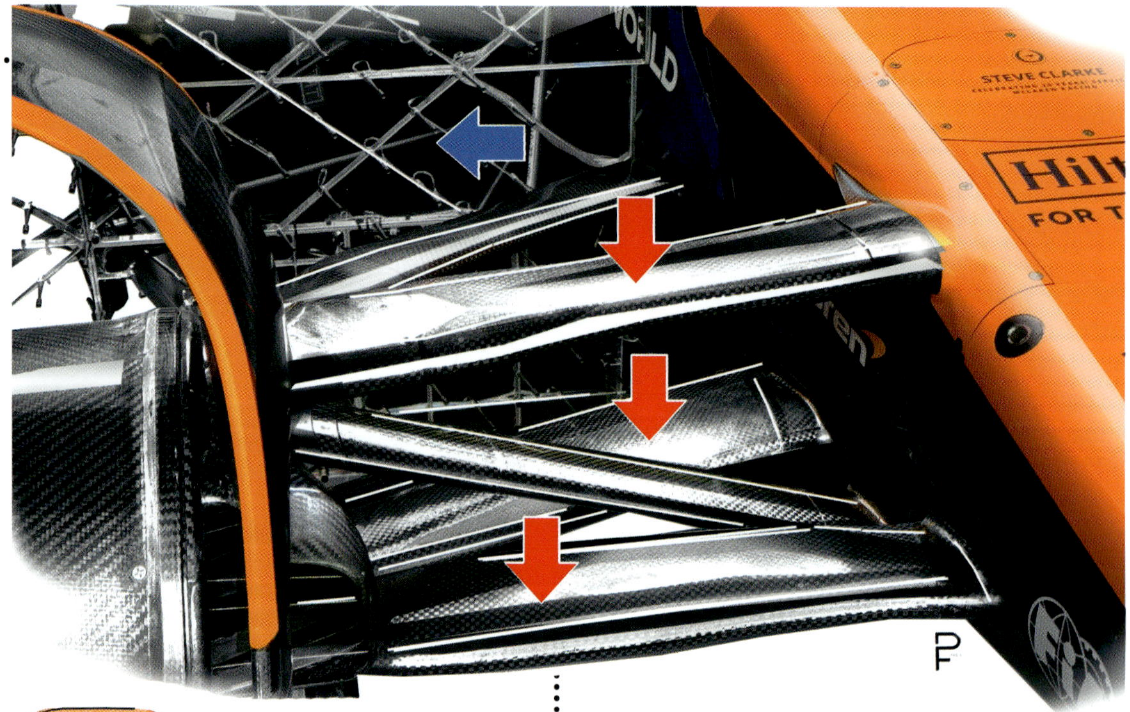

### Ala anteriore McLaren

La McLaren ha modificato la vettura in sette punti, concentrandosi soprattutto sull'avantreno dove ha debuttato una nuova ala caratterizzata da un diverso concetto nella zona periferica dei flap, concetto che garantisce un migliore *outwash* delle turbolenze. Sono state svolte prove con *aero rakes* (rastrelli di sensori) per valutare l'impatto della modifica sull'aerodinamica complessiva della vettura.

### *McLaren: front wing*

*McLaren modified its car in seven points, focusing above all on the front end where a new wing characterised by a different concept for the peripheral area of the flaps was introduced, guaranteeing improved turbulence outwash. Tests were undertaken with aero rakes (sensor arrays) to evaluate the impact of the modification on the overall aerodynamics of the car.*

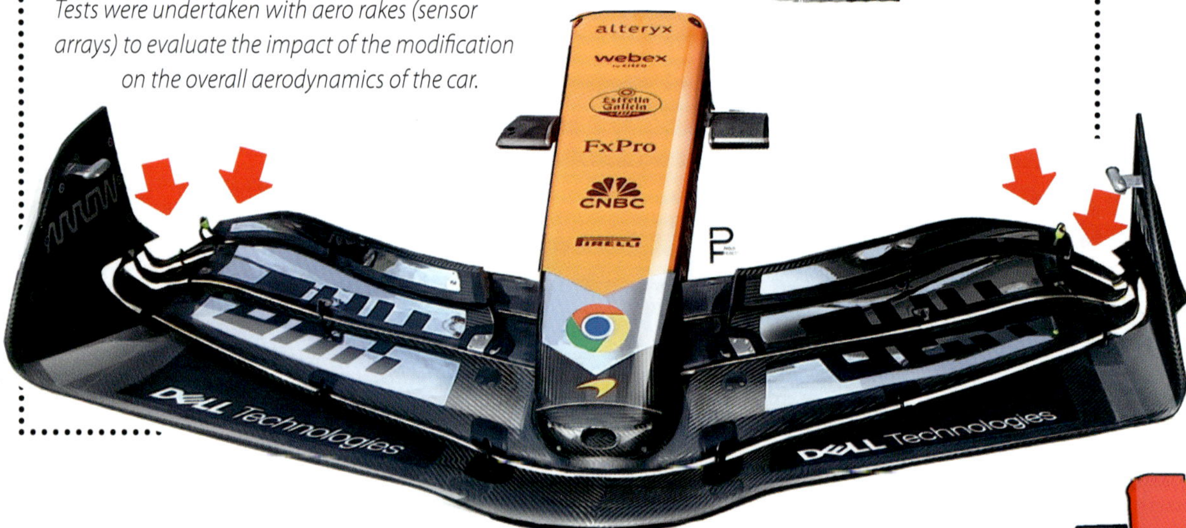

***modificati attacchi ultimi due flap***
***modifications to final two flap mounts***

### Ala anteriore SF-24: versione Singapore con nuova costruzione del flap

Nella singola sessione di prove libere sembra che il team di Maranello abbia adottato un'ala caratterizzata da una diversa costruzione dei flap, per anticipare, di fatto, modifiche più profonde per il Messico.

### *SF-24 front wing: Singapore version with a new flap construction*

*During the single free practice session it seemed that the team from Maranello had adopted a wing characterised by a different flap construction, effectively anticipating more in-depth modifications for Mexico.*

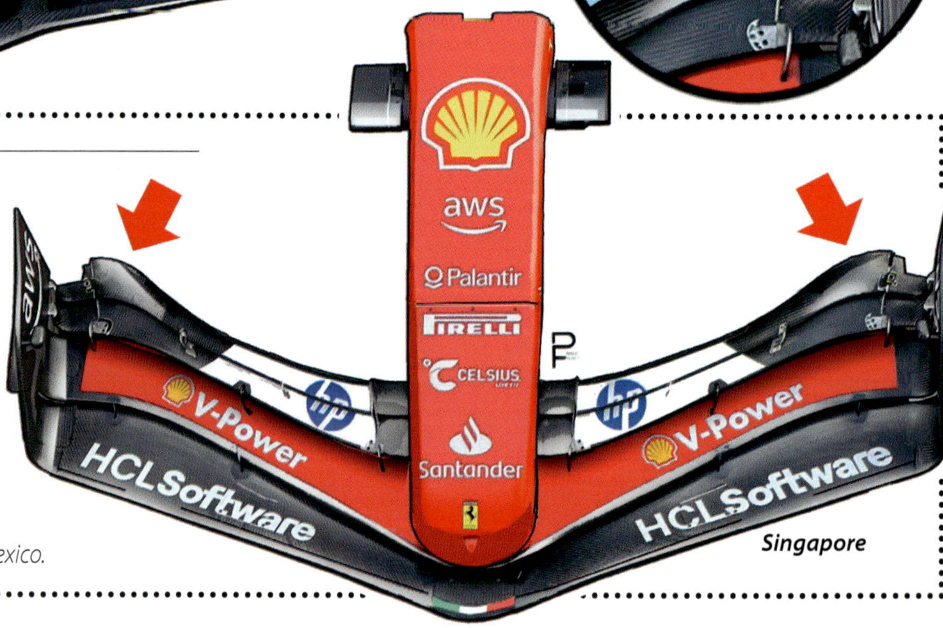

***Singapore***

# GRAN PREMIO DE LA CIUDAD DE MÉXICO 2024

**MÉXICO CITY**
**AUTODROMO HERMANOS RODRÍGUEZ**
**27** OTTOBRE OCTOBER

## In quota, alla ricerca d'aria

Il Gran Premio del Messico, a causa della elevata rarefazione dell'aria, rappresentava un appuntamento quanto mai insidioso sotto il profilo dell'affidabilità delle vetture. Nello specifico, il sistema di raffreddamento della PU subisce una riduzione pari a circa il 30% dello scambio termico normalmente garantito ad altitudini molto inferiori a quella dei 2.240 metri di Città del Messico, creando una sorta di circolo vizioso. Poiché anche la potenza sviluppata dal propulsore endotermico risulta particolarmente condizionata dalla rarefazione dell'aria, i team tendono a compensare la perdita di potenza con un utilizzo più intenso del turbo, per incrementare la pressione dell'aria di alimentazione del propulsore. Queste contromisure a livello di potenza determinano però un sovraccarico del turbo stesso e delle sue componenti, che quindi può più facilmente essere soggetto a cedimenti. Per questo motivo, tutti i team hanno modificato le carrozzerie dotandole di ampie feritoie di smaltimento del calore per incrementare lo scambio termico, non considerando rilevante la conseguente perdita di efficienza aerodinamica, che proprio per la rarefazione dell'aria risulta marginale su questa pista.

La Ferrari ha introdotto una nuova carrozzeria, caratterizzata da feritoie molto ampie che si estendono anche sulla parte superiore delle fiancate e ai lati dell'abitacolo. L'aggiunta di queste ultime ha avuto lo scopo di incrementare ulteriormente l'estrazione dell'aria calda dalle fiancate.

La Red Bull, a tutti gli effetti, ha invece adottato ed estremizzato la carrozzeria modificata ad Austin ma originariamente introdotta in Ungheria. Ciò nonostante, nel corso delle prime prove libere e nella parte iniziale delle FP2, Max Verstappen era stato costretto ai box per un problema al turbo, probabilmente causato dalle condizioni di maggiore stress cui questa componente era sottoposta in alta quota. Per contro, la McLaren è stato l'unico team a non limitarsi a modifiche rivolte all'affidabilità, introducendo una versione completamente nuova del fondo. Si è trattato, infatti, di una versione inedita in cui tutti i volumi dei canali inferiori sono stati modificati per consentire una diversa gestione delle pressioni sotto la vettura. È rilevante notare come fosse disponibile un solo esemplare per Lando Norris, mentre Oscar Piastri ha utilizzato la specifica precedente. Secondo quanto dichiarato dagli stessi tecnici McLaren, il nuovo fondo genererebbe un notevole incremento di carico, peraltro migliorandone anche la distribuzione. In sostanza, le aspettative degli uomini di Andrea Stella su questo sviluppo sono talmente alte da considerarlo una sorta di *game changer* per le ultime gare della stagione. Anche le MCL38, in ogni caso, sono state dotate di feritoie maggiorate per mantenere sotto controllo le temperature della PU Mercedes. Curiosamente, nella loro conformazione sinuosa, richiamavano in modo particolare quelle che caratterizzavano la Ferrari F1-75 nel 2022.

## *In search of air at altitude*

*Due to the high altitude, the Mexican Grand Prix has always been a tricky event in terms of car reliability. Specifically, the PU cooling system suffers a reduction of approximately 30% in the heat exchange normally guaranteed at altitudes much lower than the 2,240 metres of Mexico City, creating a kind of vicious circle. Since the power developed by the internal combustion engine is also severely affected by the thin air, teams tend to compensate for the loss of power by using the turbo more intensively to increase the air pressure feeding the engine. However, these power-related countermeasures cause the turbo itself and its components to be overworked, making them more prone to failure. For this reason, all teams modified their car bodies, equipping them with large heat dispersal slots to increase heat exchange, not considering the resulting loss of aerodynamic efficiency to be significant, given that it is marginal on this track due to the same rarefaction of the air.*

*Ferrari introduced a new bodywork configuration featuring very large vents extending to the tops of the sidepods and either side of the cockpit. The addition of these slits was intended to further increase the extraction of hot air from the sidepods. Red Bull, on the other hand, adopted and took to the extreme the modified bodywork used in Austin but originally introduced in Hungary. Nevertheless, during the first free practice sessions and the early part of FP2, Verstappen was forced into the pits with a turbo problem, probably caused by the increased stress this component was subject to at high altitude. In contrast, McLaren was the only team not to limit itself to reliability-focused changes, introducing an all-new floor. This was a configuration in which all the lower channel volumes were modified to allow for different pressure management under the car. It is worth noting that only one example was available for Norris, while Piastri used the previous iteration. According to McLaren's own engineers, the new floor generated a significant increase in downforce, while also improving its distribution. In essence, Andrea Stella's team had such high expectations for this development that they considered it a game changer for the final races of the season. In any case, the MCL38s were also fitted with larger slots to keep the Mercedes PU temperatures under control. Curiously, their sinuous shape was particularly reminiscent of those that characterised the Ferrari F1-75 in 2022.*

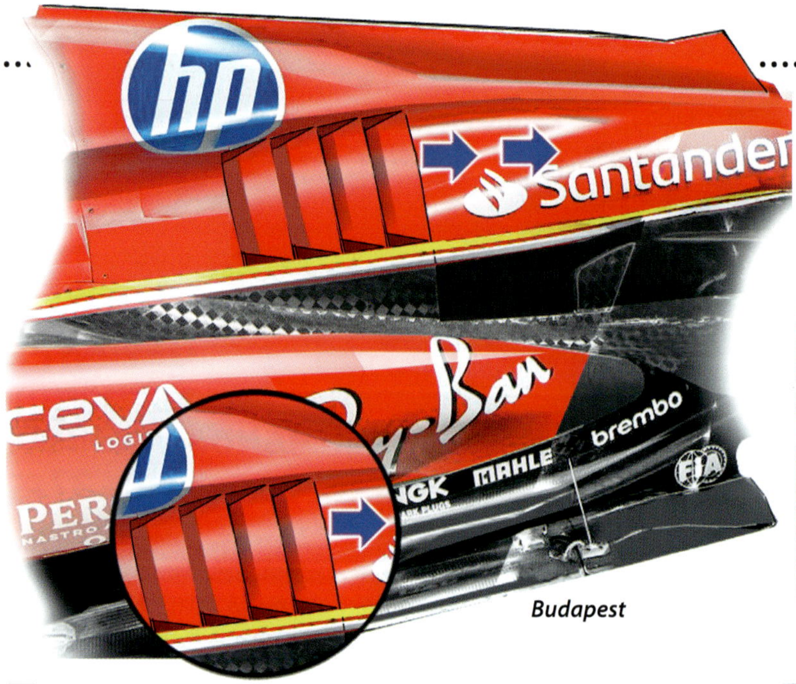

Budapest

Spa

### SF-24: incremento feritoie per smaltimento aria calda

La SF-24 ha introdotto una nuova carrozzeria caratterizzata da feritoie per lo smaltimento dell'aria calda, che si estendono per un'ampia superficie sino alla parte superiore delle fiancate. Inoltre erano presenti ulteriori sfoghi aggiuntivi ai lati dell'abitacolo per migliorare l'estrazione del calore dalle fiancate. Interessante il confronto con le configurazioni delle prese d'aria adottate a Spa e Budapest.

### *SF-24: expansion of heat dispersal slots*

*The SF-24 featured new bodywork characterised by heat dispersal slots extending over a broad area including the upper part of the sidepods. Moreover, additional slots were let in either side of the cockpit to improve the extraction of heat from the sidepods. It is interesting to compare the air intake configurations adopted at Spa and Budapest.*

*feritoie asimmetriche*
*asymmetric slots*

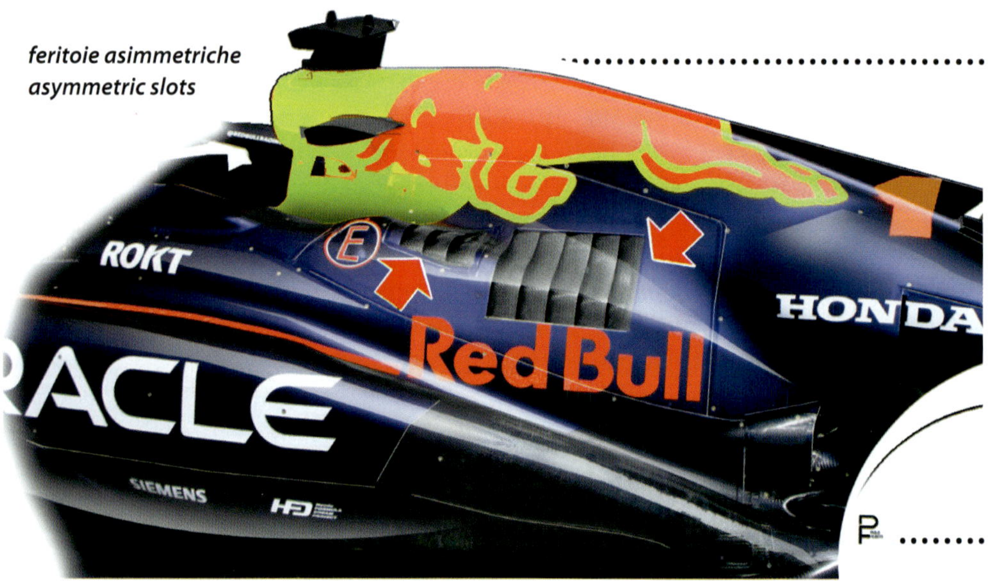

### RB20: feritoie asimmetriche

La Red Bull ha adottato la stessa carrozzeria che aveva utilizzato ad Austin, ma dotata di ampie griglie per lo smaltimento del calore. Interessante notare che il profilo di ciascuna aletta aveva un andamento sinuoso diverso da quelle adiacenti, per incrementare l'estrazione dell'aria calda.

### *RB:20: asymmetric slots*

*Red Bull adopted the same bodywork it had used in Austin, but equipped with extensive heat dispersal grilles. It was interesting to note that the profile of each winglet had a different sinuous shape to the ones next to it so as to optimise the extraction of hot air.*

***nuovi volumi canali Venturi***
***new Venturi channel volumes***

### Nuovo fondo McLaren

La McLaren ha portato in Messico, in un solo esemplare, un nuovo fondo caratterizzato da una complessiva variazione dei volumi e sezioni dei canali Venturi sottostanti. Una modifica profonda, dunque, in grado, secondo i tecnici del team di Woking, di garantire un sostanziale incremento del carico aerodinamico generato.

### *McLaren: new floor*

*McLaren took a single example of a new floor to Mexico, characterised by a general variation of the volumes and sections of the underlying Venturi channels. An in-depth modification, therefore, one that the Woking engineers felt would guarantee a substantial increase in the downforce generated.*

### Mercedes W15: feritoie smaltimento calore

Anche la Mercedes presentava a Città del Messico griglie per lo smaltimento del calore, incrementate alla base del cofano motore.

### *Mercedes W15: heat dispersal slots*

*Mercedes also arrived in Mexico City with extended heat dispersal grilles at the base of the engine cover.*

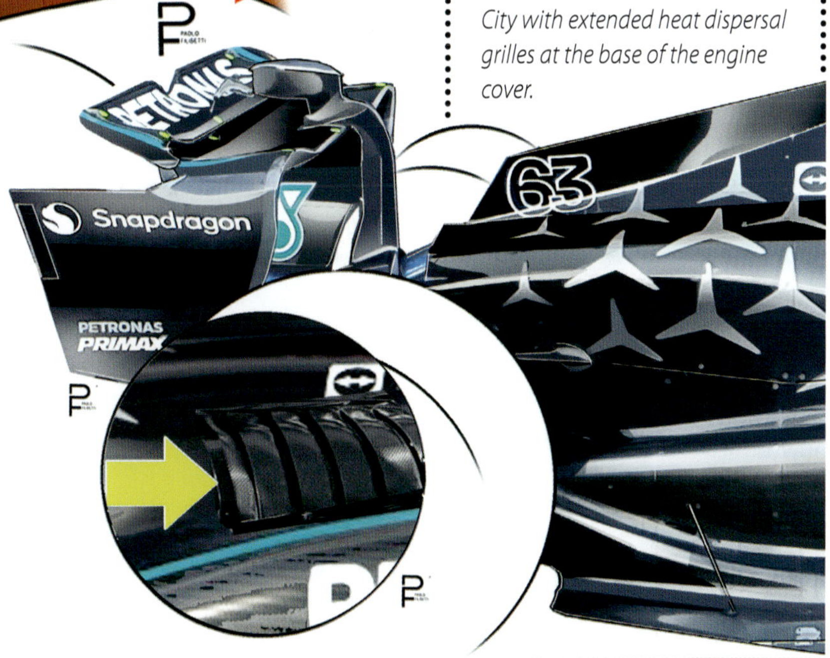


### MCL38: smaltimento del calore con feritoie che ricordano la F1-75

Anche la McLaren, ha dotato le proprie carrozzerie di ampie griglie per incrementare lo scambio termico. Interessante lo sviluppo sinuoso delle feritoie che si estendevano verso la parte anteriore del cofano motore con un profilo ad S che ricordava quelle della Ferrari F1-75 del 2022.

### *MCL38: heat dispersal, with slots that recalled those of the F1-75*

*McLaren too equipped its bodywork with ample grilles to increase heat exchange. It was interesting to note the sinuous form of the slots extending towards the front of the engine cover with an S-shape that recalled those of the Ferrari F1-75 from 2022.*

# LENOVO GRANDE PRÊMIO DE SÃO PAULO 2024

**SÃO PAULO
AUTÓDROMO
JOSÉ CARLOS PACE**

**3** NOVEMBRE
*NOVEMBER*

## Poche modifiche tecniche e un grande Max

Come era lecito aspettarsi, trattandosi dell'ultima gara del trittico nel continente americano, quella brasiliana non è stata una tappa ricca di novità a livello tecnico. La McLaren, infatti, è stata l'unico top team a portare in Brasile un nuovo pacchetto di sviluppo aerodinamico. In dettaglio, dopo aver introdotto una nuova ala anteriore ad Austin, un nuovo fondo in Messico, seppur solo a disposizione di Lando Norris, ha portato sul tracciato di Interlagos un'inedita ala posteriore da carico medio, caratterizzata dal profilo principale a V. In pratica non si tratta di un più comune profilo a "cucchiaio", bensì di un profilo a V, con i due semiprofili rettilinei e non curvi come d'abitudine. Si è trattato di una soluzione, secondo le indiscrezioni raccolte, che permetteva di incrementare il carico solo nella sua sezione centrale, ma che in rettilineo produceva una resistenza molto bassa; inoltre risultava incrementata l'efficacia del DRS, quando aperto. Lecito quindi sostenere che il team di Woking abbia a tutti gli effetti perseguito uno sviluppo della MCL38 senza soluzione di continuità, mettendo dunque in campo tutte le risorse tecniche disponibili per incrementarne le performance nella lotta per il titolo mondiale. La MCL38, già in Messico, nelle fasi finali della gara, aveva mostrato quanto fosse efficace con Norris, durante l'inseguimento di Charles Leclerc, con il monegasco trovatosi in difficoltà nella gestione delle temperature degli pneumatici. In sostanza, il team diretto da Andrea Stella, conscio di poter contare su una base molto efficace, ha cercato di incrementare il gap prestazionale con le avversarie, con l'obiettivo di risultare più competitiva delle Ferrari e in questo modo (potenzialmente) ridurre in modo drastico i punti che alla vigilia della gara di San Paulo separavano Norris da Max Verstappen. Interessante notare, e non è casuale, che solo McLaren e Ferrari, nelle ultime cinque gare, sono state in grado di introdurre ampi sviluppi traendone vantaggi tangibili. Ciò conferma che entrambe le squadre hanno intrapreso ormai da diverse gare una direzione di sviluppo senza incertezze. Però è altrettanto corretto sottolineare che questa strategia avrebbe potuto pagare solo in assenza di condizioni anomale di contorno, capaci di sovvertire i valori. Si intende dire che, al netto del risultato di questa gara, le condizioni climatiche e di aderenza proibitive hanno di fatto quasi del tutto appiattito le performance delle vetture mettendo in risalto esclusivamente il talento dei piloti. La meritatissima vittoria di Verstappen non pone alcun dubbio su quali fossero le monoposto più competitive a Interlagos, con il risultato della Sprint che ha in pratica rappresentato l'unica vera cartina di tornasole affidabile sotto il profilo delle prestazioni. In sostanza, non si è assistito a una rinascita tecnica della Red Bull, bensì all'annullamento del vantaggio a disposizione dei suoi rivali. In questo caso, l'analisi tecnica, a tutti gli effetti, consente di mettere in risalto la portata dell'impresa del pilota olandese, compiuta senza alcun dubbio non con la vettura più competitiva sullo schieramento. Chapeaux!

## *Few technical modifications and a great Max*

*As was only to be expected given that this was the last race of three on the American continent, we saw few technical innovations at the Brazilian Grand Prix. In fact, McLaren was the only one of the leading teams to bring a new aerodynamic development package to Brazil. Specifically, after having introduced a new front wing in Austin and a new floor in Mexico, albeit only available to Norris, the team brought an unprecedented medium-downforce rear wing to the Interlagos track, characterised by a V-shaped main plane. In effect, this was not a more common "dished" profile, but a V-shaped design, with the two straight rather than curving semi-profiles. Rumour had it that this feature allowed for increased downforce in the central section only, while producing very low drag on the straights. It also increased the effectiveness of the DRS when open. It was therefore fair to imagine that the Woking team effectively pursued the development of the MCL38 without interruption, putting all available technical resources into play to improve its performance in the fight for the world title. The MCL38 had already shown how effective it was with Norris in Mexico, in the final stages of the race, when he was chasing Leclerc, with the Monaco-born driver struggling to manage his tyre temperatures. Essentially, the team led by Andrea Stella, aware that it could count on a very effective base, sought to increase the performance gap with respect to its rivals,*

with the aim of being more competitive than Ferrari and thereby (potentially) drastically reducing the points separating Norris from Verstappen on the eve of the Sao Paulo race. It is interesting and by no means coincidental to note that only McLaren and Ferrari had been able to introduce significant developments over the last five races and reap tangible benefits. This confirmed that both teams had been pursuing a clear development over several earlier races. However, it is also fair to point out that this strategy could only have paid off in the absence of abnormal conditions capable of overturning the usual values. This means that, regardless of the result of this race, the prohibitive weather and grip conditions effectively levelled the performance of the cars, highlighting only the talent of the drivers. Max Verstappen's well-deserved victory left no doubt as to which were the most competitive cars at Interlagos, with the Sprint result effectively being the only reliable litmus test in terms of performance. In short, we did not witness Red Bull's technical revival, but rather the cancellation of the advantage available to its rivals. In this case, the technical analysis essentially highlights the magnitude of the Dutch driver's achievement, which was undoubtedly accomplished without the most competitive car on the grid. Chapeaux!

*profilo laterale fondo - floor lateral edge*

*canale inferiore lower channel*

### Ferrari SF-24: analisi bordo laterale fondo e profilo inferiore fiancate

Nonostante non siano state introdotte novità sulla SF-24 in relazione alle ultime modifiche di Singapore e Austin, vale la pena considerare il profilo inferiore delle fiancate, che lavora in sinergia con il bordo laterale del fondo adottato negli Stati Uniti, dove ha debuttato anche la versione definitiva dell'ala anteriore con flessibilità controllata, portata a Singapore.

### Ferrari SF-24: analysis of the floor's lateral edge and the lower sidepod shape

*Despite no innovations being introduced to the SF-24 after the Singapore and Austin modifications, it is worth noting the shape of the lower part of the sidepods, which work in synergy with the lateral edge of the floor adopted in the USA, where the definitive version of the controlled flexibility front wing taken to Singapore made its debut.*

### Alpine A524

Nessuna modifica di rilievo ma, in occasione della miglior gara disputata dalle due Alpine, è corretto sostenere che uno dei punti di forza della vettura a Interlagos sia stata la capacità della monoposto di generare un carico molto elevato con il corpo vettura.

### Alpine A524

*No modifications of note, but on the occasion of the best race disputed by the two Alpines, it is only right to point out that one of the car's strengths at Interlagos was its ability to generate very high downforce from the bodywork.*

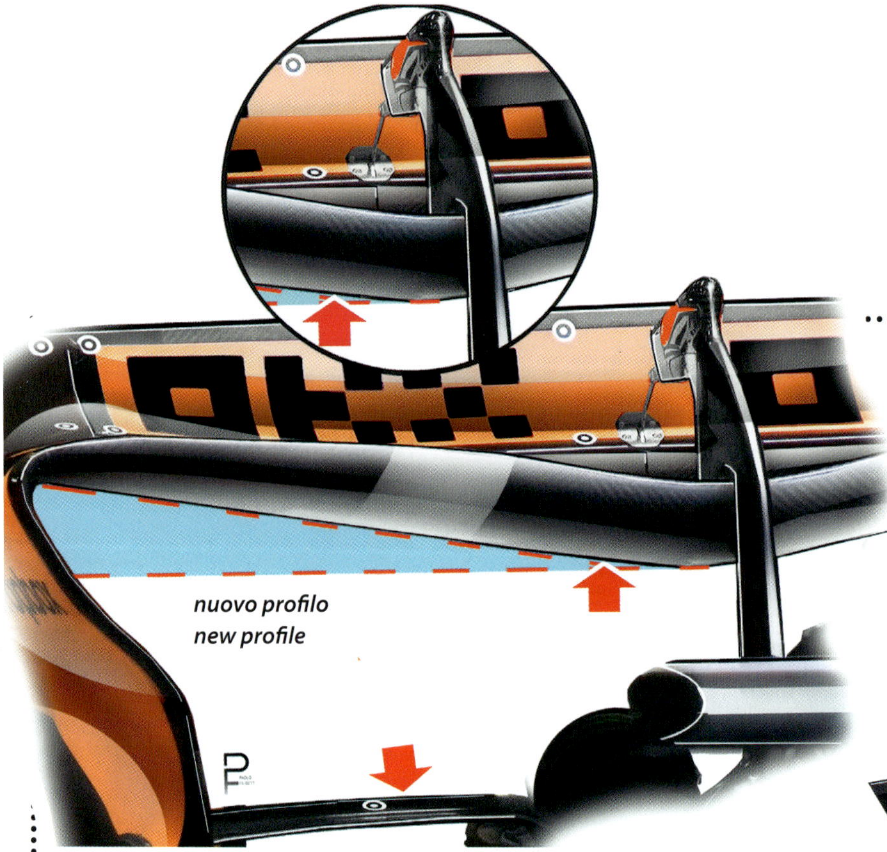


**MCL38: new V-shaped rear wing, frontal and overall view, comparison with Austin version**

*In Brazil, the MCL38 was equipped with a rear wing featuring a V-shaped main plane so as to increase the downforce generated above all at the centre and avoid penalising speed on the straight. The frontal view highlights the angle of inclination of the main plane converging towards the centre. In the overall view, note instead the broad chord of the rectangular section flap and its average incidence, suitable for this medium downforce circuit. Note in the direct comparison with the version used in Austin, the different shape of the wing.*

**Nuova ala posteriore con profilo a V; vista frontale e complessiva, confronto con versione Austin**

In Brasile, la MCL38 è stata dotata di un'ala posteriore con il profilo principale a V per incrementare il carico generandolo soprattutto al centro, per non penalizzare la velocità in rettilineo. Nella vista frontale è evidenziato l'angolo di inclinazione del profilo principale convergente verso il centro. Nella sua immagine complessiva, si nota invece l'ampia corda del flap di sezione rettangolare e la sua incidenza media, indicato per questo tipo di tracciato da medio carico. Si nota, nel confronto diretto con la versione adottata ad Austin, la diversa profilatura dell'ala.

# HEINEKEN SILVER LAS VEGAS GRAND PRIX 2024

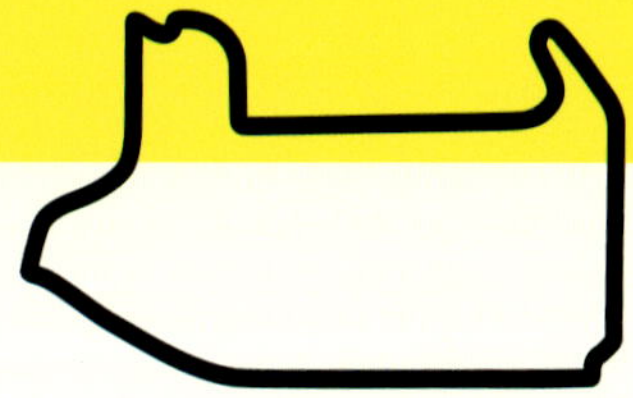

**LAS VEGAS**
**LAS VEGAS STRIP CIRCUIT**
**24 NOVEMBRE** *NOVEMBER*

## Ali a incidenza zero per tutti

Il tracciato di Las Vegas è estremamente veloce, con caratteristiche che lo assimilano a Monza, ma qui ancora più estremizzate. Il carico aerodinamico richiesto, infatti, è addirittura inferiore a quello utile sul tracciato brianzolo. Quindi, la configurazione aerodinamica scelta da tutti i team è stata contrassegnata da profili alari con incidenza minima, considerando l'efficienza nei lunghi rettilinei come elemento determinante su questo tracciato.

La Ferrari, per adattare la SF-24 a queste caratteristiche, aveva svolto una lunga serie di iterazioni al simulatore dinamico e al CFD, lavorando essenzialmente su tre parametri cardine. Il primo, quello dell'efficienza in rettilineo, che costituisce un fattore incrementale a livello di prestazioni. In pratica, la velocità massima a Las Vegas ha decisamente più valore che su qualsiasi altra pista; dunque, adottare una configurazione alare che produca minima resistenza all'avanzamento (*drag*) è cruciale. In tal senso, è corretto sottolineare che la SF-24, rispetto alle configurazioni impiegate a Monza e Baku, disponesse di un'arma in più, un'ala anteriore con elementi caratterizzati da elasticità controllata, introdotta a Singapore e poi perfezionata nel dettaglio ad Austin. Flettendo alla massima velocità, i suoi elementi – e più specificamente i flap – riducono l'incidenza, ergo il *drag*, tornando alla posizione originaria in fase di frenata. A livello dinamico, l'assetto è stato caratterizzato da altezze da terra minime, in pratica arrivando allo strisciamento della tavola sotto il fondo in più punti della pista, nonostante la recente indicazione della FIA che, chiarendo un quesito posto dalla Red Bull, ha ribadito l'illegalità dell'uso di protezioni dei pattini in corrispondenza dei fori di verifica dello spessore. Le altezze da terra minime, come noto, massimizzano il carico generato dal fondo inducendo energia sugli pneumatici, anche se è corretto sottolineare, dopo la gara, che questo setup non abbia pagato come invece era stato evidenziato dalle simulazioni. Ciò nonostante è corretto considerare rilevante la scelta di portare a Las Vegas un fondo sperimentale caratterizzato da un diverso bordo laterale a livello del profilo di espansione, ma anche una diversa conformazione della soffiatura longitudinale davanti, collegata alle ruote posteriori, che prefigurava quella della monoposto 2025.

Mercedes ha invece dimostrato che si è rivelato efficace un setup meno efficiente anche a livello delle ali, decisamente cariche sulla W15. Ciò è stato di vitale importanza a Las Vegas, confermando che l'insidia più grande per i team è stata il determinare il setup in funzione delle basse temperature ambientali e, soprattutto, dalla rapida diminuzione nelle ore serali di quella dell'asfalto. Nonostante la Ferrari avesse svolto un numero elevato di prove al simulatore dinamico, poiché le sospensioni, anche a causa della configurazione aerodinamica scelta, avevano il difficile compito di far lavorare al meglio gli pneumatici cercando di indurre energia sufficiente a farli entrare rapidamente nel range di temperature operative ideali, non è riuscita a mantenerli all'interno di questi valori, soffrendo un *graining* elevatissimo in gara.

La McLaren è stata non solo colpita dallo stesso fenomeno, ma la performance della MCL38 è parsa complessivamente opaca per l'intero fine settimana, con un asfalto dal grip ridotto. Nonostante la vittoria del titolo Piloti, anche il fine settimana della Red Bull è stato complessivamente problematico, con un setup aerodinamico che, soprattutto in qualifica, aveva relegato Max Verstappen in quinta posizione. La RB20 perdeva circa sei decimi sui rettilinei nel confronto con le monoposto rivali, a causa anche, ma non solo, di un'ala posteriore con un flap troppo ampio rispetto alla concorrenza. Si è trattato della stessa ala adottata a Monza, cui è stata asportata una doppia sezione arcuata lungo il bordo di uscita, di fatto tagliandolo manualmente con una sorta di seghetto da traforo. Il team ha dichiarato di non avere a disposizione un'ala specifica per tracciati come Monza o Las Vegas, per precisa scelta di destinazione di parte del budget nello sviluppo di altre componenti aerodinamiche. Qualcosa che di fatto stride con l'attenzione al dettaglio che si identifica con la Formula 1 odierna.

## *Zero-incidence wings for all*

*The Las Vegas circuit is extremely fast, with characteristics similar to Monza, albeit even more extreme. In fact, the downforce required is even lower than that needed on the Brianza track. The aerodynamic configuration chosen by all the teams was therefore characterised by wing profiles with minimal incidence, with efficiency on the long straights considered to be the determining factor on this track. To adapt the SF-24 to these characteristics, Ferrari tested a long series of iterations on the dynamic simulator and CFD, essentially working on three key parameters. The first was straight-line efficiency, constituting an incremental factor in terms of performance. In effect, top speed in Las Vegas is definitely more valuable than on any other track, so adopting a wing configuration that results in minimal drag is crucial. In this regard, it is only right to note that the SF-24, compared to the configurations used at Monza and Baku, had an extra string to its bow: a front wing with elements characterised by controlled flexibility, introduced in Singapore and then refined in detail in Austin. By flexing at maximum speed, the elements of the wing –more specifically the flaps – reduce the incidence, and therefore drag, returning to their original position under braking. In terms of handling, the set-up was characterised by minimal ground clearance, with the plank below the floor grounding at several points on the track, despite the recent clarification by the FIA, in response to a query from Red Bull, that the use of sliders at the thickness verification holes was illegal. As is well known, minimum ground clearance maximises the downforce generated by the floor, transferring energy to the tyres, although it is right to point out after the race, that this setup did not pay off as the simulation had suggested. Nevertheless, we should consider as significant the decision to bring* to Las Vegas an experimental floor characterised by a different lateral edge in correspondence with the expansion profile, but also a different longitudinal vent shape at the front, connected to the rear wheels, which prefigured that of the 2025 car.

Mercedes instead demonstrated that a less aerodynamically efficient setup could also prove effective with the wings on the W15 generating a significant amount of downforce. This was vitally important in Las Vegas, confirming that the biggest challenge for the teams was determining the set-up in relation to the low ambient temperatures and, above all, the rapid drop in track temperatures in the evening. Although Ferrari had conducted a great number of dynamic simulator tests, the suspension, partly due to the chosen aerodynamic configuration, had the difficult task of getting the tyres to work to bet effect by trying to induce enough energy to bring them quickly into the ideal operating temperature range. However, it proved unable to keep them within these values, suffering from extreme graining during the race.

McLaren was not only affected by the same phenomenon, but the overall performance of the MCL38 seemed lacklustre throughout the weekend on what was low grip asphalt. Despite winning the Drivers' title, Red Bull also had a problematic weekend overall, with an aerodynamic set-up that, especially in qualifying, had relegated Verstappen to 5th position. The RB20 lost about six tenths on the straights compared to its rivals, due in part to a rear wing with a flap that was too wide compared to the competition. This was the same wing used at Monza, from which a double arching section along the trailing edge had been removed, the technicians cutting it away manually with a kind of jigsaw. The team stated that it did not have a specific wing available for tracks such as Monza or Las Vegas, due to a deliberate decision to allocate part of the budget to the development of other aerodynamic components. This was something that contrasted with the attention to detail characterising modern day F1.

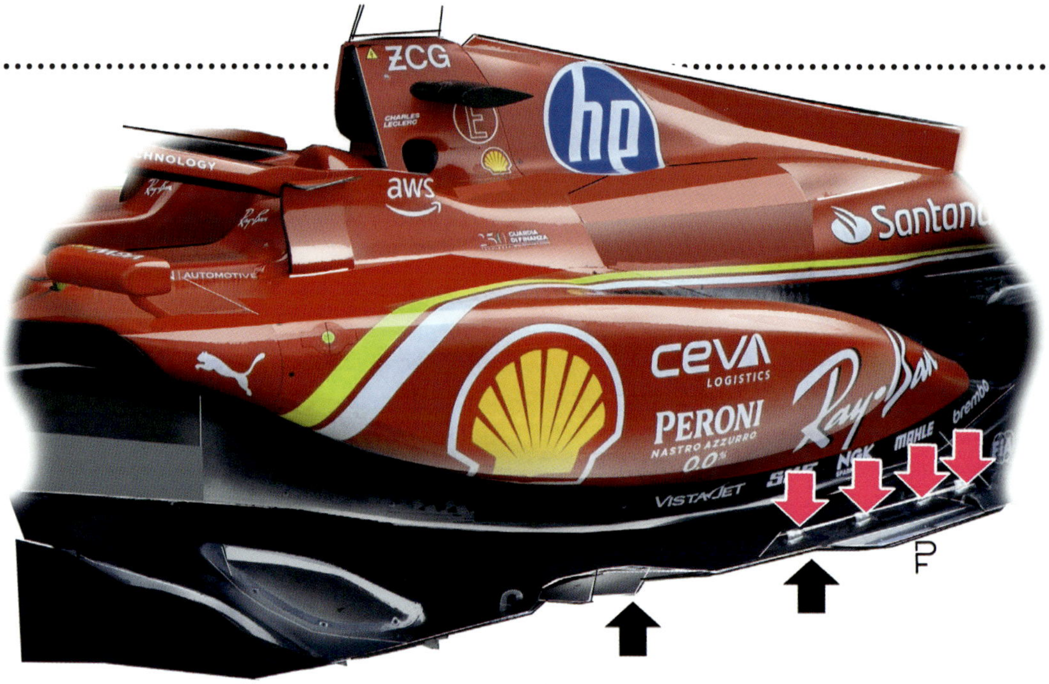

**SF-24: evoluzione fondo Las Vegas**
Il fondo per Las Vegas prefigura quello della vettura 2025. Le modifiche hanno riguardato la conformazione del bordo laterale, la lunghezza e i fissaggi della soffiatura longitudinale davanti alle ruote posteriori. L'obiettivo è quello di ridurre la sensibilità alle variazioni di altezze da terra.

***SF-24: Las Vegas floor evolution***
*The floor for Las Vegas prefigured that of the 2025 car. The modifications concerned the configuration of the lateral edge and the length and the fixtuires of the longitudinal vent ahead of the rear wheels. The objective was that of reducing sensitivity to ride height variations.*

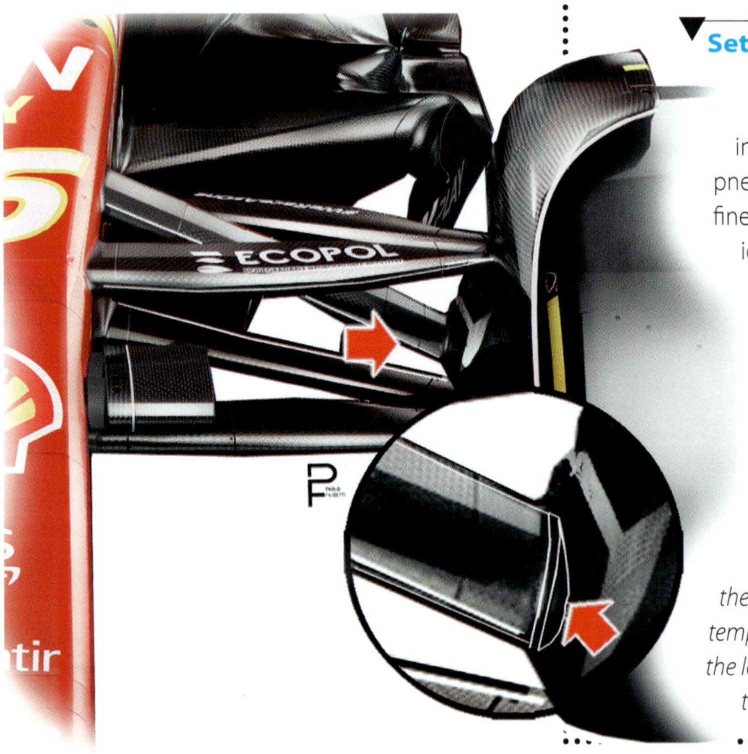

**Setup sospensioni SF-24**
Il setup meccanico è stato particolarmente affinato per indurre energia sufficiente sugli pneumatici mantenendoli nelle finestre di temperatura operative ideali nonostante la bassa temperatura dell'ambiente e dell'asfalto di Las Vegas.

***SF-24: suspension set-up***
*Particular attention was paid to the mechanical set-up in order to transfer sufficient energy to the tyres to keep them within the ideal operating temperature windows, despite the low ambinet and asphalt temperatures in Las Vegas.*

## RB20: confront ala posteriore Las Vegas e diffusore

La Red Bull ha adottato la stessa ala posteriore di Monza, ridotta nella superficie del flap da cui è stata tagliata una porzione "trimmandola" manualmente con un seghetto. Un'operazione decisamente artigianale rispetto agli standard attuali.

## *RB20: Las Vegas rear wing comparison and diffuser*

*Red Bull ran with its Monza rear wing, with the surface area of the flap reduced by manually "trimming" a portion with a saw. This was a decidedly "artisan" operation compared with the usual standards today.*

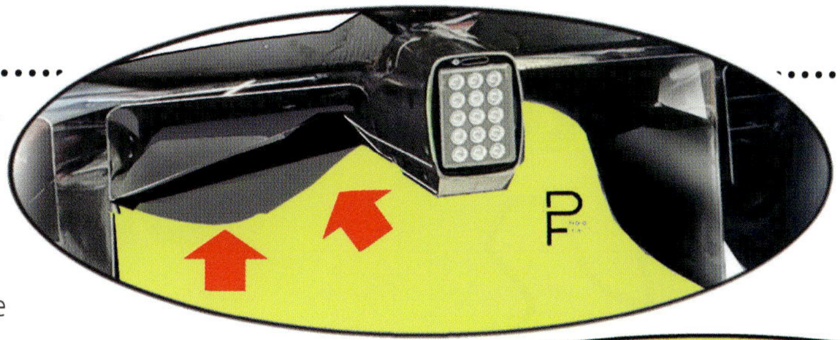

Las Vegas

Monza

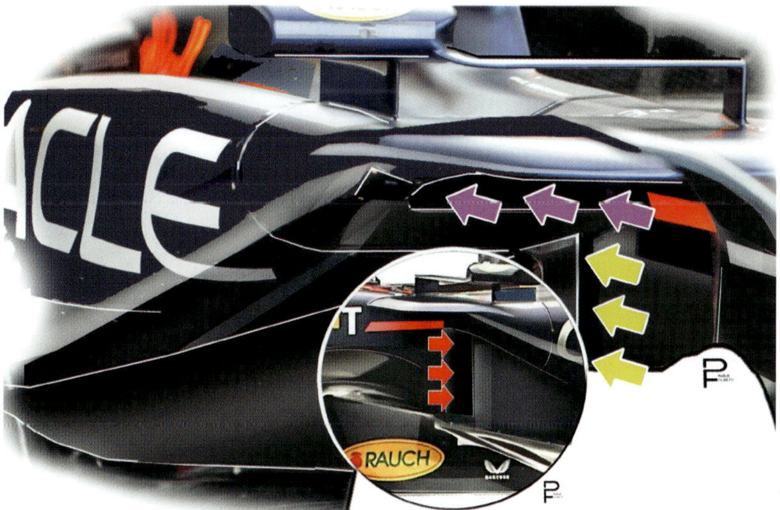

## RB20: prese d'aria "letterbox" e verticali

La RB20 ha costantemente dimostrato di essere una monoposto controversa. Dettagli come le prese d'aria verticali, sin dalla presentazione, indicano l'estremizzazione del concetto aerodinamico con sezioni minime e sdoppiate in sottili feritoie orizzontali e verticali.

## *RB20: "letterbox" and vertical air intakes*

*The RB20 had always proved to be a controversial car. Details such as the vertical air intakes had, from the presentation of the car, indicated the extreme nature of the aerodynamic concept, with minimal sections split into slim horizontal and vertical slots.*

## Dettaglio tavola e pattini metallici

La FIA ha introdotto il divieto di adottare protezioni metalliche alla tavola. Nel disegno si nota il dettaglio del fondo, con la tavola in resina dello spessore di 10 millimetri. I pattini sono infulcrati e complanari alla tavola (non sporgono). Il consumo massimo consentito, sia della tavola sia dell'inserto metallico, deve essere massimo di un millimetro, riducendo quindi lo spessore totale minino consentito della stessa a 9 millimetri.

## *Plank and metal sliders detail*

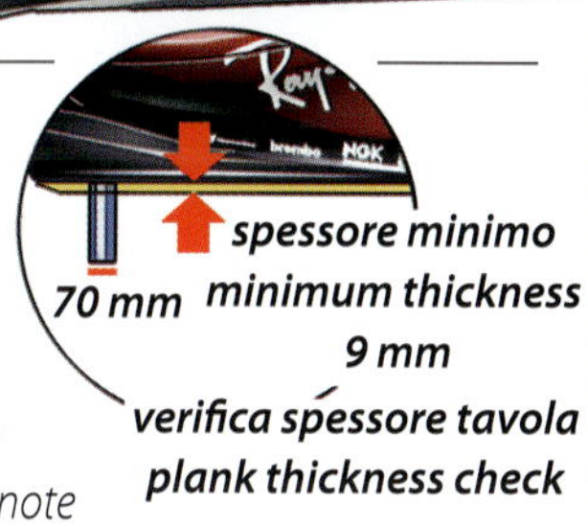


*The FIA introduced a ban on the adoption of metal sliders on the plank. In the drawing note the detail of the floor, with the 10 mm-thick resin plank. The sliders are set into and flush with the plank. The maximum wear of both the plank and the metal insert was 1 mm, thereby reducing the minimum permitted thickness to 9 mm.*

# QATAR AIRWAYS QATAR GRAND PRIX 2024

**DOHA**
**LUSAIL**
**INTERNATIONAL CIRCUIT**
**1** DICEMBRE *DECEMBER*

## Sprint e gara, due mondi opposti

In Qatar è stato più evidente rispetto che su altre piste come il format della Sprint, in realtà, generi una netta divisione in due parti ben distinte del weekend, anche in termini di comprensione delle prestazioni delle vetture. A Losail, infatti, era chiaro quanto si fosse modificata la "classifica prestazionale" delle monoposto tra la prima parte del fine settimana e quella dalle qualifiche in poi. Infatti, se un quinto e un settimo posto nelle qualifiche di Losail non potevano essere considerati, in termini assoluti, un risultato positivo per la Ferrari, paradossalmente, analizzando quello stesso risultato emerge su tutti un elemento. Nel confronto con la McLaren, dominante sia nelle qualifiche Sprint che nella Sprint, ottenendo con una doppietta il massimo risultato possibile, è apparso indiscutibile che la prestazione della MCL38 fosse in qualifica quasi raggiunta dalla SF-24, con la vettura di Carlos Sainz, settima, staccata di un decimo da Oscar Piastri, mentre Charles Leclerc, quinto, cedeva 33 millesimi all'australiano e 80 a Lando Norris. In sostanza, come ha ribadito lo stesso team principal Ferrari, Frédéric Vasseur, al termine di quella sessione, il distacco massimo era contenuto nell'ordine di un decimo, tre in meno di quello patito in SQ. In ottica gara, ciò richiedeva un'interpretazione completamente diversa da quella che si è presentata nella prima parte del fine settimana. Il risultato della gara, poi, al netto della penalità di 10" comminata a Norris che, va detto, a livello di risultato ha fortemente falsato l'esito della corsa nella lotta al titolo Costruttori, ha certificato ancora una volta che la fase Sprint del weekend e quella tradizionale che inizia con le qualifiche della gara domenicale siano due realtà opposte nell'analisi prestazionale delle vetture. Dalle indiscrezioni raccolte nel paddock di Losail, da fonti vicine al team di Woking, il risultato delle qualifiche è stato lo specchio di un drammatico cambiamento di comportamento della MCL38, molto più radicale di quanto ipotizzato dagli ingegneri che hanno adottato un assetto ovviamente diverso rispetto a quello della Sprint, a causa del maggior carico di carburante imbarcato per la gara. Il setup è stato modificato principalmente a livello delle sospensioni, guarda caso in modo simile a quello operato dagli ingegneri della Ferrari. Si è verificato quindi un cambiamento di direzione diametralmente opposta rispetto a quella dell'SF-24 in termini di prestazione pura. I tecnici della Scuderia di Maranello, infatti, sono stati colti di sorpresa nelle qualifiche Sprint, con un livello di grip decisamente più alto rispetto alla FP1, che aveva aumentato la trazione posteriore a discapito del grip anteriore, inducendo un evidente sottosterzo. Modificando il setup, in particolare a livello delle sospensioni, con un retrotreno più rigido e un avantreno più prono al *sinking* (beccheggio/affondamento), è stato ridotto di molto il sottosterzo, trovando un valido equilibrio dinamico complessivo per la SF-24, che ha permesso una maggiore precisione in ingresso di curva e nella loro percorrenza un feeling migliore per i piloti. Insomma, si è trattato non di uno stravolgimento delle regolazioni bensì di un *fine tuning* che ha radicalmente modificato il profilo di performance della SF-24.

## *Sprint and race, poles apart*

*In Qatar, even more than on other tracks, it was particularly evident that the Sprint format splits the weekend into two distinct parts, with the same going for our understanding of the performance of the cars too. In Losail, it was clear how much the "performance ranking" of the cars had changed between the first part of the weekend and from the qualifying session onwards. In fact, while 5th and 7th places in qualifying at Losail could hardly be considered a positive result for Ferrari in absolute terms, paradoxically, if we analyse that same result, one element stands out above all others. Compared to McLaren, which dominated both the Sprint qualifying and the Sprint itself, achieving the maximum possible result with a one-two finish, it seemed indisputable that in qualifying the performance of the MCL38 was almost matched by the SF-24, with Sainz's car in 7th place, one tenth behind Piastri, while Leclerc, in 5th, gave away 33 thousandths to the Australian and 80 thousandths to Norris. Essentially, as Ferrari team principal Vasseur himself reiterated at the end of that session, the maximum gap was within a tenth, three less than in SQ. From a race perspective, this required a completely different interpretation from that which emerged in the first part of the weekend. The result of the race, taking into account the 10-second penalty imposed on Norris, which, it must be said, greatly distorted the outcome of the race in the fight for the Constructors' title, once again confirmed that the Sprint phase of the weekend and the traditional phase, which begins with Sunday's qualifying, are two opposing realities in terms of car performance analysis. According to rumours picked up in the Losail paddock from sources close to the Woking team, the qualifying result mirrored a dramatic change in the handling of the MCL38, much more radical than had been anticipated by the engineers, who adopted a set-up that was obviously different from that used in the Sprint, due to the greater fuel load required for the race. The principal modifications to set-up came at the suspension level, coincidentally with a similar approach to the one adopted by the Ferrari engineers. This resulted in a change of direction diametrically opposite to that of the SF-24 in terms of pure performance. The Maranello team's engineers were taken by surprise in Sprint qualifying, with significantly higher grip levels than in FP1, which had increased rear traction at the expense of front grip, causing noticeable understeer. By modifying the set-up, particularly in terms of the suspension, with a stiffer rear end and a front end more prone to sinking, understeer was greatly reduced, and good overall dynamic balance was found for the SF-24 permitting greater precision when turning in and improved feel for the drivers when cornering. In short, it was not a radical overhaul of the settings but rather fine-tuning that radically changed the performance profile of the SF-24.*

Losail

Interlagos

## MCL38: ala posteriore

La MCL38 ha adottato un'ala da alto carico caratterizzata da un'elevata incidenza e sezione del flap con le estremità curvate verso il basso. Evidente la differenza con la versione introdotta in Brasile.

## *MCL38: rear wing*

*The MCL38 adopted a high downforce rear wing characterised by high incidence and a flap section with the extremities curving downwards. The difference with respect to the version introduced in Brazil was very clear.*

## Fondo SF-24 sperimentale

A Losail Leclerc ha utilizzato per l'intero fine settimana il fondo sperimentale che era stato provato a Las Vegas da Sainz. Il bilanciamento della vettura, una volta corretto il sottosterzo che aveva colpito entrambe le SF-24 nelle SQ e nella Sprint, ne aveva tratto giovamento il pilota monegasco. Il fondo è una prefigurazione di quello della vettura 2025 che lavorerà con una diversa gestione dei flussi, determinata dalla sospensione *pull rod* anteriore destinato alla prossima monoposto.

## *SF-24: experimental floor*

*Throughout the weekend at Losail, Leclerc used the experimental floor that had been tested by Sainz at Las Vegas. Once the understeer that had afflicted both SF-24s in SQ and the Sprint had been corrected, the Monaco-born driver reaped the benefits. The floor prefigured the one for the 2025 car which will feature different flow management, determined by the front pull-rod suspension destined for the new car.*

## SF-24: ala posteriore da alto carico

Al retrotreno è stata adottata un'ala posteriore da alto carico con un flap di corda ampia e bordo di uscita rettilineo.

## *SF-24: high downforce rear wing*

*At the rear, a high downforce rear wing was adopted with a broad chord and a straight trailing edge.*

# ETIHAD AIRWAYS ABU DHABI GRAND PRIX 2024

## ABU DHABI YAS MARINA CIRCUIT

**8 DICEMBRE** *DECEMBER*

### Ferrari in crisi con la PU e addio al Costruttori

Il panorama dell'ultima gara della stagione non poteva essere caratterizzato da particolari elementi di rilevanza tecnica. Ciò nonostante non sono mancati in particolare quelli legati alla sfida per il titolo Costruttori tra Ferrari e McLaren. La rincorsa della Casa di Maranello al titolo non si è conclusa nel modo auspicato dalla Scuderia, dopo che era riuscita a contenderlo alla McLaren sino all'ultimo gran premio della stagione. Proprio una componente della PU ha creato i presupposti negativi per la Ferrari sin dalla vigilia della gara. La sostituzione della batteria sulla SF-24 di Charles Leclerc, resasi necessaria ancor prima dell'inizio della sessione, ha determinato la penalità di dieci posizioni sullo schieramento, comminata al monegasco, di fatto rendendo la sua gara un'unica rincorsa sino al terzo posto finale. L'*energy storage* della sua SF-24 era il secondo esemplare montato in occasione del Gran Premio del Canada, dunque, questo elemento aveva disputato quindici gare. Per quanto un guasto sia un evento che può rientrare nel gioco delle corse, colpisce come l'elemento della PU Ferrari che è risultato più fragile, sia stato proprio il pacco batterie, disponibile in due soli esemplari per stagione, in quanto ritenuto quello tra le componenti della PU meno soggetto a cedimenti e a sollecitazioni meccaniche. In realtà le sollecitazioni cui è sottoposto l'*energy storage* di ciascuna vettura, posizionato in una nicchia posta sotto la zona del telaio che contiene il serbatoio del carburante, subisce prevalentemente uno stress termico determinato proprio dalle fasi di ricarica rapida e rilascio dell'energia nel corso di ciascun giro. Fasi, peraltro, diverse in ogni circuito e soprattutto diverse a seconda delle modalità di utilizzo adottate di volta in volta. Si tratta di un elemento che, infatti, subisce molti cicli di test per simularne le sollecitazioni nell'installazione in vettura, ma indubbiamente una residua vulnerabilità non può, comunque, essere mai del tutto scongiurata. Ciò detto, è stato interessante rilevare, contrariamente alle ipotesi della vigilia, come la Ferrari abbia deciso di non adottare l'evoluzione sperimentale del fondo, utilizzata per l'intero fine settimana in Qatar da Leclerc. Entrambe le SF24, infatti, sono ritornate alla versione vista in precedenza non ritenendo l'ultima evoluzione un fattore determinante a livello prestazionale.

Per contro la McLaren ha portato a Yas Marina due versioni di ala posteriore: quella introdotta in Brasile, caratterizzata dal profilo principale a V, che permetteva di contenere in modo efficace l'incremento del *drag*; e una versione più standard, con un lieve cucchiaio centrale. Dopo un'attenta prova comparativa effettuata in FP1, i tecnici del team di Woking hanno scelto senza esitazioni la versione che aveva debuttato a Interlagos, considerandola la più efficace anche in relazione al bilanciamento aerodinamico ottenuto. Nonostante a Yas Marina non siano i componenti posti sotto maggiore stress, va sottolineato come tra quelli che hanno contribuito alla competitività delle MCL38, nel corso dell'intera stagione, ci sia stato anche l'impianto frenante realizzato da AP Racing, azienda anglosassone di proprietà del gruppo Brembo. Si può dunque sostenere che oltre alla nutrita schiera di tecnici tricolori in forza al MTC di Woking e al team principal Andrea Stella, che ha di fatto rigenerato dall'interno la squadra, con programmazione, visione e priorità molto ben definite, una componente non marginale come l'impianto frenante sia italiana.

### *Ferrari suffers a PU crisis and abandons hope for the Constructors' title*

*The background to the last race of the season was not one particularly marked by any elements of technical significance. Nevertheless, there was no shortage of drama, especially in the battle for the Constructors' title between Ferrari and McLaren. The Maranello team's pursuit of the title did not end as the Scuderia had hoped, after managing to challenge McLaren through to the last race of the season. It was a PU component that created the negative conditions for Ferrari right from the eve of the race. The replacement of the battery on Leclerc's SF-24, which was necessary even before the start of the session, resulted in a 10-place grid penalty for the Monaco-born driver, effectively turning his race into a chase for 3rd place. The energy storage unit on his SF-24 was in fact the second and had been fitted for the Canadian GP, meaning that this component had competed in no less than 15 races. Although a component failure is an event that can be part of racing, it was remarkable that the most fragile element of the Ferrari PU proved to be the battery pack, of which only two are available per season, as it was considered to be the PU component least prone to failure and mechanical stress. In reality, the energy storage system of each car, installed in a niche under the part of the chassis containing the fuel tank, is mainly subjected to thermal stress caused by the rapid recharging and release of energy during the course of each lap. These phases are different on each circuit and, above all, differ depending on the operational mode adopted on each occasion. This is an element that is in fact subjected to numerous test cycles to simulate the stresses of installation in the car, although a residual vulnerability can never be completely ruled out. That said, it was* interesting to note, contrary to pre-race speculation, that Ferrari decided not to adopt the experimental evolution of the floor used by Leclerc throughout the weekend in Qatar. Both SF24s in fact returned to the previous iteration, as the latest evolution was not considered a decisive factor in terms of performance. McLaren, on the other hand, brought two versions of its rear wing to Yas Marina: the one introduced in Brazil, characterised by a V-shaped main plane, which effectively limited the increase in drag, and a more standard version with slight central dishing. After careful comparative testing in FP1, the Woking-based team's engineers chose without hesitation the version that had debuted at Interlagos, considering it the most effective in terms of aerodynamic balance. Although the components are not those subjected to the greatest stress at Yas Marina, it should be noted that the braking system manufactured by AP Racing, a British company owned by the Brembo group, was also one of the factors contributing to the competitiveness of the MCL38 throughout the season. It can therefore be argued that, in addition to the large number of Italian engineers working at MTC in Woking and team principal Andrea Stella, who has effectively regenerated the team from within with very well-defined planning, vision and priorities, a major component such as the braking system was Italian.

### Cosa della SF-24 sarà base per la vettura 2025

Nella vettura 2025 il retrotreno costituirà una evoluzione seppure profonda del concetto attuale, mantenendo lo schema *pull rod*. Completamente diversa, invece, la sospensione anteriore con il *pull rod* che implicherà un telaio diverso nella sezione frontale.

### SF-24: what will be carried over to the 2025 car

*On the 2025 car, the rear end will represent a profound evolution of the previous season's concept, retaining the pull-rod configuration. The pull-rod front suspension was instead to be all-new, implying modifications to the front section of the chassis.*

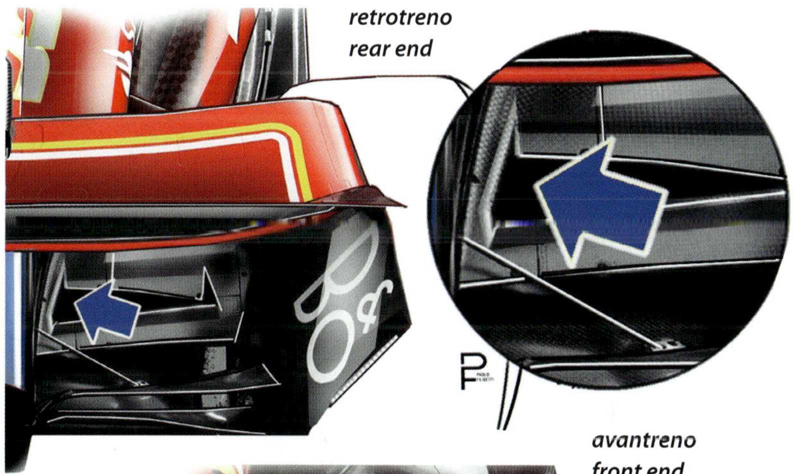


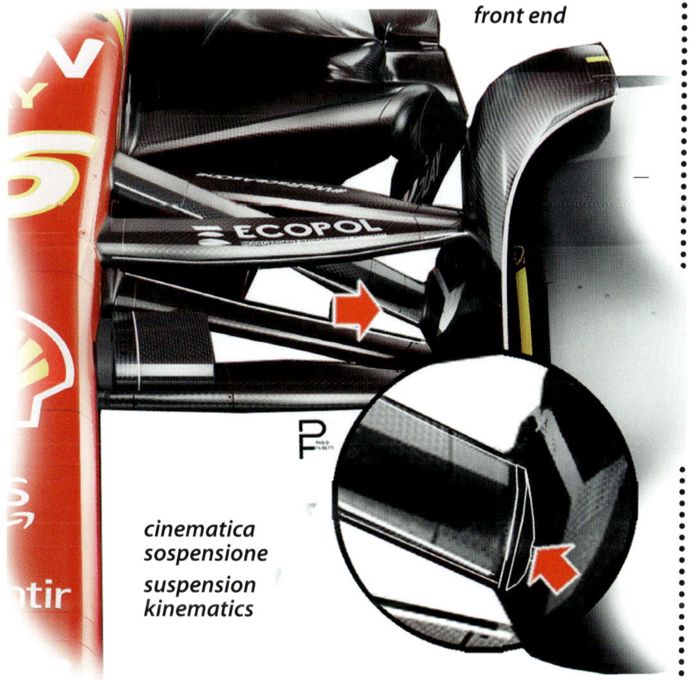

### SF-24: fondo sperimentale usato a Yas Marina

Contrariamente a quanto si pensasse alla vigilia dell'ultima gara, non è stato utilizzato il fondo sperimentale che Leclerc aveva adottato in Qatar. Non è stato ritenuto un elemento determinante come generatore di performance.

### *SF-24: experimental floor used at Yas Marina*

*It contrast with what might have been thought on the eve of the last race, the team did not adopt the experimental floor that Leclerc had used in Qatar. It was not felt to be an element that would provide game-changing performance.*

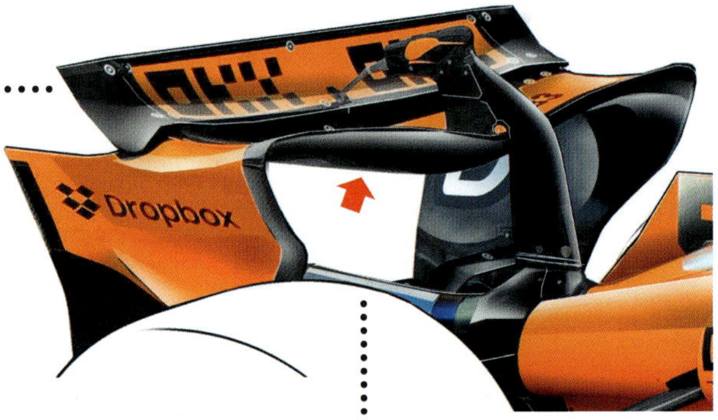


### MCL38: ala posteriore Brasile

La scelta degli ingegneri McLaren, dopo un confronto effettuato in FP1 con un'ala dal profilo principale più standard, a cucchiaio, è caduta sulla versione introdotta in Brasile, caratterizzata dal bordo di ingresso dell'ala con un profilo a V che garantiva carico soprattutto nella sezione centrale della stessa, ma con un incremento del *drag* contenuto. In parallelo va sottolineato come la versione di fondo introdotta in Messico debba essere considerata la base di partenza per la monoposto del prossimo anno.

### *MCL38: rear wing Brazil*

*Following a comparison conducted in FP1 with a wing with a more standard dished main plane the McLaren mechanics opted for the version introduced in Brazil, characterised by a leading edge with a V-shaped profile that guaranteed downforce above all in its central section, while containing the increase in drag. In parallel, it should be emphasised how the version of the floor introduced in Mexico was to be considered as the starting point for the following season's car.*

### SF-24: collocazione pacco batterie

Nel disegno in trasparenza, la posizione del pacco batterie sulla SF-24, posto in una nicchia sotto il serbatoio carburante.

### *SF-24: battery pack location*

*The cutaway drawing shows the location of the battery pack on the SF-24 in a niche below the fuel tank.*

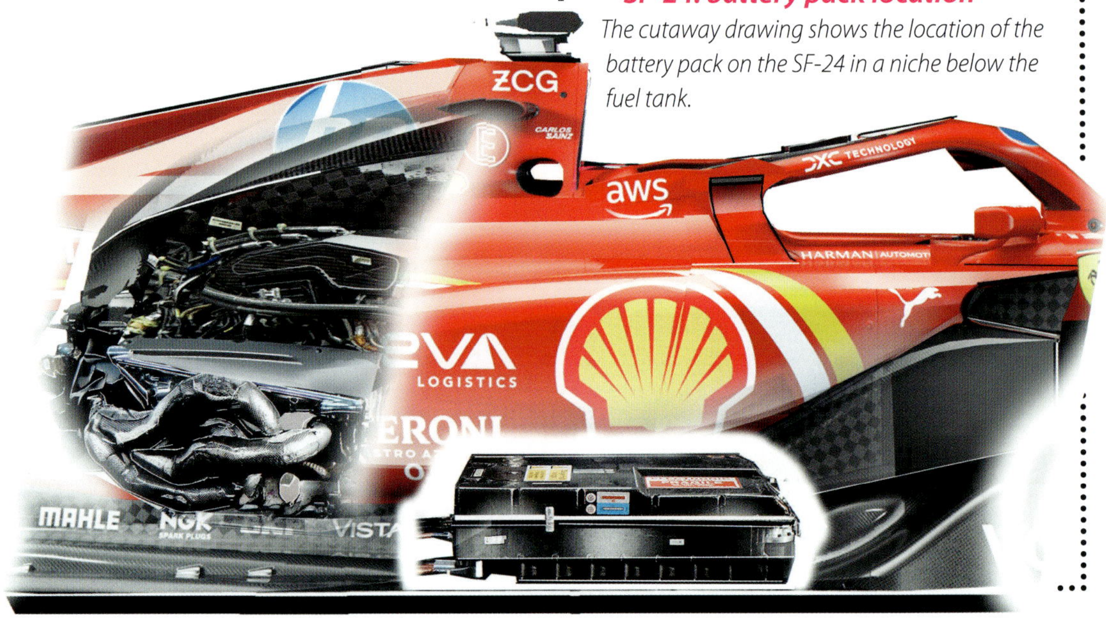

# HOT TOPICS 2025

# LE MONOPOSTO 2025
## THE 2025 SINGLE-SEATERS

**McLaren MCL39**

Il team di Woking è partito come favorito per la conquista di entrambi i titoli iridati. La MCL39 è la continuazione in termini di evoluzione della monoposto che dal Gran Premio di Miami del 2024 è diventata la vettura di riferimento. Sulla MCL39 le sospensioni sono ancora *pull rod* all'anteriore e *push rod* al posteriore, ma quella anteriore è estremizzata nell'inclinazione del triangolo superiore, con un forte effetto *anti-dive* e un'attenta gestione dei flussi diretti verso il sottoquadro. Si tratta di una forte estremizzazione del concetto dinamico di questa monoposto, non privo di alcune criticità almeno sulla carta. Alcuni tecnici rivali, infatti, hanno intravisto in questa scelta un fattore di criticità nell'adattare la MCL39 alle diverse caratteristiche dei singoli circuiti. In ogni caso, quanto emerso sin dai test pre-Campionato già indicava chiaramente la McLaren come favorita.

*The Woking-based team started out as favourites to win both world titles. The MCL39 is the continuation in terms of evolution of the single-seater that since the 2024 Miami GP has become the grid's reference car. The MCL39 still features pull-rod suspension at the front and push-rod at the rear, but the front suspension has been taken to extremes in the inclination of the upper wishbone, with a strong anti-dive effect and careful management of the air flows directed towards the undercut. This represents an extreme evolution of the dynamic concept of this car and is not without certain critical points, at least on paper. Some rival engineers, in fact, have seen in this choice a criticality when it comes to adapting the MCL39 to the different characteristics of individual circuits. In any case, what emerged from the pre-season tests already clearly indicated McLaren as the favourite.*

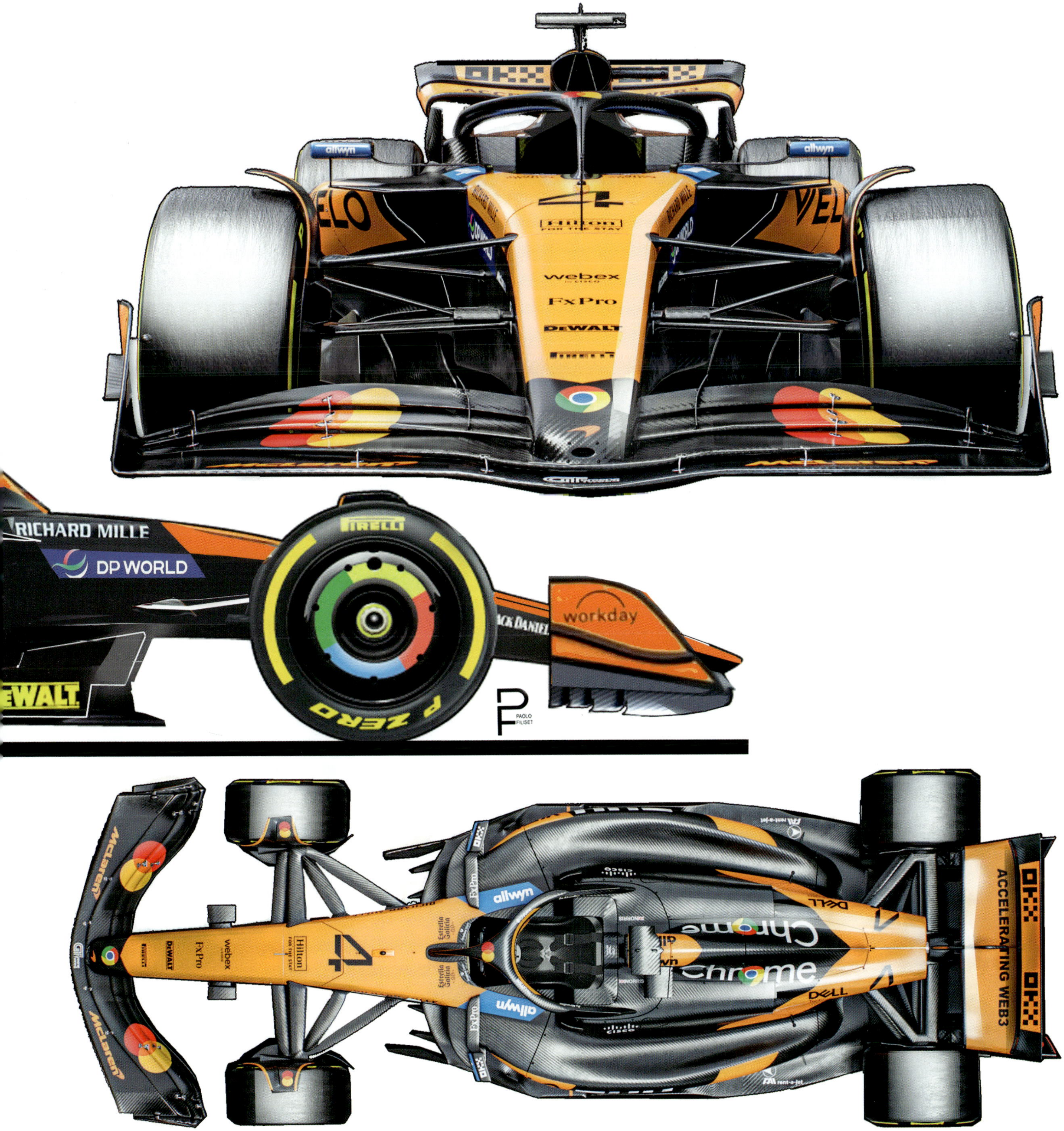
RICHARD MILLE
DP WORLD
PIRELLI
P ZERO
workday
webex
FxPro
DEWALT
Hilton
FOR THE STAY
allwyn
Chrome
DELL
ACCELERATING WEB3
PAOLO
FILISET

### Ferrari SF-25

Le ambizioni della Scuderia – la conquista di entrambi i titoli mondiali in palio – erano state dichiarate apertamente sia dal CEO Benedetto Vigna, sia da Frédéric Vasseur ancor prima dell'inizio del Mondiale. La coppia Hamilton-Leclerc, senza alcun dubbio, appare la più forte sulla carta, a patto di avere a disposizione una monoposto all'altezza della concorrenza. Il concetto della SF-25, a livello visivo, non si distacca in modo evidente da quello della vettura che l'ha preceduta. Le fiancate sono spioventi nella zona posteriore, con un canale superiore che indirizza il flusso d'aria verso il retrotreno. Ma la grossa novità riguarda la sospensione anteriore *pull rod*, al posto del *push rod* della SF-24. Una modifica che ha di fatto comportato un cambiamento sostanziale a livello di aerodinamica ma soprattutto di dinamica per quanto riguarda la determinazione del setup. La ricerca di un avantreno solido in ingresso di curva è stata una delle motivazioni che hanno portato i tecnici di Maranello a optare per questo schema sospensivo. La sua integrazione era già stata pensata un anno fa con un concetto base ben chiaro sin da allora. L'arrivo di Loic Serra nel ruolo di direttore tecnico, ai primi di ottobre 2024, ha coinciso con la modifica di alcuni dettagli in funzione di una miglior dinamica del veicolo.
I test hanno però già lasciato qualche interrogativo aperto, con Charles Leclerc non soddisfatto del bilanciamento della vettura. L'impressione, dati alla mano, è che si trattasse di problemi di gioventù in un progetto ancora acerbo. Illusorio, infatti, pensare che l'integrazione del *pull rod* anteriore potesse essere del tutto indolore.

*Both CEO Benedetto Vigna and Fred Vasseur had openly stated that the Scuderia's ambitions were to win both world titles at stake, even before the start of the World Championship. The Hamilton-Leclerc pairing, without a doubt, appears the strongest on paper, provided they have a car that matches the competition. On a visual level, the concept of the SF-25 is not visibly different from that of its predecessor. The sidepods are sloping at the rear, with an upper channel directing the airflow towards the rear. However, the major innovation is the pull-rod front suspension replacing the push-rod layout of the SF-24. This modification has in effect entailed a substantial change in terms of aerodynamics, but above all in the dynamic aspects of the car when it comes to determining the set-up. The search for a solid front end when turning in was one of the motivations that led Maranello's engineers to opt for this suspension layout. Its integration had already been envisaged a year ago with a basic concept that was clear even then. The arrival of Loic Serra as technical director, early in October 2024, coincided with the modification of certain details for better vehicle dynamics.*
*However, the tests already left some questions open, with Leclerc dissatisfied with the balance of the car. The impression, data in hand, was that these were the teething troubles of a still immature project. It was, in fact, illusory to think that the integration of the front pull-rod configuration could be completely painless.*

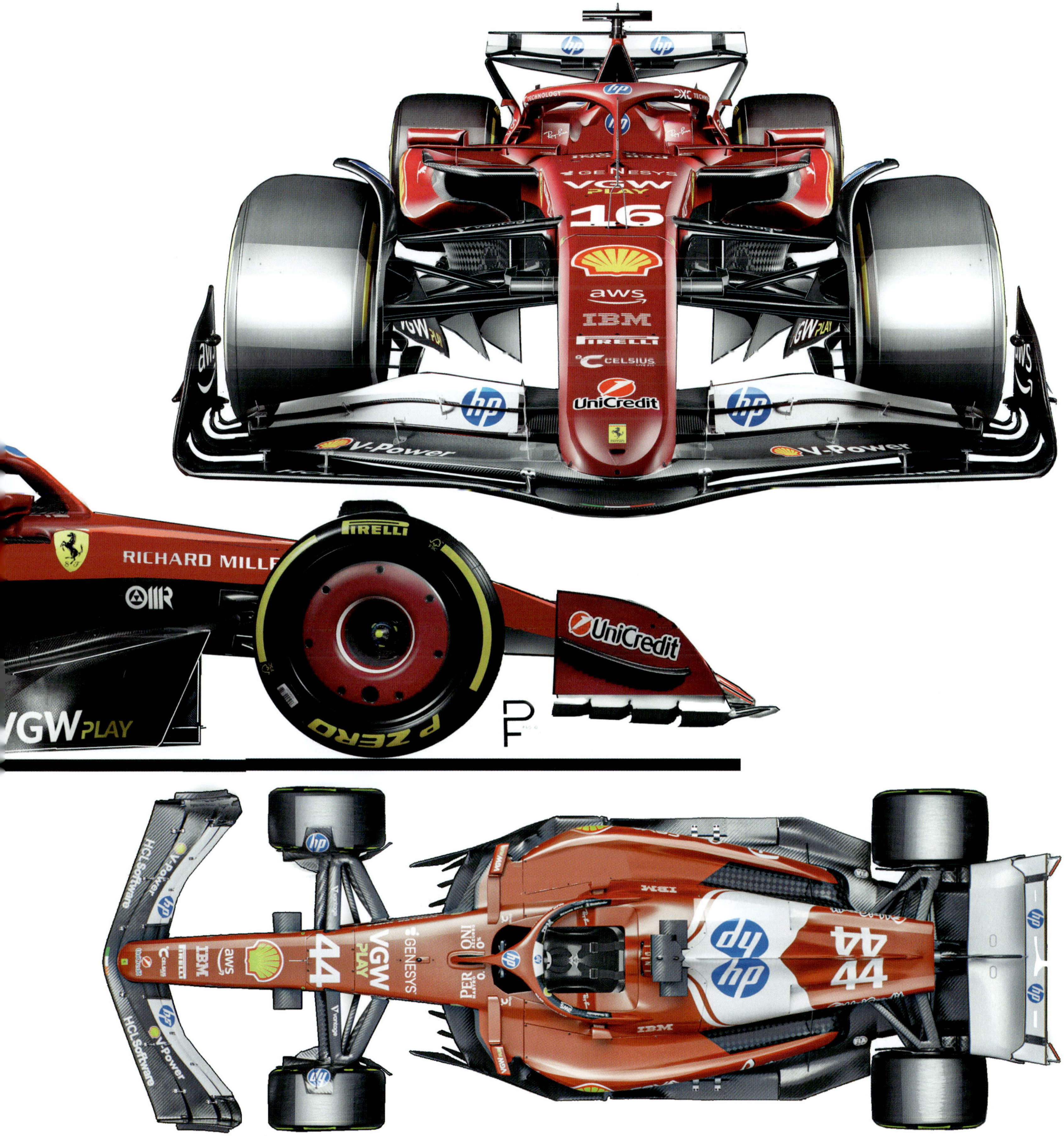
16
VGW PLAY
aws
IBM
PIRELLI
UniCredit
V-Power
UniCredit
P ZERO
VGW PLAY
44
GENESYS
HCLSoftware
V-Power

### Red Bull RB21

La RB21, prima Red Bull senza Adrian Newey, è un'evoluzione della RB20 rispetto alla quale ha rinunciato a parte delle estremizzazioni che l'avevano resa una monoposto critica, in particolare per quanto riguardava l'impianto di raffreddamento. Ora il packaging è meno estremo e l'obiettivo di Pierre Waché è quello di migliorare il suo bilanciamento rispetto alla RB20, che aveva messo in crisi anche Max Verstappen. Nei test si sono avuti riscontri contrastanti, con diverse combinazioni di fondi e ali anteriori, provati in sequenza nell'ultima giornata per raccogliere dati e trovare una direzione, ancora incerta. Indubbio che la monoposto non sia partita favorita in vista del Mondiale 2025.

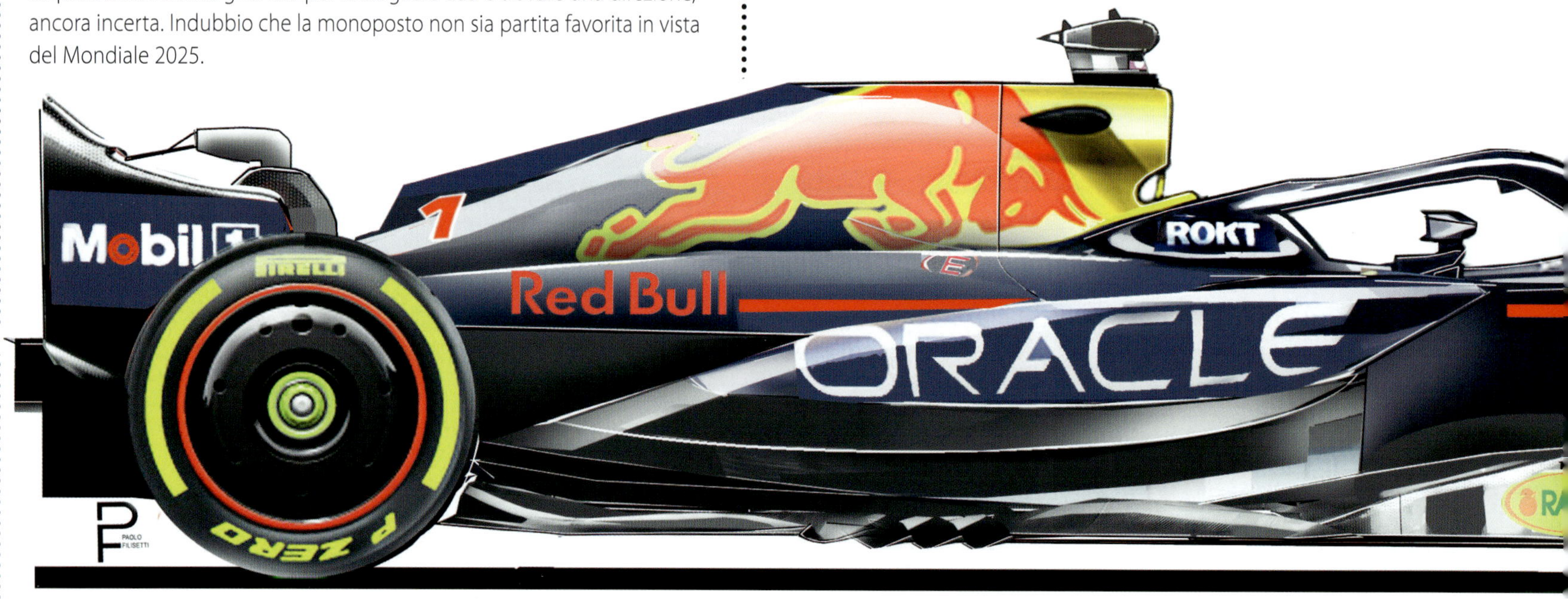


*The RB21, the first Red Bull without Adrian Newey, is an evolution of the RB20 compared to which some of the extremes that had made the earlier car a critical single-seater, particularly with regard to the cooling system, have been eliminated. The packaging is now less extreme and Pierre Waché's aim is to improve its balance compared to the RB20, which had also challenged Verstappen. Testing provided mixed feedback, with diverse combinations of floors and front wings tried in sequence on the final day to gather data and find a direction, which remained uncertain. There is no doubt that the car did not get off to the best of starts in view of the 2025 World Championship.*

VISA
Red Bull

sword
Mobil
1
P ZERO

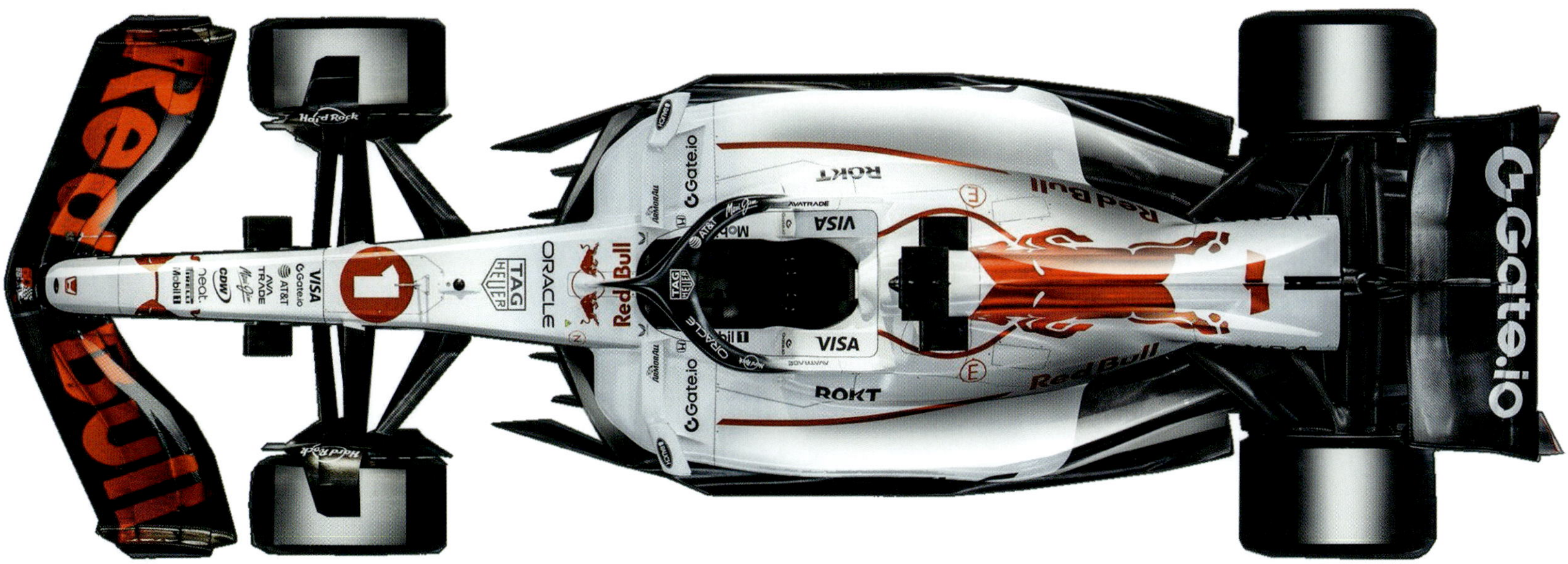
Red Bull
ORACLE
Red Bull
VISA
ROKT
Gate.io

### Mercedes W16

È la monoposto con cui il team di Brackley cerca di consolidare quel riscatto che si è visto lo scorso anno solo parzialmente. Si tratta di una profonda evoluzione della W15, con un concetto aerodinamico estremizzato a livello delle fiancate dove si avverte anche l'influenza di Simone Resta, vice DT Mercedes da metà del 2024. La W16 segue i canoni aerodinamici della McLaren senza particolari fughe in avanti. Una monoposto, per certi versi, ancora alla ricerca di una sua identità. È stata mantenuta la sospensione posteriore *push rod* accoppiata a un cambio decisamente compatto. È inoltre la vettura con cui Andrea Kimi Antonelli debutta in Formula 1 da pilota titolare. Il giovane italiano ha svolto a Sakhir un intenso programma di test, senza sbavature, cercando di entrare quanto più possibile in sintonia con la vettura prima del debutto a Melbourne. Il team di Toto Wolff è destinato a essere sicuramente un osservato speciale per il debutto di Antonelli, ma anche per confermare quel miglioramento prestazionale che la W15 ha fatto vedere solo a tratti.

*This is the car with which the Brackley team is seeking to consolidate the partial redemption that was seen last year. It represents a profound evolution of the W15, with an aerodynamic concept taken to extremes on the sidepods where the influence of Simone Resta, deputy DT Mercedes from mid-2024, can also be felt. The W16 follows the McLaren aerodynamic canons without presenting any particular breakthrough. A car that in some ways is still searching for its own identity. The push-rod rear suspension coupled with a decidedly compact gearbox has been retained. It is also the car with which Andrea Kimi Antonelli is making his F1 debut as a regular driver. The young Italian undertook an intensive test programme in Sakhir that all went smoothly as he tried to establish as much feeling with ì the car as possible ahead of his debut at Melbourne. Toto Wolff's team is bound to be under particular scrutiny given Antonelli's debut, but observes will also be looking to confirm the performance improvement that the W15 had only shown at times.*

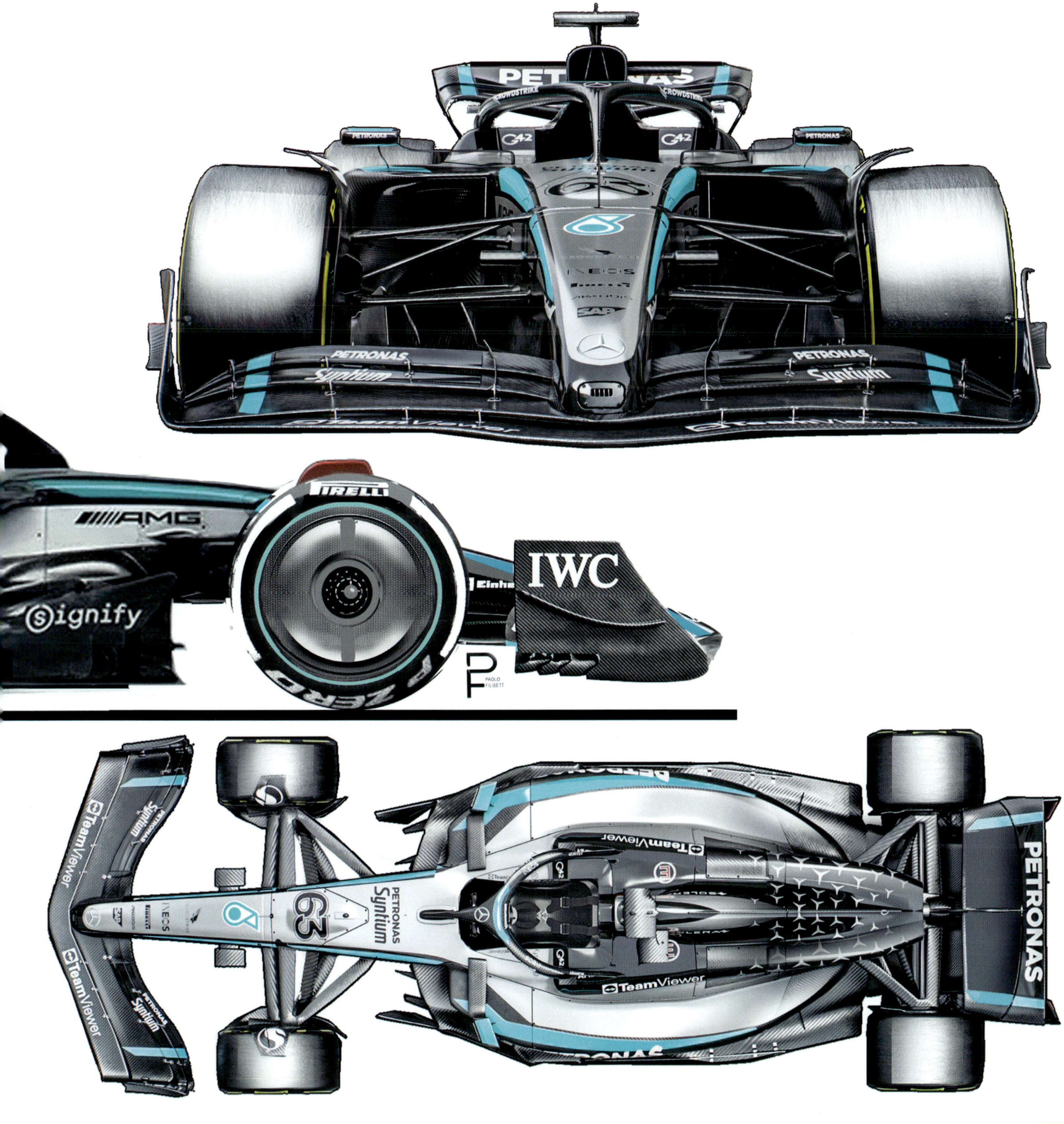
PETRONAS
Syntium
TeamViewer
PIRELLI
AMG
IWC
Signify
PAOLO FILISETT

### Aston Martin AMR25

La AMR24 è stata una monoposto sostanzialmente deludente. La AMR25, senza compiere particolari fughe in avanti, cerca di migliorare e ampliare le finestre di funzionamento che con la vettura 2024 si erano dimostrate troppo ridotte. Va però rilevato come in Aston Martin questo progetto sia, giocoforza, considerato interlocutorio, con Adrian Newey in forza presso la factory di Silverstone ancora da poco tempo e soprattutto concentrato sul progetto 2026. Quest'anno si tratterà dunque di massimizzare il risultato con il minimo sforzo. La AMR25 ha mantenuto come base il concetto della vettura precedente, con interventi più evidenti a livello delle fiancate e nella conformazione dell'ala anteriore. Conservato anche lo schema *push rod* per la sospensione posteriore connessa al cambio compatto, entrambi di fabbricazione Mercedes.

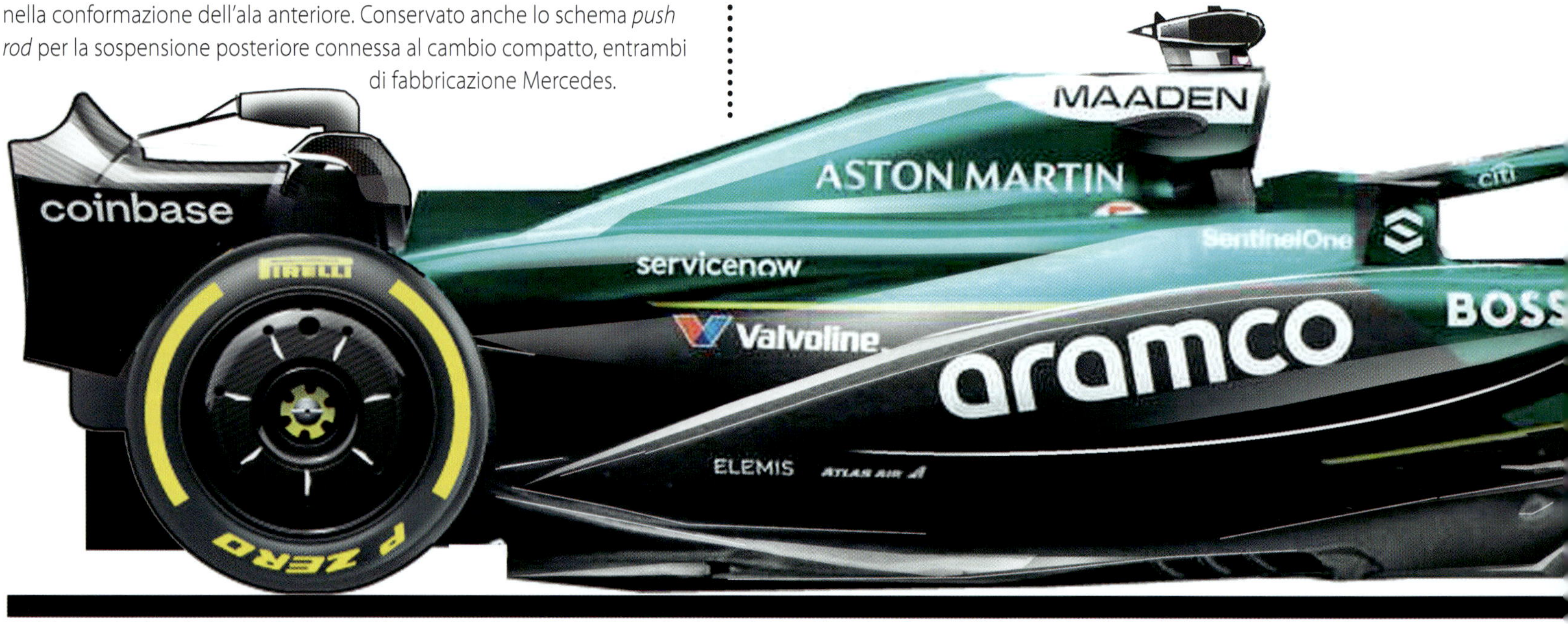


*The AMR24 was a substantially disappointing car. The AMR25, without presenting any particular innovations, is seeking to improve and expand the operating windows that had proved too small with the 2024 car. It should be noted, however, that at Aston Martin this project is, of necessity, considered to be transitional, with Adrian Newey having only recently joined the Silverstone-based firm and, above all, focusing on the 2026 project. This year will therefore be about maximising results with minimum effort. The AMR25 has retained the concept of the previous car as a base, with more evident interventions in terms of the sidepods and the shape of the front wing. Also retained is the push-rod layout for the rear suspension and the compact gearbox, both made by Mercedes.*

aramco
BOSS
BOSS
14
NexGen
xerox
NetApp
PIRELLI
Valvoline
aramco
aramco
cognizant
cognizant

aramco
pepperstone
ASTON MARTIN
PIRELLI
P ZERO
Circle8
gnizant
Glenfiddich

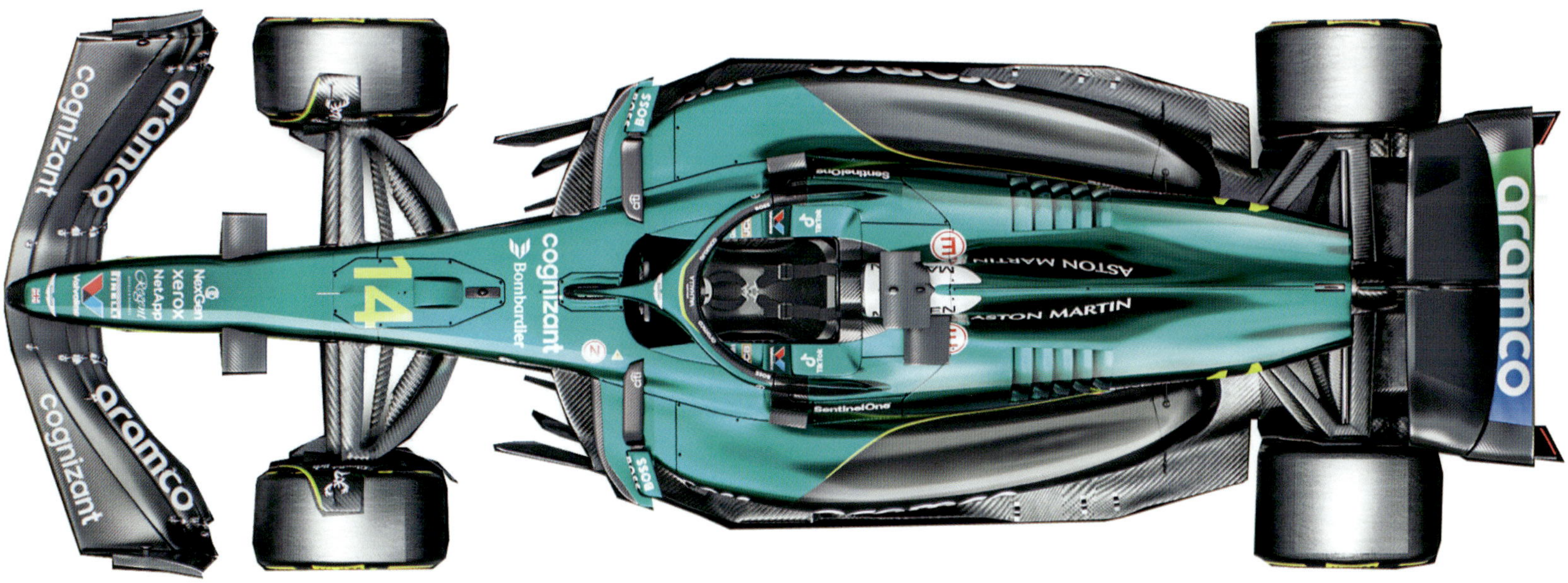
cognizant
aramco
aramco
cognizant
14
cognizant
Bombardier
NexGen
xerox
NetApp
ASTON MARTIN
ASTON MARTIN
SentinelOne
aramco

### Alpine A525

Il team di Enstone, progettando la A525, ha affinato quanto visto sulla A524. Diversa l'ala anteriore ora complanare nella sezione centrale, nuove le fiancate che però hanno mantenuto il caratteristico scivolo posteriore. Il retrotreno è molto compatto; diversa la distribuzione del carico aerodinamico per migliorare l'equilibrio della vettura. Nei test ha avuto qualche acuto con Pierre Gasly mostrando quindi una certa solidità prestazionale. Ciò nonostante appare difficile darle una precisa caratterizzazione.

*In designing the A525, the Enstone team has refined what was seen on the A524. The front wing is different, now coplanar in the central section, the sidepods are new but have retained the characteristic rear chute. The rear end is very compact; the downforce distribution has been revised to improve the car's balance. In testing it peaked a few times with Gasly, thus showing a certain solidity of performance. Nevertheless, it seems difficult to identify its precise character.*

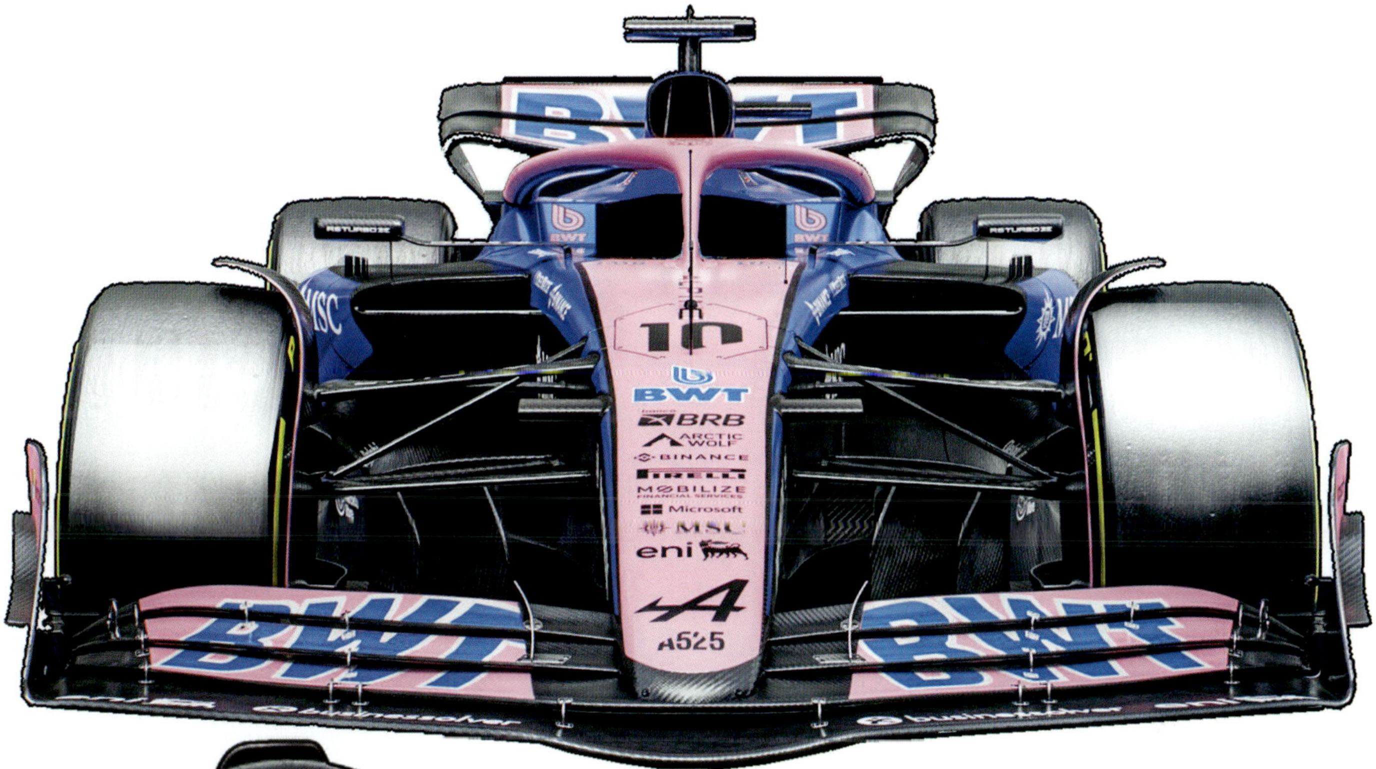

### Racing Bulls VCARB 02

Il team diretto da Laurent Mekies è sempre più integrato con la Red Bull Technologies a Milton Keynes. La VCARB 02 è, non a caso, una forte derivazione della RB20. Nei fatti ne ha ereditato non solo le caratteristiche aerodinamiche generali ma anche le sospensioni anteriori e posteriori e la scatola del cambio, oltre a condividerne, come noto, la stessa power unit. Tutti fattori che pongono la VCARB 02 a un discreto livello potenziale, rappresentando, forse, una seria minaccia per i team da centroclassifica. I test pre-Campionato hanno confermato quanto i concetti travasati direttamente dalla RB20 abbiano prodotto nel complesso una buona vettura.

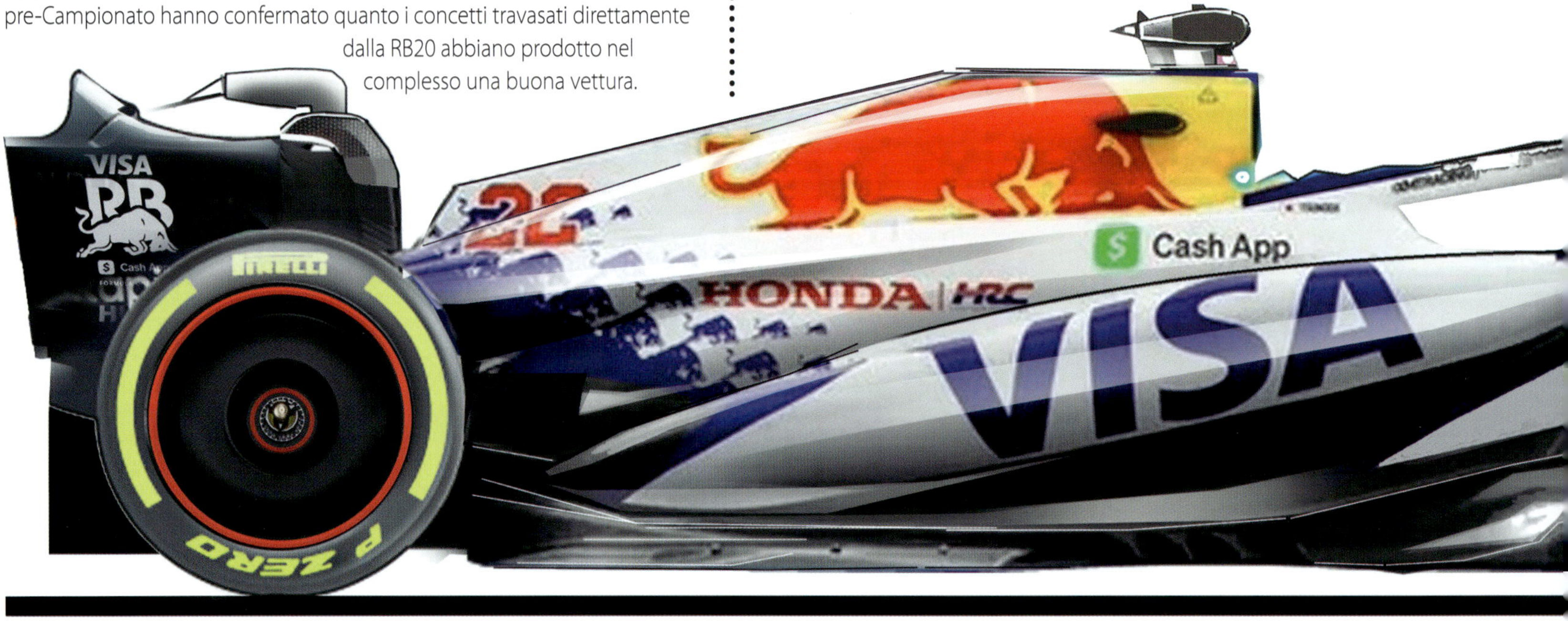


*The team led by Laurent Mekies is increasingly integrated with Red Bull Technologies in Milton Keynes. The VCARB 02 is, not surprisingly, strongly related to the RB20. In fact, it has inherited not only the RB20's general aerodynamic characteristics but also its front and rear suspension and gearbox, as well as sharing the same power unit. These are all factors that ensure the VCARB 02 has a fair level of potential, perhaps posing a serious threat to the mid-range teams. Pre-season testing has confirmed how much the concepts transferred directly from the RB20 have produced a good car overall.*

HUGO
Cash App
VISA
TUDOR
6
PIRELLI
P ZERO
PAOLO FILISETTI

### Haas VF25

La VF25 è la prima vettura del team americano progettata dopo che Simone Resta ha lasciato il team alla vigilia della stagione 2024 per passare alla Mercedes. Sono rimaste le fiancate spioventi al retrotreno con una diversa conformazione delle prese d'aria e del cofano motore. All'avantreno la VF25 non adotta lo schema *pull rod* Ferrari, mentre la sospensione posteriore è stata ereditata, così come la scatola del cambio, dalla SF-25. Un lavoro senza acuti nei test. Un'identità incerta per un futuro che dalle prime impressioni tratte in Bahrain non sarà dei più facili.

*The VF25 is the American team's first car designed after the departure of Simone Resta to move to Mercedes on the eve of the 2024 season. It retains the sidepods sloping to the rear with a different layout of the air intakes and engine cover. At the front, the VF25 has not adopted Ferrari's pull-rod layout, while the rear suspension was inherited, as was the gearbox, from the SF-25. Testing was conducted with nothing of particular interest to report. An uncertain identity for a future that on first impressions in Bahrain will not be the easiest.*

## Sauber C45

La C45 è di fatto lo sviluppo piuttosto convenzionale della C44. La vettura dello scorso anno si era ispirata, peraltro senza successo, alla Red Bull RB19. A partire dalla sospensione anteriore *pull rod* accoppiata al *push rod* al retrotreno. Le fiancate della C45 sono spioventi e caratterizzate da un ampio labbro anteriore che sovrasta le prese d'aria. Il telaio è, tranne che in pochi dettagli, praticamente identico a quello della vettura precedente. Oltre alla rinnovata combinazione fluo, la C45 non si è fatta particolarmente notare.

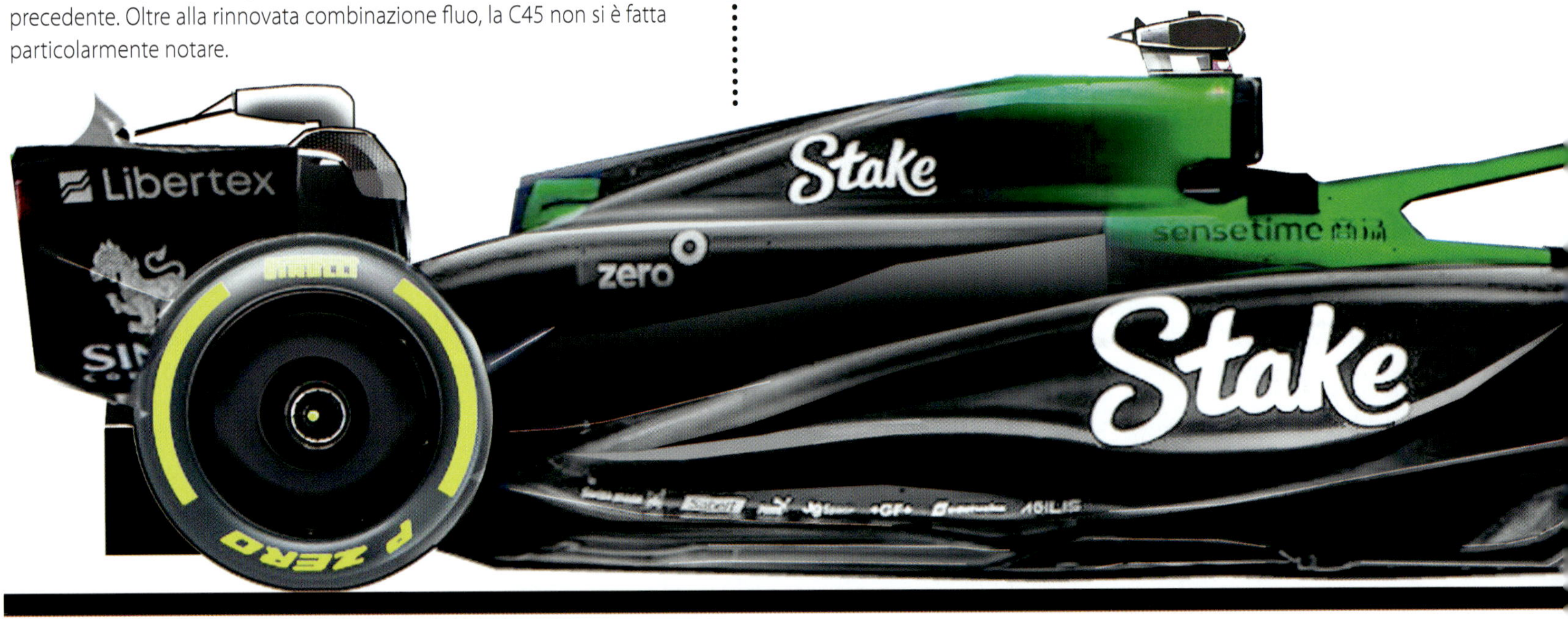


*The C45 is effectively a rather conventional development of the C44. Last year's car was inspired, albeit unsuccessfully, by the Red Bull RB19. Starting with the pull-rod front suspension paired with the push-rod layout at the rear. The sidepods of the C45 are sloping and characterised by a wide front lip over the air intakes. The chassis is, apart from a few details, virtually identical to that of the earlier car. The revised fluorescent livery aside, the C45 hardly stands out.*

Stake
27
Libertex
FIX
NETWORK
SINGHA
Stake
MASCOT
WORKWEAR
SAUBER
MASCOT
WORKWEAR
Stake
P ZERO
cielo
FIX
Stake

### Williams FW47

I punti di contatto, a livello visivo, con la FW46 sono molteplici. Ciò nonostante la FW47, senza utilizzare effetti speciali, mostra una valida sostanza, ancor più concreta rispetto alla vettura che l'ha preceduta. In pratica, tutte le aree sono state evolute intorno al packaging della power unit Mercedes. A Sakhir, grazie anche al miglior tempo staccato da Carlos Sainz, si è visto che è un buon progetto, anche se per il pilota madrileno non è ancora una vettura da top 5. I rivali, per contro, la ritengono già immediatamente alle spalle dei quattro top team.

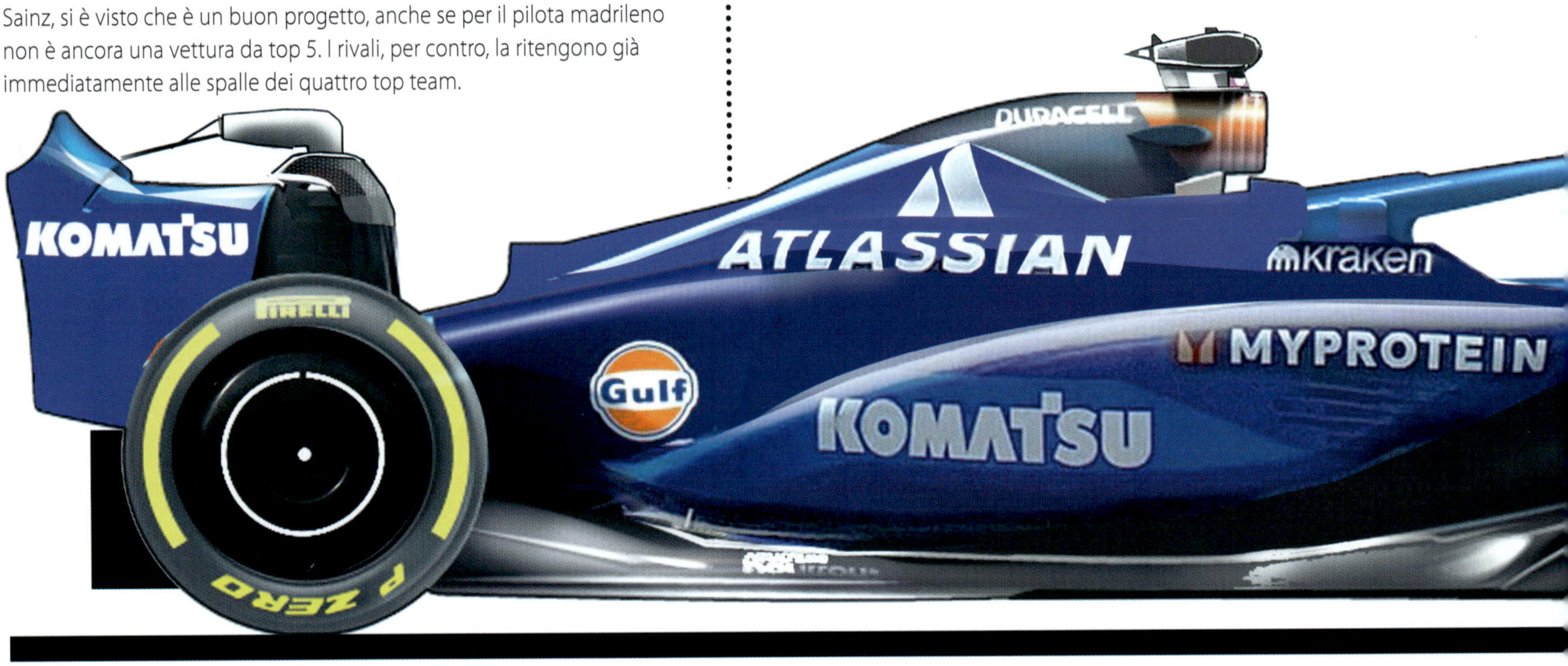


*On a visual level, there are numerous points of contact with the FW46. Nevertheless, the FW47, without the use of special effects, presents a valid project, even more concrete than the car that preceded it. In practice, all areas have been developed around the packaging of the Mercedes power unit. At Sakhir, thanks in part to the best time set by Carlos Sainz, it was seen to be an effective design, even though for the Madrid driver it is not yet a top-five car. Rivals, on the other hand, already consider it to be at the shoulders of the four top teams.*

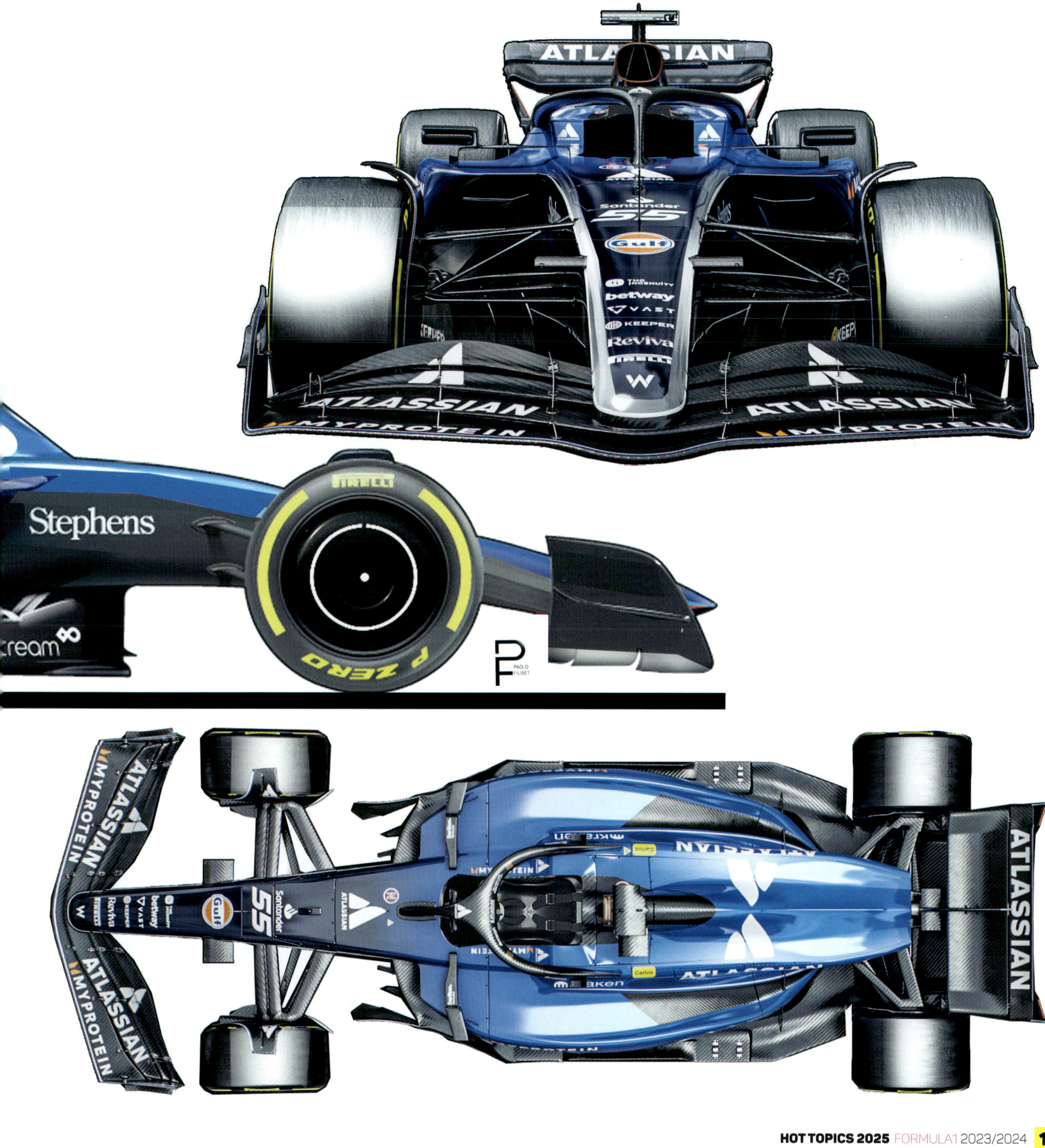
ATLASSIAN
Santander
55
Gulf
betway
VAST
KEEPER
Reviva
MYPROTEIN
Stephens
PIRELLI
P ZERO
PAOLO FILISET

# SOSPENSIONE ANTERIORE MCLAREN MCL39
## MCLAREN MCL39 FRONT SUSPENSION

La McLaren MCL39 ha confermato sin dai test pre-Campionato le buone sensazioni, a livello di competitività, mostrate nella seconda parte del 2024, dando l'impressione, soprattutto nella simulazione gara, di poter esprimere prestazioni di assoluto rilievo. La monoposto progettata sotto la direzione di Rob Marshall, sin dalle prime immagini del suo *shakedown* a Silverstone, aveva colpito per un'estremizzazione della sospensione anteriore a livello del triangolo superiore, con un punto di attacco posteriore posto all'altezza del *rocker* del *pull rod*. Una soluzione decisamente estrema che non solo trova giustificazione nell'incremento dell'effetto *anti-dive* (anti affondamento) dell'avantreno, ma anche in una chiara funzione aerodinamica per indirizzare il flusso d'aria verso il fondo e le fiancate. Sicuramente si tratta di una soluzione estrema, in grado di rendere l'anteriore della vettura molto solido e preciso in ingresso curva, ma con rischio di ripercussioni, non secondarie, sia sull'aderenza del retrotreno, sia, più in generale, sulla facilità di setup. Anche alcuni tecnici rivali, osservando la MCL39 hanno espresso da un lato ammirazione per il lavoro svolto dagli ingegneri di Woking, ma nello stesso tempo perplessità per le criticità menzionate. Lo stesso Pierre Waché della Red Bull, padre della RB20 dello scorso anno, una vettura estrema che poi si era dimostrata critica nella dinamica del veicolo nel corso della stessa stagione, in parte vede nell'estremizzazione del concetto McLaren il rischio di aver sì ottenuto una vettura, in teoria, estremamente performate, ma poi complessa per la definizione del setup in pista, per adattarla alle caratteristiche di ciascun circuito. A ciò vanno aggiunti gli effetti di alleggerimento del retrotreno, che tende a essere poco prevedibile in uscita di curva soprattutto con specifiche altezze da terra e assetti, come gli stessi piloti McLaren hanno dichiarato.

*From pre-season testing onwards, the McLaren MCL39 has confirmed the positive sensations in terms of competitiveness shown in the second half of 2024, giving the impression, especially in race simulation, that it is capable of delivering outstanding performance. The car, designed under the direction of Rob Marshall, had impressed since the first images of its shakedown at Silverstone with its extreme front suspension upper wishbone, with a rear mounting point located in correspondence with the pull-rod rocker. This is a decidedly radical design feature, justified not only by the increased anti-dive effect of the front end, but also by an overt aerodynamic function in directing airflow towards the car's floor and sidepods. The cutting-edge nature of this configuration is capable of making the front of the car very solid and precise when entering corners, but does come with the risk of significant repercussions on both rear grip and, more generally, on ease of set-up. Even certain rival engineers, observing the MCL39, have expressed admiration for the work done by the engineers in Woking, but at the same time they are perplexed by the critical issues mentioned. Pierre Waché of Red Bull, responsible for last year's RB20, itself an extreme car that proved critical in terms of vehicle dynamics during the season, partly sees in the extreme nature of the McLaren concept the risk of having obtained a car that is, in theory, extremely high-performing but then tricky to set up on the track and adapt to the specific characteristics of each circuit. Added to this are the effects of the lighter rear end, which tends to be unpredictable when exiting corners, especially with specific ground clearances and set-ups, as the McLaren drivers themselves have stated.*

Nel dettaglio si nota la posizione estremamente bassa a livello del tirante *pull rod*, del punto di attacco posteriore del triangolo superiore.

*In the detail, note the extremely low position of the upper rear wishbone mounting point, in correspondence with the pull-rod stay.*

# GIAPPONE: NUOVO COFANO MOTORE RB21
# JAPAN: NEW ENGINE COVER RB21

Il team di Milton Keynes è stato l'unico tra quelli di vertice ad aver introdotto in Giappone un *upgrade* alla vettura, seppur parziale. Questo è stato concepito principalmente nella direzione di migliorare l'efficacia della *beam wing*. L'elemento principale interessato da questa evoluzione è stato il cofano motore che differiva dal precedente in due aree. Nella sezione laterale, infatti, non presentava più alcuna serie di feritoie, poiché le temperature ambientali in Giappone non sono state così critiche come in piste più torride come il Bahrain. In secondo luogo, questo cofano è stato profilato in modo diverso verso il supporto dell'ala posteriore, con una sezione ridotta di uscita dell'aria calda. Si può dire fosse molto più in linea con il concetto di carrozzeria posteriore McLaren, che ha la funzione di sfruttare una sezione più ampia proprio ai lati della carrozzeria in modo da aumentare l'effetto *outwash* tramite la deviazione fornita dalle paratie dell'ala posteriore. Questo fenomeno aiuta notevolmente a generare una zona di bassa pressione dietro l'ala posteriore in modo da aumentare l'estrazione dell'aria da sotto la vettura.

È corretto dire che questa modifica apportata al cofano motore della RB21 non possa tuttavia essere considerata un upgrade importante poiché altri pacchetti più ampi sono poi stati introdotti nel corso del Campionato, ma è comunque un segno tangibile che gli ingegneri di Milton Keynes credono nella possibilità di sviluppare la RB21 per aumentarne la finestra operativa senza dover sottoporre a una revisione completa il concetto attuale della monoposto.

*In Suzuka, Red Bull has been the only top team to introduce an upgrade to the car albeit a partial one. It was mainly conceived in the direction of improving the effectiveness of the beam wing. The main element interested by that evolution is the engine cover that differs from the previous one in two areas. On the side section, in fact it doesn't sport anymore any series of gills, due to the fact the the ambient temperature in Japan are not as critical, as on more torrid venues as Bahrain next week. Secondarily, this revised engine cover is differently pro filed towards the rear wing pillar, with a smaller cross section of the rear hot air venting. It looks, we can say much more in line with the concept of McLaren rear bodywork, that has the function of providing a wider section on the sides of the rear bodywork, so to increase the out wash effect through the diversion provided by the rear wing endplates. This phenomenon, dramatically helps in generating a low pressure volume behind the rear wing so to increase the extraction of the air underneath the car. It is correct saying that we can't consider this a major upgrade, as wider packages will be introduced in few races time, but nevertheless it is a tangible sign, the engineers from the Milton Keynes based team, believe in the possibility of developing the current concept, to increase the operating window of this car, without undergoing a complete overhaul of the current concept. One fact, was already tangible after the first day in Suzuka. The car, looks in general less critical for Tsunoda compared to what emerged in the first two races. We can say it can be a good sing, highlighting the fact that if this is the case Red Bull engineers could receive a tangible feedback from both drivers to develop the car accordingly.*

# ANTERIORE MERCEDES W16
## MERCEDES W16: FRONT END

Osservando il frontale della W16, a prima vista, alcuni elementi saltano all'occhio. In particolare, appare chiaro come lo scasso sotto le fiancate sia stato portato al limite estremo. In poche parole, le prese d'aria sono disposte su due piani diversi.
Una fessura verticale si estende dal fondo fino al bordo che copre la presa d'aria orizzontale della fiancata. Quest'ultima, in realtà, presenta una sezione trasversale tipo "letter box" ridotta al minimo. Da notare anche la forma dei deviatori di flusso sotto il fondo, completamente diversa rispetto alla vettura del 2024, e in particolare quello più centrale presenta una profonda curvatura verso l'interno. Questa caratteristica sta a dimostrare una profonda revisione del fondo, sebbene non sia riconoscibile osservandone il bordo laterale. Interessante anche l'estremità del muso che presenta un profilo diverso sempre rispetto al 2024. Proprio questo elemento mostra una diversa gestione del flusso d'aria che impatta l'alettone anteriore nella sua sezione centrale, in modo da alimentare in modo efficiente le prese d'aria verticali poste ai lati del telaio nella sezione del taglio.

*Looking at the front of the W16 certain elements immediately stand out. In particular it appears clear how the sidepod undercut has been taken to its extreme limit. In short, the air intakes are set on two different planes.*
*One vertical slot extends from the floor up to the lip covering the horizontal air intake of the sidepod. This last actually sports a letter box cross section that has been reduced as much as possible. It is also worth noting the flow conditioners under the floor with a totally different shape compared to last year's car, in particular the most central one which has a pronounced inwards curve. This feature is evidence of a profound revision of the floor, even if this is not recognizable by looking at its lateral edge. The tip of the nose is also interesting and features a different profile compared to 2024. This element, shows a different management of the airflow impacting the front wing in its central section, so to efficiently feed the vertical inlets placed either side of the chassis in the undercut section.*

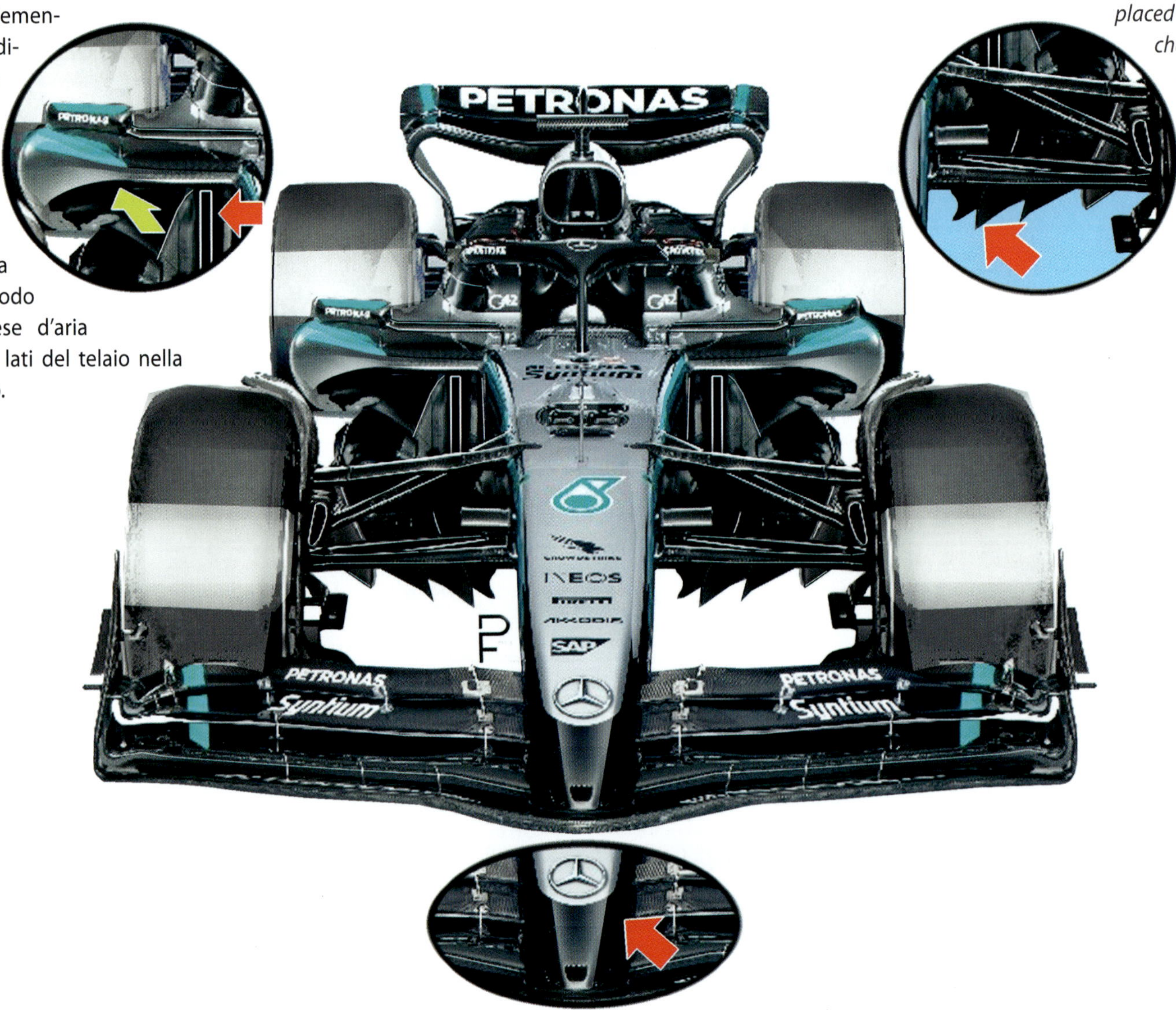

# MICRO AERODINAMICA 2025
# MICRO AERODYNAMICS 2025

Il team di Milton Keynes è stato l'unico tra quelli di vertice ad aver introdotto in Giappone un upgrade alla vettura, seppur parziale. Questo è stato concepito principalmente nella direzione di migliorare l'efficacia della *beam wing*. L'elemento principale interessato da questa evoluzione è stato il cofano motore che differiva dal precedente in due aree. Nella sezione laterale, infatti, non presentava più alcuna serie di feritoie, poiché le temperature ambientali in Giappone non sono state così critiche come in piste più torride come il Bahrain. In secondo luogo, questo cofano è stato profilato in modo diverso verso il supporto dell'ala posteriore, con una sezione ridotta di uscita

*In Suzuka, Red Bull has been the only top team to introduce an upgrade to the car albeit a partial one. It was mainly conceived in the direction of improving the effectiveness of the beam wing. The main element interested by that evolution is the engine cover that differs from the previous one in two areas. On the side section, in fact it doesn't sport anymore any series of gills, due to the fact the the ambient temperature in Japan are not as critical, as on more torrid venues as Bahrain next week. Secondarily, this revised engine cover is differently pro filed towards the rear wing pillar, with a smaller cross section of the rear hot air venting. It looks, we can say much more in line with the concept of McLaren rear bodywork, that has the function of providing a wider section*

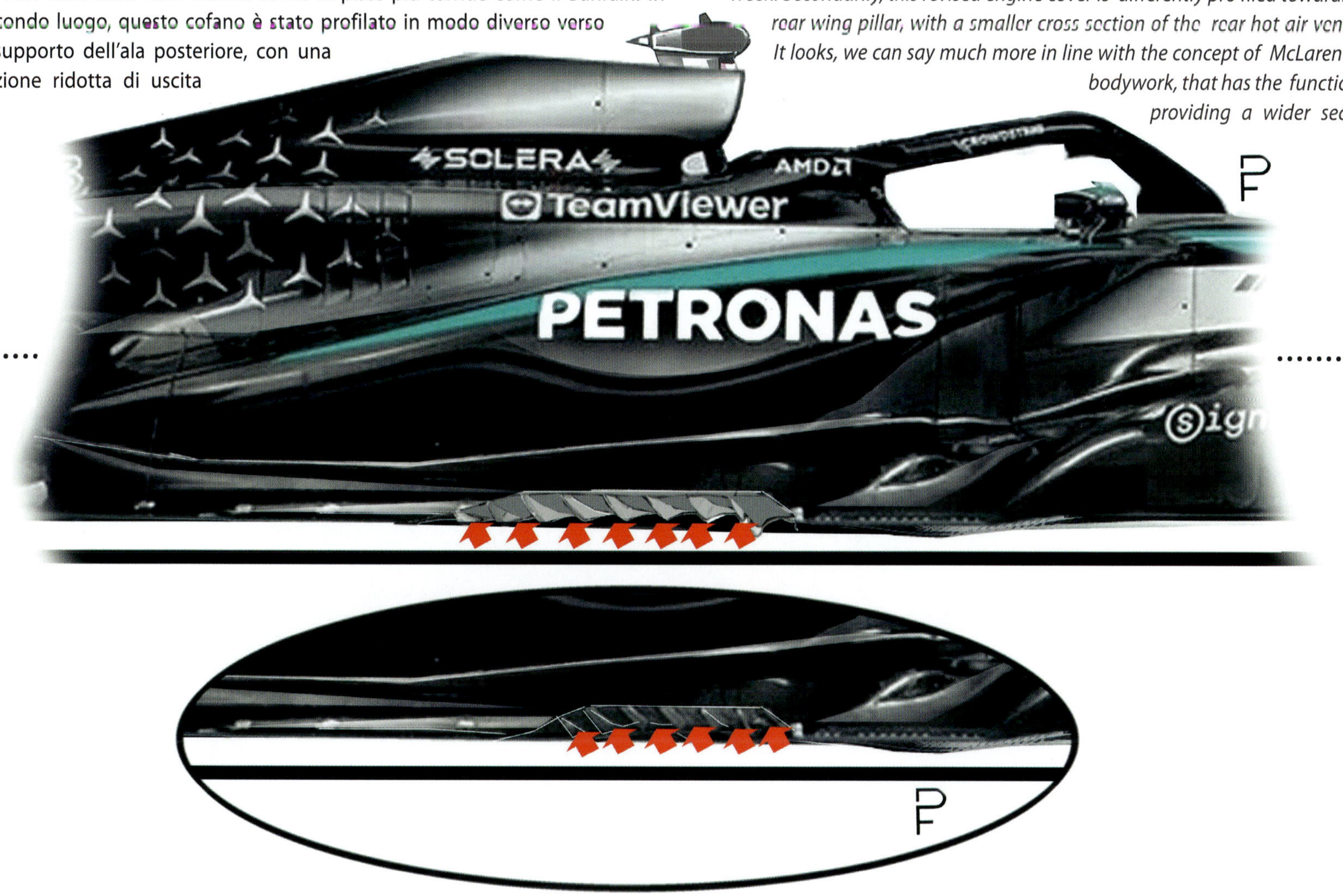


**W16: mini profili Canada**

In corrispondenza del profilo di espansione laterale è stato aumentato il numero di mini profili per generare vortici che indirizzano verso l'esterno il flusso d'aria che investe la vettura nella zona critica del sottoscocca.

***W16: mini profiles Canada***

*In the lateral expansion area, the number of mini-profiles has been increased to generate vortices that direct outwards the airflow that strikes the car in that critical area of the underbody.*

dell'aria calda. Si può dire fosse molto più in linea con il concetto di carrozzeria posteriore McLaren, che ha la funzione di sfruttare una sezione più ampia proprio ai lati della carrozzeria in modo da aumentare l'effetto *outwash* tramite la deviazione fornita dalle paratie dell'ala posteriore. Questo fenomeno aiuta notevolmente a generare una zona di bassa pressione dietro l'ala posteriore in modo da aumentare l'estrazione dell'aria da sotto la vettura.

È corretto dire che questa modifica apportata al cofano motore della RB21 non possa tuttavia essere considerata un upgrade importante poiché altri pacchetti più ampi sono poi stati introdotti nel corso del Campionato, ma è comunque un segno tangibile che gli ingegneri di Milton Keynes credono nella possibilità di sviluppare la RB21 per aumentarne la finestra operativa senza dover sottoporre a una revisione completa il concetto attuale della monoposto.

*on the sides of the rear bodywork, so to increase the out wash effect through the diversion provided by the rear wing endplates. This phenomenon, dramatically helps in generating a low pressure volume behind the rear wing so to increase the extraction of the air underneath the car. It is correct saying that we can't consider this a major upgrade, as wider packages will be introduced in few races time, but nevertheless it is a tangible sign, the engineers from the Milton Keynes based team, believe in the possibility of developing the current concept, to increase the operating window of this car, without undergoing a complete overhaul of the current concept. One fact, was already tangible after the first day in Suzuka. The car, looks in general less critical for Tsunoda compared to what emerged in the first two races. We can say it can be a good sing, highlighting the fact that if this is the case Red Bull engineers could receive a tangible feedback from both drivers to develop the car accordingly.*

**MCL39: generatori di vortici**

Sono stati introdotti diversi generatori di vortici in corrispondenza del "ricciolo" che il flap genera nel punto di giunzione con la paratia. In totale si tratta di sei generatori definiti "code di sirena". Le sei mini pinne hanno la funzione di generare vortici utili a deviare la turbolenza verso l'esterno delle ruote anteriori (*outwash*).

***MCL39: vortex generators***

*Several vortex generators have been introduced in correspondence with the "curl" which the flap creates at the point of junction with the endplate: a total of six generators known as "mermaid tails". In practice, the six mini fins are designed to generate vortices useful for diverting the turbulence towards the outside of the front wheels (outwash).*

# MCL39: CESTELLI DEI FRENI
## MCL39: BRAKE DRUMS

Osservando da vicino la MCL39 è stato possibile cogliere uno degli elementi più rilevanti di questo progetto. Ci si riferisce ai cestelli dei freni, anzi, specificamente a quello interno caratterizzato da complesse canalizzazioni di ventilazione. Si tratta di un'opera di altissima ingegneria a livello di fluidodinamica, non solo funzionale al raffreddamento dei freni, ma soprattutto pensato nel dettaglio per ottimizzare gli effetti aerodinamici intorno alle ruote anteriori. In sostanza, il complesso disegno dei cestelli interni si sposa alla perfezione con la non consueta geometria della sospensione anteriore che non solo è caratterizzata da un triangolo superiore con il punto di attacco posteriore arretrato, ma anche un'aerodinamica non rivoluzionata rispetto a quella precedente, seppur a livello apparente, ma decisamente raffinata in ogni dettaglio. Anzi, va sottolineato come ogni elemento sia stato estremizzato a favore di una performance aerodinamica ottimale, non solo in termini di *drag*, ma anche di precisa distribuzione del carico aerodinamico. La complessità dei cestelli, abbinata alla non convenzionalità della geometria della sospensione anteriore, pone in risalto due elementi distintivi di questa vettura. Da un lato, infatti, Rob Marshall ha cercato di ottenere il miglior comportamento dinamico con un'estremizzazione del concetto della sospensione anteriore, tenendo in considerazione tutte le possibili criticità che possono derivare da questo concetto. In sostanza, a Woking, partendo dall'ottima base della MCL38, non hanno avuto timore di osare, ma nello stesso tempo hanno perseguito all'interno del progetto alcune caratteristiche come la posizione del *track rod* e dei bracci inferiori, che permettono di mitigare gli effetti di un asse anteriore troppo rigido. Allo stesso tempo la posizione e il profilo delle carenature dei singoli elementi della sospensione lavorano in sinergia con le prese d'aria dei freni, per

*Close examination of the MCL39 reveals one of the most relevant elements of this project. We are referring to the brake drums and more specifically to the internal drum characterized by complex ventilation ducts. This is a work of very highly sophisticated engineering in terms of fluid dynamics, functional not only for cooling the brakes, but above all designed in detail to optimize the aerodynamic effects around the front wheels. In essence, the complex design of the internal drums marries perfectly with the unusual geometry of the front suspension which is not only characterized by an upper wishbone with the rear mounting point set well back, but also by aerodynamics that while on the face of it they have not been revolutionized compared to the previous configuration, have been refined in every detail. Indeed, it seems correct to argue that each element has been taken to the extreme in favor of optimal aerodynamic performance, not only in terms of drag, but also of the precise distribution of downforce. The complexity of the drums, combined with the unconventional nature of the front suspension geometry, highlights two distinctive elements of this car. On the one hand, in fact, Rob Marshall has tried to obtain the best dynamic behavior with an extreme version of the front suspension concepts, taking into account all the possible critical issues that may arise. Essentially, starting from the excellent basis of the MCL38, the Woking engineers were not afraid to dare, but at the same time they created within the project certain features such as the position of the track rod and the lower arms, which allow the effects of an excessively rigid front axle to be mitigated. At the same time, the position and shape of the fairings of the individual elements of the suspension work*

**MCL39: cestelli freno**

Particolarmente complesso il disegno del cestello interno dei freni anteriori della MCL39, caratterizzato da una serie di canalizzazioni per la ventilazione di dischi e pinze. Uno dei segreti di questa vettura, infatti, è legato alla ridotta trasmissione del calore dai cestelli ai cerchi, mantenendo sotto controllo la pressione degli pneumatici.

***MCL39: brake drums***

*The design of the MCL39's internal front brake drums is particularly complex, characterized by a series of channels for the ventilation of the discs and calipers. One of the secrets of this car, in fact, is linked to the reduced heat transmission from the drums to the rims, keeping tire pressure under control.*

una precisa gestione dei flussi intorno alle ruote anteriori.

La Ferrari, in parallelo, ha lavorato da inizio stagione in funzione della norma che riduce la flessibilità dei singoli elementi dell'ala anteriore, entrata in vigore in occasione del Gran Premio di Spagna; a giugno, infatti, la FIA ha scelto di attuare una stretta graduale proprio per non creare inutili criticità ai team, considerando il fatto che l'ala anteriore è intrinsecamente più "flessibile" nei singoli elementi rispetto a quella posteriore. Un dato oggettivo, molto rilevante, riguarda la flessibilità programmata di ciascun elemento dell'ala, incluse le paratie laterali. Per raggiungere questo obiettivo gli ingegneri della Scuderia hanno dotato la faccia interna della paratia di mirini adesivi che monitorano la flessione dei singoli elementi rispetto alla paratia e la flessione laterale della paratia stessa. In totale sono stati posti sulla paratia ben nove mirini adesivi, a dimostrazione di quanto sia precisa l'analisi nei vari punti di flessione della paratia e i movimenti relativi dei flap rispetto a essa. Le flessioni combinate dei flap in prossimità della paratia e della paratia stessa non hanno solo la funzione di ridurre la resistenza all'avanzamento, ma anche quella di deviare verso l'esterno delle ruote le turbolenze nocive (*outwash*). Insomma un doppio vantaggio, anche se marginale, nell'economia dell'efficienza aerodinamica della vettura. Restando sempre in ambito Ferrari, la SF-25 ha più volte adottato feritoie supplementari per lo smaltimento del calore, sul cofano motore, asimmetriche, ovvero costituite da tre elementi a sinistra e due a destra. Si trattava, come per la maggior parte delle monoposto, di modifiche legate specificamente alle condizioni climatiche.

**SF-25: monitoraggio flessibilità ala anteriore**

L'ala anteriore della SF-25 presentava in FP1 una serie di mirini adesivi per monitorare la flessione dei suoi elementi costituitivi.

***SF-25: front Wing Flexibility Monitoring***

*The SF-25 front wing featured a series of adhesive sights to monitor the flex of its constituent elements.*

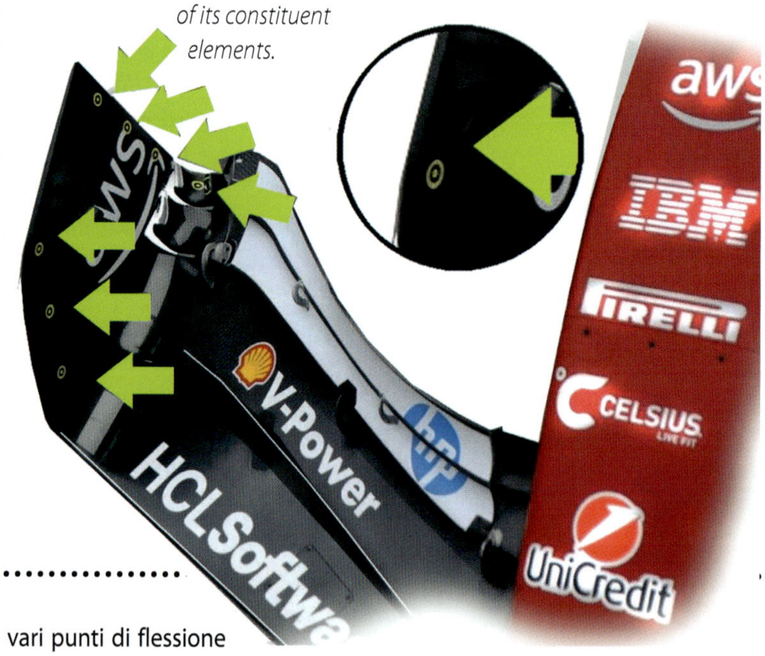


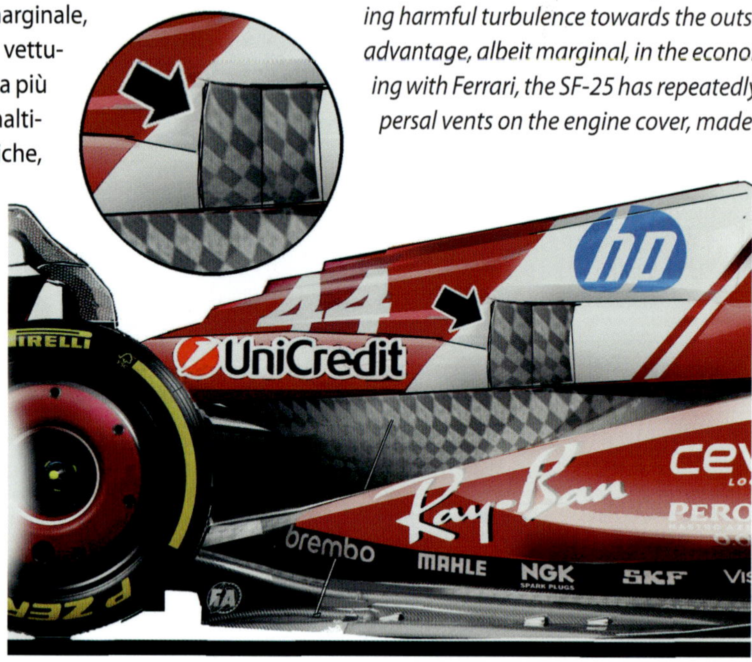


**SF-25: branchie aggiuntive per far respirare la PU**

Una modifica legata alle specifiche condizioni atmosferiche caratterizzate da temperature estive riguarda l'applicazione di branchie aggiuntive in carbonio agli sfoghi dell'aria calda sul cofano motore.

*in synergy with the brake air intakes, for precise management of the flows around the front wheels.*

*Ferrari, in parallel, has worked since the beginning of the season in relation to the rule that reduces the flexibility of the individual elements of the front wing which came into force in June, on the occasion of the Spanish GP, because the FIA has chosen to implement a gradual tightening, precisely to avoid creating unnecessary criticalities for the teams, considering the fact that the front wing is intrinsically more "flexible" in the individual elements compared to the rear one. A very relevant objective fact concerns the programmed flexibility of each element of the wing including the endplates. To achieve this goal, the Scuderia engineers have equipped the internal face of the endplates with adhesive sights, which monitor the bending of the individual elements with respect to the endplate and the lateral bending of the endplate itself. In total, nine adhesive sights have been placed on the endplate, indicating how precise the analysis is at the various bending points of the endplate and the relative movements of the flaps with respect to it. The combined bending of the flaps near the endplate and the endplate itself not only has the function of reducing drag, but also of diverting harmful turbulence towards the outside of the wheels (outwash). In short, a dual advantage, albeit marginal, in the economy of the car's aerodynamic efficiency. Staying with Ferrari, the SF-25 has repeatedly adopted additional asymmetrical heat dispersal vents on the engine cover, made up of three elements on the left and two on the right. As with most cars, these were modifications specifically linked to climatic conditions.*

***SF-25: additional gills to let the PU breathe***

*A modification linked to the specific atmospheric conditions characterized by summer temperatures involves the application of additional carbon gills to the hot air vents on the bonnet*

# GIAPPONE: SCAMBIO DELLE VETTURE IN RED BULL
## JAPAN: CAR EXCHANGE AT RED BULL

### RB21 e VCARB-02: le due gemelle diverse

Condividono entrambe la RB20 come base dei rispettivi progetti. Con la monoposto di Faenza caratterizzata da una mappa aerodinamica molto diversa dalla vettura costruita a Milton Keynes. Nonostante la dinamica delle due vetture a livello di sospensioni sia quasi sovrapponibile, è la diversa distribuzione del carico aerodinamico a renderle differenti in termini di comportamento dinamico in pista.

### *RB21 and VCARB-02: the two different twins*

*Both cars share the RB20 as the basis for their respective projects. The Faenza car features a very different aerodynamic map from the car built in Milton Keynes. Although the suspension dynamics of the two cars are almost identical, it is the different distribution of downforce that differentiates them in terms of handling on the track.*

Lo scambio di vetture tra Liam Lawson e Yuki Tsunoda dal Gran Premio del Giappone ha riproposto in modo evidente il quesito se la RB21 sia una monoposto che solo Max Verstappen è in grado di guidare traendone la massima performance, così come era accaduto nel 2024 con la RB20, con Sergio Pérez in chiara difficoltà. Ed è corretto partire proprio dal 2024, non tanto per questo tipo di analogia, bensì perché, a un certo punto della scorsa stagione, anche lo stesso Max non era stato più in grado di sopperire alle carenze di bilanciamento della RB20 con il suo stile di guida. Infatti, in ottica 2025 il pilota olandese ha chiesto modifiche ben chiare rispetto alla RB20, ovvero

*The swapping of cars between Lawson and Tsunoda from the Japanese GP on has dramatically re-proposed the question of whether the RB21 is a car that only Max Verstappen is capable of driving and extracting maximum performance from, just as the RB20 seemed to be last year, with Perez in deep crisis. It is right to start from last year, not so much for this type of analogy, but because at a certain point last season, even Max himself was no longer able to make up for the RB20's balance deficiencies with his driving style.*
*In fact, with a view to 2025, the Dutch driver had asked for very clear changes compared to the RB20, namely a less bullish car, which would have a solid front*

una vettura meno scorbutica, che fosse in grado di avere un avantreno solido e non fosse sottosterzante, come si era dimostrata per la maggior parte della stagione la RB20. In sostanza, le richieste avanzate da Max su quali caratteristiche avrebbe dovuto avere la RB21 non costituivano un qualcosa che un altro pilota avrebbe potuto trovare totalmente opposte alle proprie caratteristiche di guida. Si intende dire, e questo tema lo abbiamo approfondito con alcuni tecnici di due team rivali, che i problemi di Lawson siano solo in parte ascrivibili alle caratteristiche della RB21 richieste da Max. Gli interpellati hanno infatti rivelato come osservando la piattaforma dinamica della RB21, e guardando da vicino la monoposto, appaia come non ci sia stata un'estremizzazione dell'*anti-dive* anteriore mentre ci sia stata una parziale variazione della geometria della sospensione posteriore. In sostanza, la RB21, secondo le nostre fonti, avrebbe acquisito una maggior capacità di assorbire le irregolarità del terreno all'anteriore riducendo in modo rilevante i trasferimenti di carico che avrebbero inciso sul retrotreno in modo troppo rilevante; lo scorso anno erano stati tali da rendere imprevedibile il comportamento della vettura soprattutto a centro curva nei curvoni veloci.

Un dato da tenere in considerazione è poi legato all'aeroelasticità dell'ala anteriore. In Red Bull, già dal 2024 avevano deciso di non basare la gestione del flusso d'aria diretto al fondo sulla flessibilità dell'ala anteriore. In sostanza, anche nella versione attuale, sicuramente più elastica rispetto a quella che è poi entrata in vigore a giugno in Spagna, l'ala anteriore della RB21 ha una funzione meno accentuata di "flow conditioner" alle diverse altezze da terra. Cosa si intende dire? La VCARB01 con cui Lawson ha corso l'ultima parte del 2024 aveva una prerogativa in tal senso decisamente più accentuata. In sostanza, l'aerodinamica anteriore della sua monoposto dava, soprattutto in ingresso e poi in percorrenza di curva, una fiducia che l'attuale configurazione della RB21 non può garantire. Se la sostituzione di Lawson è stata scelta con l'obiettivo di incrementare i punti nel Campionato Costruttori, è verosimile che Tsunoda è stato ritenuto meno sensibile alle variazioni di setup che distingueranno di certo la sua ex VCARB02 dalla RB21. Secondo gli ingegneri interpellati per analizzare questa situazione, la diversità tra le due vetture è soprattutto riscontrabile a livello di diverse mappe aerodinamiche, ovvero, a livello della diversa distribuzione del carico generato dalla vettura. In sostanza, non si tratta di definire quale delle due sia la monoposto migliore, bensì quale possa dare al pilota le sensazioni più confortevoli. Entrambi i tecnici interpellati ritengono che Tsunoda noterà immediatamente questa differenza, modificando in parte il suo stile di guida sulle caratteristiche della RB21. Il setup, come detto, potrà aiutare a smussare qualche criticità. In pratica va sottolineato che nonostante le due monoposto abbiano differenze di impostazione dei rispettivi progetti, che si traducono in un diverso comportamento dinamico, pare improprio considerare la RB21 un vestito su misura per Max, inguidabile per altri piloti. Un'ulteriore osservazione, legata alle stesse performance ottenute con Verstappen nelle prime due gare, è che la RB21, nonostante sia un'evoluzione ragionata della RB20, non ha nei fatti tutte le prerogative estreme derivate dalla vettura precedente. Lo stesso Max, infatti, non considera l'attuale monoposto vincente, in grado di impensierire le McLaren, poi dominatrici nel corso della stagione.

*end and would not be understeering, as the RB20 had then proven to be for most of the season. Essentially, it is right to reiterate that the requests made by Max regarding the characteristics the RB21 should have, hardly constitute something that another driver might find totally opposite to his own driving characteristics. We mean to say, and we have discussed this with several engineers from two rival teams that we prefer not to name, that Lawson's problems can only partly be attributed to the characteristics of the RB21, as requested by Max. Our conversations in fact revealed that on observing the dynamic platform of the RB21 and closely examining the car, it appears that there has not been an intensification of the front anti-dive effect, while there has been a partial variation of the geometry of the rear suspension. In essence, the RB21, according to our sources, has acquired a partially greater capacity to absorb track irregularities at the front, significantly reducing the load transfers that would have excessively affected the rear end; last year they were such as to make the handling of the car unpredictable, especially in the middle of fast corners.*

*Another factor to take into consideration is associated with the aero elasticity of the front wing. At Red Bull, they had already decided last year not to base their underbody air flow management on the flexibility of the front wing. Essentially, even in the current version, certainly more flexible than the one that will come into force in June in Spain, the front wing of the RB21 has a less accentuated flow conditioning function at the various ride heights. What do we mean? The VCARB01 with which Lawson raced last year had a prerogative in this sense that was decidedly more accentuated. The front aerodynamics of his car ensured, above all, when turning into and then in middle of corners, a confidence that the current configuration of the RB21 cannot guarantee. If Lawson's replacement was chosen with the aim of increasing the points in the constructors' championship, it is plausible that Tsunoda is considered less sensitive to the changes in set-up that will certainly distinguish his former VCARB02 and the RB21. According to the engineers we interviewed when analysing this situation, the difference between the two cars will be above all in terms of different aerodynamic maps, that is, in terms of the different distribution of the downforce generated by the car. In essence, it is not a question of defining which of the two is the best single-seater, but rather which gives the driver the most comfortable sensations. Both engineers consulted believe that Tsunoda will immediately notice this difference, partially modifying his driving style to suit the characteristics of the RB21. As mentioned, the set-up could help smooth out certain critical issues. In practice, it should be emphasised that despite the two cars having different set-ups, which translate into different handling characteristics, it seems inappropriate to consider the RB21 as tailor-made for Max and undriveable for other drivers. A further observation, associated with the performance achieved by Verstappen in the first two races, is that the RB21, despite being a logical evolution of the RB20, does not in fact have all the extreme characteristics derived from the previous car. Max himself does not consider the current car to be a winner, capable of challenging the McLarens, which has dominated the season.*

# FERRARI SF-25: PRIME IMPRESSIONI IN PISTA

## FERRARI SF-25: INITIAL TRACK IMPRESSIONS

La SF-25 è la monoposto con cui la Scuderia di Maranello, alla vigilia del Campionato 2025, ha dichiarato di puntare senza mezzi termini ai due titoli iridati, con Charles Leclerc e il "neo acquisto" Lewis Hamilton. Frédéric Vasseur, già a dicembre 2024, in occasione del pranzo di Natale, aveva a sua volta dichiarato che la SF-25 sarebbe stata una vettura diversa dalla precedente al 99%, seguendo un concetto del tutto nuovo rispetto alla SF-24. Se a livello visivo, la profondità degli interventi non è immediatamente riscontrabile, basta già soffermarsi sull'avantreno per cogliere il significato di una rivoluzione sotto mentite spoglie. Come più volte anticipato, l'indizio che svela quanto il progetto attuale non sia in continuità con il precedente, è rappresentato dalla sospensione anteriore che adotta lo schema a tirante (*pull rod*) in sostituzione di quello a puntone (*push rod*),

*On the eve of the 2025 Championship, the SF-25 was the car with which the Scuderia from Maranello declared in no uncertain terms that it was aiming for two world titles, with Charles Leclerc and the "new signing" Lewis Hamilton. Fred Vasseur, at the Christmas lunch back in December 2024, had himself declared that the SF-25 would be a car that was 99% different from its predecessor, one based on a completely new concept compared to the SF-24. While on a visual level, the extent of the modifications is not immediately apparent, one only has to examine the front end to grasp the significance of a revolution in disguise. As mentioned several times previously, the clue revealing the extent to which the current car has broken away from the previous one is the front suspension, which adopts a pull-rod configuration in place of the push-rod layout that had characterised all Ferrari's*

### Confronto tra SF-24 e SF-25

Sebbene l'aspetto complessivo della nuova monoposto, tradisca una netta derivazione dal progetto precedente, si distinguono comunque chiaramente le aree che hanno seguito una profonda evoluzione del concetto. Nella vista laterale emerge chiaramente come le fiancate siano state leggermente arretrate rispetto all'asse anteriore che, a sua volta, è stato avanzato di pochi centimetri. Si nota come il profilo inferiore delle fiancate sia più scavato rispetto alla SF-24, mentre quello superiore è caratterizzato da un andamento più rettilineo della "rampa" posteriore.

### *SF-24 and SF-25 comparison*

*Although the overall appearance of the new car betrayed a close derivation from the previous project, those areas that had been subjected to a profound evolution of the concept are clearly distinguishable. The side view shows how the sidepods have been set slightly further back with respect to the front axle which, in its turn was a few centimetres further forward. Note how the lower part of the sidepods have a more pronounced undercut with respect to the SF-24, while the upper section is characterised by a straighter configuration for the rear "ramp".*

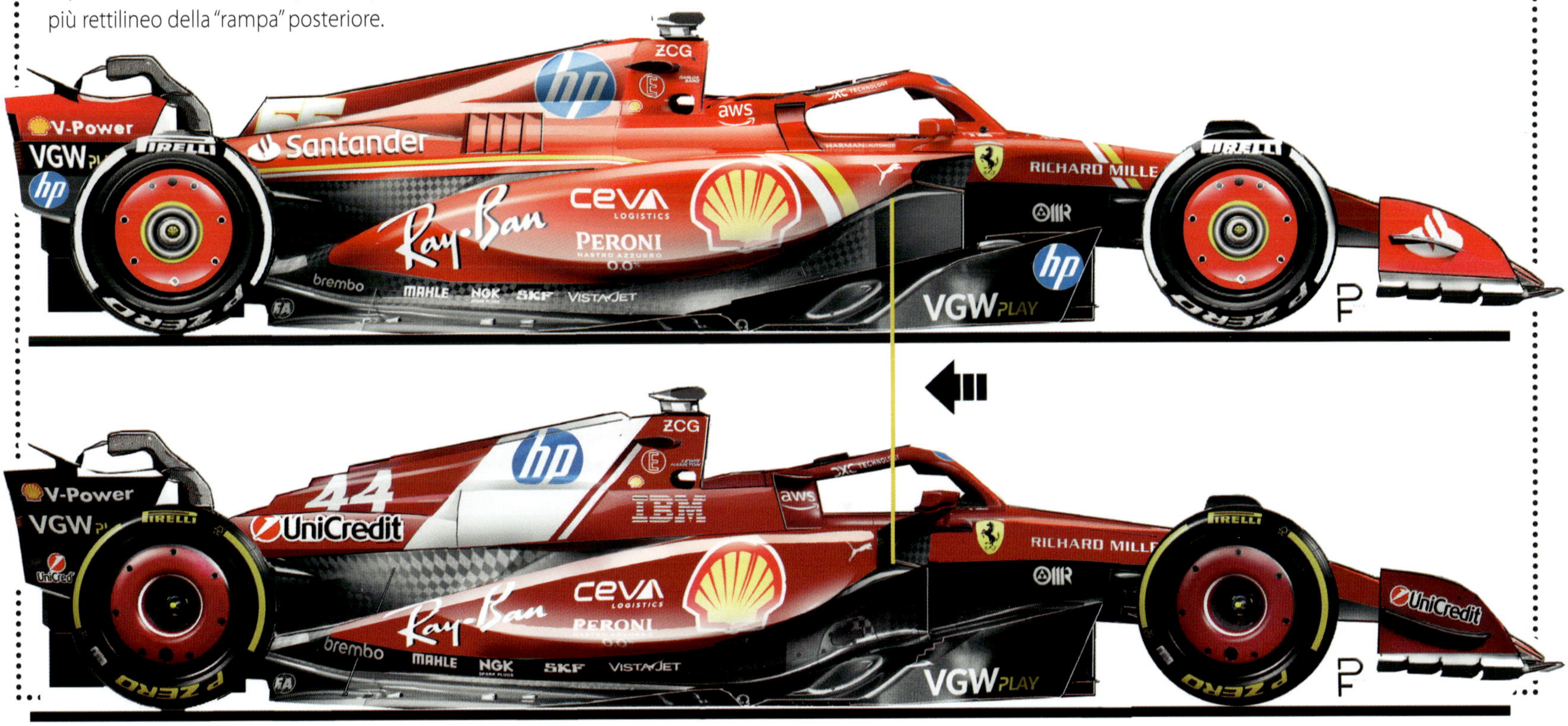

### SF-25: vista anteriore

La vista anteriore della monoposto evidenzia la pulizia aerodinamica garantita anteriormente dalla nuova sospensione *pull rod*. Inoltre si riscontra quanto sia stata incrementata la sezione del sottoquadro e meglio integrata la presa d'aria verticale (*by pass duct*) con il profilo delle imboccature principali. Si nota l'ampio bordo di ingresso superiore che funge da base del supporto degli specchi retrovisori.

### *SF-25: front view*

*The front view of the car highlights the clean aerodynamics guaranteed by the new pull-rod front suspension. Furthermore, it can be seen how much the section of the undercut has been expanded, with the vertical bypass duct better integrated with the shape of the principal sidepod mouths. Note the broad upper leading edge that acts as a base for the rear-view mirror supports.*

che aveva caratterizzato tutte le monoposto Ferrari di ultima generazione a effetto suolo. Il cambiamento è radicale, ancor più se si considera il fatto che questo è l'ultimo anno dell'attuale quadro tecnico regolamentare. Gli ingegneri diretti dal DT Loic Serra, a Maranello dallo scorso ottobre, non hanno avuto dubbi sul valore di uno sforzo che non solo modifica la risposta dinamica della vettura, ma cambia la gestione dei flussi d'aria diretti verso le fiancate. Si è trattato di un cambiamento pianificato da lungo tempo: in pratica, già all'inizio della scorsa stagione, quando era emerso chiaramente quali fossero le criticità delle attuali vetture a effetto suolo, intrinsecamente sottosterzanti e con la tendenza a innescare i sobbalzi (*porpoising*) viaggiando con altezze da terra minime, necessarie per estrarre il massimo potenziale dalla loro aerodinamica.
Il corpo vettura della SF-25, a prima vista, appare come la sezione più simile alla vettura precedente, in termini di conformazione delle fiancate. Proprio quest'area è però quella che cela rivoluzioni nel packaging e nella fluidodinamica interna. Per contro si può notare come l'asse anteriore, rispecchiando le indiscrezioni della vigilia, sia avanzato rispetto allo scorso anno, allontanando le imboccature delle prese d'aria di raffreddamento dalle turbolenze generate dalle ruote. Contestualmente, il retrotreno appare più compatto, sia grazie a una riduzione degli ingombri della scatola del cambio, sia per mantenere l'interasse entro i limiti massimi regolamentari. Il fondo, ultimo ma non ultimo, è di fatto l'elemento, seppur celato alla vista, che più di altri è stato influenzato dalla rinnovata configurazione della sospensione anteriore. I volumi dei canali Venturi sono stati profondamente

*lastest generation ground effects single-seaters. The change is radical, all the more so considering the fact that this is the last year of the current technical regulation framework. The engineers led by DT Loic Serra, who has been working at Maranello since last October, had no doubts about the value of efforts that not only modify the dynamic response of the car, but also change the management of the airflow directed towards the sidepods. It was a change that had been planned for quite some time: effectively since the start of last season, when it the criticalities of the current ground effect cars had become clear, inherent understeer combined with a tendency to trigger porpoising when running with the minimal ground clearance required to extract the maximum potential from the aerodynamics.*
*At first glance, the bodywork of the SF-25 appears to be the section that is most similar to the previous car, in terms of the conformation of the sidepods. However, it is precisely this area that conceals revolutions in terms of packaging and the internal fluid dynamics. On the other hand, it can be seen that the front axle, as had been rumoured ahead of the first race, has been shifted forward compared to the previous year, distancing the mouths of the cooling air intakes from the turbulence generated by the wheels. At the same time, the rear end appears more compact, thanks both to a reduction in the size of the gearbox and to keeping the wheelbase within the maximum regulatory limits. Last but by no means least, the floor is in fact the element, albeit hidden from view, that has been most influenced by the revised front suspension configuration. The volumes of the Venturi channels*

### Carrozzeria posteriore

Molto raffinato lo studio della carrozzeria posteriore caratterizzato superiormente da un profilo a dente di sega della pinna, che corrisponde a quattro feritoie triangolari verticali per lo smaltimento del calore diretto sotto il profilo principale dell'ala.

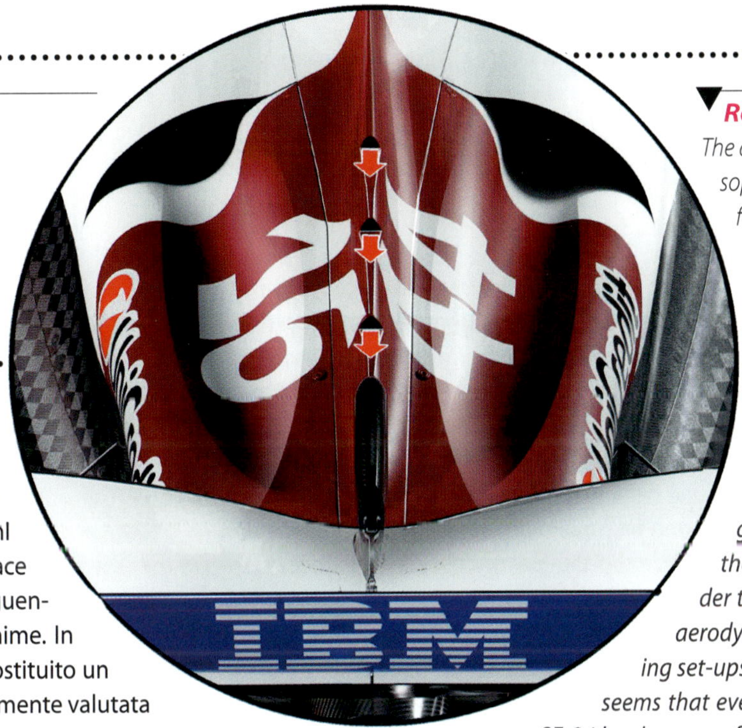


### *Rear bodywork*

*The design of the rear bodywork is very sophisticated and characterised by a sawtooth fin profile, which corresponds to the four vertical triangular slots for the dispersal of heat under the rear wing mainplane.*

modificati, con almeno due obiettivi primari: da un lato la distribuzione del carico generato per garantire il miglior equilibrio aerodinamico; dall'altro la gestione delle pressioni sotto la vettura per ridurre nel modo più efficace l'induzione dei sobbalzi aerodinamici conseguenti ad assetti radenti con altezze da terra minime. In sostanza, sembra che ogni area che aveva costituito un fattore di criticità sulla SF-24 sia stata attentamente valutata e ridefinita.

*have been profoundly modified, with at least two primary objectives: on the one hand, the redistribution of the downforce generated to guarantee the best aerodynamic balance; on the other, the management of the pressures under the car to reduce to best effect the induction of aerodynamic porpoising resulting from asphalt-grazing set-ups with minimal ground clearance. Essentially, it seems that every area that had been a critical factor on the SF-24 has been carefully evaluated and redefined.*

### Punti di attacco variabili triangolo superiore anteriore

Osservando da vicino, è stato possibile notare come il punto di attacco posteriore del triangolo superiore, non solo presenti una carenatura amovibile (frecce gialle) sagomata aerodinamicamente, ma questa si estenda molto inferiormente (vedi dettaglio in alto a destra) celando, quindi, una posizione alternativa più in basso, dell'ancoraggio. Una soluzione adottata già lo scorso anno sulla Mercedes W15.

### *Adjustable front upper wishbone mounting points*

*Looking closely, it has been possible to note how the rear mount of the upper wishbone not only features a removable aerodynamic fairing (yellow arrows), but that it extends considerably downwards (see detail top right), thereby concealing an alternative lower mounting point. This feature had already been adopted on last year's Mercedes W15.*

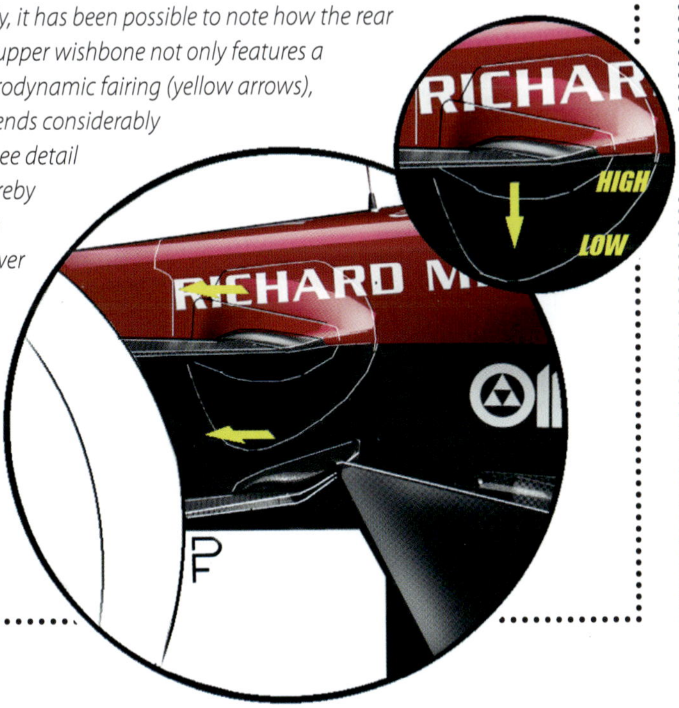


### Dettaglio pull rod e canali Venturi

Nella vista anteriore si nota come il tirante pull rod (freccia gialla) quasi non interferisca con il flusso in uscita dall'ala anteriore. Molto evidenti anche i convogliatori inferiori di dimensioni più generose a livello del bordo di ingresso rispetto alla SF-24. Nel complesso ogni dettaglio denota uno studio approfondito anche a livello di micro aerodinamica.

### *Pull-rod detail and Venturi channels*

*In the front view, note how the pull-rod (yellow arrow) hardly interferes with the air flow exiting the front wing. Also clearly evident are the more generously-sized lower channels in correspondence to the leading edge with respect to the SF-24. Overall, each detail denotes in-depth research into the micro-aerodynamics.*

# NUOVO FONDO IN AUSTRIA PER LA SF-25
## NEW floor IN AUSTRIA FOR THE SF-25

Solo in Austria la Ferrari è riuscita finalmente a portare una versione profondamente aggiornata del fondo della SF-25. Si è trattato di un'evoluzione programmata da tempo per cercare di correggere i problemi emersi sin dal primo momento. Già nei test prestagionali, sulla monoposto di Charles Leclerc e Lewis Hamilton erano venute a galla le principali vulnerabilità di questo progetto. La SF-25 è una vettura concepita attorno a una forte estremizzazione del concetto attorno al quale era nata la SF-24, anche attraverso l'adozione della sospensione *pull rod* all'avantreno al posto del *push rod*. L'estremizzazione ha riguardato, ad esempio, gli assetti, nello specifico a livello di altezze da terra adottate per ottenere la massima performance aerodinamica a livello di carico generato dal fondo vettura. Questa prerogativa, però, si è da subito scontrata con una palese inadeguatezza della sospensione posteriore a livello di risposta dinamica, inducendo forti spanciamenti e, come conseguenze evidenti, un eccessivo consumo della tavola inferiore (*plank*),

*Only in Austria did Ferrari finally manage to introduce a thoroughly revised version of the SF-25's floor. This was a long-planned evolution aimed at correcting the problems that had emerged from the outset. This project's critical issues had already come to light in pre-season testing on both Leclerc and Hamilton's cars. The SF-25 is a car built around a highly extreme version of the concept underlying the SF-24, including the adoption of pull-rod suspension at the front instead of a push-rod layout. This extreme approach affected, for example, the set-up, specifically the ground clearance adopted to achieve maximum aerodynamic performance in terms of the downforce generated by the car's floor. However, this characteristic immediately came up against the obvious inadequacy of the rear suspension in terms of dynamic response, resulting severe body roll and, as a clear consequence, excessive wear of the plank. This led to Leclerc's disqualification in China, as well as an unstable aerodynamic platform with very limited set-up windows. It was*

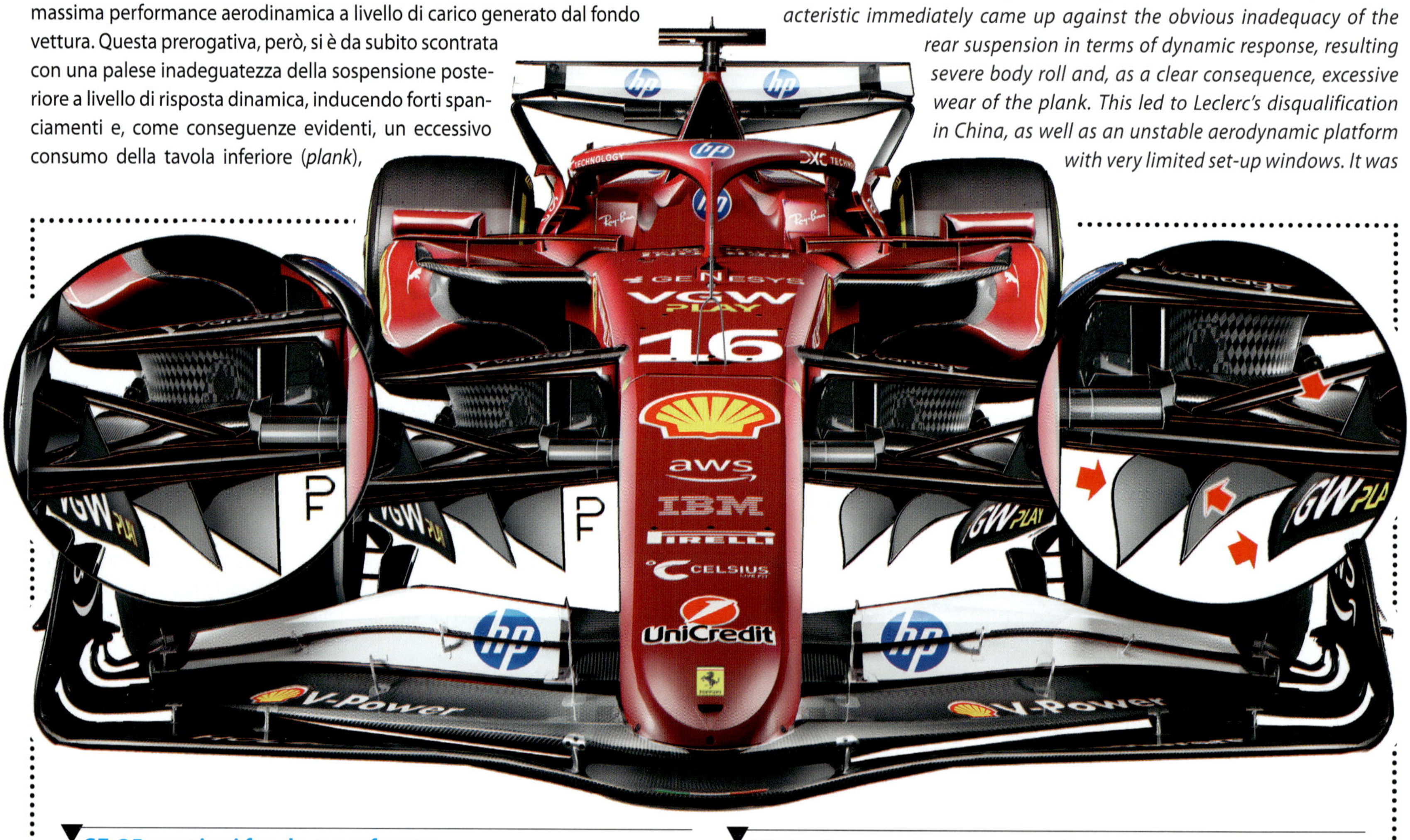

**SF-25: versioni fondo a confronto**

Si nota, negli ingrandimenti, la diversa inclinazione e curvatura dei convogliatori sotto il fondo rispetto alla versione precedente e una diversa conformazione del bordo di entrata del fondo.

***SF-25: floor versions compared***

*Note in the enlargements, the different inclination and curvature of the fences below the floor with respect to the previous version and a different shape to the floor's leading edge.*

### SF-25: dettaglio bordo laterale fondo

La nuova versione è diversa dalla precedente anche a livello del bordo laterale, del profilo a espansione ma soprattutto nella sezione del marciapiede davanti alle ruote posteriori. Si nota, infatti, la presenza di una canalizzazione che di fatto indirizza il flusso d'aria in corrispondenza della soffiatura perpendicolare al bordo laterale. Interessante poi, nella porzione verticale del marciapiede, la presenza di un ampio foro di sezione oblunga che gestisce il flusso che lambisce la cruciale area davanti alle ruote posteriori.

### *SF-25: floor lateral edge detail*

*The new version also differs from the previous iteration in the lateral edge, the expansion profile but abov e all in the section of the footplate ahead of the rear wheels. Note, in fact, the presence of a channel that effectively directs the airflow in correspondence with the vent perpendicular to the lateral edge. Also of interest in the vertical portion of the footplate, is the presence of a large oblong aperture managing the flow across the crucial area ahead of the rear wheels.*

culminato con la squalifica di Leclerc in Cina, oltre a un'instabile piattaforma aerodinamica con finestre di setup ridottissime. È stato dunque necessario cambiare il paradigma di partenza di questa vettura rendendola meno estrema, forse rinunciando marginalmente a qualche picco isolato di performance, a favore di una maggior costanza di rendimento ad alto livello, in un range di condizioni molto più ampio. È stato necessario rendere più versatile la vettura proprio perché le prestazioni che a lungo lo staff tecnico diretto da Loic Serra ha cercato di ottenere, nei fatti si sono solo intraviste in rare e sporadiche condizioni.
Il nuovo fondo rappresenta però solo una faccia della trasformazione della SF-25. Va ribadito che il DNA della vettura non potesse essere cambiato solo attraverso un'evoluzione di questo tipo. Ma lo scopo di questo sviluppo aerodinamico era ed è quello di garantire una maggior stabilità del centro di pressione aerodinamica, rendendo quindi la vettura più prevedibile a livello di comportamento nelle curve di media velocità. La SF-25 è stata così chiamata a dimostrare non già la completa risoluzione dei problemi intriseci al suo progetto, ma almeno un progresso in pista coerente con il percorso di sviluppo scelto, e pare corretto affermare che ciò sia avvenuto. Gli aerodinamici coordinati da Diego Tondi avevano l'obiettivo di incrementare il carico generato dal fondo ma in primis quello di migliorare la costanza di rendimento aerodinamico troppo influenzato dalle variazioni delle altezze da terra. L'intervento è stato ampio e nello specifico ha riguardato il bordo di entrata, i convogliatori inferiori e gli schermi laterali molto più inclinati e ricurvi rispetto alla versione precedente. Diversa anche la volumetria dei canali Venturi e della base del diffusore così come la zona del marciapiede davanti alle ruote posteriori, caratterizzato da una canalizzazione che alimenta la soffiatura perpendicolare al bordo laterale e un foro longitudinale nella parte verticale del pavimento.

*therefore necessary to alter the underlying paradigm of this car, making it less extreme, perhaps marginally sacrificing occasional isolated performance peaks in favour of greater consistency at a high level, across a much broader range of conditions. The team had to make the car more versatile precisely because the performance that the technical staff led by Loic Serra had been trying to achieve for a long time had only been glimpsed in rare and sporadic conditions.*
*However, the new floor represents only one aspect of the SF-25's transformation. It should be reiterated that the car's DNA could not be changed through an evolution of this type alone. The aim of this aerodynamic development was and is to ensure greater stability of the aerodynamic centre of pressure, thereby making the car more predictable in terms of its handling in medium-speed corners. The SF-25 has therefore been called upon to demonstrate not the complete resolution of the issues inherent to its design, but at least progress on track that is consistent with the chosen development path; it seems fair to say that this has been achieved. The aerodynamicists coordinated by Diego Tondi were asked to increase the downforce generated by the floor but, first and foremost, to improve the consistency of aerodynamic performance, which was excessively influenced by ride height variations. The evolution was extensive and specifically concerned the leading edge, the lower ducts and the fences, which are much more inclined and curved than in the previous version. The volume of the Venturi channels and the base of the diffuser has also been changed, as has the area of the footplate ahead of the rear wheels, which features a duct feeding the airflow perpendicular to the lateral edge and a longitudinal aperture in the vertical part of the footplate.*

# 2023 CLASSIFICHE STANDINGS

| Campionato Piloti<br>*Driver Championship* | | Bahrein | Saudi Arabia | Australia | Azerbaijan | Miami | Monaco | Spain | Canada | Austria | Great Britain | Hungary | Belgium | Netherlands | Italy | Singapore | Japan | Quatar | United States | Mexico | Brazil | Las Vegas | Abu Dhabi | |
|---|---|---|---|---|---|---|---|---|---|---|---|---|---|---|---|---|---|---|---|---|---|---|---|---|
| | | | | | | | | | | | | | | | | | | | | | | | | |
| | | | | | | | | | | | | | | | | | | | | | | | | |
| | | | | | | | | | | | | | | | | | | | | | | | | |
| | | | | | | | | | | | | | | | | | | | | | | | | |
| | | | | | | | | | | | | | | | | | | | | | | | | |
| | | | | | | | | | | | | | | | | | | | | | | | | |
| | | | | | | | | | | | | | | | | | | | | | | | | |
| | | | | | | | | | | | | | | | | | | | | | | | | |
| | | | | | | | | | | | | | | | | | | | | | | | | |
| | | | | | | | | | | | | | | | | | | | | | | | | |
| | | | | | | | | | | | | | | | | | | | | | | | | |
| | | | | | | | | | | | | | | | | | | | | | | | | |
| | | | | | | | | | | | | | | | | | | | | | | | | |
| | | | | | | | | | | | | | | | | | | | | | | | | |
| | | | | | | | | | | | | | | | | | | | | | | | | |
| | | | | | | | | | | | | | | | | | | | | | | | | |
| | | | | | | | | | | | | | | | | | | | | | | | | |
| | | | | | | | | | | | | | | | | | | | | | | | | |
| | | | | | | | | | | | | | | | | | | | | | | | | |
| | | | | | | | | | | | | | | | | | | | | | | | | |
| | | | | | | | | | | | | | | | | | | | | | | | | |

| Campionato Costruttori<br>*Teams Championship* | Bahrein | Saudi Arabia | Australia | Azerbaijan | Miami | Monaco | Spain | Canada | Austria | Great Britain | Hungary | Belgium | Netherlands | Italy | Singapore | Japan | Quatar | United States | Mexico | Brazil | Las Vegas | Abu Dhabi | |
|---|---|---|---|---|---|---|---|---|---|---|---|---|---|---|---|---|---|---|---|---|---|---|---|
| | | | | | | | | | | | | | | | | | | | | | | | |
| | | | | | | | | | | | | | | | | | | | | | | | |
| | | | | | | | | | | | | | | | | | | | | | | | |
| | | | | | | | | | | | | | | | | | | | | | | | |
| | | | | | | | | | | | | | | | | | | | | | | | |
| | | | | | | | | | | | | | | | | | | | | | | | |
| | | | | | | | | | | | | | | | | | | | | | | | |
| | | | | | | | | | | | | | | | | | | | | | | | |
| | | | | | | | | | | | | | | | | | | | | | | | |
| | | | | | | | | | | | | | | | | | | | | | | | |

# CLASSIFICHE STANDINGS 2024

| Campionato Piloti<br>*Driver Championship* | | Bahrein | Saudi Arabia | Australia | Japan | China | Miami | Emilia Romagna | Monaco | Canada | Spain | Austria | Great Britain | Hungary | Belgium | Netherlands | Italy | Azerbaijan | Singapore | United States | Mexico | Brazil | Las Vegas | Quatar | Abu Dhabi | |
|---|---|---|---|---|---|---|---|---|---|---|---|---|---|---|---|---|---|---|---|---|---|---|---|---|---|
| | | | | | | | | | | | | | | | | | | | | | | | | | |
| | | | | | | | | | | | | | | | | | | | | | | | | | |
| | | | | | | | | | | | | | | | | | | | | | | | | | |
| | | | | | | | | | | | | | | | | | | | | | | | | | |
| | | | | | | | | | | | | | | | | | | | | | | | | | |
| | | | | | | | | | | | | | | | | | | | | | | | | | |
| | | | | | | | | | | | | | | | | | | | | | | | | | |
| | | | | | | | | | | | | | | | | | | | | | | | | | |
| | | | | | | | | | | | | | | | | | | | | | | | | | |
| | | | | | | | | | | | | | | | | | | | | | | | | | |
| | | | | | | | | | | | | | | | | | | | | | | | | | |
| | | | | | | | | | | | | | | | | | | | | | | | | | |
| | | | | | | | | | | | | | | | | | | | | | | | | | |
| | | | | | | | | | | | | | | | | | | | | | | | | | |
| | | | | | | | | | | | | | | | | | | | | | | | | | |
| | | | | | | | | | | | | | | | | | | | | | | | | | |
| | | | | | | | | | | | | | | | | | | | | | | | | | |
| | | | | | | | | | | | | | | | | | | | | | | | | | |
| | | | | | | | | | | | | | | | | | | | | | | | | | |
| | | | | | | | | | | | | | | | | | | | | | | | | | |
| | | | | | | | | | | | | | | | | | | | | | | | | | |

| Campionato Costruttori<br>*Teams Championship* | Bahrein | Saudi Arabia | Australia | Japan | China | Miami | Emilia Romagna | Monaco | Canada | Spain | Austria | Great Britain | Hungary | Belgium | Netherlands | Italy | Azerbaijan | Singapore | United States | Mexico | Brazil | Las Vegas | Quatar | Abu Dhabi | |
|---|---|---|---|---|---|---|---|---|---|---|---|---|---|---|---|---|---|---|---|---|---|---|---|---|---|
| | | | | | | | | | | | | | | | | | | | | | | | | |
| | | | | | | | | | | | | | | | | | | | | | | | | |
| | | | | | | | | | | | | | | | | | | | | | | | | |
| | | | | | | | | | | | | | | | | | | | | | | | | |
| | | | | | | | | | | | | | | | | | | | | | | | | |
| | | | | | | | | | | | | | | | | | | | | | | | | |
| | | | | | | | | | | | | | | | | | | | | | | | | |
| | | | | | | | | | | | | | | | | | | | | | | | | |
| | | | | | | | | | | | | | | | | | | | | | | | | |
| | | | | | | | | | | | | | | | | | | | | | | | | |

Finito di  stampare nel mese di settembre 2025 presso Lito Terrazzi, Iolo (PO)